Kostenrechnung im Bauwesen

Kostenrechnung im Bauwesen

Betriebswirtschaftliche Grundlagen
Angebotskalkulation
Nachtragskalkulation
Betriebsabrechnung
Controlling im Baubetrieb
Kostenplanung und -management

von
Prof. Dr.-Ing. W. Keil †
Dr.-Ing. U. Martinsen
Prof. Dr.-Ing. Rainer Vahland
Dr.-Ing. Jörg G. Fricke
Prof. Dr.-Ing. Andree Rebmann

13. Auflage

Reguvis

1. Auflage 1972 im Eigenverlag des Lehrstuhls für Baubetrieb
und Baubetriebswirtschaft der TU Hannover
2. Auflage 1973
3. Auflage 1976
4. Auflage 1978
5. Auflage 1984
6. Auflage 1988
7. Auflage 1991
8. Auflage 1994
9. Auflage 2001
10. Auflage 2004
11. Auflage 2008
12. Auflage 2012
13. Auflage 2020

Bibliografische Information der Deutschen Nationalbibliothek
Die Deutsche Nationalbibliothek verzeichnet diese Publikation in der Deutschen Nationalbibliografie; detaillierte bibliografische Daten sind im Internet über
http://dnb.d-nb.de abrufbar.

Reguvis Fachmedien GmbH
Amsterdamer Str. 192
50735 Köln
www.reguvis.de

Beratung und Bestellung:
Tel.: +49 (0) 221 97668-306
Fax: +49 (0) 221 97668-237
E-Mail: bau-immobilien@reguvis.de

ISBN (Print): 978-3-8462-0674-4

Herstellung: Günter Fabritius
Lektorat: Bettina Kronier
Satz: MainTypo, Reutlingen
Druck und buchbinderische Verarbeitung: Appel & Klinger Druck und Medien GmbH, Schneckenlohe
Printed in Germany

Vorwort zur 13. Auflage

Mit der 13. Auflage wird konsequent an die bisherigen Auflagen angeknüpft, indem die Grundlagen der Kostenrechnung im Bauwesen anschaulich, fundiert und praxisnah vermittelt werden. Die Intention dieses Buches orientiert sich dabei an dem Anspruch, die Inhalte und das methodische Vorgehen unabhängig von speziellen EDV-Anwendungen anhand durchgängiger Beispiele verständlich und nachvollziehbar darzulegen.

Das Buch verfolgt weiterhin das Ziel, Grundlagen und Zusammenhänge von der Angebotskalkulation, der Arbeitskalkulation und der Nachtragskalkulation in Bauunternehmen über die Kostenerfassung in der Buchhaltung und der Erfolgsrechnung für die einzelne Baumaßnahme bis zur vollständigen Betriebsabrechnung aufzuzeigen. Darüber hinaus werden Möglichkeiten eines Kostencontrollings beschrieben und an Beispielen gezeigt, wie die Informationen der Kalkulation und der Betriebsabrechnung im Rahmen eines Controllingsystems genutzt werden können.

In der vorliegenden Neuauflage wurden Aktualisierungen und Erweiterungen vorgenommen, die dem aktuellen Informationsbedarf gerecht werden. Der Teil A wurde geringfügig geändert und inhaltlich überarbeitet. In den Teilen B, C und D wurden die Lohnkosten an die aktuellen Tarifabschlüsse angepasst und die weiteren für die Kostenbildung relevanten Angaben aktualisiert. Als Grundlage für die Ermittlung von Vergütungsanpassungen bei z.B. angeordneten Änderungen des Bauentwurfs oder der Ausführung von nicht im Vertrag vorgesehenen Leistungen wird sowohl auf die VOB 2019 als auch auf das Werkvertragsrecht gem. §§ 631 ff. (2018) Bezug genommen. Hinzugekommen ist Teil E mit Inhalten und Beispielen zur Kostenplanung und zum Kostenmanagement auf Seiten des Bauherrn. Ein Themenkomplex, der auch für Bauunternehmen, die in der Projektentwicklung tätig sind, als Vorstufe und Ergänzung der Bauauftragsrechnung von Bedeutung ist.

Die 13. Auflage erscheint unter dem neuen Titel ´Kostenrechnung im Bauwesen´. Bis zur 12. Auflage wurde das Buch noch unter dem Titel ´Kostenrechnung für Bauingenieure´ veröffentlicht. Die erweiterten Inhalte und insbesondere die heutige Vielfalt von Baustudiengängen waren Anlass für die Änderung des Titels.

Das Buch richtet sich an Studierende aller Baustudiengänge, Ingenieure, Architekten und Baukaufleute, die sich über betriebswirtschaftliche Grundlagen, Kalkulation, Kostenrechnung und -controlling sowie Kostenplanung und -management informieren möchten. Das Werk dient im Aufbau sowohl der Hochschullehre als auch als Nachschlagwerk für den in der Praxis tätigen Anwender.

Die Verfasser hoffen, dass auch diese 13. Auflage Studierenden sowie Mitarbeitern von Bauunternehmen, Ingenieurbüros und Bauauftraggebern viele Anregungen gibt, die für das Studium und die tägliche Arbeit von Bedeutung sind.

Dezember 2019

Prof. Dr.-Ing. Rainer Vahland
Prof. Dr.-Ing. Andree Rebmann
Dr.-Ing. Jörg G. Fricke

Die Autoren bedanken sich bei Frau Dr.-Ing. Melanie Schleicher, Herrn Prof. Dr. Dieter Grommas, Herrn Prof. Dr. Dirk Gouverneur sowie Herrn Dipl.-Ing. (Architekt) Günther Wallacher für ihre hilfreichen Anmerkungen und Unterstützungen bei der Überarbeitung der vorliegenden Neuauflage.

Inhaltsverzeichnis

A Betriebswirtschaftliche Grundlagen

1 Einführung in das betriebliche Rechnungswesen

1.1 Aufgaben und Zweck

Ein Unternehmen als vollständige Wirtschaftseinheit wird von zwei entgegengesetzten Wertströmen gekennzeichnet. Für die Produktion fließen dem Unternehmen Güter als Rohstoffe oder als Teilfertigerzeugnisse zu. Diese Güter werden im Produktionsbereich, dem Betrieb, verarbeitet und verlassen das Unternehmen, um den Bedarf der Verbraucher zu decken oder als Vorerzeugnisse in anderen Betrieben weiterverarbeitet zu werden. Entgegengesetzt zum Güterstrom verläuft der Finanzstrom; es wird für die Produkte Geld eingenommen und das für die Betriebsbereitschaft erforderliche Kapital beschafft. Das Geld wird für die Beschaffung der Leistungen und Güter wieder ausgegeben.

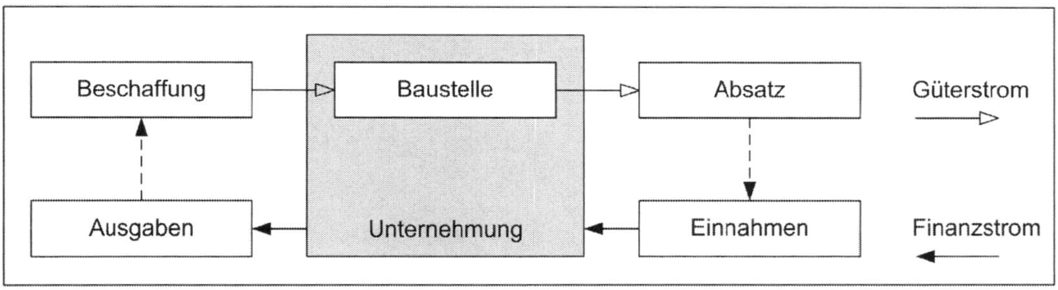

Bild A. 1-1: Güter- und Finanzstrom

Dieser Prozess läuft auch so in der Bauwirtschaft ab. Es werden die erforderlichen Baustoffe beschafft und die Arbeitskräfte angeworben. Mithilfe der Baustelle als Betrieb wird das Bauwerk erstellt und dem Bauherrn übergeben.

Während aber in der stationären Industrie zunächst die Waren produziert und anschließend verkauft werden, werden von einem Bauunternehmen zuerst Aufträge zur Erstellung von Bauleistungen hereingeholt. Die Produktion wird erst nach der Auftragserteilung aufgenommen.

Um zahlenmäßige Informationen über die Vorgänge im Unternehmen zu erhalten, muss ein betriebliches Rechnungswesen aufgebaut werden. Dieses Rechnungswesen erfasst wert- und mengenmäßig alle betrieblichen Vorgänge, die der Finanzierung, der Auftragsbeschaffung, der Bereitstellung der Produktionsmittel und der Auftragsabwicklung dienen.

Informationen aus dem Rechnungswesen sind für folgende Personenkreise von Interesse:

- Gesellschafter, Kreditgeber, Finanzbehörden, die Belegschaft des Unternehmens und die betroffene Öffentlichkeit benötigen Daten im Hinblick auf den Tätigkeitsbereich, den Vermögens- und Kapitalbestand sowie die Erfolgssituation des Unternehmens.

- Die Unternehmensführung braucht darüber hinaus Informationen zur wirtschaftlichen Steuerung und Kontrolle des betrieblichen Geschehens sowie zur Ermittlung der Preise für die zu erstellenden Bauobjekte.

Aus der Verschiedenartigkeit dieser Informationsbedürfnisse heraus haben sich zwei Hauptbereiche des baubetrieblichen Rechnungswesens gebildet (vgl. Bild A. 1-2):

- das externe Rechnungswesen
- das interne Rechnungswesen.

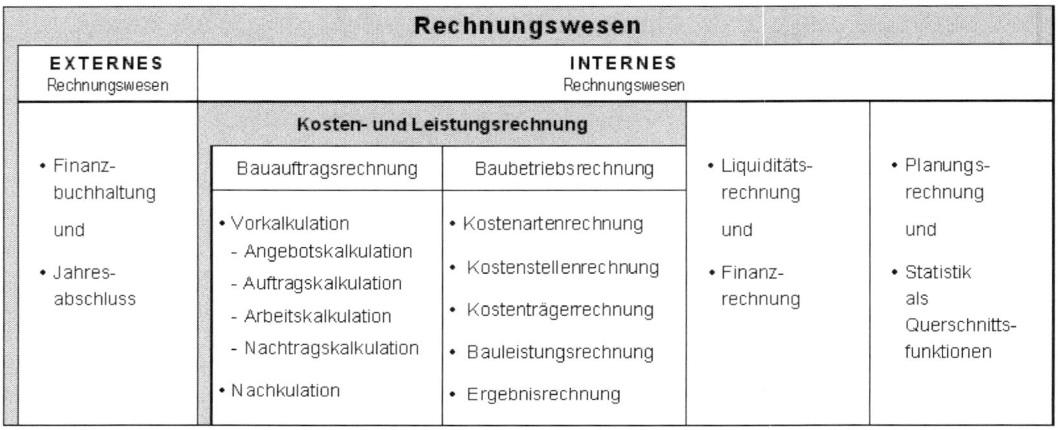

Bild A. 1-2: System des baubetrieblichen Rechnungswesens

1.2 Grundbegriffe des Rechnungswesens

Die verschiedenen Teilbereiche des betrieblichen Rechnungswesens arbeiten mit spezifischen Begriffen, die im umgangssprachlichen Bereich häufig synonym verwendet werden, jedoch in der betriebswirtschaftlichen Disziplin differenziert werden. Dem Bereich des externen Rechnungswesens sind die Begriffe Aufwand und Ertrag zugeordnet. Innerhalb der Liquiditäts- bzw. Finanzrechnung wird mit Auszahlungen bzw. Ausgaben und mit Einzahlungen bzw. Einnahmen gearbeitet. Kosten und Leistungen sind Begriffe, die in der Kosten- und Leistungsrechnung angesiedelt sind.

1.2.1 Auszahlung bzw. Ausgabe, Aufwand, Kosten

Auszahlungen sind alle von dem Unternehmen gezahlten Geldbeträge. **Ausgaben** sind sämtliche Auszahlungen zuzüglich nicht auszahlungswirksamer Ausgaben. Sie grenzen sich von den Auszahlungen dahingehend ab, dass sie auf den Zeitpunkt des Güterzugangs abstellen, im Gegensatz zu den Auszahlungen, die sich auf den Zeitpunkt des Zahlungsmittelabflusses beziehen. Ein Beispiel für eine Ausgabe stellt der Kauf von Roh-, Hilfs- oder Betriebsstoffen dar, die jedoch erst in der nächsten Abrechnungsperiode bezahlt werden (sog. Verbindlichkeiten, Kauf auf Ziel). Nach Bild A. 1-4 gibt es Ausgaben, die nicht zugleich Aufwand sind. Das können Geldbeträge sein, die zum Kauf eines Grundstücks oder zum Kauf von Lagerbeständen in bar verwendet werden. Diese Ausgaben können in späteren Perioden verbraucht und damit dann zu Aufwand werden. Auch Kreditrückzahlungen sind Auszahlungen bzw. Ausgaben, aber kein Aufwand.

Aufwand ist der gesamte Güterverbrauch des Unternehmens in einem Abrechnungszeitraum. Hierunter fallen neben den Aufwendungen für Personal, Baustoffe und Fremdleistungen zur Leistungserstellung auch nichtbetriebsbedingte Aufwendungen, wie z.B. Aufwendungen für Reparaturen von unternehmenseigenen Wohnungen oder periodenfremde bzw. außerordentliche Aufwendungen (z.B. Steuernachzahlung bzw. nicht versicherte Umweltschäden). Diese Wertbewegungen werden als neutraler Aufwand bezeichnet.

Aufwendungen, die in der Abrechnungsperiode keine Geldausgaben verursachen, gehören zum Zusatzaufwand, z.B. die bilanziellen Abschreibungen auf Gebäude und Baumaschinen.

Kosten sind der bewertete, betriebsnotwendige Güterverbrauch zur Erstellung der betrieblichen Leistung in einer Abrechnungsperiode.

Als Güter werden Mengen der unterschiedlichsten Dimensionen (z.B. m^2 Schalung, m^3 Wasser, Stück Einbauteile) und Zeiten (z.B. eine Lohnstunde, eine Gerätestunde) verbraucht. Kosten sind dabei nur der betriebsnotwendige Regelverbrauch. Alles, was nicht der Leistungserstellung dient und was einmalig oder zufällig ist, gehört nicht zu den Kosten, da sonst eine richtige Zurechnung der Kosten auf Kostenträger oder ein Vergleich verschiedener Abrechnungsperioden nicht möglich ist. Um die Mengen und die Zeiten mit ihren unterschiedlichen Einheiten vergleichen zu können, bedarf es eines Bindeglieds. Dieses Bindeglied ist der Wert der Mengen und Zeiten, so dass als Kurzformel gilt:

Kosten =	Mengen oder Zeiten	× Wert

Mengenrechnung technische Seite			Wertrechnung kostenrechnerische Seite	
Güterverbrauch			Bewertung	Kosten
Menge	Dimension	Art	Verrechnungspreis	
10	m^3	Beton	85,00 EUR	850,00 EUR
100	Std.	Lohn für Schalarbeiten	50,00 EUR	5000,00 EUR
1	Monat	Gerätevorhaltung	1000,00 EUR	1000,00 EUR

Bild A. 1-3: Schema zur Bewertung des Güterverbrauchs

Die Bewertung erfolgt dabei zum Verbrauchszeitpunkt unter Abwägen der übrigen Verwendungsmöglichkeiten der Einsatzgüter, z.B. bei anderen ertragreichen Geschäften. In Bild A. 1-3 ist der Unterschied zwischen der Mengen- und der Wertrechnung dargestellt.

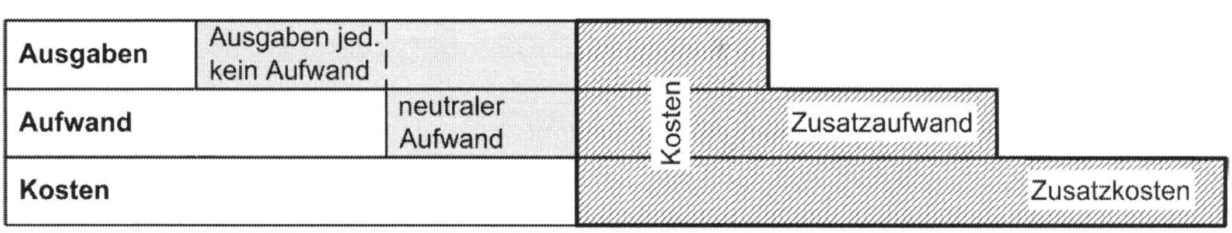

Bild A. 1-4: Abgrenzung der Begriffe Ausgaben – Aufwand – Kosten

Kosten, die nicht zugleich Aufwand sind, werden als Zusatzkosten bezeichnet. Es handelt sich ausschließlich um kalkulatorische Kosten, die nur indirekt oder gar nicht in Verbindung mit Zahlungsvorgängen stehen. Hierunter fallen die kalkulatorische Abschreibung, Zinsen auf Eigenkapital, Unternehmerlohn und Kostenansätze für Wagnis.

1.2.2 Einzahlung bzw. Einnahme, Ertrag, Leistung

Einzahlungen sind alle dem Unternehmen zufließenden Geldbeträge innerhalb eines Abrechnungszeitraumes. **Einnahmen** sind sämtliche Einzahlungen zuzüglich der nicht einzahlungswirksamen Einnahmen. Sie grenzen sich von den Einzahlungen dahingehend ab, dass sie auf den Zeitpunkt des Güterabgangs abstellen, z.B. Verkauf von Gegenständen des Anlagevermögens auf Ziel (Forderungen), die Bezahlung (Einzahlung) erfolgt erst in der nächsten Abrechnungsperiode. Es gibt auch Einzahlungen, die keine Erträge darstellen (z.B. Kapitaleinlagen, Aufnahme von Krediten).

Erträge stehen dem Aufwand gegenüber. Es sind die Ergebnisse des Produktionsprozesses sowie aller weiteren Wertzuwächse des Unternehmens. Erträge sind alle in einer Periode entstandenen Werte betrieblicher und außerbetrieblicher Art. Es sind auch die Wertzuwächse, die erst in einer späteren Abrechnungsperiode auf dem Markt abgesetzt werden (Produktion auf Lager) oder gar nicht für den Markt bestimmt sind (selbsterstellte Anlagen). Der Begriff (Umsatz-)Erlöse beschränkt sich auf den Geldwert der gesamten in einer Rechnungsperiode verkauften Leistungen.

Leistungen sind das Ergebnis des betrieblichen Geschehens, also die erstellten Bauwerke und erbrachten Dienste des Betriebs einschließlich der Leistungen für den eigenen Bedarf. Sie verursachen die Kosten.

1.2.3 Erfolgsbegriffe des Rechnungswesens

Die bisher definierten Wertbegriffe lassen die Bestimmung der für ein Unternehmen wichtigsten Erfolgsdaten zu.

Liquidität (= Anfangsbestand an Zahlungsmitteln + Einzahlungen – Auszahlungen)

kennzeichnet die Zahlungsfähigkeit des Unternehmens, d.h. die Fähigkeit, zu jedem Zeitpunkt seinen Zahlungsverpflichtungen nachkommen zu können. Die Liquidität ist die im Bereich der Liquiditätsrechnung zu planende und zu kontrollierende Größe.

Finanzergebnis oder Geldvermögensänderung (= Einnahmen – Ausgaben)

Die Geldvermögensänderung wird durch die Differenz zwischen Einnahmen und Ausgaben definiert. Das Geldvermögen wird durch die Summe des Zahlungsmittelbestandes zuzüglich aller Forderungen und abzüglich aller Verbindlichkeiten errechnet.

Unternehmenserfolg (= Ertrag – Aufwand)

ist die Wertgröße, die den Erfolg, d.h. einen Gewinn oder Verlust der gesamten wirtschaftlichen Tätigkeiten innerhalb des Unternehmens, angibt. Dieses Ergebnis des externen Rechnungswesens wird in der Finanzbuchhaltung ermittelt. Nur ein Teil dieses Erfolgs resultiert aus den betrieblichen Aktivitäten.

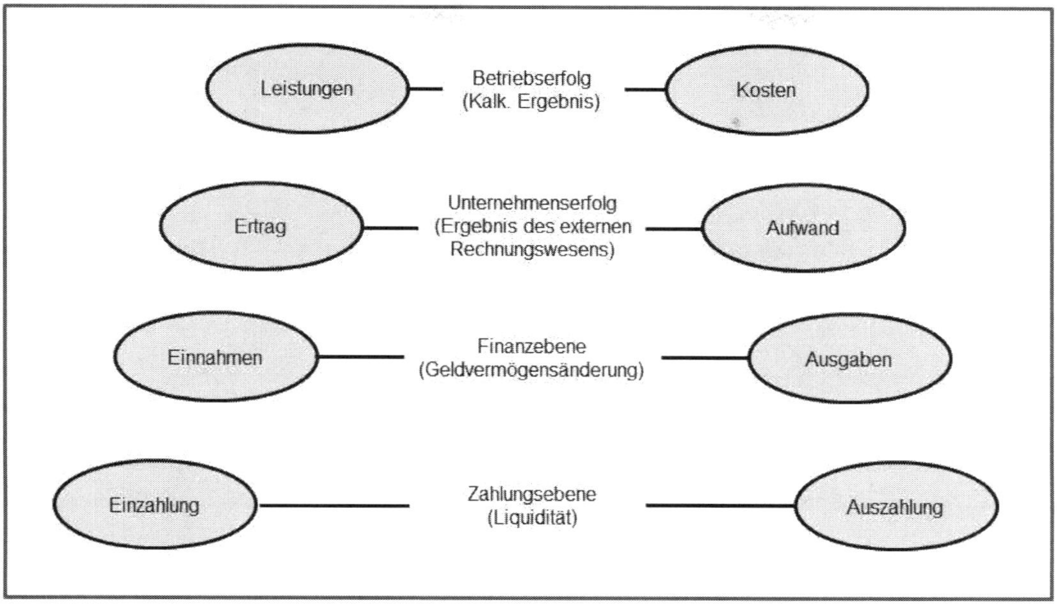

Bild A. 1-5: Wertebenen des Unternehmens

Betriebsergebnis (= Leistung – Kosten)

gibt als Differenz zwischen bewerteten Leistungen und Kosten den Erfolg der betrieblichen Tätigkeit wieder. Dieses kalkulatorische Ergebnis ist die zentrale Größe der Kosten- und Leistungsrechnung und der wichtigste Maßstab für die Beurteilung der Wirtschaftlichkeit eines Betriebes.

1.3 Struktur des Rechnungswesens

1.3.1 Externes Rechnungswesen

1.3.1.1 Finanzbuchhaltung

Zur Wahrung öffentlicher Interessen verpflichtet der Gesetzgeber alle Kaufleute bzw. jedes handelsrechtliche Unternehmen zur Führung von Geschäftsbüchern, aus denen die Abwicklung sämtlicher Geschäfte ersichtlich sein muss. Handelsrechtliche Vorschriften des Handelsgesetzbuches (HGB §§ 238 bis 342e) bestimmen die Art der Buchführung, das Aufstellen eines jährlichen Inventars, einer Bilanz und einer Gewinn- und Verlustrechnung (HGB § 242). Die Steuergesetzgebung verlangt darüber hinaus eine lückenlose Darstellung aller Geschäftsvorgänge, verschiedene Kontrollmaßnahmen und gewisse Mindestaufzeichnungen, wie z.B. Bücher über den Ausgang und den Eingang von Waren.

Diese Bestimmungen sollen den Unternehmer zwingen, Ordnung in seinen finanziellen Tätigkeiten zu halten, um gerechte Grundlagen für die Besteuerung zu schaffen und allgemeine Rechtssicherheit (z.B. Schutz der Gläubiger) zu gewährleisten.

Die Finanz- oder Geschäftsbuchhaltung übernimmt diese vom Gesetzgeber vorgeschriebenen Aufgaben.

In der Finanzbuchhaltung mit den Nebenbuchhaltungen

- Lohn- und Gehaltsbuchhaltung
- Materialbuchhaltung
- Anlagenbuchhaltung (für Maschinen, Gebäude, Grundstücke)
- Debitoren- und Kreditorenbuchhaltung

werden die betrieblichen Beziehungen zu Gläubigern, Schuldnern, Finanzämtern, Sozialorganisationen, Verbänden, Kunden und Lieferanten geregelt und mithilfe der **doppelten Buchführung** auf den verschiedenen Konten zahlenmäßig festgehalten. Durch die Finanzbuchhaltung wird u.a. der gesamte Zahlungsverkehr des Unternehmens registriert.

1.3.1.2 Jahresabschluss

Mithilfe einer Inventur, d.h. einer körperlichen Bestandsaufnahme, sind am Ende eines jeden Geschäftsjahres Grundstücke, Forderungen und Schulden, der Betrag des baren Geldes sowie die sonstigen Vermögensgegenstände genau zu erfassen und in dem sog. Inventar aufzuführen. Dieses Inventar ist im Normalfall sehr umfangreich, da sämtliche Gegenstände mit genauer Bezeichnung, Mengen- und Wertangaben aufgeführt werden. Der Gesetzgeber fordert eine Kurzfassung dieses Inventars, die sog. **Bilanz**. Die Bilanz wird auf der Grundlage des Inventars durch Strukturierung und Komprimierung erstellt und enthält nur noch Wertangaben. Um einen Überblick über die Vermögens- und Ertragslage eines Unternehmens zu erhalten, muss mindestens nach Ablauf eines jeden Geschäftsjahres eine Bilanz erstellt werden. Das Handelsgesetzbuch verlangt die Aufstellung einer Eröffnungsbilanz bei Beginn der Geschäftstätigkeit eines Unternehmens und jährlich eine Schlussbilanz am Ende der Abrechnungsperiode.

Die Bilanz zeigt in der Gegenüberstellung von Vermögen und Kapital grundsätzlich nur **Bestände** und dient der Darstellung der Vermögenslage.

Das **Vermögen** gibt an, über welche Sachgüter, Gelder oder Rechte das Unternehmen verfügen kann, wobei die einzelnen Vermögensteile in der Bilanz nach der zeitlichen Verfügbarkeit (Anlagevermögen, Umlaufvermögen) differenziert werden.

Das **Kapital** kennzeichnet die Art und Herkunft der Finanzierungsmittel eines Unternehmens, wobei in der Bilanz eine Unterteilung nach der Zeitdauer der Verfügbarkeit vorgenommen wird (langfristig oder kurzfristig zur Verfügung stehendes Kapital).

Die Bilanz lässt eine Beurteilung der Ertragslage nur durch Vergleich zweier aufeinander folgender Bilanzen zu, sofern nicht ein Bilanzgewinn gesondert ausgewiesen wird. Ein Gewinn lässt sich sonst als Zuwachs an Eigenkapital erkennen. Dabei ist zu beachten, dass eine Eigenkapitaländerung auch durch Privateinlagen oder Privatentnahmen verursacht werden kann.

Hinsichtlich der Ausgestaltung des Jahresabschlusses muss zwischen Vorschriften für Einzelkaufleute und Personengesellschaften (§§ 242 bis 263 HGB) sowie verschärften Vorschriften für Kapitalgesellschaften unterschieden werden (§§ 264 ff. HGB). Während § 247 HGB für Einzelkaufleute und Personengesellschaften nur fordert, dass in der Bilanz das Anlage- und Umlaufvermögen, das Eigenkapital, die Schulden sowie die Rechnungsabgrenzungsposten gesondert auszuweisen und hinreichend aufzugliedern sind, schreibt § 266 für Kapitalgesellschaften explizit das Aussehen der Bilanz vor. Dabei gewährt der Gesetzgeber größenabhängige

Erleichterungen (§ 266 Abs. 1 Satz 3 HGB in Verb. mit § 267 HGB). Die Bilanz einer Kapitalgesellschaft ist in Bild A. 1-7 dargestellt. Die Eröffnungsbilanz am Anfang eines Geschäftsjahres und die Schlussbilanz am Ende müssen in Gliederungsprinzipien und Bewertungsmethoden grundsätzlich gleichartig behandelt werden.

BILANZ	
Vermögen = Aktiva	Kapital = Passiva
Was für Mittel sind vorhanden? Wie sind die Mittel angelegt?	Wer hat die Mittel aufgebracht? Wer hat Anspruch auf die Mittel?

Bild A. 1-6: Grundprinzip einer Bilanz

Aktivseite	Passivseite
A. Anlagevermögen	**A. Eigenkapital**
I. Immaterielle Vermögensgegenstände	I. Gezeichnetes Kapital
1. selbst geschaffene gewerbliche Schutzrechte und ähnliche Rechte und Werte	II. Kapitalrücklage
2. entgeltlich erworbene Konzessionen, gewerbliche Schutzrechte und ähnliche Rechte und Werte sowie Lizenzen an solchen Rechten und Werten	III. Gewinnrücklagen
3. Geschäfts- oder Firmenwert	0. gesetzliche Rücklage
4. geleistete Anzahlungen	1. Rücklage für eigene Anteile
II. Sachanlagen	2. satzungsmäßige Rücklagen
1. Grundstücke, grundstücksgleiche Rechte und Bauten einschließlich der Bauten auf fremden Grundstücken	3. andere Gewinnrücklagen
2. technische Anlagen und Maschinen	IV. Gewinnvortrag/Verlustvortrag
3. andere Anlagen, Betriebs- und Geschäftsausstattung	V. Jahresüberschuss/Jahresfehlbetrag
4. geleistete Anzahlungen und Anlagen im Bau	**B. Rückstellungen**
III. Finanzanlagen	0. Rückstellungen für Pensionen und ähnliche Verpflichtungen
1. Anteile an verbundenen Unternehmen	1. Steuerrückstellungen
2. Ausleihungen an verbundene Unternehmen	2. sonstige Rückstellungen
3. Beteiligungen	**C. Verbindlichkeiten**
4. Ausleihungen an Unternehmen, mit denen ein Beteiligungsverhältnis besteht	0. Anleihen davon konvertibel
5. Wertpapiere des Anlagevermögens	1. Verbindlichkeiten gegenüber Kreditinstituten
6. sonstige Ausleihungen	2. erhaltene Anzahlungen auf Bestellungen
	3. Verbindlichkeiten aus Lieferungen und Leistungen
	4. Verbindlichkeiten aus der Annahme gezogener Wechsel und der Ausstellung eigener Wechsel
	5. Verbindlichkeiten gegenüber verbundenen Unternehmen

Aktivseite	Passivseite
B. Umlaufvermögen I. Vorräte 1. Roh-, Hilfs- und Betriebsstoffe 2. unfertige Erzeugnisse, unfertige Leistungen 3. fertige Erzeugnisse und Waren 4. geleistete Anzahlungen II. Forderungen und sonstige Vermögensgegenstände 1. Forderungen aus Lieferungen und Leistungen 2. Forderungen gegen verbundene Unternehmen 3. Forderungen gegen Unternehmen, mit denen ein Beteiligungsverhältnis besteht 4. sonstige Vermögensgegenstände III. Wertpapiere 1. Anteile an verbundenen Unternehmen 2. eigene Anteile 3. sonstige Wertpapiere IV. Schecks, Kassenbestand, Bundesbank- und Postgiroguthaben, Guthaben bei Kreditinstituten **C. Rechnungsabgrenzungsposten** **D. Aktive latente Steuern** **E. Aktiver Unterschied aus der Vermögensverrechnung**	6. Verbindlichkeiten gegenüber Unternehmen, mit denen ein Beteiligungsverhältnis besteht 7. sonstige Verbindlichkeiten, davon aus Steuern, davon im Rahmen der sozialen Sicherheit **D. Rechnungsabgrenzungsposten** **E. Passive latente Steuern**

Bild A. 1-7: Bilanz einer Kapitalgesellschaft nach § 266 Handelsgesetzbuch (HGB)

Da die Bilanz nur Bestände darstellt und keine Auskunft über die Geschäftstätigkeit einer Periode macht, muss jeder Bilanz eine **Gewinn- und Verlustrechnung** (Erfolgsrechnung) hinzugefügt werden. Sie zeigt durch die Gegenüberstellung von Aufwand und Ertrag die Erfolgsquellen des Unternehmens auf und gibt näheren Aufschluss über Struktur und Umfang der Unternehmertätigkeit sowie über mögliche Ursachen von Änderungen bestimmter Bilanzposten.

Der Gewinn bzw. Verlust ergibt sich als Saldo der Erträge und der Aufwendungen einer Abrechnungsperiode (meist ein Jahr), siehe Bild A. 1-8.

Aufwand	Ertrag
Materialaufwand Fremdleistungen Personalaufwand Abschreibungen sonst. betriebliche Aufwendungen Zinsen und ähnl. Aufwendungen Steuern Bilanz-Gewinn	Umsatzerlöse und anteilige Ergebnisse von ARGEn Bestandserhöhungen (aus nicht abgerechn. Bauten) Eigenleistungen Erträge aus Beteiligungen Zinsen und sonstige Erträge (Verlust)

Bild A. 1-8: Vereinfachte Erfolgsrechnung eines Bauunternehmens in Kontenform

Heute wird die G- und V-Rechnung zumeist nicht in der in Bild A. 1-8 dargestellten Kontenform, sondern in der Staffelform (nach Bild A. 1-9) aufgestellt. Diese Form bietet durch den Ausweis von Zwischensummen, wie z.B. Rohergebnis oder Jahresüberschuss, einen schnelleren Überblick über die Lage des Unternehmens. Nach § 275 HGB kann bei der Aufstellung der Gewinn- und Verlustrechnung entweder das Gesamtkostenverfahren oder das Umsatzkostenverfahren zur Anwendung kommen, wobei Letzteres aufgrund der langen Produktionszeiten für die Bauwirtschaft nur geringe Bedeutung besitzt.

Bei Anwendung des Gesamtkostenverfahrens sind in der Gewinn- und Verlustrechnung auszuweisen:

1. Umsatzerlöse
2. Erhöhung oder Verminderung des Bestands an fertigen und unfertigen Erzeugnissen
3. andere aktivierte Eigenleistungen
4. sonstige betriebliche Erträge
5. Materialaufwand:
   a) Aufwendungen für Roh-, Hilfs- und Betriebsstoffe und für bezogene Waren;
   b) Aufwendungen für bezogene Leistungen
6. Personalaufwand:
   a) Löhne und Gehälter;
   b) soziale Abgaben und Aufwendungen für Altersversorgung und für Unterstützung, davon für Altersversorgung
7. Abschreibungen:
   a) auf immaterielle Vermögensgegenstände des Anlagevermögens und Sachanlagen;
   b) auf Vermögensgegenstände des Umlaufvermögens, soweit diese die in der Kapitalgesellschaft üblichen Abschreibungen überschreiten
8. sonstige betriebliche Aufwendungen
9. Erträge aus Beteiligungen, davon aus verbundenen Unternehmen
10. Erträge aus anderen Wertpapieren und Ausleihungen des Finanzanlagevermögens, davon aus verbundenen Unternehmen
11. sonstige Zinsen und ähnliche Erträge, davon aus verbundenen Unternehmen

12. Abschreibungen auf Finanzanlagen und auf Wertpapiere des Umlaufvermögens
13. Zinsen und ähnliche Aufwendungen, davon an verbundene Unternehmen
14. Ergebnis der gewöhnlichen Geschäftstätigkeit
15. außerordentliche Erträge
16. außerordentliche Aufwendungen
17. außerordentliches Ergebnis
18. Steuern vom Einkommen und vom Ertrag
19. sonstige Steuern
20. Jahresüberschuss/Jahresfehlbetrag

Bild A. 1-9: Gewinn- und Verlustrechnung (Gesamtkostenverfahren) nach § 275 Handelsgesetzbuch (HGB)

Für kleinere Bauunternehmen in der Rechtsform der Personengesellschaft gelten die umfangreichen Gliederungsvorschriften für die Gewinn- und Verlustrechnung einer Kapitalgesellschaft nicht. In Bild A. 1-10 ist ein Beispiel für eine verkürzte Gewinn- und Verlustrechnung eines kleineren Bauunternehmens aufgeführt.

	Umsatzerlöse
+	Bestandserhöhungen und Eigenleistungen
=	Gesamtleistung
./.	Materialaufwand und Fremdleistungen
=	Rohergebnis
+	Zinsen und sonstige Erträge
=	Gesamt-Rohergebnis
./.	Personalaufwand
./.	Abschreibungen
./.	sonstige betriebliche Aufwendungen
./.	Zinsen
=	Ergebnis aus normaler Geschäftstätigkeit
./.	Steuern
=	Jahresüberschuss/Fehlbetrag
±	Einstellung/Entnahme aus freier Rücklage
	Bilanzergebnis

Bild A. 1-10: Erfolgsrechnung eines kleineren Bauunternehmens in Staffelform

1.3.1.3 System der doppelten Buchführung

In der betrieblichen Praxis wird die Buchführung fast ausschließlich im System der doppelten Buchführung durchgeführt. Als Vorläufer fungierte die sog. einfache Buchführung. Sie weist jedoch erhebliche Nachteile auf und wird den komplexen Vorgängen und Beziehungen in Bauunternehmen nicht mehr gerecht.

Beispiel

Einfaches Buchführungssystem

Beispiel	Einfaches Buchführungssystem		Datum	Ausgaben	Einnahmen
4.7.2018	Einnahme: Müller zahlt die Rechnung über Reparaturarbeiten v. 6.6.2018	2895,00 EUR	4.7.		2895,00 EUR
4.10.2018	Ausgabe für am 6.4.2018 gelieferte Baustoffe Rechnung der Firma X v. 18.6.2018	1815,00 EUR	4.10.	1815,00 EUR	

Bei der doppelten Buchführung wird die Zweiseitigkeit jedes Vorgangs aufgezeichnet. Die Zweiseitigkeit besteht beim Kauf der Rohstoffe darin, dass

- der Kassenbestand durch eine Geldausgabe um 1815,00 EUR vermindert und
- der Baustoffbestand durch den Zugang an Baustoffen im Werte von 1815,00 EUR erhöht wird.

Die einzelnen Vorgänge werden bei der Buchung in der Weise geordnet, dass gleichartige Vorgänge auf einem Konto gebucht werden, z.B.:

- Geldausgaben auf dem Kassenkonto, auf dem alle baren Geldeinnahmen und Geldausgaben verbucht werden,
- der Baustoffzugang auf dem Baustoffkonto, auf dem sämtliche Zu- und Abgänge verbucht werden und das gegebenenfalls nach Baustoffarten zu unterteilen ist.

Jede Änderung in der Höhe und in der Zusammensetzung des Vermögens und der Schulden wird festgehalten. Deshalb erfolgt die Buchung nicht erst bei der Bezahlung, sondern bereits beim Eingang der Baustoffe (1) auf dem Lagerplatz bzw. der Baustelle. Die Vermögensänderung besteht darin, dass sich der Rohstoffbestand und gleichzeitig die Verbindlichkeiten erhöhen (2). Nach Bezahlung der Rechnung für die Baustoffe wird das Kassenkonto vermindert (3) und das Konto Verbindlichkeiten wieder entlastet (4), vgl. hierzu Bild A. 1-11.

Das Konto dient der Vereinfachung insofern, als gleichartige Vorgänge untereinander verbucht werden.

Beispiel

Auf dem Kassenkonto werden die Einzahlungen im SOLL und die Auszahlungen im HABEN verbucht.

Aus dem Unterschied der Einzahlungen einschließlich des Anfangsbestands und der Auszahlungen ergibt sich als Saldo der Endbestand des Kassenkontos; dies wären im obigen Beispiel: 2895,00 EUR – 1815,00 EUR = 1080,00 EUR Guthaben.

S Konto	Baustoff H	S Konto	Kasse H	S Konto	Erlöse H	S Konto	Verbindlichk. H
1815,00 (1)		2895,00	1815,00 (3)		2895,00	1815,00 (4)	1815,00 (2)

Bild A. 1-11: Buchungsvorgänge

1.3.1.4 Kontensystematik

Damit Bilanz und G- und V-Rechnung erstellt werden können, wird mindestens aus jeder Untergliederung dieser Aufstellungen ein Konto gebildet. Man unterscheidet demnach:

Bestandskonten der Bilanz

- Vermögenskonten
- Kapitalkonten

Erfolgskonten der G- und V-Rechnung

- Ertragskonten
- Aufwandskonten.

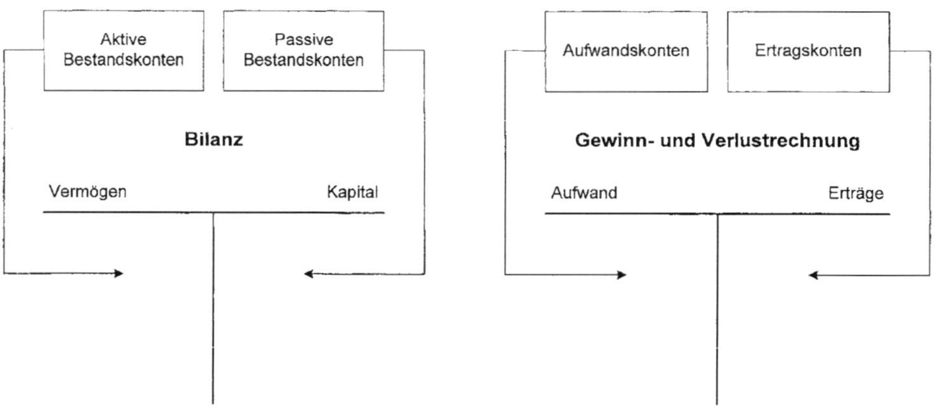

Bild A. 1-12: Bestands- und Erfolgskonten und Zusammenführung beim Abschluss

1.3.1.5 Kontenrahmen und Kontenplan

Da in großen Unternehmen eine Vielfalt von Konten und Unterkonten existiert, um möglichst viele Informationen in der Buchhaltung zu erfassen und zu speichern, ist es erforderlich, eine Systematik für diese Konten zu schaffen. Dazu wird ein Kontenplan erstellt, der sich in den Bauunternehmen nach dem Baukontenrahmen (BKR 2016) der Wirtschaftsverbände orientieren kann (siehe Bild A. 1-13). Jede Branche hat eigene Kontenrahmen entwickelt, die den spezifischen Anforderungen je nach Geschäftstätigkeit entsprechen. Es existieren z.B. der Kontenrahmen des Groß- und Einzelhandels, der Industrie, der Wohnungswirtschaft oder der steuerlich orientierte Kontenrahmen SKR 04 der DATEV.

Die einzelnen Kontenklassen dieses Kontenrahmens können mithilfe der Dezimalklassifikation in 10 Kontengruppen und diese wiederum in 10 Kontenarten untergliedert werden.

Beispiel

Im Bereich der Kontenklasse 0 Sachanlagen könnte für die Geräteart Turmdrehkräne folgendes Einzelkonto eingerichtet werden:

Konto 0 5 2 3

Klasse	0	Sachanlagen
Gruppe	5	Baugeräte
Art	2	Hebezeuge und Transportgeräte
Unterart	3	z. B. Turmdrehkräne

Rechnungskreis I (Externer Rechnungskreis)

<table>
<tr><th>Konten-
klassen</th><th>Inhalt</th><th colspan="2">Gruppierungsbereiche</th></tr>
<tr><td>0
1
2</td><td>Sachanlagen und immaterielle Anlagewerte
Finanzanlagen und Geldkonten
Vorräte, Forderungen und aktive Rechnungsabgrenzungsposten</td><td>Aktivkonten</td><td rowspan="2">Bestandskonten
(Bilanz)</td></tr>
<tr><td>3
4</td><td>Eigenkapital,
Rückstellungen, Verbindlichkeiten und passive Rechnungsabgrenzungsposten</td><td>Passivkonten</td></tr>
<tr><td>5</td><td>Erträge</td><td>Ertragskonten</td><td rowspan="2">Erfolgskonten
(Gewinn- und Verlustrechnung)</td></tr>
<tr><td>6
7</td><td>Betriebliche Aufwendungen
Sonstige Aufwendungen</td><td>Aufwandskonten</td></tr>
<tr><td>8</td><td>Eröffnung und Abschluss</td><td>Abschlusskonten</td><td></td></tr>
</table>

RECHNUNGSKREIS II (Interner Rechnungskreis)

Konten-klassen	Inhalt
9	Baubetriebsrechnung einschließlich Abgrenzungsrechnung

Bild A. 1-13: Grundkonzeption des BKR

Die Finanzbuchhaltung wird im Rechnungskreis I durchgeführt. Da diese Aufzeichnungen den gesetzlichen Anforderungen an eine ordnungsgemäße Führung von Geschäftsbüchern genügen, wird in vielen kleineren Bauunternehmen nur dieser externe Rechnungskreis benutzt.

Werden zur Überwachung der einzelnen Betriebsbereiche innerbetrieblich orientierte Aufzeichnungen erforderlich, so kann mithilfe des Rechnungskreises II eine gesonderte Betriebsbuchhaltung eingerichtet werden. Durch eine entsprechende Gliederung der Kontenklasse 6 und den Einsatz spezifischer Software sind beide Rechnungskreise weitgehend zu integrieren.

So kann prinzipiell die Kosten- und Leistungsrechnung auch auf Basis der doppelten Buchführung erfolgen.

1.3.1.6 Von der Eröffnungsbilanz über die doppelte Buchführung zum Jahresabschluss

An einem Beispiel soll nachfolgend das System der doppelten Buchführung verdeutlicht werden.

Nach Gründung eines Bauunternehmens und Beschaffung der für Leistungserstellung erforderlichen Vermögensteile lässt sich die Eröffnungsbilanz erstellen.

Beispiel

Teil 1: Eröffnungsbilanz

Eröffnungsbilanz zum 1.1.

Vermögen = Aktiva		Kapital = Passiva	
Grundstücke, Gebäude	250 000,00	Eigenkapital	300 000,00
Maschinen, Betriebsausst.	300 000,00	Fremdkapital	500 000,00
Roh-, Hilfs- u. Betriebsstoffe	50 000,00		
nicht abgerechnete Bauten	0,00		
Kasse	200 000,00		
	800 000,00		800 000,00

Um Veränderungen der einzelnen Bestände während des Geschäftsjahres registrieren zu können, wird für jede Position der Bilanz eine Teilrechnung in Form eines Kontos aufgemacht. Die Anfangsbestände werden in diesen Konten auf derselben Seite eingetragen, auf der sie auch in der Bilanz stehen. Anfangsbestände des Vermögens werden auf die linke Seite (SOLL), die des Kapitals auf die rechte Seite übernommen (HABEN) (vgl. Buchung (0) im folgenden Beispiel auf den Aktiv- und Passivkonten).

Aktivkonten

SOLL	HABEN
Anfangsbestand	Abnahmen
Zunahmen	
	Endbestand

Passivkonten

SOLL	HABEN
Abnahmen	Anfangsbestand
	Zunahmen
Endbestand	

Teil 2: Bestandsveränderungen und zugehörige Buchungen

Aktivkonten

Grundstücke, Gebäude

(0) 250 000,00	(12) **250 000,00**
250 000,00	250 000,00

Passivkonten

Eigenkapital

(17) 340 000,00	(0) 300 000,00 (3) 40 000,00
340 000,00	340 000,00

Maschinen, Betriebsausstattung

(0) 300 000,00	(8) 35 000,00
	(13) **265 000,00**
300 000,00	300 000,00

Fremdkapital

(2) 10 000,00	(0) 500 000,00
(3) 40 000,00	(9) 70 000,00
(18) **520 000,00**	
570 000,00	570 000,00

Aktivkonten

Vorräte Roh-, Hilfs- u. Betriebsstoffe

(0) 50 000,00	(4) 10 000,00
(1) 20 000,00	(14) **60 000,00**
70 000,00	70 000,00

Aktivkonten

Nicht abgerechnete Bauten

(0) 0,00	(15) **25 000,00**
(1) 25 000,00	
25 000,00	25 000,00

Kasse

(0) 200 000,00	(1) 20 000,00
(10) 340 000,00	(2) 10 000,00
	(5) 40 000,00
	(6) 150 000,00
	(7) 20 000,00
	(16) 300 000,00
540 000,00	540 000,00

Wenn jetzt Veränderungen der Bestände vermerkt werden sollen, so muss beim System der doppelten Buchführung bei einer Buchung auf der SOLL-Seite stets eine gleich hohe Buchung auf der HABEN-Seite erfolgen.

Vorgang 1: Es werden Baustoffe für 20 000,00 EUR in bar gekauft.

Buchung (1): Auf dem Konto „Roh-, Hilfs- und Betriebsstoffe" wird im SOLL ein Zugang von 20 000,00 EUR vermerkt, während im Konto „Kasse" im HABEN 20 000,00 EUR als Abgang zu registrieren ist.

Vorgang 2: Es wird ein Bankkredit in Höhe von 10 000,00 EUR aus der Kasse zurückgezahlt.

Buchung (2): Konto „Fremdkapital" 10 000,00 EUR (SOLL), Konto „Kasse" 10 000,00 EUR (HABEN)

Vorgang 3: Ein Kreditgeber beteiligt sich in der Höhe seines Kredits von 40 000,00 EUR an dem Bauunternehmen.

Buchung (3): Konto „Fremdkapital" 40 000,00 EUR (SOLL), Konto „Eigenkapital" 40 000,00 EUR (HABEN)

Diese Buchungsfälle waren bisher erfolgsneutral, d.h., sie führten nur zur Veränderung der Bestände, nicht aber zu einer erfolgswirksamen Buchung.

Wird die eigentliche Geschäftstätigkeit, d.h. die Erstellung von Bauwerken und die Übergabe an den Bauherrn sowie die Bezahlung der Vergütung durch diesen vorgenommen, so sind die Aufwands- und Ertragskonten der Gewinn- und Verlustrechnung einzurichten.

Aufwandskonten

SOLL	HABEN
Zunahmen	evtl. Korrekturen
	Endbestand

Ertragskonten

SOLL	HABEN
evtl. Korrekturen	Zunahmen
Endbestand	

Aufwandskonten

Materialverbrauch

Soll	Haben
(4) 10 000,00	(19) **120 000,00**
(5) 40 000,00	
(9) 70 000,00	
120 000,00	120 000,00

Ertragskonten

Umsatzerlöse aus Bauleistungen

Soll	Haben
	(10) 340 000,00
(23) 340 000,00	
340 000,00	340 000,00

Aufwandskonten

Löhne, Gehälter

Soll	Haben
(6) 150 000,00	
	(20) **150 000,00**
150 000,00	150 000,00

Ertragskonten

Bestandserhöhung an nicht abgerechneten Bauleistungen

Soll	Haben
	(11) 25 000,00
(24) **25 000,00**	
25 000,00	25 000,00

Sonstige Aufwendungen

Soll	Haben
(7) 20 000,00	
	(21) **20 000,00**
20 000,00	20 000,00

Abschreibungen

Soll	Haben
(8) 35 000,00	
	(22) **35 000,00**
35 000,00	35 000,00

Zur Erstellung der Bauleistungen ist ein Verbrauch an Material, Löhnen, Gehältern, Abschreibungen usw. erforderlich. Beispielhaft sollen die folgenden, vereinfacht dargestellten Geschäftsvorfälle behandelt werden.

Vorgang 4: Vom Bauhof werden für 10 000,00 EUR Verbrauchsmaterialien an eine Baustelle geliefert.

Buchung (4): Konto „Materialverbrauch" 10 000,00 EUR (SOLL)
Konto „Vorräte" 10 000,00 EUR (HABEN)

Vorgang 5: Vom Baustoffhändler werden Baustoffe in Höhe von 40 000,00 EUR auf die Baustelle geliefert und dort verbraucht. Die Rechnung wird bar bezahlt.

Buchung (5): Konto „Materialverbrauch" 40 000,00 EUR (SOLL)
Konto „Kasse" 40 000,00 EUR (HABEN)

Vorgang 6: Es werden Löhne und Gehälter in Höhe von 150 000,00 EUR bar ausgezahlt.

Buchung (6): Konto „Löhne und Gehälter" 150 000,00 EUR (SOLL)
Konto „Kasse" 150 000,00 EUR (HABEN)

Vorgang 7: Sonstige Aufwendungen fallen in Höhe von 20 000,00 EUR an und werden bar bezahlt.

Buchung (7): Konto „Sonst. Aufwendungen" 20 000,00 EUR (SOLL)
Konto „Kasse" 20 000,00 EUR (HABEN)

Vorgang 8: Es wird festgestellt, dass die zur Leistungserstellung eingesetzten Baumaschinen 35 000,00 EUR an Wert verloren haben.

Buchung (8): Konto „Abschreibungen" 35 000,00 EUR (SOLL)
Konto „Maschinelle Betriebsausst." 35 000,00 EUR (HABEN)

Vorgang 9: Es werden Baustoffe für 70 000,00 EUR verbraucht, die aber erst im nächsten Geschäftsjahr bezahlt zu werden brauchen.

Buchung (9): Konto „Materialverbrauch" 70 000,00 EUR (SOLL)
Konto „Fremdkapital" 70 000,00 EUR (HABEN)

Die Aufwandskonten sollen mit diesen Buchungsfällen abgeschlossen werden.

Für die Erträge sind folgende Geschäftsvorgänge von Bedeutung:

Vorgang 10: Ein Bauherr nimmt die bestellten Bauleistungen ab und bezahlt als Vergütung 340 000,00 EUR in bar.

Buchung (19): Konto „Kasse" 340 000,00 EUR (SOLL)
Konto „Umsatzerlöse" Zugang in gleicher Höhe (HABEN)

Vorgang 11: Zum Jahresende ist ein kleines Bauwerk, für das als Vertragspreis 30 000,00 EUR vereinbart wurde, zwar fertiggestellt, aber noch nicht abgenommen und nicht bezahlt. Die Herstellungskosten für das Bauwerk betragen 25 000,00 EUR.

Buchung (11): Konto „Nicht abgerechnete Bauten" 25 000,00 EUR (SOLL)
Konto „Bestandserhöhungen" 25 000,00 EUR (HABEN)
Da das Bauwerk vom Bauherrn noch nicht abgenommen wurde, darf aus Vorsichtsgründen kein Ausweis des nicht realisierten Gewinns erfolgen. Die Bauleistung darf nur mit den Herstellungskosten in Höhe von 25 000,00 EUR, nicht aber mit dem vertraglich vereinbarten Preis bewertet werden.

Damit soll die Buchführung abgeschlossen und die Schlussbilanz sowie die Gewinn- und Verlustrechnung erstellt werden. Zunächst wird in jedem Aktiv- und Passivkonto der Unterschied zwischen linker und rechter Kontoseite errechnet und auf der kleineren Kontenseite eingetragen, so dass das Konto summengleich ist. Dieser Saldo (in den Konten einfach unterstrichen) wird als Endbestand in die Schlussbilanz übertragen. Damit erfolgt gleichzeitig die erforderliche zweite Buchung der Salden. Die Buchungsvorgänge sind in den

Konten der Schlussbilanz mit den Nrn. (12) bis (18) gekennzeichnet. Hierbei ist zu bedenken, dass die Ergebnisse der Buchführung durch die Inventur zu überprüfen sind, damit daraus die Schlussbilanz hergeleitet werden kann.

Teil 3: Schlussbilanz

Schlussbilanz zum 31.12.

Vermögen = Aktiva		Kapital = Passiva	
Grundstücke, Gebäude	250 000,00 (12)	Eigenkapital	340 000,00 (17)
Maschinen, Betriebsausst.	265 000,00 (13)	Fremdkapital	520 000,00 (18)
Vorräte	60 000,00 (14)	Gewinn	**40 000,00** (25)
nicht abgerechnete Bauten	25 000,00 (15)		
Kasse	300 000,00 (16)		
	900 000,00		900 000,00

G- und V-Rechnung

Aufwand		Ertrag	
Materialverbrauch	120 000,00 (19)	Umsatzerlöse	340 000,00 (23)
Löhne und Gehälter	150 000,00 (20)	Bestandserhöhungen	520 000,00 (24)
sonst. Aufwendungen	20 000,00 (21)		
Abschreibungen	35 000,00 (22)		
Gewinn	**40 000,00** (25)		
	365 000,00		365 000,00

In gleicher Weise werden die Erfolgskonten abgeschlossen und die Salden in die Gewinn- und Verlustrechnung übernommen (vgl. Buchungen (19) bis (24)). In der Gewinn- und Verlustrechnung (G- und V-Rechnung) errechnet man nun eine Differenz zwischen Ertrag und Aufwand (= Gewinn) von 40 000,00 EUR. Der Gewinn fließt dem Eigenkapital zu. Wäre ein Verlust erzielt worden, so erschiene dieser in der Erfolgsrechnung im HABEN, da die Aufwendungen größer waren als die Erträge. Der Verlust führt zu einer Verminderung des Eigenkapitals. Die Schlussbilanz ist gleichzeitig die Eröffnungsbilanz des folgenden Geschäftsjahres. Gewinn oder Verlust des abgelaufenen Geschäftsjahres führen somit zu Veränderungen des Eigenkapitals des neuen Geschäftsjahres.

1.3.2 Internes Rechnungswesen

Ein Unternehmer könnte nur mithilfe des externen Rechnungswesens die betrieblichen Abläufe und Prozesse nicht erfolgreich steuern. Dazu ist das externe Rechnungswesen zu unspezifisch, d.h., im Mittelpunkt steht die summarische Dokumentation aller pagatorischen Wertströme im Unternehmen (z.B. Zinszahlungen, Löhne und Gehälter), die jedoch nicht z.B. auf ein Produkt bezogen sind. Hinzu kommt, dass der Betrachtungszeitraum des externen Rechnungswesens (ein Jahr) zu groß ist, als dass eine sinnvolle Lenkung des Unternehmensgeschehens noch möglich wäre. Ein Unternehmer benötigt kurzfristige Informationen, z.B. über die Wirtschaftlichkeit seiner Unternehmensprozesse und die Erfolgsbeiträge seiner Produkte. Das interne Rechnungswesen ist daher wesentlich differenzierter aufgebaut und konzentriert sich insbesondere auf die sog. Realgüterbewegungen, d.h. den eigentlichen Produktionsprozess im Unternehmen. In diesem Zusammenhang spielen die Systematik von Kostengrößen sowie die Schaffung von Transparenz über die Kostenentstehungsbereiche eine große Rolle. Gleichwohl gibt es keine gesetzlichen Vorschriften für das interne Rechnungswesen. Die Ausgestaltung folgt den individuellen Notwendigkeiten der Unternehmen.

1.3.2.1 Kosten- und Leistungsrechnung

1.3.2.1.1 Baubetriebsrechnung

In der Baubetriebsrechnung werden alle innerbetrieblichen Wertbewegungen, getrennt nach Kostenarten und Kostenstellen, registriert. Diese werden möglichst verursachungsgerecht den einzelnen Kostenstellen und Kostenträgern (vgl. Abschn. 2.1.1) zugerechnet.

Im Einzelnen können folgende Bereiche bei der Baubetriebsrechnung unterschieden werden:

- Abgrenzungsrechnung, um die Verbindung zwischen Unternehmens- und Baubetriebsrechnung herzustellen
- Kostenrechnung, mit
  - Kostenartenrechnung zur Registrierung der Kosten, getrennt nach Kostenarten (z.B. Lohnkosten, Gerätekosten, Stoffkosten),
  - Kostenstellenrechnung zur Ermittlung der Kosten der Kostenstellen des Betriebes (z.B. Kosten der Werkstätten, Kosten der Verwaltung),
  - Kostenträgerrechnung zur Ermittlung der Kosten der betrieblichen Leistungen (z.B. eines Bauauftrages oder einer innerbetrieblichen Leistung),
- Bauleistungsrechnung, zur Feststellung des Wertes der erbrachten Bauleistungen,
- Ergebnisrechnung, zur Errechnung des betrieblichen Erfolges durch Gegenüberstellung der Leistungen und der Kosten.

Die Baubetriebsrechnung wird je nach Bedarf monatlich, vierteljährlich oder für ein Geschäftsjahr durchgeführt. Ist die Abrechnungsperiode kleiner als ein Jahr, so spricht man von der **kurzfristigen Erfolgsrechnung**. Sie dient der Feststellung, ob das wirtschaftliche Ergebnis einer Baumaßnahme oder eines Betriebsteiles entsprechend den geplanten Werten erreicht werden kann.

Aus den Istwerten der Baubetriebsrechnung werden Unterlagen für die Steuerung und Kontrolle des Baubetriebes sowie die Preisgestaltung in der Kalkulation gewonnen.

1.3.2.1.2 Bauauftragsrechnung

In der Bauauftragsrechnung werden Kosten für die einzelnen Bauobjekte bzw. einzelner Teile davon ermittelt, um der Preisgestaltung, der Verfahrensauswahl oder der Kostenvorgabe und der Kostenkontrolle zu dienen. In Abhängigkeit vom zeitlichen Ablauf einer Baumaßnahme unterscheidet man die **Vorkalkulation** mit

- Angebotskalkulation,
- Auftragskalkulation,
- Nachtragskalkulation,
- Arbeitskalkulation

und die **Nachkalkulation** (vgl. Bild A. 1-14).

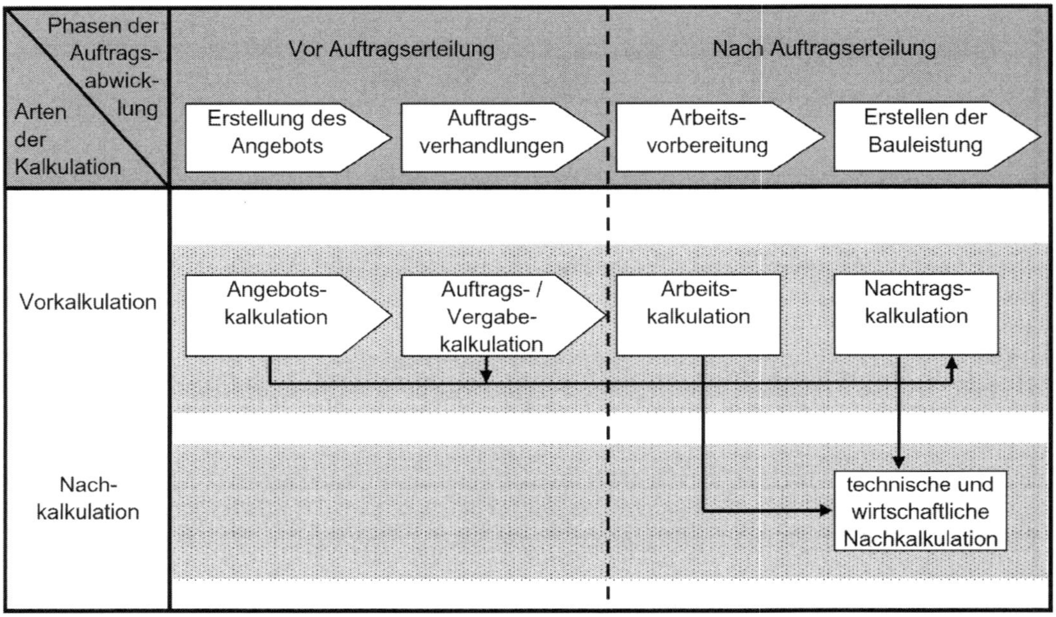

Bild A. 1-14: Arten der Kalkulation

1.3.2.2 Vorkalkulation

In der Vorkalkulation werden in einer Vorausrechnung die vermutlich zu erwartenden Selbstkosten für die Erstellung des Bauwerkes erfasst. Grundlage für diese Kostenermittlung sind Erfahrungswerte und bei Einsatz neuartiger Geräte oder bei neuen Maschinen- bzw. Gerätekombinationen geschätzte oder aufgrund von Versuchen errechnete Werte.

Die nach der Angebotskalkulation eventuell erfolgenden Konkretisierungen in Form einer Auftrags- und Arbeitskalkulation sind keine Eigenkalkulationen, sondern werden aus der Angebotskalkulation heraus weiterentwickelt.

Je nach dem Zeitpunkt der Vorkalkulation ergeben sich unterschiedliche Gesichtspunkte bei der Vorkalkulation.

– Angebotskalkulation

Die Angebotskalkulation dient der Ermittlung der voraussichtlichen Selbstkosten des Unternehmens von Bauleistungen. Aufgrund der Marktlage werden aus dem Selbstkostenpreis der Angebotspreis entwickelt und die Einheitspreise (Preis je Leistungseinheit) für einzelne Teilleistungen errechnet.

Im Wettbewerb soll dieser Angebotspreis den Bauherrn von der Preiswürdigkeit überzeugen, um ihn zu veranlassen, den Auftrag an das Unternehmen zu vergeben.

– Auftragskalkulation

Wird der Bieter zu Verhandlungen über ein abgegebenes Angebot aufgefordert, so wird in der Regel die Kostenaufstellung der Angebotskalkulation überprüft, um etwaige Fehler aufzudecken und um die mögliche Verhandlungsspanne für Preisnachlässe festzulegen. Auch von Seiten des Bauherrn werden oft Änderungswünsche, wie Änderung des Umfangs der Bauleistung, veränderte Bautermine usw., herangetragen.

Die sich so ergebenden Kostenänderungen werden in die Angebotskalkulation übernommen, und es entwickelt sich daraus die Auftragskalkulation.

– Arbeitskalkulation

Nach der Auftragserteilung wird die Durchführung des Bauvorhabens in der „Abteilung Arbeitsvorbereitung" geplant. Die Ergebnisse dieser Arbeitsplanung werden i.d.R. infolge detaillierter Untersuchungen der Baustellenverhältnisse, des Geräteeinsatzes und der Bauverfahren von den Annahmen der Auftragskalkulation abweichen. Kostenmäßig werden diese Änderungen in der Arbeitskalkulation erfasst. Die Arbeitskalkulation stellt die Kostenvorgabe für die Baudurchführung dar und wird der Ausgangspunkt für die spätere Kostenkontrolle.

– Nachtragskalkulation

Für alle Bauleistungen, für die vor Vertragsabschluss kein Preis vereinbart wurde, müssen dem Bauherrn möglichst vor der Ausführung Nachtragsangebote unterbreitet werden. Die Kosten für diese zusätzlichen Leistungen werden im Rahmen der Nachtragskalkulation ermittelt.

1.3.2.3 Nachkalkulation

Mit der Nachkalkulation werden nachträglich die Kosten einer teilweisen oder voll erbrachten Leistung ermittelt.

Bei der kostenmäßigen Nachkalkulation werden die aufgrund einer Arbeitskalkulation oder Plankostenrechnung ermittelten Sollkosten den Ist-Kosten gegenübergestellt, wobei sowohl nur einzelne Kostenarten wie z.B. die Kosten für Löhne, Stoffe, Fremdleistungen als auch die Gesamtkosten kontrolliert werden können.

Bei der mengenmäßigen oder technischen Nachkalkulation werden die Mengenansätze der Kalkulation wie z.B. die Lohnstunden, die Geräteeinsatzstunden oder der Mengenverbrauch an Bau- und Hilfsstoffen kontrolliert. Diese Kontrolle erlaubt bei Vorliegen mehrerer vergleichbarer Werte von abgeschlossenen Baumaßnahmen auch die Bildung von Aufwands- und Leistungsansätzen für die nächste Vorkalkulation.

1.3.2.4 Liquiditäts- bzw. Finanzrechnung

Wesentliche Aufgabe der Liquiditätsrechnung ist die Überwachung der Liquidität, d.h. der Zahlungsfähigkeit des Unternehmens. Die Unternehmensleitung muss dafür sorgen, dass das Unternehmen stets genügend Geldmittel zur Verfügung hat, um seinen fälligen Zahlungsverpflichtungen nachzukommen, d.h. zu gewährleisten, dass zu jedem Zeitpunkt die Summe der Auszahlungen nicht größer ist als die Summe der Einzahlungen und der noch vorhandenen Zahlungsmittelbestände (ZMB).

ZMB + Einzahlungen – Auszahlungen
≥ 0

Die kurzfristige Steuerung erfolgt am wirkungsvollsten über einen Finanzstatus (siehe Bild A. 1-15). Es werden der Geldbestand festgestellt und die voraussichtlich im kommenden Monat eingehenden Zahlungen den voraussichtlich fälligen Auszahlungsverpflichtungen gegenübergestellt.

Finanzstatus am: .... (Tag/Monat/Jahr)		
Geldzu- und -abfluss	Einzelbetrag [EUR]	Gesamt [EUR]
1. Geldbestand, flüssige Mittel		
Kasse	....	
Bank	....	
Postscheck	....	
Besitzwechsel	....	
Schecks	....	
		+
2. Kurzfristige Forderungen (vorauss. Einzahlungen)		
Abschlagsrechnungen	....	
Schlussrechnungen	....	
Sonstige Forderungen	....	
		+
3. Kurzfristig fällige Schulden (vorauss. Auszahlungen)		
Personalausgaben	....	
Lieferanten, Nachunternehmer	....	
Steuern	....	
Bankschulden	....	
Sonstige Schulden	....	
		-
4. Noch zur Verfügung stehende Bankkredite		+
Gesamtüber- / -unterdeckung		

Bild A. 1-15: Finanzstatus eines Bauunternehmens

Ist eine Überdeckung vorhanden, so kann die Liquidität gewahrt werden. Kann diese Überdeckung kurzfristig durch Einnahmen aus eigenen Leistungen nicht erreicht werden, so sind rechtzeitig Maßnahmen zu veranlassen, um die Zahlungsunfähigkeit zu verhindern, da dies den Zusammenbruch des Unternehmens (Insolvenz) verursachen würde.

1.3.2.5 Planungsrechnung und Statistik als Querschnittsaufgabe

Die zahlreichen Anforderungen vom Markt (Kunden, Lieferanten, Kreditgeber) und von staatlicher Seite (z.B. Finanzverwaltung, Statistische Bundes- und Landesämter) können nur bewältigt werden, sofern Unternehmen in allen relevanten Bereichen des internen und externen Rechnungswesens Planungselemente integrieren. Beispiele finden sich im Bereich der betriebswirtschaftlichen Auswertungen (BWA), wenn Planungsgrößen in Form von geplanten Aufwendungen an Personal oder Material den Ist-Werten gegenübergestellt werden. Im Bereich der Kosten- und Leistungsrechnung finden sich Elemente einer Planungsrechnung, wenn Budgets vorgegeben oder zeitbezogene Wirtschaftlichkeitskontrollen pro Kostenentstehungsbereich vorgenommen werden.

Mit dem Wachstum der Unternehmen und der damit verbundenen Zunahme an Daten des Rechnungswesens haben Methoden und Techniken der Statistik an Bedeutung gewonnen. Die Komprimierung umfangreichen Zahlenmaterials hilft der Unternehmensleitung, Trends zu erkennen bzw. einen schnellen Einblick in betriebswirtschaftliche Vorgänge zu erlangen. Die verstärkte Integration beider Verfahren – Planungsrechnung und Statistik – hat dazu geführt, dass sich das Rechnungswesen weiterentwickelt hat und in modernen Unternehmen zu einem wichtigen Teil (wenn nicht vollkommen, dann zumindest jedoch ein bedeutender Datenlieferant) eines umfassenden Controlling-Ansatzes geworden ist.

1.4 Kreislauf des betrieblichen Zahlenmaterials

Damit ein Unternehmen oder ein Betrieb verantwortlich und richtig geführt werden kann, ist eine Planung der betrieblichen Tätigkeiten unerlässlich. Um Entscheidungen über das zukünftige Verhalten treffen zu können, sind diese Planungen möglichst anhand von zur Verfügung stehenden Daten und Zahlen in einer **Planungsrechnung** zu quantifizieren.

Sind diese Entscheidungen hinsichtlich der Art und des Umfangs der von dem Unternehmen zu erbringenden Bauleistungen getroffen und ist als ein betriebliches Hauptziel der Gewinn z.B. in Prozent vom Umsatz festgelegt, so muss das Bauunternehmen im Rahmen einer Ausschreibung ein Angebot erstellen. Für dieses Angebot wird eine Vorkalkulation erstellt, die Grundlage der Preisforderung ist.

Wird dem Unternehmen aufgrund seines Angebotes der Auftrag erteilt, so wird für die Kostenkontrolle die **Arbeitskalkulation** erstellt.

Zusammen mit dem Beginn der Tätigkeiten für diesen Auftrag ist ein **Berichtswesen** einzurichten, das die Erfassung der Grunddaten des internen Rechnungswesens ermöglicht.

Die im Zusammenhang mit der externen Rechenschaftslegungspflicht stehenden Geschäftsvorfälle, wie z.B. die Zahlung von Löhnen und Gehältern, die Bezahlung von Baustoffen für eine Baustelle, die Aufnahme von Krediten, werden auf den entsprechenden Konten der **Finanzbuchhaltung** erfasst. Am Jahresende wird dieses Buchwerk mit der **Bilanz** und der **Gewinn- und Verlustrechnung** abgeschlossen.

Da dafür die Rechenschaftslegung gegenüber Gesellschaftern, Kreditgebern, Finanzbehörden und der Öffentlichkeit im Vordergrund steht, benötigt das Unternehmen für die Planung,

Steuerung und Kontrolle noch die intern orientierte **Baubetriebsrechnung**. Diese übernimmt nach Abgrenzung der nicht zur betrieblichen Leistung gehörenden Aufwendungen und Erträge die Zahlen der **Finanzbuchhaltung**, ergänzt sie um bisher nicht berücksichtigte zusätzliche Bestandteile (z.B. kalkulatorische Kosten) und ermittelt die Kosten und Leistungen für die einzelnen Betriebsteile, wie z.B. für die Hilfsbetriebe, den Verwaltungsbereich und die Baustellen. Insgesamt erstellt sie während des Geschäftsjahres zu Kontrollzwecken eine **kurzfristige Erfolgsrechnung**, die Informationen über den wirtschaftlichen Stand des Betriebes gibt.

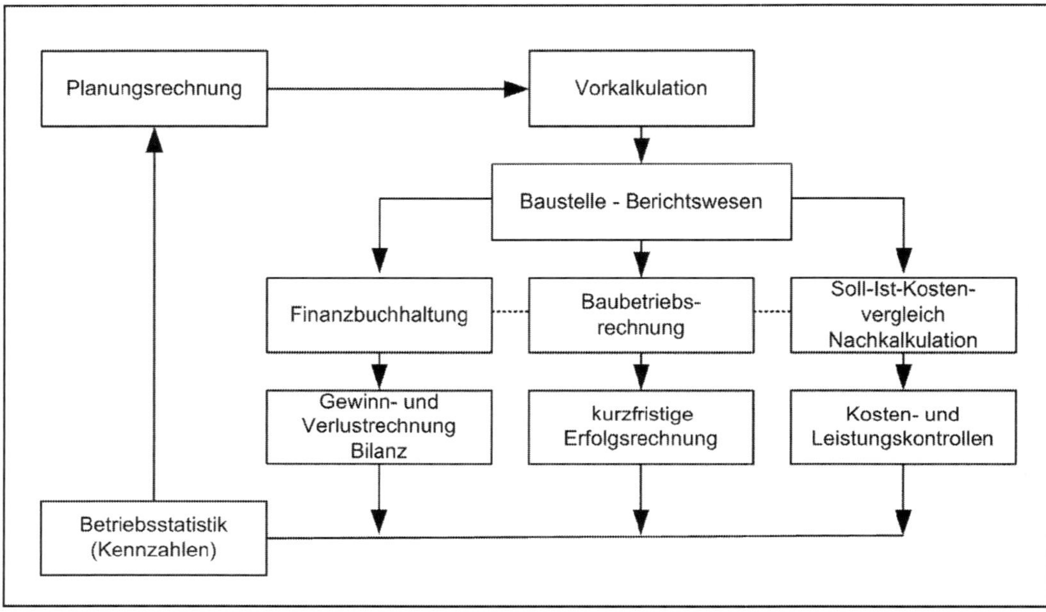

Bild A. 1-16: Zusammenhänge des betrieblichen Rechnungswesens

Neben der kurzfristigen Erfolgsrechnung des Betriebes oder einzelner Betriebsteile ist es für den Unternehmer von größter Wichtigkeit, ob die in der Vorkalkulation angesetzten Kosten von den Ist-Daten des Baustellenbereiches abweichen.

In Gegenüberstellung der mithilfe der Arbeitskalkulation ermittelten Soll-Kosten und der für die Baustelle in der Baubetriebsrechnung festgehaltenen Ist-Kosten, d.h. dem **Soll-Ist-Kostenvergleich**, werden die kostenmäßigen Abweichungen registriert.

Da diese globale Kostenkontrolle nicht immer ausreichend ist, werden in der technischen **Nachkalkulation** Soll-Ist-Vergleiche der Lohnstunden einer Teilleistung, der verbrauchten Gerätestunden oder des Materials, wie z.B. des Zementverbrauchs, des Schalungsbedarfs, durchgeführt. Diese Kontrollen gestatten es, bei rechtzeitiger und richtiger Durchführung unter Umständen korrigierend in den Bauablauf einzugreifen.

In allen Teilbereichen des Rechnungswesens können aufgrund intensiver Beobachtungen – vor allem von ständig wiederkehrenden Vorgängen – solche Zahlen, die von wirklicher Bedeutung für den Betrieb sind, gesammelt und statistisch ausgewertet werden (**Betriebsstatistik**). Diese Zahlen können auch zu **Kennzahlen** verdichtet werden.

Die ständige zielgerichtete Ermittlung dieser Kennzahlen erlaubt ein rasches Erkennen von wichtigen betrieblichen Veränderungen, wie z.B. der Entwicklung der Bauleistungen, der Kosten, des Vermögens, aber auch externer Veränderungen wie z.B. der Marktpreisentwicklung.

Die daraus gewonnenen Erkenntnisse führen zu neuen Planungs- und Entscheidungskriterien, die kurzfristig und auch langfristig die Unternehmensentwicklung beeinflussen können.

2 Kosten- und Leistungsrechnung

2.1 Grundbegriffe

2.1.1 Kostenarten – Kostenstellen – Kostenträger

Kostenarten – Unter der Bezeichnung Kostenart versteht man die Ordnung der Vielzahl der im Betrieb anfallenden Kosten nach bestimmten sach-logischen Gesichtspunkten. Eine gebräuchliche Gliederung erfolgt dabei nach den verbrauchten Produktionsfaktoren:

- Arbeitskosten,
- Materialkosten,
- Kapitalkosten,
- Fremdleistungskosten,
- Kosten der Allgemeinheit (Steuern und Abgaben).

Im Einzelnen werden diese Kostenarten in Abschnitt 2.2 behandelt.

Kostenstellen – Es sind diejenigen Stellen im Betrieb, an denen die Kosten verursacht und denen diese Kosten zugerechnet werden können. Die Einteilung richtet sich nach der Größe des Betriebes. Kostenstellen können z.B. die Baustellen, die Hilfsbetriebe (wie Fuhrpark, Schlosserei, Bauhof usw.) und die allgemeine Verwaltung sein (vgl. auch Abschnitt 8.3.1).

Kostenträger – Unter Kostenträger versteht man die Erzeugnisse, Leistungen oder auch Teilleistungen des Betriebes, z.B. das Bauwerk, aber auch beispielsweise die Einzelleistung „1 m³ Beton". Bei einem Kostenträger handelt es sich sowohl um ein an die Außenwelt weitergegebenes Produkt als auch um eine innerbetriebliche Leistung, die für den eigenen Verbrauch bestimmt ist (z.B. Verwaltungsgebäude). Diese Erzeugnisse müssen schließlich alle Kosten tragen, und ihnen werden alle für die Herstellung aufgewendeten Kostenanteile zugerechnet. Im Baubetrieb ist die Kostenstelle „Baustelle" in der Regel auch Kostenträger.

2.1.2 Verrechnungstechnische Unterscheidung der Kosten

Jedes Erzeugnis ist mit denjenigen Kosten zu belasten, die bei seiner Herstellung entstehen. Dabei muss zwischen unmittelbarer und mittelbarer Zurechnung unterschieden werden.

Einzelkosten oder direkte Kosten können dem Erzeugnis (Kostenträger) unmittelbar zugerechnet werden. Bei Bauleistungen werden die Einzelkosten den Teilleistungen zugeordnet, z.B. Materialkosten der Teilleistung „m³ Beton herstellen".

Gemeinkosten – Kosten, die für eine Reihe von Erzeugnissen gemeinsam anfallen und dem einzelnen Produkt nur sehr schwer oder gar nicht zugerechnet werden können, werden Gemeinkosten genannt. Dabei kann zwischen Schlüsselgemeinkosten und Stellengemeinkosten unterschieden werden.

- **Stellengemeinkosten** wie z.B. die Gemeinkosten der Baustelle können einer Teilleistung nicht unmittelbar zugeordnet werden. Sie können ohne weiteres einer bestimmten Kostenstelle zugerechnet werden, z.B. Gehälter für den Bauführer, Vorhalten der Baustelleneinrichtung. Sie sind insofern auch Einzelkosten der Baustelle.

- **Schlüsselgemeinkosten** sind nur über einen Verrechnungsschlüssel aufgrund eines statistischen Messwertes den Kostenstellen zurechenbar. In der Bauwirtschaft werden diese Kosten als umsatzbezogene Gemeinkosten bezeichnet. Es sind dies vor allem die allgemeinen Geschäftskosten.

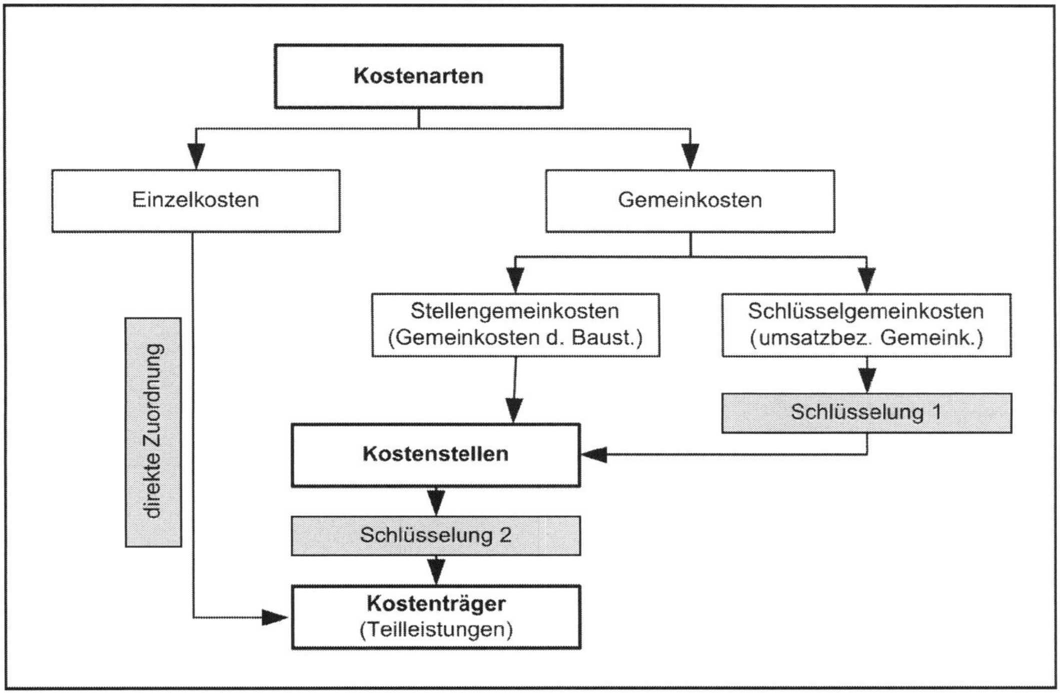

Bild A. 2-1: Verrechnungsarten der Kosten

Das Bild A. 2-1 zeigt die Verrechnung der Kosten in der Bauauftrags- und der Kostenträgerrechnung. Die Einzelkosten werden dem Kostenträger (z.B. einer Teilleistung) direkt zugeordnet. Die Gemeinkosten der Stellen werden den entsprechenden Kostenstellen direkt zugeordnet, während die Schlüsselgemeinkosten nur über einen Verrechnungsschlüssel den Kostenstellen (Umlagekosten) angelastet werden können. Die gesamten Kosten der Kostenstellen werden dann über Verrechnungssätze oder einen weiteren Verrechnungsschlüssel zumeist auf der Basis der Einzelkosten (Basiskosten) den Kostenträgern zugerechnet.

2.1.3 Kosten in Abhängigkeit von Beschäftigung und Zeit

Die Kosten der Leistungserstellung können in Abhängigkeit von der Zeit und der Beschäftigung drei Kategorien zugeordnet werden:

- **Einmalige Kosten** fallen nur einmal an. Sie sind unabhängig von der Ausführungszeit und auch von der ausgeführten Leistungsmenge.
- **Zeitabhängige Kosten** sind Kosten, die sich mit der Dauer der Leistungserbringung, d.h. mit der Bauzeit, ändern. Sie erhöhen sich mit fortschreitender Bauzeit, verringern sich aber bei einer Verkürzung auch entsprechend.

- **Leistungsabhängige Kosten** sind nur von der erbrachten Leistungsmenge abhängig. Sie können sich im gleichen Verhältnis zur Leistung ändern (proportionale Kosten), aber auch schneller (progressive Kosten) oder langsamer (degressive Kosten).

Für einen Betrieb ist nun in Abhängigkeit von seiner Struktur, d.h. von der Anzahl der Arbeitskräfte, den Leistungen wichtiger Maschinen oder sonstigen Betriebseinrichtungen, eine maximale Auslastung von Interesse. Diese mögliche Beschäftigung – gemessen durch Maschinenstunden, Arbeitsstunden oder Leistungsmengen – in Bezug zur tatsächlich vorhandenen Beschäftigung stellt die charakteristische Kennzahl für die betriebliche Auslastung, den Beschäftigungsgrad *B*, dar.

$$B = \frac{\textit{tatsächliche Beschäftigung}}{\textit{mögliche Beschäftigung}} \cdot 100\ [\%]$$

Beispiel

Eine Betonmischmaschine kann maximal 25 m³ Beton je Stunde herstellen. Es werden aber durchschnittlich nur 15 m³ produziert.

$$B = \frac{15}{25} \cdot 100 = 60\ \%$$

Betrachtet man die Kosten in Abhängigkeit vom Beschäftigungsgrad und begrenzt den Ausführungszeitraum, so können die Kosten bei gleichbleibenden Produktionsverhältnissen in **fixe** und **variable Kosten** unterschieden werden.

Fixe Kosten – Die Gesamtkosten *K* innerhalb eines vorgegebenen Zeitraumes ändern sich in ihrer Höhe nicht, wenn sich der Beschäftigungsgrad bzw. die durch den Beschäftigungsgrad gemessene Leistungsmenge in diesem Zeitraum ändert (Bild A. 2-2).

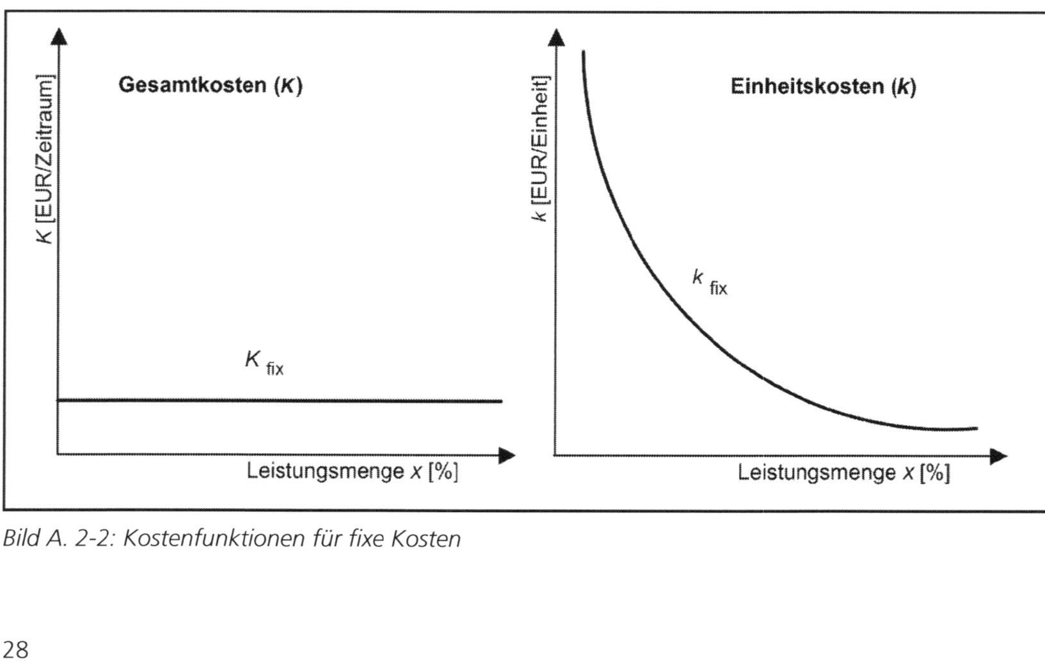

Bild A. 2-2: Kostenfunktionen für fixe Kosten

Zu diesen Kosten gehören die einmaligen Kosten, die sich auch bei einer Variation des Bezugszeitraumes nicht ändern, z.B. sind die Kosten für den Auf- und Abbau einer Betonmischanlage auf einer Baustelle sowohl von der zu produzierenden Betonmenge als auch von der Vorhaltezeit unabhängig.

Auch die zeitabhängigen Kosten sind innerhalb eines bestimmten Bezugszeitraumes als fixe Kosten zu behandeln. So ist z.B. die Gerätemiete für eine Betonmischanlage bei vorgegebener Bauzeit unabhängig von der produzierten Betonmenge.

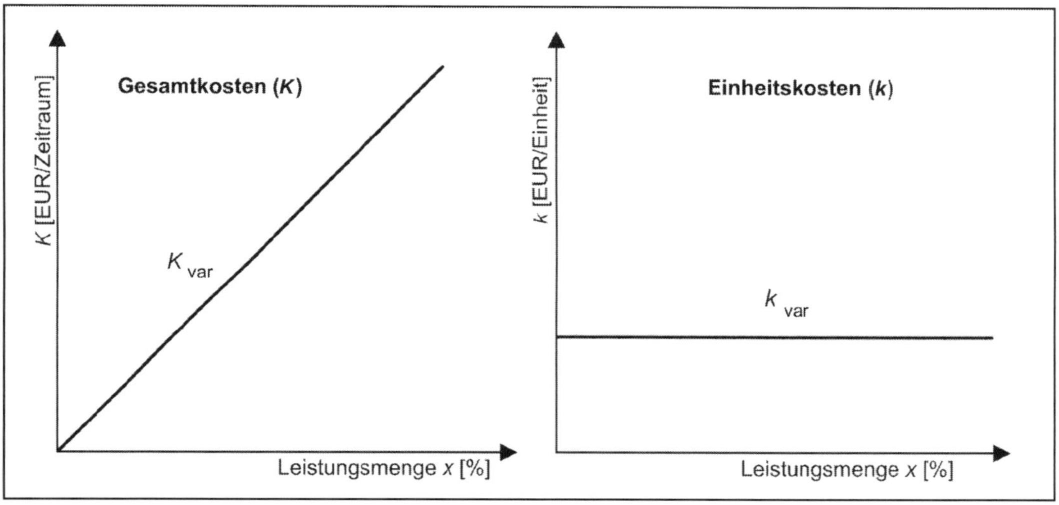

Bild A. 2-3: Kostenfunktionen für variable (proportionale) Kosten

Betrachtet man die fixen Kosten in Bezug auf eine Leistungseinheit, so werden diese Einheitskosten *k* (Kosten je Einheit) umso geringer, je mehr Leistungseinheiten im Betrachtungszeitraum erstellt werden, d.h. je höher der Beschäftigungsgrad ist. Die Kostenkurve verläuft degressiv (Bild A. 2-2, rechte Seite).

Variable Kosten – Kosten, die sich in Abhängigkeit vom Beschäftigungsgrad ändern, d.h. leistungsabhängig sind, werden als variable Kosten bezeichnet.

Bei proportionalen variablen Kosten steigen die Gesamtkosten *K* in einem Zeitraum linear mit wachsendem Beschäftigungsgrad an (Bild A. 2-3 linke Seite). Dies gilt bei der Bauproduktion z.B. für Baustoffkosten, Akkordlöhne, Fremdleistungen.

Bezieht man diese Kosten auf eine Leistungseinheit, so bleiben die Einheitskosten *k* konstant, weil der Anteil je Einheit gleichbleibend ist (Bild A. 2-3, rechte Seite).

Variable Kosten können auch überproportionalen Verlauf bei progressiven (steigenden) Einheitskosten (z.B. Überstundenzuschläge) und unterproportionalen Verlauf bei degressiven (fallenden) Einheitskosten zeigen (z.B. Mengenrabatte).

Fixe und variable Kosten – Setzen sich die Gesamtkosten *K* eines Produkts aus fixen und variablen Kosten zusammen, so ergibt sich der Kostenverlauf aus der Addition der Kurven nach Bild A. 2-2 und A. 2-3 (vgl. Bild A. 2-4).

Bei der Produktion von Beton auf der Baustelle sind z.B. die Kosten für Betriebsstoffe und Zuschlagsstoffe variabel, während die Gerätemiete, Kosten für Auf- und Abbau, Transportkosten sowie Lohnkosten des Maschinisten in der Regel als fixe Kosten zu betrachten sind.

Die Kosten je Leistungseinheit verlaufen degressiv. Je höher die Produktionsmenge ist, umso niedriger sind die fixen Kosten je Einheit, d.h., eine volle Auslastung einer Anlage oder eines Betriebes erbringt die niedrigsten Einheitskosten.

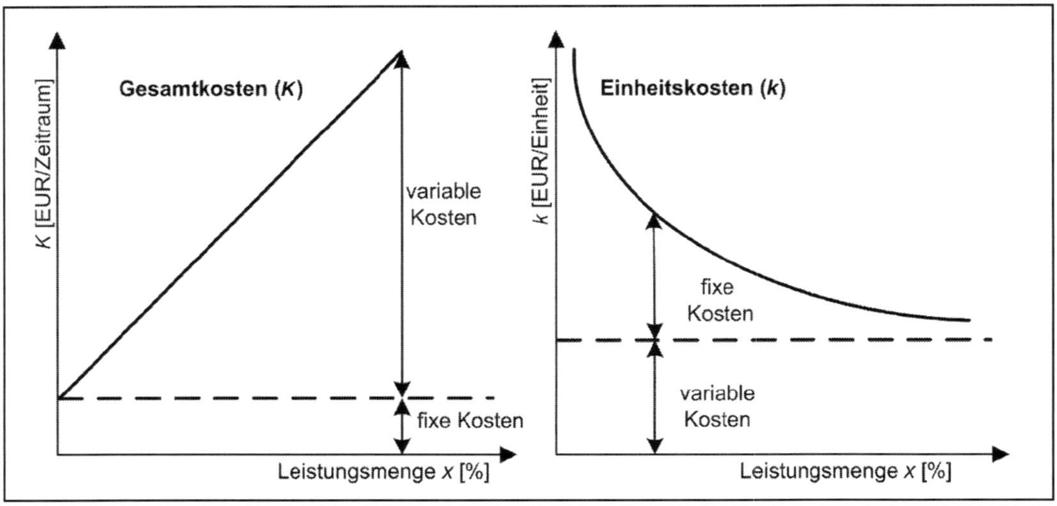

Bild A. 2-4: Kostenfunktionen für fixe und variable Kosten

Beispiel

Auf einer Baustelle sollen innerhalb von drei Monaten insgesamt 6000 m³ Beton verarbeitet werden. Es stehen zwei Verfahren zur Herstellung des Betons zur Auswahl.

Verfahren 1: Herstellung mit eigener Betonmischanlage. Für die dreimonatige Bauzeit entstehen folgende Kosten:

a)	Abschreibung und Verzinsung	30.000,00 EUR
b)	Reparaturkosten	20.000,00 EUR
c)	Transporte, Auf- und Abbau	14.000,00 EUR
d)	Bedienung (Maschinist)	15.500,00 EUR
e)	Betriebs- und Schmierstoffe	2,00 EUR/m³ Beton
f)	Materialpreis (Kies, Zement, Wasser)	58,00 EUR/m³ Beton

Verfahren 2: Lieferung als Transportbeton

Preis für insgesamt 6000 m³ Beton 510.000,00 EUR, d.h. 85,00 EUR/m³ Beton.

Frage 1

Welches Verfahren ist für die Herstellung der 6000 m³ Beton wirtschaftlicher?

Lösung 1

Kosten Verfahren 1:

K_1 = 30.000,00 + 20.000,00 + 14.000,00 + 15.500,00 + 6000,00 · (58,00 + 2,00)
= 439.500,00 EUR

Kosten Verfahren 2:

K_2 = 6000 · 85,00 = 510.000,00 EUR

Differenzkosten:

$\Delta K = K_2 - K_1$, = 510.000 – 439.500 = 70.500,00 EUR

Der Differenzkostenvergleich ergibt, dass die Herstellung mit der Betonmischanlage um 70.500,00 EUR billiger ist.

Frage 2

Wo liegt die Wirtschaftlichkeitsgrenze (kritische Menge) der beiden Verfahren?

Lösung 2

Verfahren 1:

Fixe Kosten K_{f1} = 30.000,00 + 20.000,00 + 14000,00 + 15.500,00 = 79.500,00 EUR

Variable Kosten k_{v1} = 2,00 + 58,00 = 60,00 EUR/m³

K_{v1} = 6000 m³ · 60,00 EUR/m³ = 360.000,00 EUR

Verfahren 2: nur variable Kosten: k_{v2} = 85,00 EUR/m³ bzw. K_{v2} = 510.000,00 EUR

Die Lösung der Aufgabe mithilfe einer Graphik zeigt Bild A. 2-5: Hiernach ergeben sich für die Kostenverläufe folgende Funktionen:

Verfahren 1: $K_1 = K_{f1} + k_{v1} \cdot x = 79.500{,}00 + 60{,}00 \cdot x$

Verfahren 2: $K_2 = k_{v2} \cdot x = 85{,}00 \cdot x$

Der Schnittpunkt der beiden Geraden liegt bei

$$x_{Gr} = \frac{K_{f1}}{k_{v2} - k_{v1}} = 3.180 \text{ m}^3$$

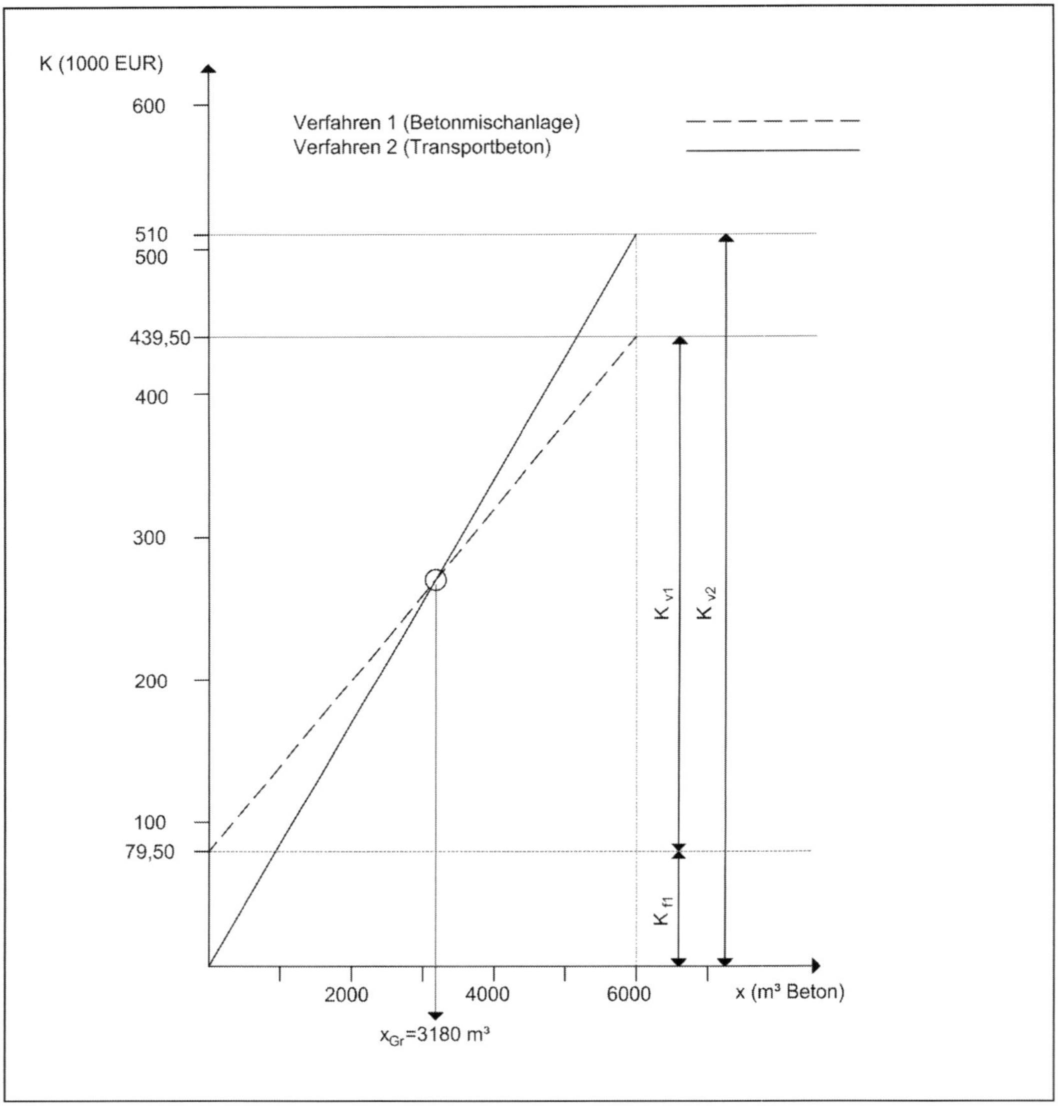

Bild A. 2-5: Graphische Lösung zum Verfahrensvergleich

Werden auf der Baustelle nur Betonmengen benötigt, die kleiner als x_{Gr} = 3.180 m³ sind, so wird die eigene Betonherstellung unwirtschaftlich. Die fixen Kosten je Einheit sind dann zu hoch, so dass Transportbeton bezogen werden sollte, wenn nicht baustellenbedingte oder organisatorische Gründe maßgebend werden.

2.2 Kostenarten in Einzeldarstellungen

2.2.1 Arbeitskosten

2.2.1.1 Einteilung der Arbeitskosten

Arbeitskosten sind mit durchschnittlich 40 % der Gesamtkosten der wichtigste Kostenfaktor des Baugewerbes. Trotz fortschreitender Mechanisierung und der Verminderung der Arbeitskräfteanzahl ist durch relativ hohe Lohn- und Gehaltssteigerungen dieser Prozentsatz nur wenig gesunken. Im Einzelnen können folgende Arbeitskosten unterschieden werden:

- **Löhne** werden den Arbeitskräften der Baustellen und Hilfsbetriebe überwiegend für Handarbeit bzw. handwerkliche Arbeit gezahlt.
- **Lohngebundene Kosten** sind die tariflich vereinbarten oder gesetzlich verordneten Sozialaufwendungen, die vom Arbeitgeber zusätzlich zu den Löhnen aufzubringen sind, wie z.B. die Beiträge zur Renten-, Unfall- und Krankenversicherung.
- **Lohnnebenkosten** sind tariflich vereinbarte Leistungen, die dem Arbeitnehmer als Entschädigungen für besondere Mehraufwendungen, z.B. durch die Lage seines Arbeitsplatzes, auf einer Baustelle zu gewähren sind.
- **Gehälter** werden den Angestellten gezahlt für Leistungen, die überwiegend durch Geistesarbeit entstehen.
- **Gehaltsnebenkosten** entsprechen im Prinzip den Lohnnebenkosten.
- **Gehaltsgebundene Kosten** entsprechen den lohngebundenen Kosten.
- **Sonstige Personalkosten** sind z.B. Versicherungen oder Kosten für soziale Einrichtungen wie eine Kantine.
- **Unternehmerlohn** ist eine Sonderform der Personalkosten. Er ist das Entgelt für die Leistung des im Betrieb tätigen Unternehmers; der Unternehmerlohn ist letztlich aus dem Gewinn zu decken.

2.2.1.2 Arten der Entlohnung

Der Lohn soll der Art der Arbeit und den Leistungen der Arbeitskräfte entsprechen. Als grundsätzliche Entlohnungsarten können der **Zeitlohn** und der **Leistungslohn** unterschieden werden.

Zeitlohn – Die Entlohnung der Arbeitskräfte richtet sich beim Zeitlohn nach der Dauer der Arbeitszeit. Den Lohn errechnet man aus der Arbeitszeit (h) und dem Lohnsatz je Stunde (Euro/h). Schwankungen in Menge und Qualität der Arbeitsleistung werden beim Zeitlohn nicht berücksichtigt; man erwartet vom Arbeitnehmer eine bestimmte durchschnittliche Leistung.

Der für eine Leistung aufzuwendende Arbeitslohn kann also im Voraus nicht genügend genau bestimmt werden.

Zeitlohn wird gezahlt, wenn es schwierig ist, geeignete Leistungsvorgaben zu ermitteln.

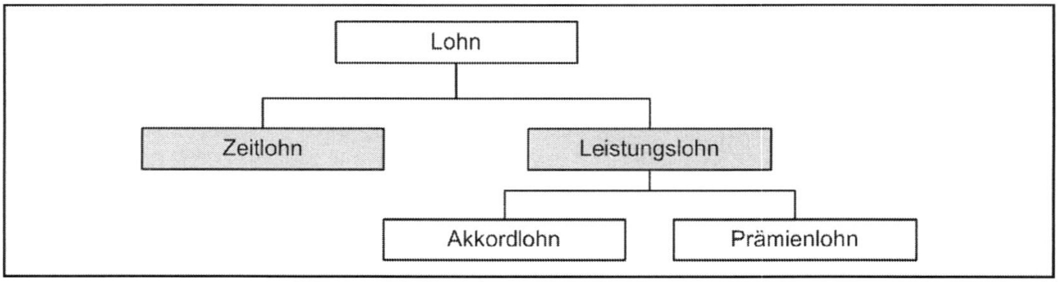

Bild A. 2-6: Entlohnungsarten

Leistungslohn – Beim Leistungslohn richtet sich die Entlohnung nach der vom Arbeitnehmer erbrachten Leistung; er wird also in gewissen Grenzen am Erfolg seiner Arbeit beteiligt. In den meisten Fällen handelt es sich in der Bauwirtschaft um ein **Akkordlohnsystem**.

Beim **Akkordlohn** wird ohne Rücksicht auf den wirklichen Zeitaufwand ein fester Betrag für eine Leistungseinheit bezahlt.

Bei **Zeitakkord** wird ein Zeitwert je Leistungseinheit (h/LE), z.B. (h/m²), (h/Stck.) vorgegeben. Die Zeit wird dann mit einem Akkordrichtsatz (EUR/h), der bei normaler Arbeit in der Zeiteinheit verdient werden kann, bewertet.

Bei **Geldakkord** wird für die Leistungseinheit ein vorgegebener Geldbetrag (EUR/LE) gezahlt, z.B. 20,00 EUR je m² Schalung. Den Lohn errechnet man aus der Multiplikation der erbrachten Leistungsmenge und dem Akkordrichtsatz (EUR/LE).

Der Verdienst des Arbeitnehmers wächst proportional mit der Leistung (vgl. Bild A 2-7). Prinzipiell könnte die Entlohnung damit auch unter dem tariflichen Stundenlohn liegen, dies ist jedoch durch tarifliche Vereinbarung ausgeschlossen (garantierter Mindestlohn), so dass ein Risiko für Minderleistungen vom Unternehmer getragen werden muss.

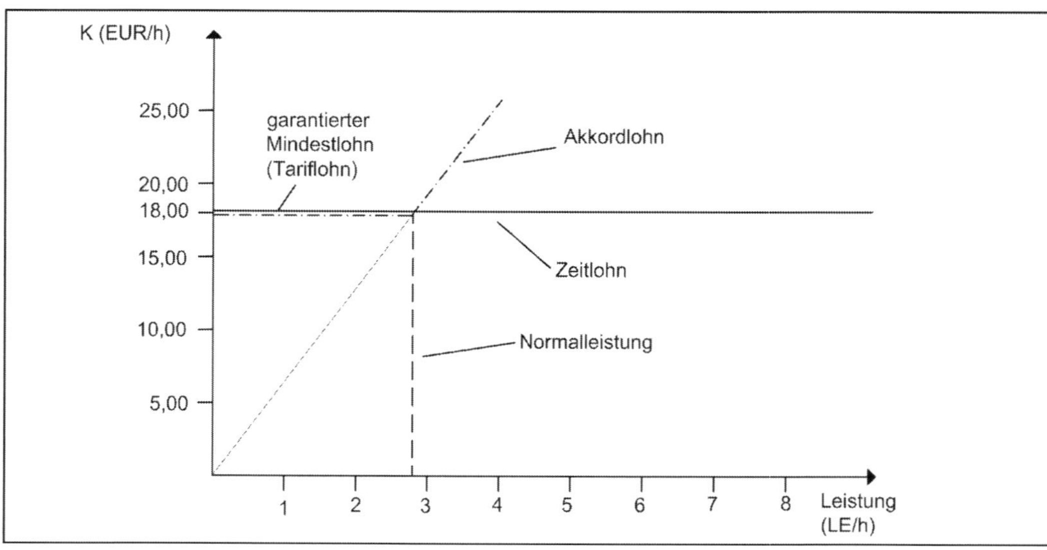

Bild A. 2-7: Lohnkurvenverlauf beim Akkordlohn

Der **Leistungsfaktor (LF)** ergibt sich aus der Gegenüberstellung der zu zahlenden Lohnstunden und der tatsächlich gearbeiteten Zeitstunden

$$L_f = \frac{\text{S Lohnstunden}}{\text{S Zeitstunden}}$$

Beispiel

Für das Herstellen von 5 m³ Mauerwerk benötigt ein Arbeiter 14 h. Wie hoch ist sein Verdienst je Zeitstunde, wenn der Vorgabewert 4,0 Std./m³ und der Tariflohn je Stunde 18,00 EUR beträgt?

Lösung

Leistungsfaktor Formel $L_f = \frac{5\ \text{m}^3 \cdot 4{,}0\ \text{Std./m}^3}{14\ \text{h}} = 1{,}43$

Verdienst je Zeitstunde: $V_{AK} = 1{,}43 \cdot 18{,}00 = 25{,}74$ EUR/h

Anwendbar ist der Akkordlohn bei allen zähl- und messbaren Leistungen, aber nicht, wenn eine starre Bindung an die Leistungsfähigkeit von Maschinen (Fließband) gegeben ist. Je nach Art der Arbeit kann der Akkord von Einzelpersonen, Gruppen oder ganzen Baustellen durchgeführt werden (Einzel-, Gruppen- und Baustellenakkord).

Als weiteres Leistungslohnsystem gibt es den **Prämienlohn**. Bei diesem Lohnsystem wird gewöhnlich ein Mindestlohn garantiert, und darüber hinaus werden unter bestimmten Voraussetzungen für verschiedene Leistungen Prämien gezahlt. Je nach dem zu erreichenden Zweck kann man unterscheiden zwischen Mengenleistungsprämien, Qualitätsprämien, Terminprämien, Sparsamkeitsprämien u.a. Der Lohn steht hierbei nicht im direkt proportionalen Verhältnis zur Leistung, sondern wird so gewählt, dass sich ein optimaler betriebswirtschaftlicher Arbeitsablauf ergibt. Der Prämienlohn bietet die Möglichkeit der unterschiedlichen Bewertung von Leistungen, wodurch verschiedene Ziele erreicht werden können.

2.2.2 Materialkosten

Neben der geläufigen Unterteilung in Materialarten werden in der Bauwirtschaft nach fertigungstechnischem Einsatz folgende drei Gruppen unterschieden:

- **Baustoffe** sind alle Stoffe, die Bestandteile des Bauwerkes werden, wie Ziegel, Beton, Fassadenanker usw.
- **Bauhilfsstoffe** werden als Hilfsmittel zur Bauausführung gebraucht oder verbraucht und werden in der Regel nicht Bestandteile des Bauwerkes, wie Schalung, Gerüste, Absteifungen, Schalöl usw.
- **Baubetriebsstoffe** sind Energiestoffe, die für den Antrieb der Maschinen und Geräte oder zur Wärmeerzeugung benötigt werden, wie Benzin, Strom, Heizöl, aber auch Schmierstoffe usw.

Die Kosten dieser Materialien sind von den Preisen des Handels, den Transporten zur Baustelle und der Art der Behandlung und des Einsatzes auf der Baustelle abhängig. Einzelheiten hierzu sind dem Abschnitt 4.2.2 zu entnehmen.

2.2.3 Kapitalkosten

Kapitalkosten sind Kosten, die im Betrieb durch den Einsatz von Kapital für die Leistungserstellung entstehen. Da bis auf die Ausgaben für Zinsen auf das Fremdkapital und für Risiko-Versicherungen keine weiteren Ausgaben in der gleichen Abrechnungsperiode notwendig sind, handelt es sich bei Kapitalkosten überwiegend um kalkulatorische Kosten. Dazu gehören:

- Kosten für Abschreibungen
- Kapitalrisiken
- Zinsen.

2.2.3.1 Kosten für Abschreibungen

Sachanlagen wie Gebäude, Maschinen, Büroeinrichtungen u.a. unterliegen Wertminderungen durch Nutzung, Witterungseinflüsse und technische Überalterung.

Diese Wertminderungen werden im Rechnungswesen eines Unternehmens durch Abschreibungen berücksichtigt.

In der Unternehmensrechnung werden für die Bilanz die Abschreibungen als regelmäßige oder gelegentliche, buchmäßige Minderungen des Anlagevermögens errechnet.

Damit sollen

- die richtige Bewertung des vorhandenen Vermögens durchgeführt und die bilanzielle Vermögensübersicht erstellt werden,
- die Großausgaben für den Kauf von Maschinen, Bauwerken usw. entsprechend dem wirklichen Verbrauch auf den gesamten Nutzungszeitraum verteilt werden, damit die genaue Ermittlung des jährlichen Ergebnisses möglich ist,
- die Mittel für die Ersatzbeschaffung neuer Gegenstände des Anlagevermögens sichergestellt werden.

Die kalkulatorischen Abschreibungsbeträge müssen daher in die Preise einkalkuliert werden und als Einnahmen dem Unternehmen wieder zufließen. Die Höhe dieser bilanziellen Abschreibungen richtet sich nach den entsprechenden handels- oder steuerrechtlichen Bestimmungen, jedoch können bedarfsgemäß auch andere Abschreibungswerte angerechnet werden.

In der Kosten- und Leistungsrechnung werden dagegen kalkulatorische Abschreibungen errechnet, deren Höhe sich allein nach wirtschaftlichen Erwägungen richtet.

Zumeist steht dabei die reale Substanzerhaltung des Betriebsvermögens im Vordergrund.

Die Berechnung der jeweils zu berücksichtigenden Abschreibungsbeträge eines Zeitraumes geht unabhängig davon, zu welchem Zweck die Abschreibung benötigt wird, von folgenden Grundsätzen aus:

- **Abschreibungsgrundwert** – Dies ist der Ausgangswert, von dem abgeschrieben wird. Er entspricht ungefähr dem Anschaffungswert, wobei eventueller Schrottwert und Beseitigungskosten berücksichtigt werden müssen. Unter Umständen wird auch der Wiederbeschaffungswert berücksichtigt.

- **Abschreibungszeitraum** (Nutzungsdauer) – Dieser ergibt sich hauptsächlich aus der erwarteten Abnutzung, dem natürlichen Verschleiß, der technischen Überalterung und dem Verhältnis von Aufwendungen für Reparatur und Wartung zur erbrachten Leistung. Für die bilanziellen und steuerlichen Abschreibungen ist die Nutzungsdauer durch staatliche Vorschriften festgelegt. Die Nutzungsdauer für die kalkulatorische Abschreibung ergibt sich allein aus betrieblichen Belangen.
- **Verlauf der Abschreibung**. Dieser ist wichtig für die Wahl der Abschreibungsmethode und wird je nach der zu erwartenden Ausnutzung des Abschreibungsgegenstandes bzw. dem im Rechnungswesen verfolgten Zweck gewählt.

Der Verlauf der Abschreibung ist entscheidend für den jährlichen Abschreibungsbetrag. Im Einzelnen wird unterschieden zwischen:

- **Gleichmäßiger (linearer) Abschreibung**
  Sie wird durch gleiche Abschreibungsbeträge pro Periode gekennzeichnet. Diese Methode ist die einfachste und hat den Vorteil, dass sie die Produkte während der gesamten Abschreibungsdauer gleichmäßig belastet. Sie wird in der Kostenrechnung für die Abschreibung der Baumaschinen und Geräte nach BGL (Baugeräteliste) angewandt.

  Die jährliche Abschreibung a_i ergibt sich zu

  $$a_i = \frac{A}{n} \text{ [EUR]}$$

  wobei A den Abschreibungsgrundwert [EUR] und n die Anzahl der Nutzungsjahre darstellt.
- **Geometrisch-degressiver Abschreibung**
  Sie ist dadurch charakterisiert, dass in gleichbleibenden Prozentsätzen (p_a) vom jeweiligen Restwert (Buchwert) des Abschreibungsgegenstandes abgeschrieben wird. Es ergeben sich bei dieser Abschreibungsmethode sinkende Jahresabschreibungsbeträge, da der Restbuchwert des Abschreibungsgegenstandes von Jahr zu Jahr geringer wird. Damit werden die ersten Perioden kostenmäßig stärker belastet als die späteren. Am Ende der Nutzungsdauer verbleibt ein Restwert, der gesondert restlich abgeschrieben werden muss.

  Die Abschreibung a_i nach i Jahren beträgt:

  $$a_i = \left[A - \sum_{j=1}^{j=i-1} a_j\right] \cdot p_a \text{ [EUR]}$$
- **Arithmetisch-degressiver (digitaler) Abschreibung**
  Der Abschreibungsbetrag nimmt in diesem Fall in jedem Jahr um einen gleichbleibenden Anteil ab. Nach der geplanten Nutzungsdauer ist der Abschreibungsgegenstand vollständig abgeschrieben. Bei kurzen Abschreibungsdauern werden die ersten Abschreibungsbeträge in der Regel sehr groß. Der Abschreibungsbetrag für das i-te Jahr errechnet sich zu

  $$a_i = \frac{[n-(i-1)] \cdot A_0}{\sum_{j=1}^{j=n} j} \text{ [EUR]}$$

  wobei j die Zahl des jeweiligen Nutzungsjahres kennzeichnet.

Beispiel

Eine Baumaschine mit einem Neuwert von 6000,00 EUR soll in 6 Jahren abgeschrieben werden. Wie hoch ist der Abschreibungsbetrag für das erste Nutzungsjahr?

Lösung

- lineare Abschreibung: $a_i = \frac{6000{,}00}{6} = 1000{,}00$ EUR
- geometrisch-degressive Abschreibung

  Der Abschreibungsprozentsatz wird mit $p_a = 25$ % gewählt.

  $a_1 = 6000{,}00 \cdot 0{,}25 = 1500{,}00$ EUR

  $a_2 = (6000{,}00 - 1500{,}00) \cdot 0{,}25 = 1125{,}00$ EUR

  Restwert $A_R = 1067{,}00$ EUR
- arithmetisch-degressive Abschreibung:

$$a_1 = \frac{[6-(1-1)]\cdot 6000{,}00}{1+2+3+4+5+6} = 1715{,}00 \text{ EUR}$$

$$a_2 = \frac{[6-(2-1)]\cdot 6000{,}00}{1+2+3+4+5+6} = 1715{,}00 \text{ EUR}$$

Die arithmetisch-degressive Abschreibung ergibt in diesem Fall den höchsten Abschreibungsbetrag im ersten Jahr. Bild A. 2-8 zeigt den Verlauf der Abschreibung für die drei Verfahren.

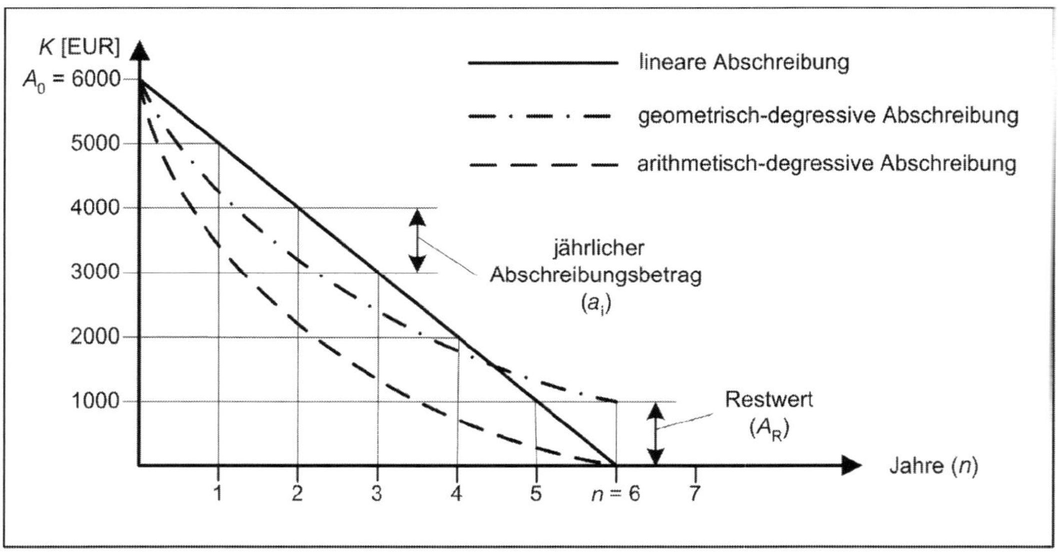

Bild A. 2-8: Vergleich der Abschreibungsverläufe

2.2.3.2 Kapitalrisiken

Bei jedem Einsatz von Kapital in einem Unternehmen besteht die Möglichkeit, Verluste zu erwirtschaften oder Gewinne zu erzielen; für den Fall des Eintritts von Verlusten aus einem Geschäft, d.h., dass das eingesetzte Kapital vermindert wird, muss der Verlust ausgeglichen werden können. In der Kalkulation wird dieses Risiko als Wagnis kostenmäßig erfasst. Soweit es sich um versicherte Risiken handelt, ist die Berücksichtigung einfach, weil der Verlust durch einen Schadensausgleich kompensiert wird. In allen anderen Fällen müssen für den Ansatz von Wagniskosten Erfahrungs- und Schätzwerte herangezogen werden.

2.2.3.3 Zinsen

Zinsen als Kosten fallen an für das Fremdkapital und für das im Betrieb investierte Eigenkapital. Der kalkulatorische Zins für Eigenkapital wurde lange nicht als Kostenteil anerkannt, weil der Gewinn teilweise Eigenkapitalverzinsung darstellt. Da aber das Eigenkapital genauso produktiv tätig ist wie das Fremdkapital, wird heute für beide Kapitalarten ein gemeinsamer kalkulatorischer Zinssatz für das betriebsnotwendige Kapital berücksichtigt (zur Berechnung vgl. Abschnitt 4.2.3.2 d).

2.2.4 Kosten der Fremdleistungen

Fremdleistungskosten sind Kosten für Leistungen, die nicht im eigenen Betrieb entstehen, sondern von Außenstehenden erbracht und in Rechnung gestellt werden.

In der Kosten- und Leistungsrechnung wird dabei differenziert nach

- Fremdarbeitskosten (Hilfsleistungen)
- Kosten der Nachunternehmerleistungen

Unter **Fremdarbeitskosten** werden Kosten für solche Leistungen verstanden, die von einem Fremdunternehmer zur Erstellung der Leistungen des Hauptunternehmers erbracht werden, wie z.B. Transportleistungen, Erdarbeiten, Montage von Fertigteilen, Bewehrungsarbeiten. Der Fremdunternehmer führt dabei nur die Arbeiten aus, ohne wesentliche Stoffe zu stellen, und übernimmt dabei in der Regel keine Gewährleistung.

Kosten der Nachunternehmerleistungen entstehen für Bauleistungen, die in sich abgeschlossen sind, wie Estricharbeiten, Ausbauarbeiten für schlüsselfertige Bauten, Isolierarbeiten usw. Für diese Arbeiten übernimmt der Nachunternehmer sämtliche Gewährleistungspflichten.

Es ist zu beachten, dass in der Unternehmensrechnung in der Regel Fremdleistungen bzw. Nachunternehmerleistungen und die dafür erforderlichen Aufwendungen anders abgegrenzt werden als in der Kosten- und Leistungsrechnung.

2.2.5 Kosten der Allgemeinheit

Die Gruppe der Kosten der Allgemeinheit umfasst Steuern und Abgaben, die das Unternehmen zum Bestreiten der öffentlichen Ausgaben zu entrichten hat. Zu nennen sind hier z.B. Vermögensteuer, Gewerbesteuer, Kraftfahrzeugsteuer, Verbrauchssteuern. Keine Kosten stellen dagegen die Einkommen- und Körperschaftsteuer dar, da sie nicht betriebsbedingt sind, sondern vom Gewinn abhängen.

2.3 Kostenrechnungssysteme

2.3.1 Vollkostenrechnung – Teilkostenrechnung

Je nachdem, in welchem Umfang die Kosten auf die einzelnen Kostenträger verrechnet werden sollen, kann man bei der Kosten- und Leistungsrechnung zwei Verrechnungssysteme unterscheiden:

- Vollkostenrechnung
- Teilkostenrechnung.

Der wesentliche Unterschied bei diesen beiden Systemen besteht darin, in welchem Maße die Gemeinkosten auf das einzelne Produkt bzw. die einzelne Kostenstelle verrechnet werden.

2.3.1.1 Vollkostenrechnung

Wird im Betrieb ein System der Vollkostenrechnung gewählt, so werden sämtliche Kosten (Einzel- und Gemeinkosten) der Leistungserstellung den einzelnen Kostenträgern zugerechnet. Das System wird durch zwei aufeinander folgende Stufen gekennzeichnet:

- Stufe 1: Zurechnung der Kosten, die vom Kostenträger verursacht werden und ihm unmittelbar als direkte Kosten (Einzelkosten) zugerechnet werden können.
- Stufe 2: Zurechnung der Gemeinkosten aus den Kostenstellen mithilfe von Verrechnungssätzen oder prozentualen Zuschlagssätzen. Diese Kosten können also nur indirekt errechnet und den Kostenträgern angelastet werden.

Für jeden Kostenträger wird bei der Vollkostenrechnung ein Ergebnis ausgewiesen; die Summation dieser Ergebnisse ergibt direkt das Betriebsergebnis.

In der Bauwirtschaft basieren die meisten Kalkulations- und Betriebsabrechnungsverfahren auf der Vollkostenrechnung. Insbesondere gilt dies für die Kalkulationsverfahren über die Angebotssumme (Abschnitt 4.3) und mit vorausbestimmten Zuschlägen (Abschnitt 4.4).

2.3.1.2 Teilkostenrechnung

Bei der Teilkostenrechnung wird nur ein Teil der Kosten auf die Kostenträger verrechnet. Auch hierbei werden die Einzelkosten dem Kostenträger direkt zugerechnet. Die Gemeinkosten des Betriebes werden in Abhängigkeit vom Beschäftigungsgrad in fixe und variable Kosten getrennt. Nach der Behandlung der Fixkosten unterscheidet man dann

- die Grenzkostenrechnung
- die Deckungsbeitragsrechnung.

Bei der **Grenzkostenrechnung** oder dem amerikanischen direct-costing werden nur noch die variablen Kosten den Kostenträgern zugerechnet, während die fixen Kosten erst in der Ergebnisrechnung des Gesamtbetriebes berücksichtigt werden.

Für die Bauwirtschaft hat nur die **Deckungsbeitragsrechnung** als Fixkostendeckungsrechnung eine gewisse Bedeutung.

2.3.2 Grundlagen der Deckungsbeitragsrechnung

Die Deckungsbeitragsrechnung geht in ihrem Ursprung davon aus, dass für ein zu verkaufendes Produkt ein **Marktpreis** vorhanden ist, der sich aufgrund von Angebot und Nachfrage ergibt. Ist dieser Preis festgelegt, so ist ein Entscheidungskriterium, ob das Produkt von dem Unternehmen gefertigt werden soll, der **Deckungsbeitrag**.

Zu seiner Ermittlung werden die Kosten des Betriebes generell zwei Kostenkategorien zugeordnet:

1. den **direkten Kosten**, die einem Produkt oder einem Bauauftrag direkt zugeordnet werden können, weil sie von ihnen veranlasst werden. Sie werden hier vereinfachend auch als variable Kosten bezeichnet.
2. den **fix behandelten Kosten**, die dem Unternehmen sowieso entstehen, ob ein Auftrag durchgeführt wird oder nicht, wie z.B. Kosten für die Unternehmensleitung, Abschreibung und Verzinsung für vorhandene Gebäude, Maschinen.

Der Deckungsbeitrag ist nun derjenige Betrag, der nach Abzug aller direkten Kosten vom **Erlös** (Marktpreis) übrigbleibt, und der zur Deckung der fix behandelten Kosten und zur Erzielung eines Gewinnes beiträgt:

Erlös (eines Auftrages)

./. **direkte Kosten** (des Auftrages)

= **Deckungsbeitrag** (des Auftrages)

Ob dieser Deckungsbeitrag angemessen im Verhältnis zu dem anderer Aufträge oder zu den Gewinnerwartungen des Unternehmens ist, kann nur über zusätzliche Betrachtungen entschieden werden.

Der Nachweis, ob die fix behandelten Kosten des Unternehmens gedeckt werden, kann nicht auftragsbezogen, sondern nur zeitbezogen für das gesamte Unternehmen erfolgen. Die Erfolgsrechnung des Unternehmens auf einen Zeitraum bezogen ergibt:

Deckungsbeitrags-Summe (aller Aufträge eines Zeitraumes)

./. **fix behandelte Kosten** (des Betriebes für einen Zeitraum)

= **Betriebsergebnis** (des Zeitraumes)

Dem Unternehmen entsteht erst dann ein Gewinn, wenn die Deckungsbeitrags-Summe aller Aufträge eines Zeitraumes größer ist als die fix behandelten Kosten des gleichen Zeitraumes (vgl. Bild A. 2-9).

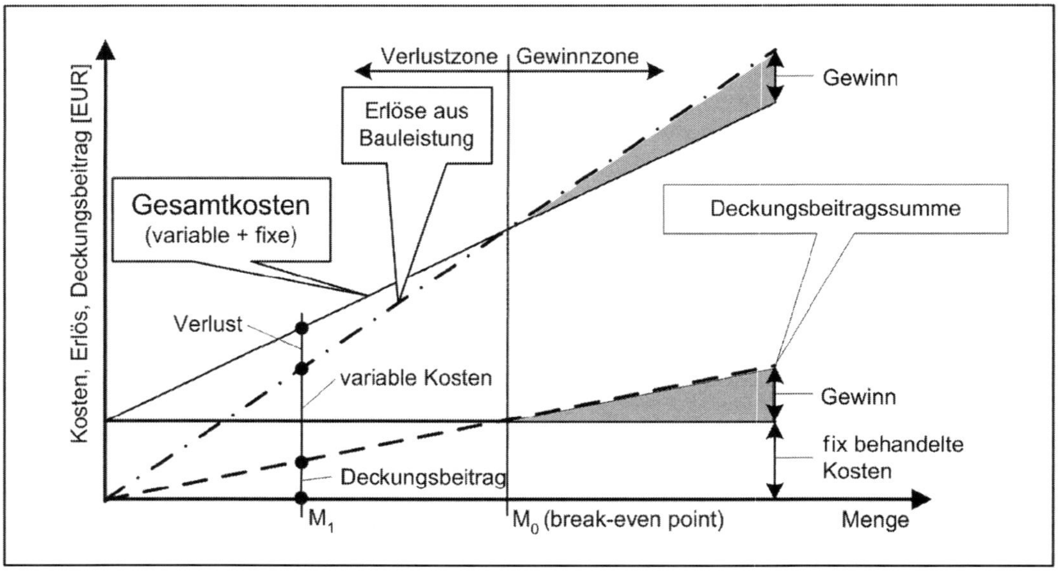

Bild A. 2-9: Abhängigkeit des Gewinns vom Deckungsbeitrag

Die fixen Kosten des Betriebes können nun weitergehend nach Baustellen, Bausparten oder Auftragsgruppen differenziert werden. Dadurch ermöglicht die Betriebsergebnisrechnung eine marktorientiertere Planungsrechnung als die Vollkostenrechnung.

Für die Kalkulation von Bauobjekten zur Ermittlung von Preisen muss in der Bauwirtschaft die Deckungsbeitragsrechnung so modifiziert werden, dass die vollen Kosten des Bauobjektes errechnet werden können. Ein Verfahren dazu wird im Abschnitt 6.4 gezeigt.

2.4 Grundzüge einer Kennzahlenrechnung

2.4.1 Aufgaben und Gliederung der Kennzahlen

Betriebliche Kennzahlen sind alle Zahlen, die in konzentrierter Form über einen zahlenmäßig erfassbaren, betriebswirtschaftlichen Tatbestand informieren. Durch diese Zahlen sollen der Unternehmensführung zweckorientierte, spezielle Erkenntnisse über betriebliche Strukturen und Prozesse vermittelt werden.

Kennzahlen können nach ihrem statistisch-methodischen Charakter sein:

Absolute Zahlen

- Bestandszahlen (auf einen Zeitpunkt bezogene Zahlen, wie z.B. Gerätebestand)
- Bewegungszahlen (auf einen Zeitraum bezogene Zahlen, wie z.B. Gewinn, Umsatz)

Relativzahlen

- Gliederungszahlen (Verhältnis einer Teilmasse zur Gesamtmasse, z.B. Lohnkosten in [%] der Gesamtkosten)
- Beziehungszahlen (Verhältnis zweier gleichgeordneter, aber wesensverschiedener Größen, z.B. Gewinn/Bauleistung)

- Indexzahlen (Veränderung einer Größe im Zeitablauf, wobei der Wert zu einem bestimmten Zeitpunkt als Basis = 100 gesetzt wird, z.B. Preisindex)

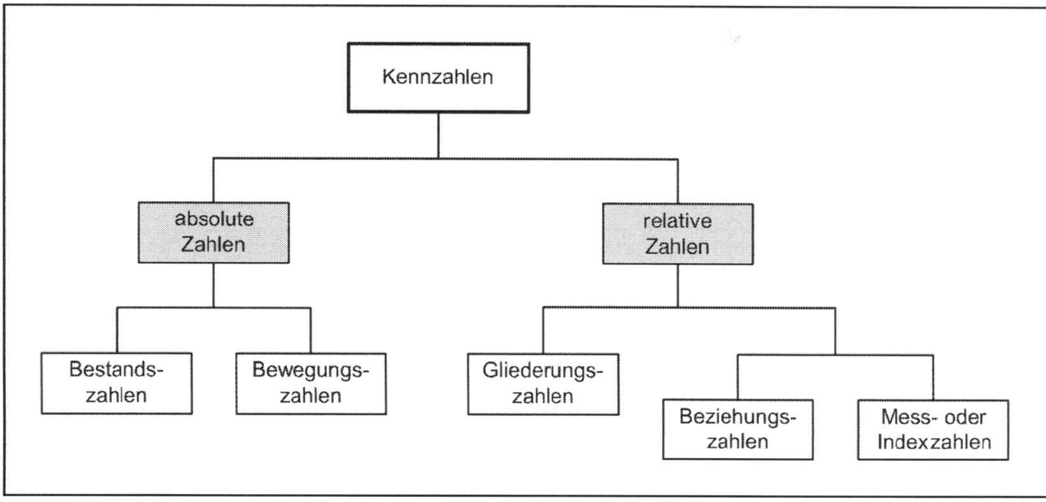

Bild A. 2-10: Arten von Kennzahlen

Da Kennzahlen vor allem der betrieblichen Steuerung dienen sollen, müssen sie auf die jeweiligen Ziele des Unternehmens abgestimmt sein. Bezieht man die aus Zielgrößen abgeleiteten betrieblichen Vorgabewerte als Plan- oder Sollwerte (A_{soll}) mit in die Kennzahlenrechnung ein und vergleicht sie mit den entsprechenden Istwerten (A_{ist}), so lassen die abgeleiteten Kennzahlen Aussagen über das betriebliche Geschehen zu.

Absolute Abweichung	Relative Abweichung
$\Delta A = A_{soll} - A_{ist}$	$a = \frac{A_{soll} - A_{ist}}{A_{soll}} \cdot 100\ [\%]$

Kennzahlen sollten jedoch nie isoliert betrachtet werden, sondern müssen in Bezugnahme auf die betrieblichen Strukturen und Prozesse möglichst in einem System geordnet und gewertet werden. Welche Kennzahlen im Einzelnen für den Betrieb wichtig sind, lässt sich nur von der jeweiligen Unternehmensführung entscheiden.

Die nachfolgenden allgemeinen Kennzahlen werden allerdings recht häufig verwendet, wobei hier die Wertebenen des Unternehmens (vgl. Abschnitt 2.1.3) als Gliederungskriterium herangezogen werden.

2.4.2 Ausgewählte Betriebskennzahlen

2.4.2.1 Unternehmensbezogene Kennzahlen

Zur Kennzeichnung der Liquidität des Unternehmens dient die Liquiditätsreserve (LR):

$$LR = \text{Zahlungsmittelbestand} + \text{Einnahmen} - \text{Ausgaben [EUR]}$$

Das Gewinnziel eines Unternehmens wird durch die Kennzahl

$$\text{Rentabilität} = \frac{\text{Ergebnis}}{\text{Kapital}} \cdot 100\ [\%]$$

gekennzeichnet. Das Ergebnis in Bezug auf das Eigen-, Gesamt- oder betriebsnotwendige Kapital kann sehr gut zum Ausdruck bringen, mit welchem Einsatz ein Gewinn erreicht wird; denn bei gleichem Gewinn von z.B. 1,0 Mio. EUR kann das eingesetzte Kapital recht unterschiedlich sein.

Das Ergebnis in Bezug auf die Bauleistung charakterisiert die

$$\text{Umsatzrentabilität} = \frac{\text{Ergebnis}}{\text{Bauleistung}} \cdot 100\ [\%]$$

Diese Größe spielt für die Preisermittlung in der Kalkulation eine Rolle.

2.4.2.2 Betriebsbezogene Kennzahlen

Für das Gewinnziel des Unternehmens ist in der Kostenrechnung als wichtigste Entscheidungsgröße heranzuziehen:

$$\text{Kalkulatorisches Ergebnis} = \text{Leistung} - \text{Kosten}\ [\text{EUR}]$$

Für betriebliche Belange im Rahmen der Auftragsabwicklung ist die Minimierung der Kosten zu verfolgen. Dazu kann als Kennzahl die

$$\text{Kostenwirtschaftlichkeit} = \frac{\text{Kosten}}{\text{Leistung}} \cdot 100\ [\%]$$

herangezogen werden.

Soll mehr die produktwirtschaftliche Seite herausgestellt werden, so ist die

$$\text{Produktivität} = \frac{\text{Leistungsergebnis}}{\text{Leistungseinsatz}} \cdot 100\ [\%]$$

d.h. das Verhältnis von erstellter Leistung zu einem Einsatzfaktor heranzuziehen. Hierzu gehört z.B. die

$$\text{Arbeitsproduktivität} = \frac{\text{Bauleistung}}{\text{Arbeitskräfte}} \left[\frac{\text{EUR}}{\text{AK}}\right]$$

Lohnstundenaufwands- oder Geräteleistungswerte (vgl. Abschnitt 4) sind weitere Produktivitätskennzahlen.

B Kalkulation in der Bauwirtschaft

3 Grundlagen der Kalkulation

3.1 Ausschreibung und Vergabe

Besteht ein Bedarf zur Errichtung eines neuen Bauwerks, muss der **Bauherr** zunächst in einer Voruntersuchung seine Vorstellung in Bezug auf Funktion, Lage, Größenordnung und Aussehen des Bauwerks festlegen (vgl. Ablaufdiagramm Bild B. 3-1). Danach wird von einem durch ihn beauftragten Architekten ein Vorentwurf erstellt. Eine darauf basierende Kostenschätzung gibt dem Bauherrn die Möglichkeit, die Finanzierung durchzuplanen. Nach Sicherstellung der Finanzierung und Einholen der bauaufsichtlichen Genehmigung kann im Zusammenwirken von Architekt und Fachingenieuren für Statik und technische Ausbaugewerke der endgültige Entwurf erstellt werden. Die Ausführungsplanung und eine ergänzende Baubeschreibung dienen als Grundlage für die Aufstellung eines **Leistungsverzeichnisses**, in dem jede Einzelleistung qualitativ und quantitativ festgelegt wird.

Das Leistungsverzeichnis wird zusammen mit den ergänzenden Vorbemerkungen über Vertragsbedingungen, Zahlungsfristen und Terminvorstellungen für die Einholung von Preisangeboten – die **Ausschreibung** – benutzt.

Aufgrund der **Ausschreibungsunterlagen**, speziell des Leistungsverzeichnisses, ermittelt der **Bauunternehmer** in der Vorkalkulation die Selbstkosten für die Erstellung des Bauwerks. Zusammen mit einem Gewinn- und einem Wagnisanteil ergeben die Selbstkosten den Angebotspreis (netto).

Dieser Preis richtet sich u.a. nach der Auftragslage des Unternehmens, dem angestrebten Gesamtumsatz und der Einschätzung der Marktlage, wobei die mitanbietenden Unternehmen und ihre Preisgestaltung dem Bauunternehmer nicht bekannt sind. Das **Angebot** wird dem Bauherrn übersandt.

Der Bauherr muss nun die Angebote der einzelnen konkurrierenden Bauunternehmen vergleichen. Da er die Leistung seines zukünftigen Auftragnehmers noch nicht kennt, muss er in den meisten Fällen davon ausgehen, dass das Angebot mit den niedrigsten Angebotspreisen für ihn das günstigste ist. Er sollte bei der **Vergabe** aber nur solche Angebote berücksichtigen, die von technisch und wirtschaftlich zuverlässigen Bietern stammen und deren Preise ihm für seine erwarteten Leistungen auskömmlich erscheinen. In den Auftragsverhandlungen zwischen Bauherr und Bauunternehmer werden noch offene technische und preisliche Probleme geklärt. Nach Würdigung aller Umstände wird dann der Auftrag an denjenigen Bieter vergeben, der dem Bauherrn durch Leistungsfähigkeit und Preiswürdigkeit am geeignetsten erscheint.

Das zuvor aufgezeigte Verfahren beschreibt zunächst das Vorgehen zum Abschluss eines Einheitspreisvertrages auf Basis eines in Teilleistungen untergliederten Leistungsverzeichnisses. Dieses wäre auch geeignet, um eine Pauschalvergütung zu vereinbaren, bei der das vertragliche Leistungssoll detailliert beschrieben ist. Beabsichtigt der Bauherr beispielsweise, auch die Planungsleistung (nur Ausführungsplanung oder Ausführungsplanung einschließlich Entwurfsplanung) auszuschreiben, kann an Stelle eines Leistungsverzeichnisses auch eine funktionale Beschreibung der Bauaufgabe, gegebenenfalls auch bereits mit Raumbuch (Ausstattungsbeschreibung einzelner Räume), der Ausschreibung zugrunde gelegt werden (vgl. Abschnitte 3.3.2 und 5.3).

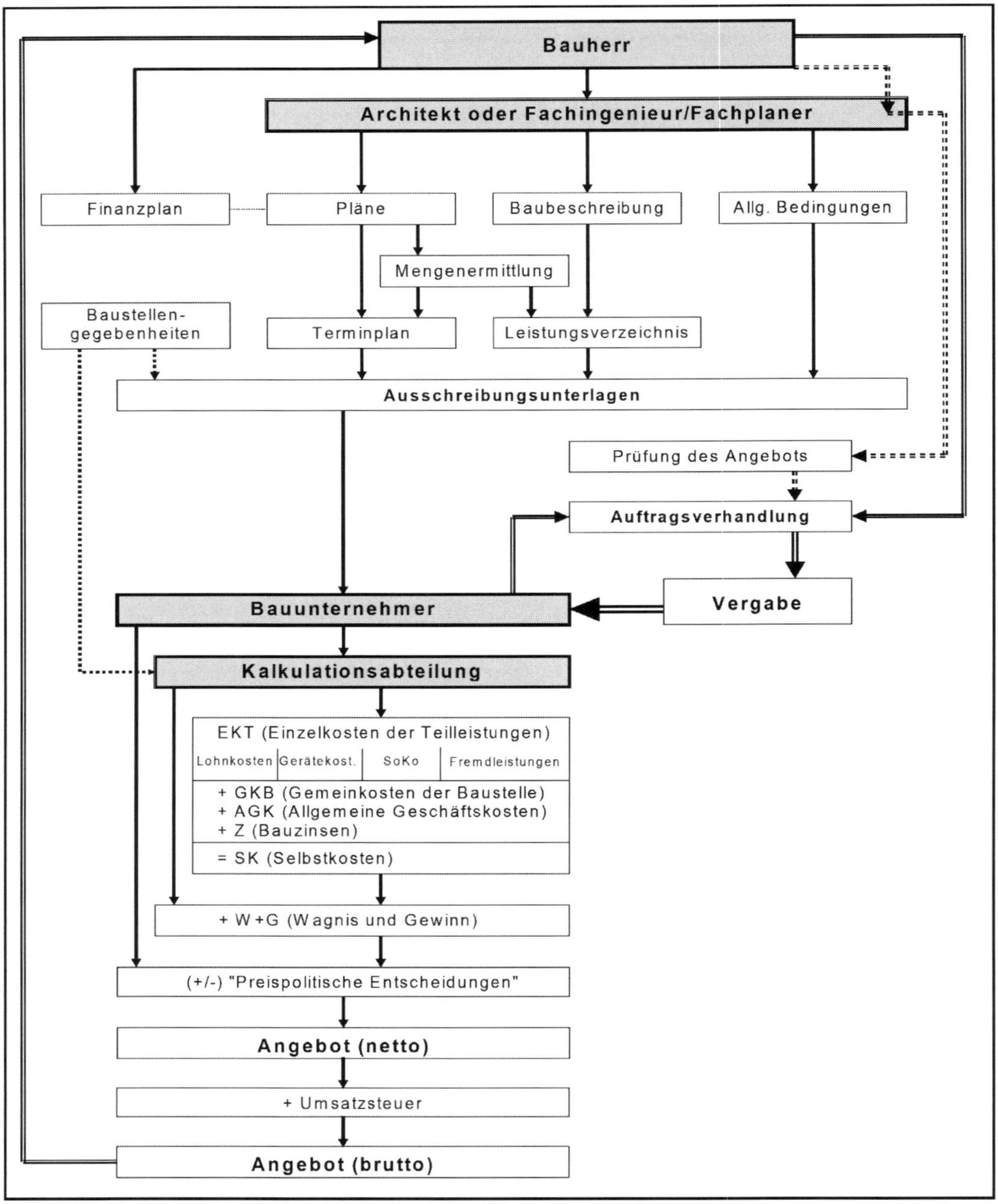

Bild B. 3-1: Ablauf von der Planung bis zur Vergabe

3.2 Bauvertrag

Für den zwischen Auftraggeber und Auftragnehmer zu vereinbarenden Bauvertrag sind die vertragsrechtlichen Grundlagen im BGB (Bürgerliches Gesetzbuch) [22] verankert. Das allgemeine „Werkvertragsrecht" ist in den §§ 631 bis 650 BGB erfasst und das bauspezifische Recht zum „Bauvertrag" wurde mit Gültigkeit ab 01.01.2018 in den neu aufgenommenen §§ 650a bis 650h BGB in Kraft gesetzt. In den weiteren Paragraphen wurden ergänzend die vertraglichen Grundlagen zum „Verbraucherbauvertrag" (§§ 650i bis 650o), zum „Architekten- und Ingenieurvertrag" (§§ 650p bis 650t) sowie zum „Bauträgervertrag" (§§ 650u bis 650v) neu im BGB aufgenommen.

Um den darüber hinausgehenden besonderen Bedingungen des Bauwesens Rechnung zu tragen, werden bei öffentlichen Bauaufträgen regelmäßig und sehr häufig auch bei privaten Bauverträgen die Allgemeinen Vertragsbedingungen für die Ausführung von Bauleistungen (VOB Teil B) der Vergabe- und Vertragsordnung für Bauleistungen (VOB)) ([33a], [33b]) vereinbart. Nach § 1 Absatz 1 Satz 2 VOB/B werden damit auch die Allgemeinen Technischen Vertragsbedingungen (ATV/VOB Teil C) Vertragsbestandteil.

Der Bauvertrag wird somit im Wesentlichen die Verdingungsunterlagen der Ausschreibung, die Angebotspreise des Bieters, die Ergebnisse der Auftragsverhandlung (Verhandlungsprotokolle) und die Zuschlagsbestätigung (Auftragsschreiben) des Auftraggebers enthalten.

<table>
<tr><th colspan="3">Bauvertrag</th></tr>
<tr><td colspan="2">Verdingungsunterlagen
§ 8 VOB/A; § 1 Absatz 2 VOB/B</td><td rowspan="5">Angebot
+
Zuschlag
(§ 18 VOB/A)</td></tr>
<tr><td>Technischer Inhalt</td><td>Rechtlicher Inhalt</td></tr>
<tr><td>(1) Leistungsbeschreibung</td><td>(2) Besondere Vertragsbedingungen (BVB)</td></tr>
<tr><td>(4) Zusätzliche Technische Vertragsbedingungen (ZTV)</td><td>(3) Zusätzliche Vertragsbedingungen (ZVB)</td></tr>
<tr><td>(5) Allgemeine Technische Vertragsbedingungen für Bauleistungen (ATV), VOB/C</td><td>(6) Allgemeine Vertragsbedingungen für die Ausführung von Bauleistungen, VOB/B</td></tr>
</table>

Bild B. 3-2: Bauvertrag; (1) bis (6) ist die Rangfolge der Verdingungsunterlagen nach § 1 Absatz 2 VOB/B

(1) Leistungsbeschreibung (siehe Abschnitt 3.3)

(2) **BVB:** Besondere Vertragsbedingungen sollen die besonderen Verhältnisse des speziellen Bauwerks enthalten (z.B.: Ausführungsfristen, Baustellenbedingungen, wie z.B. Zufahrtswege, Versorgungsanschlüsse).

(3) **ZVB:** Zusätzliche Vertragsbedingungen sollen im Regelfall die allgemeinen Vertragsbedingungen ergänzen, konkretisieren bzw. durch neue Regelungen ersetzen. Sie werden in der Regel von Auftraggebern verfasst, die wiederholt vergleichbare Bauwerke errichten (z.B.: öffentliche AG, gewerbliche/industrielle AG).

(4) **ZTV:** Zusätzliche Technische Vertragsbedingungen sollen die ergänzenden technischen Hinweise und Bedingungen enthalten, die nicht oder anders in den ATV geregelt sind (ZTV haben Vorrang vor ATV).

(5) **ATV:** Allgemeine Technische Vertragsbedingungen, VOB/C enthalten die „Allgemeinen Regelungen für Bauleistungen jeder Art" (ATV DIN 18299) sowie über 60 leistungs- bzw. gewerkespezifische Allgemeine Technische Vertragsbedingungen in den ATV DIN 18300 „Erdarbeiten" bis ATV DIN 18459 „Abbruch- und Rückbauarbeiten". In diesen ATV sind technische Hinweise (Vertragsbedingungen) zu den zu verarbeitenden Stoffen, zur Ausführung, zur Abgrenzung von Nebenleistungen und besonderen Leistungen sowie zur Abrechnung beschrieben.

(6) **VOB/B:** Allgemeine Vertragsbedingungen beinhalten in 18 Paragraphen die Vertragsbedingungen, z.B. betreffend die Vergütung, Ausführung, Fristen, Behinderung, Kündigung, Haftung, Vertragsstrafe, Abnahme, Mängelansprüche, Abrechnung, Zahlung, Sicherheitsleistung und Streitigkeiten.

3.3 Leistungsbeschreibung

Die zu erbringende Bauleistung ist so eindeutig und erschöpfend zu beschreiben, dass alle Bewerber die Beschreibung im gleichen Sinne verstehen müssen. Diese allgemeinen Anforderungen an eine Leistungsbeschreibung sind in § 7 VOB/A (VOB Teil A: Allgemeine Bestimmungen für die Vergabe von Bauleistungen) festgelegt (siehe Abschnitt 6.5).

Sie werden dadurch erfüllt, dass die Leistungen durch eine **Baubeschreibung**, ein **Leistungsverzeichnis** sowie – wenn erforderlich – durch **Pläne und Gutachten** beschrieben werden. Das Leistungsverzeichnis ist eine genaue quantitative und qualitative Beschreibung der einzelnen Teilleistungen, die zur Erstellung des geplanten Bauobjektes erforderlich sind (vgl. Abschnitt 3.3.1). Es ermöglicht dem Anbieter der Bauleistung, seine Angebotspreise für die Teilleistungen einzutragen. Der Teil A der VOB sieht die Ausschreibung einer Bauleistung auf Grundlage eines in Teilleistungen gegliederten Leistungsverzeichnisses als Regelfall vor.

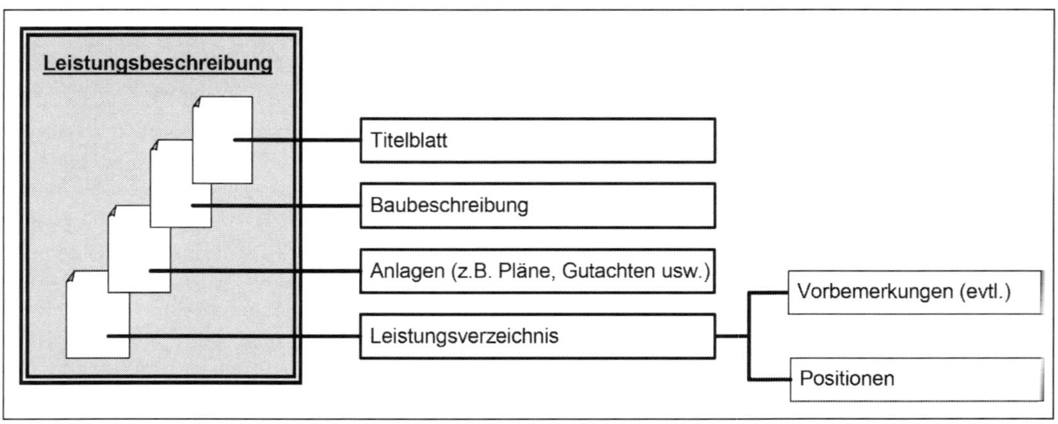

Bild B. 3-3: Gliederung der Leistungsbeschreibung (LB) nach § 7 VOB/A

Die Leistungsbeschreibung mit **Leistungsprogramm** (funktionale Leistungsbeschreibung), bei der nur die Funktion der fertigen Bauleistung und die an sie gestellten technischen, gestalterischen oder funktionsbedingten Anforderungen beschrieben sind, wird heute ebenfalls sehr häufig angewandt (vgl. Abschnitt 3.3.2).

3.3.1 Leistungsverzeichnis (LV)

3.3.1.1 Gliederung des LV

Für die Aufstellung des LV werden die Leistungen des gesamten Bauwerks in solche Leistungsgruppen (Gewerke) eingeteilt, deren Ausführung bestimmten einheitlichen Gewerkebetrieben übertragen werden kann. Die VOB/C (Allgemeine Technische Vorschriften für Bauleistungen) nennt über 60 solcher Gewerke, wie z.B.:

- Erdarbeiten ATV DIN 18 300
- Wasserhaltungsarbeiten ATV DIN 18 305
- Mauerarbeiten ATV DIN 18 330
- Betonarbeiten ATV DIN 18 331
- Maler- und Lackierarbeiten – Beschichtungen ATV DIN 18 363
- Gas-, Wasser- und Entwässerungsanlagen innerhalb von Gebäuden ATV DIN 18 381

Diese Gewerke werden im LV nach **Titeln** geordnet zusammengestellt, wobei die Titel im Allgemeinen den Gewerken entsprechen. Neben den Gewerken kann ein weiterer Titel für die gesonderte Erfassung der Baustelleneinrichtung, -vorhaltung und -räumung vorgesehen werden. Wird hierauf verzichtet, so stellen diese Leistungen gemäß ATV DIN 18299, Abschnitt 4.1, „Nebenleistungen" dar, die auch ohne Aufnahme im Leistungsverzeichnis zur vertraglichen Leistung gehören und deren Kosten in die zu vereinbarenden Preise der Bauleistungen einzukalkulieren sind.

3.3.1.2 Technische Vorbemerkungen

Dem eigentlichen Leistungsverzeichnis bzw. den einzelnen Titeln sind zumeist besondere technische Vorbemerkungen vorangestellt, die für den entsprechenden LV-Abschnitt allgemeingültig sind. Hierbei handelt es sich insbesondere um technische Erläuterungen zur Ausführung und Abrechnung der Arbeiten. Bestimmungen, die in den Allgemeinen Technischen Vertragsbedingungen (ATV) der VOB/C enthalten sind, brauchen hier jedoch nicht mehr genannt zu werden.

3.3.1.3 Teilleistungen (Positionen)

Grundlage für die Beschreibung der Teilleistungen eines jeden Gewerkes sind eine ausführungsreife Planung und ergänzende Baubeschreibungen.

Die Teilleistungen, auch Positionen genannt, sollen möglichst genau abgegrenzte Einzelleistungen sein, die einheitlichen Leistungsmerkmale hinsichtlich Materialgüte und Ausführungsart aufweisen. Sie sollen soweit wie möglich auch nur von Facharbeitern der gleichen Berufsgruppe, wie Einschaler, Betonierer, Maurer usw., ausgeführt werden.

Am Beispiel des Gewerks „Betonarbeiten" wird die Beschreibung der Teilleistungen erläutert.

Das Bauwerk wird zunächst nach Bauteilen untergliedert, wie z.B.:

- Sauberkeitsschichten,
- Fundamente,
- Wände,
- Stützen,

- Unterzüge und Balken,
- Decken,
- Treppen und Podeste.

Bei Betonarbeiten (hier als Stahlbeton) ist eine weitere Unterteilung in die Arbeitsvorgänge

- Schalen mit der Abrechnungseinheit m^2
- Bewehren mit der Abrechnungseinheit t
- Betonieren mit der Abrechnungseinheit je nach Bauteil (vgl. ATV DIN 18331)

zu empfehlen.[1]

Des Weiteren ist eine Klassifizierung nach Material- bzw. Ausführungsgüte der zu erstellenden Arbeiten, wie z.B. beim Beton nach den Betonfestigkeitsklassen C12/15, C16/20, C20/25, C25/30, C30/37, vorzunehmen.

Im Leistungsverzeichnis werden die einzelnen Teilleistungen durchnummeriert („OZ" = Ordnungszahl, bzw. „Pos." = Position), die aus den Plänen ermittelten Mengen als sogenannter Vordersatz eingetragen und der Beschreibung zugeordnet (vgl. Bild B. 3-4). Für jede Teilleistung muss der anbietende Unternehmer den Einheitspreis eintragen und aus dem Vordersatz, multipliziert mit dem Einheitspreis, den Gesamtpreis der Position bilden.

OZ (Pos.)	Menge	Einheit	Text	Einheitspreis (EP) [EUR/Einh.]	Gesamtpreis (GP) [EUR]
35	*500*	*m²*	*Ortbeton der Außenwände* *d = 24,0 cm* *als Stahlbeton C25/30*	................,......	................,......

Bild B. 3-4: Beispiel für eine Leistungsbeschreibung

In den Allgemeinen Technischen Vertragsbedingungen (VOB/C) ist genau abgegrenzt, welche Leistungsteile zu einer solchen Beschreibung als sogenannte Nebenleistungen gehören, ohne dass sie im Leistungsverzeichnis ausdrücklich erwähnt sind. Zu der in Bild B. 3-4 aufgeführten Leistung gehören danach u.a. die Lieferung der dazugehörigen Bau- und Betriebsstoffe, die Messungen für das Anlegen der Wände, das Beseitigen des Abfalls aus dem Bereich des Auftragnehmers (vgl. ATV DIN 18 299 und ATV DIN 18 331, jeweils Abschnitt 4.1).

3.3.2 Funktionale Leistungsbeschreibung)

Die funktionale Leistungsbeschreibung, die auch als Leistungsbeschreibung mit Leistungsprogramm bezeichnet wird, beschreibt nicht Bauleistungen im Einzelnen, sondern vorrangig eine Bauaufgabe entsprechend ihrer Funktion und Gestaltung als Ganzes. Es kann hierbei sowohl der Entwurf der Leistung als auch die technisch, wirtschaftlich und gestalterisch beste sowie die funktionsgerechteste Lösung der Bauaufgabe dem Wettbewerb unterstellt werden.

1 DIN 18331 Betonarbeiten: 0.2 Angaben zur Ausführung: „Anzahl, Art, Lage und Maße der Bauteile getrennt nach Beton, Schalung und Bewehrung."

Für den Auftraggeber ergeben sich aus einer funktionalen Leistungsbeschreibung sowohl Vor- als auch Nachteile gegenüber der Ausschreibung mit Leistungsverzeichnis.

Günstig für den Auftraggeber kann es sein, wenn dem Bieter ein größerer Freiraum z.B. bei der Produktwahl und der Art der Ausführung gelassen wird, wodurch der Bieter eventuell besondere Lieferantenkonditionen sowie sein individuelles Planungs-Know-how für die Ausführungs- und Fertigungsplanung einbringen und bei der Preisbildung berücksichtigen kann.

Von Nachteil kann in diesem Fall allerdings sein, dass der Auftraggeber bei der Wertung der vorliegenden Angebote neben dem Preis auch die individuellen Leistungsinhalte miteinander vergleichen muss und darüber hinaus einen geringeren Einfluss auf die zur Ausführung kommenden Details hat. Darüber hinaus erweist es sich oft als problematisch, nachträgliche Wünsche des AG vom vertraglich vereinbarten Bausoll eindeutig abzugrenzen.

Auch an eine funktionale Leistungsbeschreibung wird der Anspruch gestellt, dass die Leistung eindeutig und so erschöpfend zu beschreiben ist, dass alle Bewerber die Beschreibung im gleichen Sinne verstehen müssen. Allerdings wird sich dieser Grundsatz nun nicht mehr zwingend auf die einzelnen Teilleistungen beziehen, sondern auf das vom Auftraggeber erwartete und von ihm nach funktionalen und gestalterischen Gesichtspunkten vordefinierte Gesamtergebnis der Bauaufgabe.

Hierbei liegt es im Ermessen des Auftraggebers, inwieweit er selbst Entwurfsvorgaben, Leitdetails und Ausführungsstandards differenziert vorgibt oder die Auswahl – einschließlich der Planung – dem Bieter respektive Auftragnehmer überlässt.

In jedem Fall ist es aber erforderlich, eine mindestens so umfassende Beschreibung der Bauaufgabe vorzulegen, damit der Bieter alle für die Entwurfsbearbeitung und das Preisangebot maßgebenden Bedingungen und Umstände erkennen kann. Hierzu können, neben den ebenfalls erforderlichen Besonderen Vertragsbedingungen (wie z.B. Angaben zum Baugelände oder Ausführungstermine), die Beschreibung

- des Zwecks der fertigen Leistung (z.B. Laborgebäude für med. Zwecke)

sowie die an sie gestellten

- technischen (z.B. Klimatisierung),
- wirtschaftlichen (z.B. betreffend die Betriebskosten),
- gestalterischen (z.B. Anpassung an bestehende Gebäude) und
- funktionsbedingten (z.B. Beleuchtung/Verdunklung)

Anforderungen gehören.

Häufig findet die Beschreibung mittels (Vor-)Entwurfsplänen, Raumbüchern und gegebenenfalls bereits in Muster-Leistungsverzeichnissen (eventuell unter Angabe unverbindlicher Mengen) statt, wobei alle nicht im Einzelnen beschriebenen, für die Funktionstüchtigkeit aber erforderlichen Elemente durch „Komplettheitsklauseln" (z.B. „komplette und schlüsselfertige" oder „fix und fertige" Herstellung) in die Vertragsleistung integriert werden.

Der Auftraggeber wird in der Regel die – aus seiner Sicht – wichtigen Vorgaben nennen und alle weiteren Detailfragen durch den Bewerber ergänzen lassen, wobei er sich aber Planprüfungen und Bemusterungen vorbehalten kann.

3.3.3 Standardisierte Ausschreibungshilfen

3.3.3.1 Übersicht

Für die Erstellung von Leistungsverzeichnistexten werden von unterschiedlichen Anbietern Standardtexte zur Verfügung gestellt, die sowohl den Bearbeitungsaufwand reduzieren als auch eine vertrags- und rechtssichere Textgestaltung sicherstellen können. Häufig anzutreffende Standardtexte sind beispielsweise:

- **STLB-Bau (Dynamische BauDaten) [27]**[2]
  Aufgestellt vom Gemeinsamen Ausschuss Elektronik im Bauwesen (GAEB), datentechnisch umgesetzt von Dr. Schiller & Partner GmbH, herausgegeben vom DIN Deutsches Institut für Normung e.V.
- **Standardleistungskatalog für den Straßen- und Brückenbau (STLK) [28]**
  Aufgestellt von den Straßenbauverwaltungen des Bundes und der Länder in Abstimmung mit den kommunalen Spitzenverbänden im „Arbeitsausschuss Verdingungswesen im Straßen- und Brückenbau (AV-StB)", herausgegeben vom Bundesministerium für Verkehr.
- **Zahlreiche weitere Standardtexte**:
  - spezieller Baufachbereiche (Zeitvertrag, Wasserbau, Bauen im Bestand, Bahn usw.),
  - für den regionalen Einsatz vorgesehene (z.B. Regionalleistungskatalog Schleswig-Holstein),
  - von Produktherstellern,
  - freier Anbieter bzw. von Softwareherstellern (z.B. sirAdos, Heinze GmbH, u.a.).

3.3.3.2 STLB-Bau (Dynamische Baudaten)

Für die Beschreibung der Teilleistungen stellt STLB-Bau Textbausteine zur Verfügung, die mittels Datenstrukturen verknüpft sind und so einerseits technologisch voneinander abhängige „Beschreibungsmerkmale" erkennen und andererseits, mittels umfangreicher „Identifikatoren", jede Teilleistungsbeschreibung reproduzierbar und für weitere Bearbeitungsschritte verwendbar machen kann (z.B. Kalkulationsansätze und mittlere Baupreise bestimmen).

Der GAEB, der die inhaltlichen Anforderungen und die Textgestaltung für das STLB-Bau aufstellt und pflegt, stellt durch seine Gemeinschaftsarbeit mit paritätischer Besetzung aller Gremien sicher, dass eine für alle Baubeteiligten tragbare und ausgewogene Regelung erreicht wird. Der GAEB hat sich zur Aufgabe gemacht, die Rationalisierung im Bauwesen mittels Datenverarbeitung zu fördern. Zielsetzung ist eine „gemeinsame Sprache" aller am Bau Beteiligten; hierzu gehören unter anderem:

- standardisierte Textspeicher,
- Regelungen für den Aufbau von Leistungsverzeichnissen,
- Regelungen für den Datenaustausch und
- Regelungen für die elektronische Bauabrechnung.

---

2 Vorgänger des STLB-Bau war bis 2005 das ebenfalls vom Gemeinsamen Ausschuss Elektronik im Bauwesen (GAEB) aufgestellte Standardleistungsbuch für das Bauwesen (StLB). Die einzelnen Leistungen wurden hier unter den Leistungsbereichen zusammengefasst, die weitgehend den Bezeichnungen der VOB/C entsprachen, wie z.B. LB 002 Erdarbeiten (DIN 18 300).

Die Datenbank des STLB-Bau, die als Textspeicher dient, wird durch eine interaktive Bedienungsoberfläche ergänzt, die es ermöglicht, anforderungsgerechte Leistungstexte zu erstellen. Verfügen vorhandene Softwaresysteme (AVA = Ausschreibung-Vergabe-Abrechnung oder Kalkulations-Software) über eine geeignete Schnittstelle, kann aus diesen Programmen direkt auf die Oberfläche des STLB-Bau zugegriffen werden, um Leistungstexte zu erstellen und an das aufrufende Programm zu übergeben. Zusätzlich können die internen „Identifikatoren" sowie Zustandsinformationen über den Vollständigkeitsgrad des übertragenen Textes übergeben werden.

Die Struktur der Daten im Textspeicher unterliegt einem bestimmten Gliederungsaufbau, der eine technologisch sinnvolle Verknüpfung der einzelnen Textbausteine ermöglicht. Als Einstiegspunkte in die Textgestaltung dienen alternativ die aus den früheren Standardleistungsbüchern bekannten, hier aber erweiterten, Leistungsbereiche (LB) oder die Eingabe eines „Schlagwortes" (SW), wodurch sich eine reduzierte Liste mit zutreffenden Inhalten öffnet.

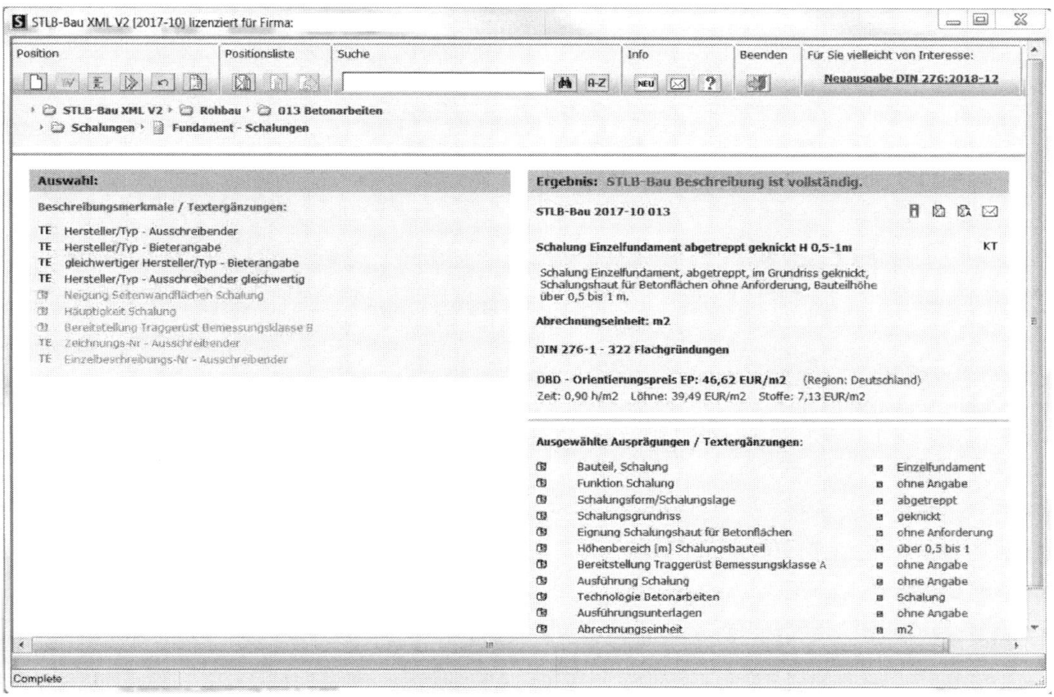

Bild B. 3-5: Programmoberfläche von STLB-Bau Dialog (Dr. Schiller & Partner GmbH)

Der sich aus der Auswahl ergebende Leistungstext kann anschließend an die entsprechende Software, einschließlich der intern verwalteten Identifikatoren, übergeben werden:

Eine Möglichkeit, die zahlreichen, aufeinanderfolgenden Text-Auswahlstufen schnell zu durchlaufen, bietet die automatische Textvervollständigung. Mithilfe dieser Funktion werden Ausprägungen und Textergänzungen für den Positionstext vorausgewählt. Diese können anschließend auf die gegebenen Rahmenbedingungen angepasst werden. Die Zusatzmodule DBD-Kostenelemente, DBD-Baupreise und DBD-Kostenansätze liefern darüber hinaus regionbezogene Einheitspreise inkl. der Unterteilung in die üblichen Kostenarten Lohn, Stoffe und Geräte. Für die Lohnkosten wird ebenfalls ein Aufwandswert angegeben.

3.3.3.3 Standardleistungskatalog (STLK)

Vom Bundesministerium für Verkehr werden Standardleistungskataloge herausgegeben, die einheitliche Leistungsbeschreibungen im Bereich des Straßen- und Brückenbaus sowie des Wasserbaus ermöglichen. Auch hier wird die Leistungsbeschreibung aus Textteilen zusammengesetzt, wobei ein Grundtext die generelle Teilleistung kennzeichnet. Dieser Grundtext wird durch Folgetexte mit detaillierten Angaben über die Leistung ergänzt.

Das Ordnungssystem des STLK besteht aus

– dem Jahr (AJ)	mit	2 Schlüsselziffern
– dem Leistungsbereich (LB)	mit	3 Schlüsselziffern,
– den Grundtexten (GT)	mit	3 Schlüsselziffern
– und max. 8 Folgetexten (FT)	mit max.	8 Schlüsselziffern,

so dass die Schlüsselnummern für eine Teilleistung hier max. 14 Stellen umfassen.

Der STLK ist sowohl als Buchausgabe als auch auf Datenträger erhältlich, so dass eine Verarbeitung in AVA-Programmen möglich ist.

3.4 Vergütung von Bauleistungen

3.4.1 Vertragsarten

Die VOB/A (§ 4) sieht vor, dass Bauleistungen grundsätzlich so zu vergeben sind, dass die Vergütung nach Leistung (Leistungsvertrag) bemessen wird. Nur in Ausnahmefällen sollte eine andere Form der Vergütung gewählt werden. Die VOB nennt folgende Vertragsarten:

- Leistungsverträge
  a) **Einheitspreisvertrag** mit Einheitspreisen für technisch und wirtschaftlich einheitliche Teilleistungen
  b) **Pauschalvertrag** für ein gesamtes Bauvorhaben oder eindeutig abgrenzbare Leistungsteile, wenn die Leistung nach Ausführungsart und Umfang genau bestimmt ist
- **Stundenlohnvertrag**
  Bauleistungen geringeren Umfangs, die überwiegend Lohnkosten verursachen, können mittels Stundenlohnvertrag vergeben werden.

Die Bieter in einem Ausschreibungsverfahren richten ihre Kalkulation und Angebotspreisbildung auf die Vergütungsform der vorgesehen Vertragsart aus. Dementsprechend werden entweder Einheitspreise für die ausgeschriebenen Teilleistungen bzw. für z.B. Stundenverrechnungssätze, oder Pauschalpreise für z.B. einen zusammengefassten Leistungsumfang ermittelt und angeboten.

In Ausnahmefällen, wie beispielsweise bei regelmäßig wiederkehrenden Unterhaltungsarbeiten, kann auch ein Auf- und Abgebotsverfahren zur Anwendung kommen. Bei diesem Verfahren werden vom Auftraggeber vorgegebene Preise dem Auf- und Abgebot der Bieter unterstellt, also die Preiserhöhung respektive Preisminderung je Leistungsposition angegeben.

3.4.2 Einheitspreisvertrag

Da bei den meisten Bauvorhaben bei Vertragsabschluss wegen unvollständiger Planung oder nicht vorherzusehender Schwierigkeiten während der Baudurchführung der genaue Umfang der Leistung nicht bekannt ist, wird normalerweise ein Einheitspreisvertrag abgeschlossen. Aber auch in Fällen einer bereits vor Baubeginn abgeschlossenen Planung empfiehlt sich der Einheitspreisvertrag, wenn sich der Auftraggeber ein größtmögliches Maß an Einflussnahme und Steuerungsmöglichkeit vorbehalten möchte.

Die Einheitspreise sind vom Bauunternehmer für die im Leistungsverzeichnis vom Auftraggeber angegebenen Teilleistungen anzugeben. Diese Einheitspreise müssen neben den direkt den Teilleistungen zurechenbaren Kosten auch entsprechende Anteile für die Gemeinkosten der Baustelle und des Unternehmens enthalten, da der Auftraggeber diese Gemeinkostenbestandteile nicht gesondert vergütet. Für den Auftraggeber sind nur die Einheitspreise für die von ihm ausgeschriebenen Teilleistungen von Interesse.

Diese Einheitspreise sowie die im Leistungsverzeichnis gegebenen Leistungsbeschreibungen sind Bestandteile des Vertrages, nicht aber die im Leistungsverzeichnis genannten Mengenangaben (Vordersätze).

Die tatsächlich ausgeführten Mengen werden später aufgemessen und die Leistung als Menge multipliziert mit dem Einheitspreis vergütet. Vom Auftraggeber angeordnete[3] Änderungen oder Zusatzleistungen (auch angeordnete Mehrmengen vorhandener Positionen) können zu Preisanpassungen gem. § 2 Absatz 5 VOB/B führen bzw. zusätzliche Vergütungen gem. § 2 Absatz 6 VOB/B erfordern. Weicht die ausgeführte Menge von der ausgeschriebenen Menge um mehr als 10 % ab, obwohl der Auftraggeber keine Anordnung getroffen hat, so kann eine Preisanpassung auf Grundlage von § 2 Absatz 3 VOB/B erfolgen (vgl. Abschnitte 7.2 ff.).

3.4.3 Pauschalvertrag

3.4.3.1 Übersicht

Liegt der Leistungsumfang vor Baubeginn genau fest und ist eine weitgehend genaue Mengenermittlung möglich, kann ein Pauschalvertrag vereinbart werden. Dies kann auf Grundlage der für einen Einheitspreisvertrag vorgesehenen Unterlagen (Leistungsverzeichnis und Pläne), aber auch mittels einer funktionalen Leistungsbeschreibung erfolgen (vgl. Abschnitt 3.3.2).

Bei einem Pauschalvertrag wird ein Vertrag über die Erstellung einer Gesamtleistung oder einer in sich geschlossenen Teilleistung abgeschlossen, wobei die Angebotssumme und die Leistungsbeschreibung einschließlich der vom Auftraggeber oder auch vom Bieter vorgelegten Planungsunterlagen Vertragsbestandteil werden können. Mengenänderungen gegenüber eventuell vorliegenden Vordersätzen im Leistungsverzeichnis, die sich bei einer unveränderten Bauausführung ergeben, haben keinen Einfluss auf die Höhe des vertraglich festgelegten Gesamtpreises. Ein Aufmaß der erbrachten Teilleistungen ist nach Fertigstellung nicht erforderlich.

Der Pauschalvertrag findet z.B. häufig im Schlüsselfertigbau Anwendung, wenn die Vergabe aller Leistungen (Rohbau, Ausbau, Haustechnik usw.) an einen General- bzw. Totalunterneh-

3 Das Recht des Auftraggebers, Anordnungen zu treffen, begründet sich in § 1 Absatz 3 VOB/B.

mer erfolgen soll. Aber auch für in sich geschlossene Teilleistungen, wie z.B. die Heizungs-, Klima- und Lüftungsinstallation, für die von einem Fachunternehmen (z.B. als Nachunternehmer des Generalunternehmers) die Planung und Ausführung übernommen wird, werden häufig Pauschalvereinbarungen getroffen.

In der Praxis sind unterschiedliche Formen der Pauschalvereinbarung anzutreffen, deren Klassifizierung sowohl die Art der Leistungsbestimmung als auch die Vergütungsform wie folgt unterscheidet (vgl. [32]):

- **Detail-Pauschalvertrag**
- **Global-Pauschalvertrag**
  - **Einfacher Global-Pauschalvertrag**
  - **Komplexer Global-Pauschalvertrag**

Darüber hinaus finden bezüglich der Vergütungsvereinbarung, vorrangig in der Sphäre des komplexen Global-Pauschalvertrages, zunehmend Sonderformen Anwendung, die besondere Zielsetzungen verfolgen. Beispielsweise gewinnt hierbei die Form des „GMP-Vertrages" (Guaranteed Maximum Price, vgl. Abschnitt 3.4.3.5) zunehmend an Bedeutung, bei der es sich jedoch genaugenommen nicht um einen reinen Pauschalvertrag, sondern eher um eine Mischform unterschiedlicher Vertragsformen handelt.

3.4.3.2 Detail-Pauschalvertrag

Voraussetzung für einen Detail-Pauschalvertrag ist das Vorliegen einer differenzierten (detaillierten) Leistungsbeschreibung. Häufig wird auf Grundlage der Unterlagen eines Einheitspreisangebotes, wegen der vereinfachten Abwicklung, ein solcher Pauschalvertrag geschlossen. Aber auch aus wenigen Leitpositionen zusammengefasste Leistungsbeschreibungen, die ohne Verluste genug Aussagekraft über Leistungsinhalte und -grenzen aufweisen, sind geeignet.

Mit dem vereinbarten Pauschalpreis wird genau die Leistung abgegolten, die innerhalb der Leistungsbeschreibung detailliert vereinbart ist. Das Risiko von sich ändernden Mengen, ohne dass der Auftraggeber Einfluss genommen hat, übernimmt der Auftragnehmer. Führen nachträgliche Anordnungen des Auftraggebers zu zusätzlichen Leistungen oder zu Änderungen der Preisermittlungsgrundlagen, so besteht in jedem Fall das Recht auf eine Vergütungsanpassung (vgl. Abschnitt 7.6).

Durch den genau bestimmten Leistungsinhalt geht der Auftragnehmer aber keine Verpflichtung zur Herstellung einer insgesamt betriebsbereiten bzw. schlüsselfertigen Leistung ein. Denkbar und ebenso bei Einheitspreisverträgen üblich sind hingegen begrenzte Globalelemente innerhalb einer Position.

3.4.3.3 Einfacher Global-Pauschalvertrag

Da der Detail-Pauschalvertrag noch nicht die Funktionstüchtigkeit einer Anlage (z.B. Heizung) oder eines gesamten Gebäudes sicherstellt, weil die Leistungsgrenzen genau differenziert und im Hinblick auf das eigentliche Leistungsziel (Funktionstüchtigkeit) eventuell lückenhaft beschrieben sein können, hat der Auftraggeber die Möglichkeit, dieser Leistungsbeschreibung ein Globalelement voranzustellen („überzustülpen", vgl. [32]: Beispiel: „Eine **komplette** Heizungsanlage, bestehend aus ...").

Durch Einbezug solcher „Komplettheitsklauseln" bzw. „Vollständigkeitserklärungen" wird der Auftragnehmer in die Pflicht genommen, die vorliegende Planung auf Vollständigkeit und Durchführbarkeit zu kontrollieren und ggf. selbstständig durch fehlende Elemente zu ergänzen.

Als typisch für den einfachen Global-Pauschalvertrag gilt eine detaillierte (umfassende) Leistungsbeschreibung unter Ergänzung eines oder weniger Globalelemente. Es lässt sich vereinfachend zusammenfassen, dass der Auftragnehmer für die vereinbarte Pauschalsumme das, was im Detail beschrieben ist, und darüber hinaus das Fehlende, was zur Erfüllung der Globalvereinbarung erforderlich ist, zu liefern hat.

3.4.3.4 Komplexer Global-Pauschalvertrag

Während der einfache Global-Pauschalvertrag eine „Globalisierung" nur in begrenztem Maße vorsieht, sich also einerseits auf ein Fachlos oder eine Fachlosgruppe beschränken kann, bzw. nur im beschränkten Umfang Planungsleistungen vom Auftragnehmer verlangt (i.A. maximal die Ausführungsplanung), nimmt sie bei der komplexen Vertragsform einen entsprechend größeren Umfang an.

Der Grad der Komplexität wird durch vertragliche Vereinbarungen auf unterschiedlichen Funktionsebenen (Realisierungs-, Planungs-, Bauherren- und Risikoebene) beeinflusst, wobei durch eine zunehmende Übertragung von Funktionen, Aufgaben und Verantwortungen von Auftraggeber- auf Auftragnehmerseite die Komplexität des Vertrages zunehmen kann.

Eine klassische, aber auch besondere Form des komplexen Global-Pauschalvertrages ist der **Schlüsselfertigbau (SF-Bau)**. Gegenstand des Schlüsselfertigbau-Vertrages ist das Objekt als (betriebsbereites) Ganzes und beinhaltet im Einzelnen alle dafür erforderlichen Gewerke und selbstverständlich deren Koordination für ein reibungsloses Zusammenwirken.

Inwieweit Planung, Bauherrenaufgaben und Risiken auf den SF-Auftragnehmer übertragen werden sollen, ist individuell zu vereinbaren. Üblicherweise wird von SF-Auftragnehmern aber mindestens die Ausführungsplanung übernommen. Liegt den Verdingungsunterlagen ausschließlich eine Funktionale Leistungsbeschreibung (vgl. Abschnitt 3.3.2) zugrunde, so ist auch die Entwurfsplanung vom Auftragnehmer zu übernehmen.

Aufgrund der beim komplexen Global-Pauschalvertrag weniger detaillierten Leistungsbeschreibung ist die Einigung über eventuell zusätzliche Vergütungsansprüche des Auftragnehmers (vgl. Abschnitte 7.2, 7.3, 7.5 u. 7.6) etwas problematischer als beim Detail-Pauschalvertrag. Die Schwierigkeit liegt hierbei oft in der Abgrenzung zwischen der vertraglich vereinbarten und der nachträglich vom Bauherrn gewünschten (geänderten) Leistung.

3.4.3.5 GMP-Vertrag

Die Vertrags- bzw. Vergütungsform des „GMP-Vertrages" (Guaranteed Maximum Price) verfolgt im Gegensatz zu den zuvor behandelten Pauschalverträgen die Zielsetzung, neben einer partnerschaftlichen AG-AN-Beziehung und einer Sicherstellung der maximalen Bauwerkskosten auch einen Anreiz für eine noch während der Bauausführung fortzusetzende Suche nach Einsparpotenzialen zu gewährleisten. Es wird also kein „Pauschalpreis" vereinbart, der für die Dauer der Bauausführung unverändert bleibt, sondern es wird unter Anwendung unterschiedlicher Verfahrensweisen die Vereinbarung eines „Maximalpreises" angestrebt.

Nachdem der Auftraggeber die Grundlagen für das zu erstellende Bauobjekt erarbeitet hat (Funktion, Qualität, Termine, Kosten, Vorentwurf), sucht er sich für die weiteren Bearbeitungsschritte einen GMP-Partner (z.B. ein Bauunternehmen). Dies kann auf unterschiedlichen Wegen geschehen:

a) „traditionelle" GMP-Methode

- Auswahl eines nach unterschiedlichen Kriterien gewählten Partners
- gemeinsames Optimieren des Projektes (gegen vereinbartes Honorar)
- Vorschlag eines GMP durch den Auftragnehmer
- Verhandlung über den GMP und entweder Beendigung des bisherigen Vertragsverhältnisses oder Beauftragung zur Weiterentwicklung, Optimierung und Realisierung

b) GMP-Budget-Methode

- konstruktive Vorplanung durch den Auftraggeber (bzw. Architekt)
- Bestimmung eines GMP durch den Auftraggeber
- Ausschreibung der Bauleistung mit Angabe des GMP-Budgets
- Wertung der Bieterangebote vorrangig nach dem Kriterium der Leistungsfähigkeit des Bieters
- Beauftragung eines Bieters, einschließlich der gemeinsamen Weiterentwicklung, Optimierung und Realisierung

c) GMP-Wettbewerb

- konstruktive Vorplanung durch den Auftraggeber (bzw. Architekt)
- Ausschreibung der Bauleistung auf Grundlage der Vorplanungen zur Einholung der GMP der Bieter
- Wertung der Bieterangebote nach den Kriterien „günstiger GMP" und Leistungsfähigkeit des Bieters
- Beauftragung eines Bieters, einschließlich der gemeinsamen Weiterentwicklung, Optimierung und Realisierung

Als Besonderheit sieht der GMP-Vertrag üblicherweise eine Bonusregel vor, die dem Auftragnehmer als Anreiz dienen soll, auch nach vereinbartem GMP weiterhin nach Einsparmöglichkeiten zu suchen. Beispielsweise kann diese Regel vorsehen, dass alle Einsparungen gegenüber den vereinbarten Herstellkosten oder gegenüber dem vereinbarten GMP (z.B. infolge von Vergabegewinnen oder des Einsatzes anderer Materialien) zwischen Auftragnehmer und Auftraggeber nach einem festgelegten Schlüssel (z.B. 50 : 50) aufgeteilt werden. Der GMP bleibt aber der Maximalpreis für die vereinbarte Leistung, es sei denn, es findet auch eine Verlustaufrechnung zwischen den Parteien statt.

In jedem Fall setzt das GMP-Modell ein partnerschaftliches Verhältnis zwischen Auftraggeber und Auftragnehmer voraus, da dem Auftraggeber auch Einsicht in die Abrechnungsunterlagen des Bauunternehmens gewährt werden muss.

3.5 Methoden der Einheitspreis-Kalkulation

Bei der industriellen Kalkulation werden gewöhnlich zwei grundsätzlich verschiedene Methoden unterschieden:

- **Divisionskalkulation**
- **Zuschlagskalkulation**

3.5.1 Divisionskalkulation

Bei der Divisionskalkulation werden sämtliche innerhalb eines Zeitraumes angefallenen Kosten eines Unternehmens zusammengefasst und auf die während des Zeitraumes erzeugten Produktionseinheiten verteilt.

Im einfachsten Fall für einen Betrieb mit nur einem Produkt genügt die einfache Divisionskalkulation. Dabei ergeben sich die Stückkosten[4] je Produktionseinheit zu

$$\text{Stückkosten} = \frac{\text{Gesamtkosten eines Zeitraums}}{\text{Produktionsmenge}} \quad [\text{EUR/Einheit}]$$

Diese Form der Divisionskalkulation findet man in der Praxis relativ selten, z.B. bei Elektrizitätswerken, Steinbrüchen oder Bergwerken.

In Sonderfällen kann im Bauwesen eine abgewandelte Form der Divisionsrechnung, die **Äquivalenzzifferrechnung**, von Bedeutung sein.

Diese Rechnung ist möglich bei Produkten, die einen hohen Grad von Gleichartigkeit bei der Herstellung aufweisen, wie z.B. die Herstellung von verschiedenen Betonsorten im Transportbetonwerk, die Fertigung von Betonrohren unterschiedlicher Größe in einem Betonsteinwerk oder die Herstellung von Bitumenmischgutarten in einer stationären Asphaltgut-Mischanlage.

Bei der Kostenermittlung geht man davon aus, dass mithilfe einer messbaren Erzeugnisgröße, die den Grad der Beanspruchung der Maschinen, des Materials und der Arbeitskräfte kennzeichnet, eine Äquivalenzziffer festgelegt werden kann, die der Kostenverursachung entspricht.

Beispiel

In einem Betonsteinwerk werden Betonrohre mit den Durchmessern $d_1 = 40$ cm, $d_2 = 80$ cm und $d_3 = 100$ cm gefertigt. Die zu verrechnenden Gesamtkosten des Werks betragen 40.000,00 EUR/Monat. Wie hoch sind die sortenbezogenen Stückkosten je lfd. Meter Betonrohr?

Lösung

Für die Bildung der Äquivalenzziffer wird als spezifische Erzeugnisgröße das Gewicht je Meter Rohr festgelegt. Die Gewichte der einzelnen Rohrdurchmesser werden auf das Gewicht des Rohres $d = 40$ cm bezogen, so dass sich die Äquivalenzziffern der Spalte 3 des Bildes B. 3-6 ergeben.

4 Stückkosten werden auch als Einheitskosten bezeichnet und sind die Kosten der einzelnen Leistungseinheit.

Durchmesser der Sorten	Gewicht der Sorten	Äquivalenzziffer der Sorten	Produzierte Mengen der Sorten	Äquivalenzmengen	Kosten je RE	Kosten je Mengeneinheit der Sorten	Gesamtkosten der Sorten
cm	t/m		Stck	RE [*2)]	EUR/RE	EUR/Stck	EUR
1	2	3 [*1)]	4	5 = 3 x 4	6	7 = 3 x 6	8 = 4 x 7
40	0,18	1,00	1.200	1.200	5,48	**5,48**	6.576
80	0,60	3,33	1.000	3.330	5,48	**18,25**	18.250
100	1,00	5,55	500	2.775	5,48	**30,41**	15.205
			Mv =	7.305		K =	40.031

[*1)] Nebenrechnung: 1,00 = 0,18 / 0,18
3,33 = 0,60 / 0,18
5,55 = 1,00 / 0,18

[*2] RE = Rechnungseinheiten

Bild B. 3-6: Kalkulation mit Äquivalenzziffern

Die Kosten je Rechnungseinheit ermittelt man, indem die Gesamtkosten durch die Äquivalenzmenge dividiert werden.

$$K_v = \frac{40.000}{7.305} = 5{,}48 \frac{\text{EUR}}{\text{Einheit}}$$

Als Stückkosten ergeben sich die Kosten je Mengeneinheit in der Spalte 7, die Grundlage für die Preisgestaltung werden können.

3.5.2 Zuschlagskalkulation

Bei der Kalkulation von Bauleistungen wird im Allgemeinen die Zuschlagskalkulation angewandt. Bei dieser Kalkulation werden zunächst nur die direkten Kosten für die einzelnen Teilleistungen ermittelt. Im Anschluss daran werden die Gemeinkosten der Baustelle und die umsatzbezogenen Gemeinkosten erfasst und prozentual auf die einzelnen Teilleistungen verteilt.

Nach der Berechnungsart der Zuschläge wird zwischen den beiden Verfahren

- **Kalkulation über die Angebotssumme und**
- **Kalkulation mit vorausbestimmten Zuschlägen**

unterschieden.

Die **Kalkulation über die Angebotssumme (Endsumme)** ist das genauere Verfahren, da es die besonderen Verhältnisse jeder einzelnen Baustelle berücksichtigt. Nach der Ermittlung der Einzelkosten der Teilleistungen werden die Gemeinkosten der Baustelle für jedes zu kalkulierende Objekt gesondert erfasst. Diese Gemeinkosten der Baustelle werden mit den Allgemeinen Geschäftskosten sowie den Wagniskosten und dem Gewinn zusammengefasst und nach Ermittlung der Angebotssumme den Einzelkosten der Teilleistungen anteilmäßig zugeschlagen, so dass sich die Einheitspreise für die Teilleistungen ergeben.

Bei der **Kalkulation mit vorausbestimmten Zuschlägen** wird auf eine genaue Berechnung der Gemeinkosten verzichtet. Für die Gemeinkosten werden mithilfe der Baubetriebsrechnung oder aufgrund der Erfahrung bei anderen gleichartigen Bauwerken Zuschlagsätze auf der Basis der Einzelkosten bestimmt. Bei der Kalkulation werden aus den Einzelkosten der Teilleistungen mithilfe der Zuschlagssätze sofort die Einheitspreise ermittelt.

Beide Verfahren wurden erstmals von *Opitz* [25] für die Bauwirtschaft umfassend beschrieben; die heute gebräuchlichen Verfahren sind im Wesentlichen Varianten der *Opitz*'schen Methoden.

3.6 Methoden der Pauschalpreis-Kalkulation

Die Kalkulation bzw. Bestimmung von Pauschalpreisen soll an dieser Stelle ausschließlich aus Sicht des Bauunternehmens, das einen solchen Preis für eine – beispielsweise – schlüsselfertige Bauleistung anbieten muss, angesprochen werden. Die Preisbestimmung unterscheidet sich zunächst grundsätzlich von der Bauwerks-Kostenschätzung des Architekten, da das Bauunternehmen ein verbindliches Angebot unterbreiten und die spätere Ausführung zu diesem Festpreis gewährleisten muss. Trotzdem lassen sich auch die auf der DIN 276 basierenden Verfahren der Kostenschätzung und Kostenberechnung anwenden (siehe auch Teil E, Abschnitt 15).

Einem im Schlüsselfertigbau tätigen Bauunternehmen bieten sich, nicht zuletzt auch in Abhängigkeit von den ihm vorliegenden Ausschreibungsunterlagen, zahlreiche Verfahren zur Kosten- und Preisermittlung an, die sich ganz wesentlich in ihrem Differenzierungs- und Genauigkeitsgrad und dem für die Angebotsbearbeitung erforderlichen Aufwand unterscheiden:

- **Kalkulation über Nutzungseinheiten**
  Kostenschätzung auf Basis von Vergleichswerten für Nutzungseinheiten, wie z.B.
  - Kosten je Kinositzplatz
  - Kosten je Parkplatz
  - Kosten je Hotelbett
- **Kalkulation über Flächen-/Raumwerte**
  Kostenrahmen oder Kostenschätzung gem. 1. Ebene der Kostengliederungssystematik der DIN 276 und zugehöriger Mengenermittlung nach DIN 277:
  Schätzung auf Basis von Vergleichswerten, z.B. in
  - Kosten je m^2 Brutto-Grundfläche BGF
  - Kosten je m^3 Bruttorauminhalt BRI
- **Kalkulation über Bauelemente**
  Kostenschätzung oder Kostenberechnung gem. 2. oder 3. Ebene der Kostengliederungssystematik der DIN 276: Schätzung auf der Basis von Kostenvergleichswerten für Bauelemente, bezogen auf die objektspezifisch zu erstellenden Bauteile und -elemente. Dieses Verfahren ermöglicht bereits eine sinnvolle Differenzierung von reinen Bauwerkskosten, Geschäftskosten sowie sonstigen Gemeinkosten der Baustelle, wobei es im Ermessen des Bieters liegt, inwieweit er Gemeinkosten genau oder nur im Sinne vorausbestimmter Zuschläge (z.B. als ein GU-Zuschlag auf die Herstellkosten) ermitteln möchte.
- **Kalkulation über Gewerke**
  Die Kostenermittlung erfolgt mittels Gewerkekenngrößen, wobei die Kosten für Einzelgewerke aus Erfahrungswerten oder Preisen aus gewerkespezifischen Nachunternehmerausschreibungen und eigenen Kalkulationen über Einzelkosten der Teilleistungen resultieren. Je nach Detaillierungsgrad kann die gewerkebezogene Kalkulation zu eher ungenauen Ergebnissen führen, wenn nur mit prozentualen Gewerkewägungsanteilen aufgrund von Erfahrungswerten ermittelt wird, oder zu sehr genauen Ergebnissen, wenn Preisanfragen

konkret durchgeführt und eigene Leistungen detailliert kalkuliert werden. Im letzteren Fall ist dieses Verfahren bereits sehr an dem Verfahren der Zuschlagskalkulation (s.u.) orientiert.

- **Kalkulation mit Leitpositionen (ABC-Analyse)**
  Die Kalkulation mit Leitpositionen beschreibt im eigentlichen Sinn kein Kalkulationsverfahren, wie es bei den anderen genannten Verfahren der Fall ist, sondern beinhaltet Bestandteile des einen oder anderen Verfahrens. Dabei werden beispielsweise nur die A-Elemente, also die Positionen bzw. Gewerke, die 80 % der Gesamtkosten ausmachen, explizit und mehr oder weniger detailliert – z.B. durch Anwendung einer Zuschlagskalkulation – untersucht, um daraus auf die Gesamtkosten zu schließen.
- **Zuschlagskalkulationen (Kalkulation über EKT und Gemeinkostenumlage)**
  Die Verwendung einer detaillierten Zuschlagskalkulation mit getrennter Bestimmung der Einzelkosten der Teilleistungen für Eigen- und Fremdleistungen und der Gemeinkosten (z.B. GK der Baustelle, Allgemeine Geschäftskosten, Planungskosten, Regiekosten, Wagnis und Gewinn) setzt voraus, dass zunächst – falls noch nicht vorhanden – ein detailliertes Leistungsverzeichnis erstellt wird. Dieses Leistungsverzeichnis, das von dem Generalunternehmer aufgestellt werden kann, bietet einerseits die Grundlage für eine herkömmliche Einzelkosten-Kalkulation für die vom eigenen Unternehmen auszuführenden Arbeiten und dient andererseits als Ausschreibungsunterlage für Nachunternehmer-Preisanfragen. Alle zu berücksichtigenden Gemeinkosten können entsprechend einer individuellen Vorgehensweise als direkte Kosten erfasst oder in Form eines GU-Zuschlages auf die direkten Einzelkosten aufgeschlagen werden.

Mit allen genannten Verfahren wird beabsichtigt, einen Preis für die Gesamtbaumaßnahme zu finden, wobei letztendlich der Angebotspreis aus marktorientierten Überlegungen heraus auch von den rechnerisch ermittelten Beträgen infolge von Auf- oder Abschlägen abweichen kann.

Die Entscheidung für das eine oder andere Verfahren, oder auch für Mischformen, wird von verschiedenen Kriterien geprägt. So spielen die zur Angebotsbearbeitung zur Verfügung stehende Zeit, die Ernsthaftigkeit der Bewerbung sowie der eigene Anspruch an die Genauigkeit der Kostenermittlung eine nicht unerhebliche Rolle. Je detaillierter die Kalkulation durchgeführt wird, umso genauer können Aussagen über die Kosten erstellt werden.

Möglichkeiten der Kalkulationsgenauigkeit [36]:

- nach m^3 umbautem Raum ± 25 % – 30 %
- nach m^2 Nutzfläche ± 20 % – 25 %
- nach Gewerkewägung ± 10 % – 15 %
- nach Elementaufgliederung ± 10 % – 15 %
- nach Positionsbeschreibung (Kurz- und Lang-LV) ± 5 % – 10 %
- bei der klassischen Unternehmerkalkulation liegt die Genauigkeit bei ca. ± 5 %

4 Durchführung der Kalkulation

4.1 Gliederung der Kalkulation

4.1.1 Gliederung in Kostengruppen (vertikale Gliederung)

Die Kosten für die Erstellung eines Bauwerks werden in der Kalkulation nach ihrer Verursachung und der Zurechnungsmöglichkeit in die folgenden Kostengruppen gegliedert:

	Einzelkosten der Teilleistungen	(EKT)
+	Gemeinkosten der Baustelle	(GKB)
=	Herstellkosten	(HK)
+	Allgemeine Geschäftskosten	(AGK)
+	Bauzinsen	(Z)
=	Selbstkosten	(SK)
+	Wagnis und Gewinn	(W+G)
=	Angebotssumme (netto)	(AGS_{netto})
+	Umsatzsteuer	(MwSt.)
=	Angebotssumme (brutto)	(AGS_{brutto})

Bild B. 4-1: Vertikale Gliederung der Kalkulation in Kostengruppen

Bei der Kalkulation über die Angebotssumme entspricht diese vereinfachte Gliederung auch dem zeitlichen Ablauf der Kostenermittlung. Die allgemeinen Geschäftskosten, Bauzinsen sowie Wagnis und Gewinn werden dabei in der Regel gemeinsam über prozentuale Sätze in Bezug auf die Angebotssumme (netto) als sogenannte „umsatzbezogene Gemeinkosten" (UGK) erfasst.

4.1.2 Gliederung in Kostenarten (horizontale Gliederung)

Innerhalb der Kostengruppen „Einzelkosten der Teilleistungen" und „Gemeinkosten der Baustelle" werden die Kosten getrennt nach Kostenarten geführt. Während für die Arbeitskalkulation eine weitgehende Kostenartentrennung erforderlich wird (vgl. Abschnitt 11.1.3), um einen möglichst differenzierten Soll-Ist-Vergleich durchführen zu können, ist für die Angebotskalkulation eine Trennung in die vier Kostenarten

- Lohnkosten,
- sonstige Kosten,
- Gerätekosten,
- Fremdleistungskosten

ausreichend.

Die **Lohnkosten** enthalten die Kosten, die sich aus der Beschäftigung der gewerblichen Arbeitnehmer bei der Erstellung der Bauleistung ergeben.

Unter den **sonstigen Kosten** (SoKo) werden die Kosten für Baustoffe, Bauhilfsstoffe, Baubetriebsstoffe, Schalung und Rüstung, Verbau und Transporte sowie Hilfsleistungen erfasst.

Soweit die Gerätekosten nicht gesondert aufgeführt werden, sind auch diese als sonstige Kosten aufzunehmen.

Gerätekosten werden besonders bei maschinenintensiven Bauarbeiten des Erd- und Straßenbaus getrennt ausgewiesen. Das Gerät wird hier als sogenanntes Leistungsgerät betrachtet. Es werden im Regelfall nur die Gerätevorhaltekosten, d.h. die Kosten für Abschreibungen, Verzinsung und Reparaturen, unter dieser Kostenart erfasst.

Unter **Fremdleistungskosten** (auch Kosten der Nachunternehmerleistungen) werden in der Regel nur die Kosten für die von Nachunternehmern erbrachten Leistungen wie z.B. Erdarbeiten, Estrich- oder Putzarbeiten, Ausbauarbeiten bei schlüsselfertigen Bauten usw. verstanden, bei denen die Nachunternehmer für ihr Gewerk verantwortlich sind und der Hauptunternehmer bei Mängeln Ansprüche geltend machen kann.

Zur Vereinfachung kann auch mit nur drei Kostenarten – Lohnkosten, sonstige Kosten (einschließlich Gerätekosten), Fremdleistungskosten – gearbeitet werden.

Wird die Kalkulation mithilfe von Datenverarbeitungsanlagen (EDV) durchgeführt, so können ohne Weiteres auch mehr als vier Kostenarten eingeführt werden, ohne dass die praktische Durchführung erschwert wird. Es ergibt sich dann der Vorteil, die Angebotskalkulation ohne Umbuchungen in die Arbeitskalkulation überführen zu können.

4.2 Kosten und ihre Erfassung in der Kalkulation

4.2.1 Lohnkosten

Als Einzel-Lohnkosten werden alle Löhne, lohngebundenen Kosten und Lohnnebenkosten der unmittelbar an der Durchführung der einzelnen Teilleistungen beschäftigten Arbeitskräfte bezeichnet. Dazu gehören auch die Löhne des Betriebspersonals der Baugeräte (Baumaschinenführer) und die Lohnkosten für das Verladen der Hauptstoffe.

Lohnkosten für andere Arbeitskräfte der Baustelle sind unter den Gemeinkosten der Baustelle zu erfassen.

4.2.1.1 Erfassung der Lohnstunden

Zur Ermittlung der Lohnkosten werden zunächst nur die Lohnstunden ermittelt. Es wird für jeden Arbeitsvorgang – bzw. für mehrere Arbeitsteilvorgänge, die für eine einheitliche Teilleistung erforderlich sind – ein Lohnstundenaufwandswert gebildet. Für diesen Stundenansatz gilt die Definition

$$\text{Stundensatz} = \frac{\text{Lohnstunden}}{\text{Leistungseinheit}} \quad [\text{Std./LE}]$$

Für die Teilleistung „1 m² Wandschalung herstellen" ergeben sich z.B. die Arbeitsteilvorgänge
„Vorbereiten der Schalung"
„Einschalen"
„Ausschalen"
„Reinigen der Schalung".

Die für diese Arbeiten erforderlichen Lohnstunden werden einschließlich der anteilig zugerechneten Randstunden in einem Aufwandswert von z.B. 1,5 Std./m² Wandschalung zusammengefasst.

Beispiele für weitere Aufwandswerte sind:

• Schalen von Fundamenten	0,8 – 1,5 Std./m²
• Schalen von Stützen	2,5 – 4,0 Std./m²
• Betonieren von Decken mit Kran	0,8 – 1,2 Std./m²
• Abziehen von Betonoberflächen	0,1 Std./m²
• Verlegen von Betonstahlmatten	15,0 – 25,0 Std./t
• Mauern von Wänden, *d* = 24 cm (je nach Steinsorte, Steinformat usw.)	0,4 – 0,9 Std./m²

Diese Aufwandswerte sind als betriebs- und objektbezogene Erfahrungswerte vorhanden bzw. vom Kalkulator unter Berücksichtigung aller Einflüsse zu schätzen. Anhaltswerte bieten beispielsweise auch Arbeitszeit-Richtwerttabellen [10], wobei zu beachten ist, dass die dort angegebenen Werte keinen Anteil für die Randstunden enthalten, die somit gesondert zu berücksichtigen sind.

4.2.1.2 Kalkulationsmittellohn

Die Lohnkosten in der Kalkulation ergeben sich durch Multiplikation der Lohnstunden mit dem Kalkulationsmittellohn. Der Kalkulationsmittellohn ist ein Durchschnittswert für sämtliche auf der Baustelle anfallenden Lohnkosten je Lohnstunde. Er setzt sich aus folgenden Bestandteilen zusammen:

	Grundmittellohn	**(L_{m0})**
+	Lohnbedingte Zuschläge	
=	**Mittellohn A (AP)**	**(L_{m1})**
+	Lohngebundene Zuschläge	
=	**Mittellohn AS (APS)**	**(L_{m2})**
+	Lohnnebenkosten	
=	**Kalkulationsmittellohn ASL (APSL)**	**(KML bzw. L_{m3})**

Bild B. 4-2: Ermittlung des Kalkulationsmittellohns

Die Kurzbezeichnungen kennzeichnen, welche Kostenbestandteile der Mittellohn enthält:

A	Mittellohn, ohne anteilige Kosten für Poliere
AP	Mittellohn, einschließlich anteilige Kosten für Poliere
AS (APS)	Mittellohn, einschließlich Soziallasten (lohngebundene Zuschläge)
ASL (APSL)	Kalkulationsmittellohn (KML), einschließlich Soziallasten und Lohnnebenkosten.

a) Grundmittellohn

Je nach Qualifikation (Werkpolier, Vorarbeiter, Spezialfacharbeiter, Facharbeiter, Fachwerker, Werker) werden die Arbeitskräfte unterschiedlich bezahlt. Die Vergütung der Arbeitszeit ist in den Lohntarifverträgen, gegliedert nach Lohngruppen (6, 5, 4, 3, 2a, 2, 1), festgelegt. Die Löhne der Lohngruppe 1 (Werker) und der Lohngruppe 2a (Fachwerker) werden im Tarifvertrag zur Regelung der Mindestlöhne im Baugewerbe (TV Mindestlohn) festgelegt.

Da zum Zeitpunkt der Kalkulation nicht bekannt ist, welche Arbeitskräfte auf der Baustelle bei der Ausführung der entsprechenden Leistungen eingesetzt werden, ist es üblich, mit dem arithmetischen Mittel aller Gesamt-Tariflöhne (Grundmittellohn) einer fiktiven Arbeitsgruppe zu rechnen, die für die Herstellung der Arbeiten eingesetzt werden kann.

Die Kosten für die Aufsichtskräfte (Poliere, Schachtmeister) können dabei als sogenannte „unproduktive" Kosten in den Grundmittellohn eingerechnet werden. Damit wird bewirkt, dass – unabhängig von der Bauzeit – die unproduktive Aufsichtskraft leistungsabhängig einkalkuliert wird und bei Vergütungsanpassungen infolge Leistungsveränderungen eine einfache Fortschreibung der (z.B.) Polierkosten ermöglicht wird. Alternativ können die Gehälter des Aufsichtspersonals auch innerhalb der Gemeinkosten der Baustelle (vgl. Abschnitt 4.2.5.1) kalkuliert werden. Hierdurch wird allerdings nur noch die zeitabhängige Komponente „dokumentiert", so dass eine Abhängigkeit zur Bauleistung erforderlichenfalls aus dem Kontext abzuleiten ist.

Beispiel

Berechnung des Grundmittellohns unter Einschluss des Poliers:

Anzahl	Berufsgruppe		Gesamttarifstundenlohn (GTL)	Gesamtlohn
			EUR/Std.	EUR
1	2		3	4 = 1 x 3
(1)	Polier (P, Gehaltsgruppe A VII): 4.732,- EUR/Mon. : 165 Std./Mon.=		28,68	28,68
5	Facharbeiter	(Lohngruppe 3)	18,88	94,40
3	Fachwerker	(Lohngruppe 2)	15,20	45,60
8	Arbeitskräfte (produktiv)		Gesamtlohn =	168,68

Bild B. 4-3: Berechnung des Grundmittellohns

Da der Polier nicht mitarbeitet, sondern nur Aufsichtsfunktionen wahrnimmt, werden in der Summe nur 8 Arbeitskräfte als produktiv angenommen und für die Berechnung des Grundmittellohns angesetzt. Der Polier wird hier im Beispiel mit 165 Std./Mon. angesetzt; dies entspricht der monatlichen Arbeitszeit während des Schlechtwetterzeitraumes von Dezember bis März (38 Std./Wo. x 52 Wo./a/12 Mon./a).

Außerhalb des Schlechtwetter-Zeitfensters (April bis November) wären dagegen 178 Std./ Mon. (41 Std./Woche x 52 Wochen p.a/12 Monate p.a) anzusetzen, so dass sich im Mittel die tarifliche Arbeitszeit von 40 Std./Woche ergibt.

$$\text{Grundmittellohn} = \frac{\text{Gesamtlohn}}{\text{Arbeitskräfte}} = \frac{168{,}68}{8} = 21{,}09\ \frac{\text{EUR}}{\text{Std.}}$$

Der Gesamt-Tariflohn (GTL) setzt sich zusammen aus dem Tariflohn (TL) und dem Bauzuschlag (BZ). Der Bauzuschlag in Höhe von derzeit 5,9 % des Tarifstundenlohnes wird für jede lohnzahlungspflichtige Stunde, nicht jedoch für Leistungslohn-Mehrstunden (Plus-Stunden, Überschussstunden im Akkord) gewährt. Der Bauzuschlag berücksichtigt die besonderen Belastungen, denen der Arbeitnehmer insbesondere durch den ständigen Wechsel der Baustelle (2,5 %) und die Abhängigkeit von der Witterung außerhalb der gesetzlichen Schlechtwetterzeit (2,9 %) ausgesetzt ist. Er dient ferner dem Ausgleich von Lohneinbußen, die sich in der gesetzlichen Schlechtwetterzeit ergeben (0,5 %).

b) Lohnbedingte Zuschläge

Hierunter versteht man Zuschläge, die für außergewöhnliche Arbeitsbedingungen aufgrund tariflicher Ansprüche gezahlt werden müssen oder für bestimmte Arbeitskräfte freiwillig gewährt werden. Es sind im Einzelnen:

- **Mehrarbeits- und Zeitzuschläge** werden bezahlt für Überstunden (25 % des Gesamt-Tarif-Stundenlohns als Zulage), Nachtarbeit (20 %), Sonntagsstunden (75 %) und Feiertagsstunden (200 % Zulage). Sind Überstunden gleichzeitig Nacht- und Feiertagsstunden, so addieren sich die betreffenden Zuschläge (vgl. [35] u. § 3 BRTV).

  In Abhängigkeit von betriebsinternen Vereinbarungen können jedoch Überstunden einem Arbeitszeit- und Entgeltkonto (Ausgleichskonto) gutgeschrieben werden. Aus dem Zeitguthaben dürfen bis zu 10 % der Jahresarbeitszeit (208 Std.) zum Ausgleich aufgelöst werden. Der auf dem Ausgleichskonto gutgeschriebene Lohn darf nur zum Ausgleich für den Monatslohn, als Ausgleich und zur Überbrückung von Arbeitsausfällen während der Schlechtwetterzeit (1.12. bis 31.3.), bevor Saison-Kurzarbeitergeld in Anspruch genommen werden kann, sowie zur Überbrückung von Arbeitsausfällen außerhalb der Schlechtwetterzeit (z.B. für Brückentage oder witterungsbedingte Ausfalltage), am Ende des Ausgleichszeitraumes oder bei Ausscheiden des Arbeitnehmers ausgezahlt werden. Das Ausgleichskonto soll nach 12 Kalendermonaten ausgeglichen sein. Auf die dem Ausgleichskonto gutgeschriebenen ersten 150 Überstunden innerhalb von 12 Monaten wird kein Mehrarbeitszuschlag für Überstunden berechnet.

- **Lohnzulagen** sind besondere Vergütungen infolge erschwerter Arbeitsbedingungen. Diese **Erschwerniszuschläge** (§ 6 BRTV) sind im Bundesrahmentarifvertrag geregelt und werden für Schmutzarbeit, Druckluftarbeiten, Arbeiten unter besonderen Gefahren usw. vergütet.

  Als Lohnzulagen gelten auch Zulagen für langjährige Mitarbeiter, sogenannte Stammarbeiterzulagen, und Leistungszulagen für Zeitarbeit, wenn eine entsprechende Akkordvergütung nicht möglich ist.

- **Vermögenswirksame Leistungen** (§ 2 Tarifvertrag über die Gewährung vermögenswirksamer Leistungen [35]) sind dem Arbeitnehmer auf Verlangen in Höhe von 0,13 EUR je geleisteter Arbeitsstunde zu gewähren, wenn der Arbeitnehmer selbst 0,02 EUR je Stunde vermögenswirksam anlegt.

Für die lohnbedingten Zulagen existieren im Einzelfall feste Sätze, um die der tarifliche Grundlohn erhöht werden muss. Für die Kalkulation müssen aber die Anteile der Stunden, für die ein Zuschlag gezahlt werden muss, an den Gesamtarbeitsstunden der Baustelle geschätzt werden, um den Kostenanteil für den Mittellohn zu errechnen.

Beispiel

Es werden auf einer Baustelle während der Schlechtwetterzeit voraussichtlich durchschnittlich sechs Überstunden in der Woche von der gesamten Belegschaft gearbeitet. Es wird angenommen, dass im Mittel ca. 70 % aller Überstunden einem Ausgleichskonto zuschlagsfrei gutgeschrieben werden. Der Anteil der Überstunden beträgt:

$$\frac{6 \text{ Überstunden/Woche}}{(38+6) \text{ Std./Woche}} \cdot 100 = 13{,}6\ \%$$

Der Kostenanteil der Überstundenzulage beträgt für den Mittellohn (21,09 EUR/Std.):
25,0 % · 21,09 EUR/Std. · 13,6 % aller prod. Std. · (100 % – 70 %) = 0,22 EUR/Std.

Hinweis

Die durchschnittliche tarifliche Wochenarbeitszeit von 40 Stunden setzt sich zusammen aus einer Wochenarbeitszeit von 41 Stunden (Mo. bis Do. 8,5 Std. + Fr. 7,0 Std.) während der „Nicht-Schlechtwetterzeit" (April bis November) und 38 Stunden (Mo. bis Do. 8,0 Std. + Fr. 6,0 Std.) während der Schlechtwetterzeit (Dezember bis März). Die maßgeblichen Überstunden sind ausgehend von den jahreszeitlichen Wochenarbeitszeiten zu bestimmen.

c) Lohngebundene Zuschläge bzw. Lohnzusatzkosten (S)

Unter den lohngebundenen Zuschlägen versteht man die erforderlichen Lohnzuschläge für die Sozialkosten, die sich aufgrund von Gesetzen, Tarifverträgen oder besonderen betrieblichen Vereinbarungen ergeben. Hierzu gehören die Soziallöhne für bezahlte Feier- oder Ausfalltage sowie die Lohnfortzahlung im Krankheitsfall, der vom Unternehmer zu erbringende Anteil am gesetzlichen Sozialaufwand für Rentenversicherung , Krankenversicherung, Pflegeversicherung, Arbeitslosenversicherung und Unfallversicherung sowie der tarifliche Sozialaufwand für die Sozialkassen des Baugewerbes (Urlaubs-, Lohnausgleichs- und Zusatzversorgungskasse).

Für die Kalkulation wird die Vielzahl der gesetzlichen und tariflichen Aufwendungen als lohngebundene Kosten in einem Prozentsatz der effektiven Lohnkosten zusammengefasst.

Das Berechnungsbeispiel gemäß den Bildern B.4-4 gibt die Ermittlung eines durchschnittlichen Zuschlagssatzes in Anlehnung an die vom Verband baugewerblicher Unternehmer Hessen e.V. veröffentlichten Kalkulationsgrundlagen 2019 wieder.

Der Zuschlagssatz wird aufgrund der Arbeitstage bestimmt, an denen tatsächlich gearbeitet wird. Die folgende Berechnung für das Jahr 2019, die von regionalen Besonderheiten beeinflusst wird, bezieht sich beispielhaft auf das Land Hessen. Vergleichbare Werte für das Land Thüringen werden ohne ausführliche Herleitung (z.T. aber mit abweichenden Berechnungswerten in Klammern) in der letzten Spalte angegeben.

Der hier errechnete Zuschlagssatz von 85,72 % (für den Bereich der alten Bundesländer, hier für das Land Hessen) stellt einen mittleren Wert dar. Die mit dem *-Zeichen markierten Werte können jedoch regional oder betriebsindividuell schwanken.

Vor allem ein stark abweichender Krankenstand, eine höhere Anzahl von Schlechtwettertagen und Kosten für freiwillige soziale Aufwendungen führen zu höheren Werten.

Die vergleichbare Rechnung für die neuen Bundesländer (im Beispiel Thüringen) führt zu Lohnzusatzkosten in Höhe von 76,09 %.

1. Ermittlung der tatsächlichen Arbeitstage 2019		z. B. Hessen (alte Bundesländer)		z. B. Thüringen (neue Bundesl.)
1.1 Kalendertage insgesamt			**365**	**365**
1.2 Ausfalltage				
1.2.1 Samstage und Sonntage		104		104
24.12. +31.12. (sofern nicht Sa./So., 2 arbeitsfreie, unbezahlte Tage)		2		2
Zwischensumme: Tage Lohn-/Lohnersatzanspruch			***259***	***259***
1.2.2 Gesetzliche Feiertage, soweit nicht Samstage oder Sonntage		9		9
1.2.3 * Regionale Feiertage, soweit nicht Samstage oder Sonntage		2		1
1.2.4 Urlaubstage nach § 8 BRTV		30		30
1.2.5 * Tarifliche und gesetzliche Ausfalltage nach § 4 BRTV, Betriebsverfassungsgesetz, Unfallverhütungsvorschriften u.a.		2		2
1.2.6 * Bildungsurlaub, Schulungsveranstaltungen		2		2
1.2.7 * Schlechtwetter-Ausfalltage während SW-Zeit ("Saison-KUG": 1.12.-31.3.)	16			
* - davon durch Flexibilisierung (Vor- und Nacharbeit) abgedeckt	-4			
* - davon auf Urlaub angerechnet	0			
* = Gesamtbelastung in der SW-Zeit		12		12
1.2.8 * Schlechtwetter-Ausfalltage außerhalb der SW-Zeit (1.4. - 30.11.)		0		0
1.2.9 * Ausfalltage wegen Kurzarbeit ("konjunkturelles KUG")		2		2
1.2.10 * Krankheitstage mit Lohnfortzahlung		10		10
1.2.11 * Krankheitstage ohne Lohnfortzahlung		2		2
Summe Ausfalltage			**177**	**176**
1.3 Tatsächliche Arbeitstage			**188**	**189**

Bild B. 4-4a: Ermittlung der lohngebundenen Zuschläge (Teil 1)

2. Soziallöhne in v.H. des Grundlohnes (Werte in Klammern = Thüringen)	z.B. Hessen			z.B. Thüringen
	v.H.	v.H.	v.H.	v.H.
2.0 Grundlohn, inkl. Zulagen und AG-Anteil zur Vermögensbildung (Zuschlagsbasis 1)			**100,00**	**100,00**
2.1 * Bezahlung der gesetzlichen Wochenfeiertage 11 (10) Feiertage x 100 / 188 (189) tats. Arbeitstage =		5,85		5,29
(zutreffender ist der stundenbezogene Soll-Ansatz gemäß Jahreszeit)				
2.2.1 * Bezahlung der Ausfalltage (tarifliche + gesetzliche) 2 (2) Ausfalltage x 100 / 188 (189) tats. Arbeitstage =		1,06		1,06
2.2.2 * Bezahlung der Ausfalltage für Bildungsurlaub, Schulungsveranstaltungen 2 (2) Ausfalltage x 100 / 188 (189) tats. Arbeitstage =		1,06		1,06
2.3 * Krankheitstage mit Lohnfortzahlung 10 (10) Krankheitstage x 100 / 188 (189) tats. Arbeitstage =		5,32		5,29
2.4 13. Monatseinkommen (Mind.780 € ohne Abzüge) (GTL = Gesamttarifstundenlohn) (40 Std../. 2 Std. je Ausfalltag) x GTL d. LG 4 ohne VWL bezogen auf die tats. Arbeitszeit (AT) x Arb.-Std./AT x GTL mit VWL (40 Std. - 2 Std.) x 20,63 EUR/Std. x 100% / (188 AT x 8,0 Std.x (20,63+0,13) EUR/Std.) =		2,51		entfällt
Einmalzahlung lt. Tarifabschl.2018: 600 EUR (06/2019), 250 EUR (11/2019) (600 + 250) / (188 AT x 8,0 Std.x (20,63+0,13) EUR/Std.) =		2,72		entfällt
Einmalzahlung lt. Tarifabschl.2018: 250 EUR (10/2019) (250) / (189 AT x 8,0 Std.x (19,35+0,13) EUR/Std.) =		entfällt		0,85
2.5 * Betriebliche Soziallöhne		0,00		0,00
SoziallöhneZwischensumme I (aus 2.1 bis 2.5)		**18,52**		**13,55**
Zwischensumme Grund- und Soziallöhne	**118,52**			**113,55**
2.6 * Mindesturlaubsvergütung für krankheitsbedingte Ausfalltage ohne LFZG Ausfalltage x 100 / tats. AT = 2 AT x 100 /188 AT = (siehe 1.2.11)	*(ohne Berechnung)* *(1,06)*			*(ohne Berehnung)* *(1,06)*
2.7 * Mindesturlaubsvergütung für Ausfalltage bei Saison-KUG, sofern > 90 Std. Ausfalltage x 100 / tats. AT = (12 AT - 90 Std. / 8 Std./AT)*100 / 188 AT=	*(ohne Berechnung)* *(0,40)*			*(ohne Berehnung)* *(0,40)*
2.8 Urlaubsentgelt und zusätzliches Urlaubsgeld Urlaubsvergütung: 14,25 v.H. der Bruttolohnsumme, vermindert um das 13. Monatseink., zzgl. Mindesturlaubsvergütung für Ausfalltage (sh. 2.6 u. 2.7)). [Grundlohn(100%) +Soziallöhne(18,52%) -13.Mon.eink.(2,51%) +Mind.UV(1,46%)] x 14,25% / 100% - 14,25%	=	19,52		19,11
Soziallöhne Gesamt (Zwischensumme 2.1 bis 2.8)		**38,04**	**38,04**	**32,66**
Bruttolohn als Basis für Sozialkosten u. lohngebundene Kosten			**138,04**	**132,66**

Bild B. 4-4b: Ermittlung der lohngebundenen Zuschläge (Teil 2)

3. Gesetzliche und tarifliche Sozialkosten	z.B. Hessen			z.B. Thüringen
	v.H.	v.H.	v.H.	v.H.
Übertrag Soziallöhne - Zwischensumme 1:			**18,52**	**13,55**
3.1 Gesetzliche Sozialkosten				
3.1.1 Rentenversicherung	9,30			9,30
3.1.2 Arbeitslosenversicherung	1,25			1,25
3.1.3 * Krankenversicherung	7,75			7,75
3.1.4 Pflegeversicherung	1,53			1,53
3.1.5 Renten-, Kranken- und Pflegeversicherung für Empfänger von konj. KUG		0,32		0,31
3.1.6 * Berufsgenossenschaft, Unfallversicherung, Arbeitsmedizinischer Dienst, Insolvenzgeld, Entgeltfortzahlungsumlage U1, Mutterschaftsgeldumlage U2	6,44			6,44
3.1.7 Schwerbehindertenausgleich		0,00		0,00
3.1.8 Arbeitsschutz und -sicherheit		0,80		0,85
Zwischensumme 3.1.1 bis 3.1.7	**26,27**			**26,27**
Sozialkosten auf Basis Grundlohn: (26,27% (26,27%) x 138,04% (132,66%) =		**36,26**		**34,85**
3.2 Tarifliche Sozialkosten				
3.2.1 Urlaub	15,40			15,40
3.2.2 Berufsbildung	2,40			2,40
3.2.3 Zusatzversorgung	3,00			1,00
Zwischensumme 3.2.1 bis 3.2.3	**20,80**			**18,80**
Tarifliche Sozialkosten auf Basis Bruttolohn abzgl. 13. Monatseinkommen 20,8% (18,8%) x (138,04% (132,66%) - 2,51% (0%)) =		**28,19**		**24,94**
3.3 Winterbeschäftigungs-Umlage 1,20% x (138,04% (132,66%) - 2,51% (0%)) x 20,8% (18,8%) =	1,20	1,63		1,59
3.4 * TV TZR (Tarifvertrag über eine Zusatzrente im Baugewerbe) AG-Anteil 30,68 €/Mon., nur bei Zuzahlung 9,20 €/Mon. durch AN und Verzicht auf VL		0,00		0,00
Zuschlag für lohngebundene Kosten ohne sonstige lohnabhängige betriebliche Sozialkosten		**67,20**	**67,20**	**62,54**
4. Freiwillige Solzialleistungen				
4.1 * Kosten für freiwillige betriebliche Sozialleistungen (firmenspezifisch)		0,00		0,00
5. Lohnabhängige Kosten				
5.1 * Haftpflichtversicherung, Organisationsbeiträge Diese Beiträge werden von den meisten Betrieben in den Allgemeinen Geschäftskosten (AGK) erfasst und nicht als Teil der Lohnkosten.		entfällt		entfällt
Summe 4.1 bis 5.1		**0,00**	**0,00**	**0,00**
Zuschlag für lohngebundene und lohnabhängige Kosten [%]			**85,72**	**76,09**

Quelle: In Anlehnung an "Kalkulationsgrundlagen in der hessischen und thüringischen Bauwirtschaft ab 1.Januar 2019" Mitteilung des Verbandes baugewerblicher Unternehmer Hessen e.V.

Hinweis: Betriebe mit weniger als 20 Mitarbeitern können besondere Regelungen bei der Ermittlung der "Lohngebundenen Kosten ohne Ausgleichsverfahren" berücksichtigen.

Bild B. 4-4c: Ermittlung der lohngebundenen Zuschläge (Teil 3)

d) Lohnnebenkosten (L)

Lohnnebenkosten entstehen dem Bauunternehmen, weil Baustellen an stets wechselnden Orten außerhalb des Betriebssitzes liegen. Sie dienen dem Arbeitgeber als Entschädigung für die Mehraufwendungen, die er für Fahrten, auswärtige Unterbringung usw. erbringen muss. Art und Höhe der Lohnnebenkosten ergeben sich aus § 7 BRTV (Bundesrahmentarifvertrag für das Baugewerbe). Danach umfassen die Lohnnebenkosten, in Abhängigkeit von Arbeitsstellen mit oder ohne tägliche Heimfahrten, folgende Bestandteile:

- **Arbeitsstellen mit täglicher Heimfahrt**
  - **Fahrtkostenabgeltung** erhält der Arbeitnehmer, wenn er auf einer mindestens 10 km von seiner Wohnung entfernten Arbeitsstelle tätig ist und ein vom ihm gestelltes Fahrzeug nutzt, in Höhe von 0,20 EUR je Arbeitstag und gefahrenen Kilometer (Kilometergeld). Der arbeitstägliche Anspruch ist auf 20 EUR begrenzt. Für Betriebe mit Sitz in Berlin gelten Sonderregeln.

- **Verpflegungszuschuss** erhält der Arbeitnehmer, wenn er ausschließlich aus beruflichen Gründen mehr als 10 Stunden von seiner Wohnung abwesend ist, in Höhe von 4,09 EUR je Arbeitstag in Betrieben in den alten Bundesländern und in Höhe von 2,56 EUR je Arbeitstag in Betrieben in den neuen Bundesländern.

- **Arbeitsstellen ohne tägliche Heimfahrt**
  Liegt die Arbeitsstelle des Arbeitnehmers mindestens 50 km vom Betrieb entfernt und beträgt der normale Zeitaufwand für seinen Weg von der Wohnung zur Arbeitsstelle mehr als 1¼ Stunden, so hat er folgende Ansprüche auf **Auslösung**:
  - **Verpflegungszuschuss** erhält der Arbeitnehmer für seinen Verpflegungsmehraufwand in Höhe von 24,00 EUR je Arbeitstag, oder aufgrund etwaiger Betriebsvereinbarung bis zu 28,00 EUR je Arbeitstag.
  - **Unterkunft; eine ordnungsgemäße** Unterkunft (Baustellenunterkunft/Pension/Hotel) ist vom Arbeitgeber unter Berücksichtigung der Arbeitsstättenverordnung zu stellen. Für Fahrten zwischen dieser Unterkunft und der Arbeitsstelle ist die Fahrtkostenabgeltung im Sinne der Arbeitsstellen mit täglicher Heimfahrt anzuwenden (s.o.), wenn die Entfernung der Unterkunft von der Arbeitsstelle mindestens 10 km beträgt.
  - **An- und Abreise**; der Arbeitgeber hat den Arbeitnehmer kostenlos zur Arbeitsstelle zu befördern oder ihm die Fahrtkosten in Höhe von 0,20 EUR je gefahrenen Kilometer ohne Begrenzung zu erstatten. Dies gilt auch für den unmittelbaren Wechsel zu einer anderen Arbeitsstelle und für die Rückfahrt zu seiner Wohnung nach Beendigung der Tätigkeit auf der Arbeitsstelle. In diesen Fällen hat der Arbeitnehmer für die erforderliche Zeit Anspruch auf seinen Gesamttarifstundenlohn ohne jeden Zuschlag.
  - **Wochenendheimfahrten** sind dem Arbeitnehmer entsprechend der Fahrtkostenabgeltung bei Arbeitsstellen mit täglicher Heimfahrt in Höhe von 0,20 EUR je gefahrenem Kilometer zu vergüten (s.o.), allerdings ohne Begrenzung. Beträgt die Entfernung zwischen Betrieb und Arbeitsstelle mehr als 250 km, so ist der Arbeitnehmer nach Ablauf von jeweils acht Wochen einer ununterbrochenen Tätigkeit für einen Arbeitstag, bei einer Entfernung von mehr als 500 km für zwei Arbeitstage unter Fortzahlung seines Lohnes in Zusammenhang mit einer Wochenendheimfahrt von der Arbeit freizustellen (dies gilt nicht bei Flugreisen auf Kosten des Arbeitgebers).

Beispiel

Von den 9 Arbeitskräften der fiktiven Arbeitsgruppe nach Abschnitt 4.2.1.2 beziehen 2 Arbeitskräfte Verpflegungszuschuss in Höhe von je 24,00 EUR je Kalendertag sowie eine Fahrtkostenabgeltung für Wochenendheimfahrten in Höhe von 0,20 EUR/km x 200 km x 2 Fahrten/5 AT/Wo. = 16,00 EUR/AT. Man errechnet bei einer Arbeitszeit von neun Stunden je Arbeitstag den Kostenanteil am Kalkulationsmittellohn zu:

$$\frac{2\text{ AK}\cdot(24{,}00+16{,}00)\text{ EUR}/(\text{AT}\cdot\text{AK})}{(9\text{ Std.}/(\text{AT}\cdot\text{AK})\cdot 8\text{ AK})}=1{,}11\text{ EUR/Std.}$$

In vielen Betrieben wird auch anstelle einer gesonderten Berechnung der Lohnnebenkosten ein durchschnittlicher prozentualer Zuschlagssatz auf den Mittellohn A (AP) mithilfe der Baubetriebsrechnung errechnet und bei der Kalkulation für alle gleichartigen Bauvorhaben angesetzt.

4.2.2 Sonstige Kosten

Zu den sonstigen Kosten gehören im Rahmen der Einzelkosten der Teilleistungen alle Kosten der Baustoffe, Bauhilfsstoffe und Baubetriebsstoffe, soweit sie mengenmäßig bedeutsam sind und sich einfach erfassen lassen (Hauptstoffe). Im Regelfall werden unter den sonstigen Kosten auch Fracht- und Transportkosten sowie weitere Kosten für Hilfsleistungen erfasst, die nicht zu den Fremdleistungskosten gehören. Nebenstoffe und Kleinmaterial werden unter den Gemeinkosten der Baustelle (vgl. Abschnitt 4.2.5) erfasst.

4.2.2.1 Kosten der Baustoffe

Zu den Baustoffen gehören neben Kies, Betonstahl, Mauerziegel, Farben usw. auch fertige Bauteile, die von anderen Unternehmen bezogen werden, wie Stahlträger, Betonfertigteile usw.

Die Kosten für die Baustoffe setzen sich aus folgenden Anteilen zusammen:

- Einkaufspreis (abzüglich Skonti und Rabatte)
- Kosten für Antransport zur Baustelle
- Kosten für Abladen und Stapeln
- Verluste durch Transport, Lagerung und Bruch
- Schnitt- und Streuverluste während der Bearbeitung

Bevor die eigentliche Kostenerfassung in der Kalkulation beginnt, muss der Kalkulator die **Einkaufspreise** für die Stoffe ermitteln. In den meisten Fällen werden für die wichtigsten Materialien Preislisten des Baustoffgroßhandels vorliegen. Nur wenn vermutet wird, dass sich bei einer großen Mengenabnahme unter gewissen Voraussetzungen ein günstigerer Preis aushandeln lässt, wird die Abteilung Einkauf Preisanfragen an mögliche Lieferfirmen richten. Auch für besondere Baustoffe, wie z.B. wasserdichte Rohrdurchführungen, spezielle Verankerungsteile, Klinker besonderer Art oder Güte, werden im Einzelfall Auskünfte über Preise eingeholt.

In vielen Fällen entfallen Kosten für den **Antransport**, da die Lieferung durch den Baustoffhandel frei Baustelle bzw. Verwendungsstelle erfolgt, wenn eine gewisse Entfernung eingehalten wird und auf festen Wegen angefahren werden kann.

Bruch-, Schnitt- oder **Streuverluste** werden abhängig von der Stoffart als prozentualer Zuschlag zu den Stoffkosten bzw. mengenmäßig berücksichtigt. Sie ergeben sich aus betriebsinternen Erfahrungswerten oder müssen geschätzt werden.

Die Kosten für das **Abladen und Stapeln** müssen auf jeden Fall von der Baustelle getragen werden. Die dafür geschätzten Lohnstunden sind als Randstunden in die Leistungsansätze für die Erstellung der entsprechenden Teilleistungen einzurechnen.

Beispiel

Es sind die Stoffkosten für 1 t Betonstabstahl (B500B, d = 8 mm) zu ermitteln.

Lösung

Preis frei Baustelle, B500B	600,00 EUR/t
Dimensionsaufschlag für d = 8 mm	200,00 EUR/t
Verschnitt und Gewichtsdifferenz 8 % von (600,00 + 200,00) EUR	64,00 EUR/t
Stoffkosten	864,00 EUR/t

Die **Lohnstunden** für Abladen und Stapeln des Betonstahls können mit 1,0 h/t veranschlagt werden. Sie sind als **Randstunden** den Lohnstunden für das Verlegen von Betonstabstahl B500B zuzuschlagen. Wird der Stahl – wie zumeist üblich – geschnitten und gebogen auf der Baustelle angeliefert, so sind vom Biegewerk die Preise für das bearbeitete Material zu erfragen.

Müssen die Baustoffe vor dem Einbau aufbereitet werden, wie z.B. Beton, Mörtel oder Straßenbaustoffe, so sind die Kosten in einer gesonderten Berechnung zu ermitteln. Über die Kosten für die Grundmaterialien wird die Berechnung je m³ oder je t vorgenommen. Im Regelfall werden anfallende Betriebsstoffkosten gleichzeitig mit erfasst.

Beispiel

Es sollen die Stoffkosten für 1 m³ Beton C 25/30 errechnet werden.

Lösung

Betonmischung der Festigkeitsklasse C20/25			
Mischung [kg/m³]	Baustoffe	Kosten je Einheit [EUR/t]	Anteilige Kosten je m³ Beton [EUR/m³]
310	Zement CEM I 32,5 R	125,00	38,75
454	Sand 0 - 2 mm	20,00	9,08
454	Kies 2 - 8 mm	19,00	8,63
364	Kies 8 - 16 mm	18,00	6,55
546	Kies 16 - 32 mm	18,50	10,10
180	Wasser	3,00	0,54
Betriebsstoff aus Sonderberechnung			2,00
		Summe [EUR/m³]	75,65
		Verlust: ca. 5% von 75,65 EUR/m³ [EUR/m³]	3,78
		Stoffkosten je m³ verdichteten Beton [EUR/m³]	79,43

Bild B. 4-5: Stoffkosten für 1 m³ Beton

Die Stoffkosten betragen 79,43 EUR/m³ (vgl. Bild B. 4-5). Geräte- und Lohnkosten für das Herstellen des Betons müssen noch gesondert erfasst werden.

Auf den meisten Baustellen wird heute allerdings Transportbeton verarbeitet. Die Preise für den fertigen Beton (frei Baustelle) können den Preislisten der Lieferwerke (abzüglich gewährter Rabatte) entnommen werden, sofern nicht gesonderte Preisvereinbarungen getroffen werden.

4.2.2.2 Bauhilfsstoffe

Bei den Bauhilfsstoffen handelt es sich in erster Linie um Schalung, Rüstung, den Verbau oder die Umspundung von Baugruben.

Da die hierfür benötigten Stoffe mehrfach eingesetzt werden, muss aufgrund der geschätzten Zahl von Einsätzen die Wertminderung je Einsatz bestimmt werden. Schnitt-, Bruch- und Streuverluste werden als prozentualer Anteil der Einsatzmenge erfasst und den Kosten hinzugerechnet.

Hölzer, wie z.B. Bretter, Bohlen und Kanthölzer, werden zumeist als Verbrauchsstoff behandelt. Systematisierte Schalungs- und Rüstteile sowie besondere Verbaukonstruktionen werden teilweise wie Geräte abgeschrieben und verzinst oder gegen eine Mietgebühr für die Einsatzdauer angemietet.

Für die Kalkulation werden im Regelfall für Schalholz und Systemschalungen Standardverrechnungssätze gebildet, die auf die Einheit der Teilleistung bezogen sind (z.B. EUR/m² Schalfläche, EUR/m³ Rüstung). Bei größeren Bauvorhaben, bei denen eine Schalung taktmäßig häufiger eingesetzt werden kann, und für besondere Bauvorhaben wie Brücken, Silos usw. sind gesonderte Berechnungen erforderlich.

Beispiel

Es sind die Schalholzkosten für 1 m² einfache Fundamentschalung zu ermitteln.

Aus Erfahrungswerten bzw. Vorberechnungen ist bekannt, dass für 1 m² Fundamentschalung ca. 1,2 m² Sperrholzplatten d = 21 mm und ca. 3,0 m Kantholz b/d = 10/10 cm (0,6 t/m³) benötigt werden.

Der Preis für Sperrholzplatten d = 21 mm frei Baustelle beträgt 27,00 EUR/m²; für Kanthölzer b/d = 10 cm, 370,00 EUR/m³.

Für die Schalhaut wird angenommen, dass sie mit ca. 5 Einsätzen auf einer Baustelle verbraucht wird. Beim Kantholz kann mit 15-fachem Einsatz insgesamt bei fünf Einsätzen je Baustelle gerechnet werden.

Lösung

Kosten je m³ Kantholz:

Einkaufspreis frei Baustelle	370,00 EUR/m³
Verschnitt 15 % von 370,00 EUR/m³ =	55,50 EUR/m³
Kosten je m³ Kantholz	425,50 EUR/m³
Wertminderung bei 15 Einsätzen: 425,50 EUR/m³ : 15 Einsätze =	28,37 EUR/m³
Anteilige Transport- und Ladekosten bei fünf Einsätzen je Baustelle und Rücklieferung von etwa 80 %:	
80 % · 0,6 t/m³ · 30,00 EUR/t : 5 Einsätze =	2,88 EUR/m³
Kosten je m³ Kantholz je Einsatz	31,25 EUR/m³

Kosten je m^2 Schalhaut:

Schalhaut: 1,2 $m^2/m^2 \cdot$ 27,00 EUR/m^2 =	32,40 EUR/m^2
Schnittverluste: 10 % $\cdot$ 32,40 EUR/m^2 =	3,24 EUR/m^2
Kosten je m^2 Schalhaut	35,64 EUR/m^2

Gesamtkosten je m^2 Fundamentschalung:

Schalhaut bei fünf Einsätzen: 35,64 EUR/m^2 : 5 Einsätze =	7,13 EUR/m^2
Kantholz: 0,03 m^3/m^2 (= 3 m $\cdot$ 0,10 $\cdot$ 0,10) $\cdot$ 31,25 EUR/m^2 =	0,94 EUR/m^2
Kosten je m^2 zu schalender Fläche	8,07 EUR/m^2

Weitere Kosten für Nägel, Rödeldraht und Schalöl gehören zur Gruppe der Nebenstoffe und werden dort erfasst. Lohnstunden für Ladearbeiten auf der Baustelle sind den Aufwandswerten der Schalarbeiten zuzuordnen.

Beispiel

Es sind die Schalungskosten je m^2 der mit einer System-Rahmenschalung zu schalenden Wandflächen zu ermitteln. Insgesamt sind 4 freistehende Wände mit gleichen Abmessungen ($l/h/b$ = 4,00/2,50/0,30 m) herzustellen.

Lösung

Beispielhaft erfolgt die Schalungsplanung mit einem Softwaresystem, wie es in vergleichbarer Weise von nahezu allen Schalungsanbietern angeboten wird. Darin wird zunächst der Grundriss erfasst (hier nur eine Wand), bevor die Schalungsplanung und die daraus resultierende Stückliste weitestgehend automatisch erstellt werden (vgl. Bilder B. 4-6 und B. 4-7).

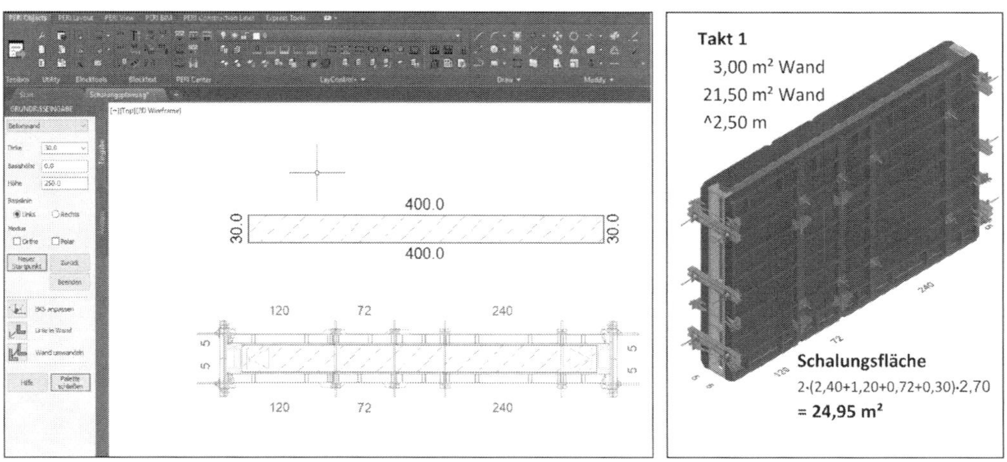

Bild B. 4-6: Schalungsplanung (hier: Programm ELPOS)

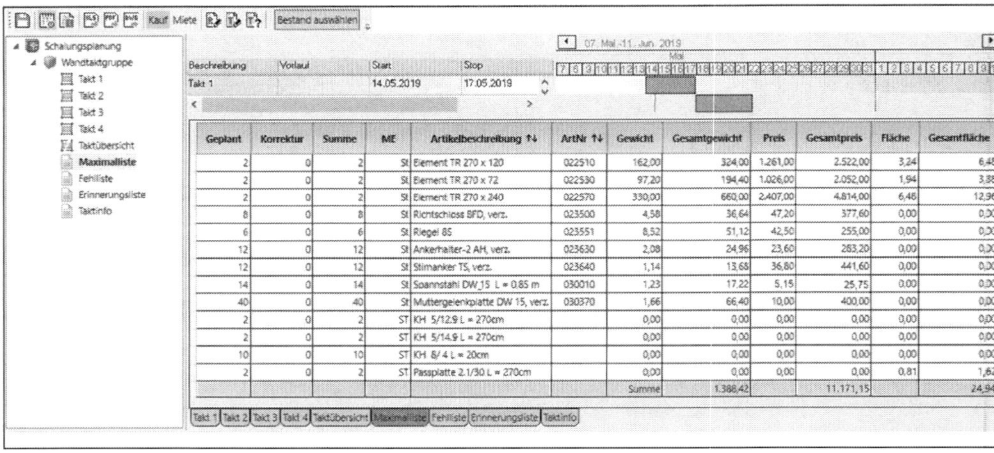

Geplant	Korrektur	Summe	ME	Artikelbeschreibung ↑↓	ArtNr ↑↓	Gewicht	Gesamtgewicht	Preis	Gesamtpreis	Fläche	Gesamtfläche
2	0	2	St	Element TR 270 x 120	022510	162,00	324,00	1.261,00	2.522,00	3,24	6,48
2	0	2	St	Element TR 270 x 72	022530	97,20	194,40	1.026,00	2.052,00	1,94	3,88
2	0	2	St	Element TR 270 x 240	022570	330,00	660,00	2.407,00	4.814,00	6,48	12,96
8	0	8	St	Richtschloss BFD, verz.	023500	4,58	36,64	47,20	377,60	0,00	0,00
6	0	6	St	Riegel 85	023551	8,52	51,12	42,50	255,00	0,00	0,00
12	0	12	St	Ankerhalter-2 AH, verz.	023630	2,08	24,96	23,60	283,20	0,00	0,00
12	0	12	St	Stirnanker TS, verz.	023640	1,14	13,68	36,80	441,60	0,00	0,00
14	0	14	St	Spannstahl DW 15 L = 0,85 m	030010	1,23	17,22	5,15	25,75	0,00	0,00
40	0	40	St	Muttergelenkplatte DW 15, verz.	030370	1,66	66,40	10,00	400,00	0,00	0,00
2	0	2	ST	KH 5/12,9 L = 270cm		0,00	0,00	0,00	0,00	0,00	0,00
2	0	2	ST	KH 5/14,9 L = 270cm		0,00	0,00	0,00	0,00	0,00	0,00
10	0	10	ST	KH 8/4 L = 20cm		0,00	0,00	0,00	0,00	0,00	0,00
2	0	2	ST	Passplatte 2,1/30 L = 270cm		0,00	0,00	0,00	0,00	0,81	1,62
						Summe	1.388,42		11.171,15		24,94

Bild B. 4-7: Stückliste, resultierend aus der Schalungsplanung mit Flächenangaben (hier: Software PERI CAD, Preisangaben Stand 2019)

Die Stückliste, in der die Fläche der höheren Schalungselemente (h = 2,70 m : Wandhöhe 2,50 m) berücksichtigt wurde, gibt einen auf Basis der hinterlegten Preisliste ermittelten Gesamtpreis an. Hierbei handelt es sich um den Neuwert der Schalungselemente.

Es wird angenommen, dass für die Anmietung der Schalung ein Mietzins von einmalig 5 % des Neuwertes (für Auftragsbearbeitung, Laden, Grundreinigung, allgemeine Instandhaltung usw.) und zeitabhängig 4,5 % des Neuwertes pro Monat anfallen. Für Transportkosten werden 2 · 250,00 EUR und als Vorhaltezeit für die herzustellenden 4 Wände 3 Wochen angenommen.

Kosten der Schalung:	
Neupreis gem. Stückliste:	11.171,15 EUR
Mietzins einmalig pro Auftrag: 5 % von 11.171,15 EUR =	558,56 EUR
Mietzins je Monat: 4,5 % von 11.171,15 EUR =	502,70 EUR/Mon.
Transportkosten: 2 · 250,00 EUR =	500,00 EUR
Gesamt-Schalfläche:	
4 Wände · 2 Seiten · (4,00 m · 2,50 m + 0,30 · 2,50) =	86,0 m²
geplante Vorhaltedauer:	3 Wochen
Kosten je m² zu schalender Fläche:	
Mietkosten: einmalig je Auftrag:	
558,56 EUR : 86 m² Schalfläche =	6,49 EUR/m²
Mietkosten, zeitabhängig pro Monat:	
502,70 EUR/Mon. · 3 Wo./(4 Wo/Mon.) : 86 m² Schalfläche =	4,38 EUR/m²
Transportkosten: 500,00 EUR : 86 m² Schalfläche =	5,81 EUR/m²
Kosten je m² zu schalender Fläche:	16,68 EUR/m²

Weitere Kosten für z.B. Schalöl gehören zur Gruppe der Nebenstoffe und werden dort erfasst. Lohnstunden für Ladearbeiten auf der Baustelle sind den Aufwandswerten der Schalarbeiten zuzuordnen.

4.2.2.3 Baubetriebsstoffe

Baubetriebsstoffe fallen an in Form von elektrischer Energie, Kraftstoffen, Schmiermitteln, Gas und Heizöl.

Eine Erfassung der Kosten für Betriebsstoffe innerhalb der Einzelkosten der Teilleistungen ist nur möglich, wenn Maschinen einer Teilleistung zugeordnet werden können. Ist dies nicht der Fall oder wird die Zurechnung der Kostenanteile zu aufwändig, z.B. wegen Abgrenzungsschwierigkeiten bei den Stromkosten, so sind die Kosten der Baubetriebsstoffe den Gemeinkosten der Baustelle zuzurechnen.

Die Kosten der Baubetriebsstoffe werden aufgrund der Einkaufspreise je Einheit, z.B. (EUR/kWh) Strom, (EUR/m^3) Gas oder (EUR/t) Dieselöl unter Beachtung des spezifischen Betriebsstoffverbrauchs der Maschinen oder Geräte ermittelt.

Die Kosten der Schmierstoffe werden aufgrund von Erfahrungswerten meistens als Prozentsatz der Kraftstoffkosten erfasst.

Die Kosten für Einrichtung und Vorhaltung von Übernahmestationen wie Ölbunker, Stromanschluss, Installationen oder Lagereinrichtungen werden unter den Gemeinkosten der Baustelle oder – wenn vorhanden – gegebenenfalls in den Baustelleneinrichtungspositionen des Leistungsverzeichnisses kalkuliert.

4.2.3 Gerätekosten

Gerätekosten im weitesten Sinne sind alle Kosten, die sich aus der Vorhaltung und dem Betrieb der Geräte ergeben. Hierzu zählen:

- Gerätevorhaltekosten:
  Kosten der Wertminderung (Abschreibung; *A*)
  Kosten der Verzinsung des investierten Restkapitals (*V*)
  Kosten der Reparaturen (*R*)
- Betriebskosten:
  Kosten für Betriebs- und Schmierstoffe
  Kosten für Bedienung
  Kosten für Wartung und Pflege
- Kosten für die Herrichtung zum Einsatz:
  Kosten des An- und Abtransports
  Kosten für Auf-, Um- und Abladen
  Kosten für Aufbau, Umsetzen, Abbau und Verpackung
- Allgemeine Geschäftskosten:
  Kosten der Lagerung
  Kosten der Leitung und Verwaltung
  Kosten für Versicherung und Steuern

4.2.3.1 Verrechnung der Gerätekosten in der Kalkulation

a) Kosten der Bereitstellungsgeräte und Baustellenausstattungen

Es handelt sich hierbei um Geräte, die für den betrieblichen Ablauf der Baustelle ständig vorhanden sein müssen oder die für mehrere Teilleistungen benötigt werden und sich diesen Teilleistungen nicht ohne größeren Aufwand zuordnen lassen, wie z.B. Turmdrehkräne, Grader für Baustraßenunterhaltung, Baubuden, Trafoanlagen.

Die Verrechnung der Kosten dieser Geräte ist zum Teil an die Gestaltung des Leistungsverzeichnisses geknüpft.

Sind im LV eine oder mehrere Positionen für das Einrichten, Vorhalten und Räumen der Baustelleneinrichtung sowie der Geräte enthalten, so werden die Kosten der Geräte – gegebenenfalls mit Ausnahme der Betriebskosten – als Einzelkosten dieser speziellen Teilleistungen erfasst.

Sind keine Positionen für die Baustelleneinrichtung im Leistungsverzeichnis vorgesehen und können die Gerätekosten keiner Teilleistung zugeordnet werden, so werden die Kosten der Geräte als Gemeinkosten der Baustelle erfasst.

Die Gerätevorhaltekosten werden in Abhängigkeit von der geplanten Anwesenheitsdauer auf der Baustelle errechnet.

Öffentliche Bauauftraggeber sehen zumeist nur noch LV-Positionen für das einmalige Einrichten und Räumen der Baustelle vor, während sämtliche Vorhaltekosten über die Gemeinkosten der Baustelle zu erfassen und auf alle Leistungspositionen, im Rahmen der Gemeinkostenzuschläge, umzulegen sind.

b) Leistungsgeräte

Geräte, die nur für bestimmte, genau abzugrenzende Teilleistungen eingesetzt werden und deren Leistung relativ einwandfrei ermittelt werden kann, werden in der Kalkulation als Einzelkosten der Teilleistungen verrechnet. Diese leistungsabhängigen Geräte stehen der Baustelle nur für die Dauer der Durchführung der speziellen Teilleistung zur Verfügung. Es handelt sich hierbei im Wesentlichen um Erdbaugeräte wie Bagger, Scraper, Radlader, Schwerlastkräne und Einbaugeräte für Straßendecken oder Autokräne für Montagen, wobei diesen Geräten meist ein ständiger Maschinenführer zugeordnet ist.

In der Kalkulation werden für diese Geräte die Kosten je Zeiteinheit erfasst und auf die Geräteleistung bezogen. Für die Geräteleistung gilt dabei die Definition:

$$\text{Leistungsansatz} = \frac{\text{Leistungseinheiten}}{\text{Betriebsstunden}} [\text{LE/h}]$$

so dass die Kosten je Leistungseinheit betragen:

$$\text{Kosten je Leistungsansatz} = \frac{\text{Gerätekosten je Zeiteinheit}}{\text{Leistungsansatz}} [\text{EUR/LE}]$$

Beispiel

Ein Bagger erbringt eine Leistung von 60 m³/h beim Baugrubenaushub. Die Gerätekosten betragen 47,00 EUR/h.

Es ergeben sich die Kosten je m³ Bodenaushub zu:

$$k = \frac{47{,}00\ \text{EUR/h}}{60\ \text{m}^3\text{/h}} = 0{,}78\ \text{EUR/m}^3$$

4.2.3.2 Gerätevorhaltekosten

a) Baugeräteliste 2015 (BGL)

Als wichtigstes Hilfsmittel bei der Gerätekostenermittlung, insbesondere bei der Errechnung der Kosten für Abschreibung, Verzinsung und Reparaturen, dient die Baugeräteliste 2015 (BGL) [13].

Die BGL ist ein Tabellenwerk, in dem aufgrund des Neuwertes, der Nutzungsdauer und einer mittleren Einsatzintensität die monatlichen Abschreibungs-, Verzinsungs- und Reparatursätze für Geräte und Maschinen aufgezeichnet sind. Die für die Baudurchführung benötigten Einrichtungen und Geräte sind gekennzeichnet durch Sammelbezeichnungen, die sich aus den wesentlichen wirtschaftlichen und technischen Daten ergeben.

b) Zeitbegriffe der BGL für den Geräteeinsatz

Nutzungsdauer

Die Nutzungsdauer ist die Zeitspanne, ausgedrückt in Jahren oder Monaten, in der ein Gerät erfahrungsgemäß wirtschaftlich und mit technischem Erfolg eingesetzt werden kann.

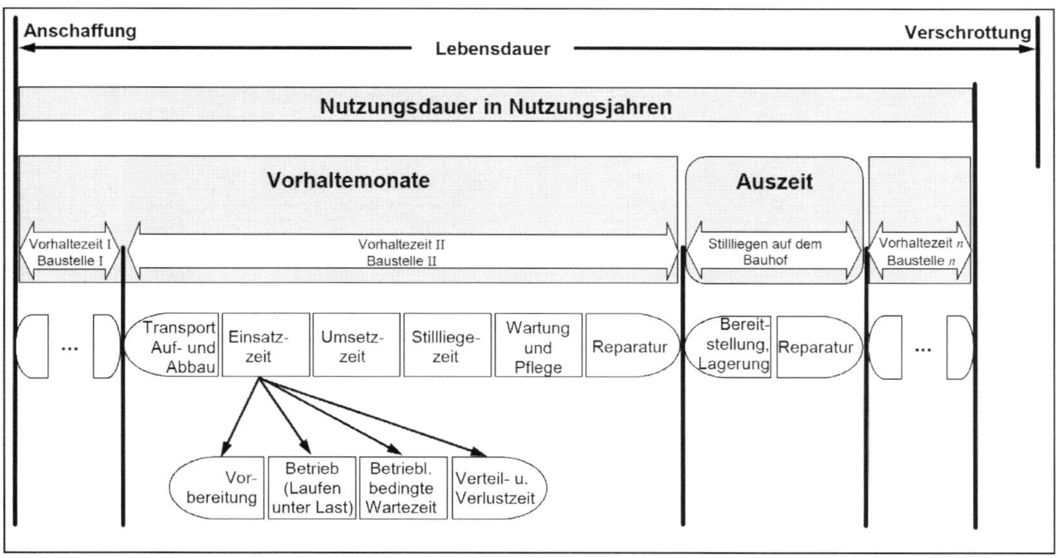

Bild B. 4-8: Zeitbegriffe nach der Baugeräteliste

Lebensdauer

Als Lebensdauer wird im Allgemeinen die Zeitspanne zwischen der Herstellung und der Verschrottung der Maschine bezeichnet. Sie deckt sich nicht mit der Nutzungsdauer.

Vorhaltezeit

Die Zeit, in der ein Gerät der Baustelle zur Verfügung steht, heißt Vorhaltezeit. Sie beginnt mit dem Zeitpunkt der Verladung für den Transport zur Baustelle und endet zu dem Zeitpunkt, an dem die Baustelle das Gerät freimeldet bzw. mit dem Abladen auf dem Bauhof. Die Vorhaltezeit wird in der BGL 2015 durch **Vorhaltemonate** für die Ermittlung der kalkulatorischen Gerätekosten angegeben. Diese berücksichtigen innerhalb der Nutzungsjahre den Zeitraum, in dem das Gerät die Abschreibung und Verzinsung verdienen muss.

Einsatzzeit

Unter Einsatzzeit wird hier die Zeit verstanden, die ein Gerät für die Durchführung einer Bauleistung eingesetzt ist.

Die Einsatzzeit umfasst folgende Einzelanteile:

- Zeiten für Vorbereitungsarbeiten (Umrüsten)
- Betriebszeiten (Gerät läuft unter Last)
- betrieblich bedingte Wartezeiten
- Verteil- und Verlustzeiten.

Stillliegezeiten

Zeiten innerhalb einer Vorhaltezeit auf der Baustelle, die durch höhere Gewalt oder vergleichbare Umstände das Stilllegen des Gerätes erzwingen.

Reparaturzeiten

Dies sind alle Zeiten, die für die Vorbereitung und die Durchführung von Reparaturen an Geräten und Baumaschinen sowohl auf der Baustelle als auch in eigenen oder fremden Reparaturwerkstätten erforderlich werden.

c) Kalkulatorische Abschreibung der Geräte (A)

Die Abschreibung der Geräte nach der BGL 2015 geht von folgenden Grundlagen aus:

- **Abschreibungsgrundwert A (EUR)**
  Als Abschreibungsgrundwert wird der mittlere Neuwert eines Gerätes einschließlich aller erforderlichen Kosten für Verpackung, Transport, Zölle usw. zugrunde gelegt.

  Diese „mittleren Neuwerte" sind als Listenpreise der gebräuchlichsten Fabrikate auf der Preisbasis 2014 – einschließlich Bezugskosten – errechnet worden. Alle Preise werden dabei als Neupreise ohne Mehrwertsteuer angesetzt. Die Entwicklung der mittleren Neuwerte wird mithilfe des amtlichen „Erzeugerpreisindex für Baumaschinen" des Statistischen Bundesamtes Wiesbaden berücksichtigt. Es empfiehlt sich in größeren Zeitabständen innerhalb der Nutzungsdauer den Wiederbeschaffungswert neu festzulegen und bei der Abschreibung zu berücksichtigen.

- **Abschreibungszeitraum**
  Der Abschreibungszeitraum ist durch die Nutzungsdauer in Jahren angegeben. Die Nutzungsdauer ist für die einzelnen Maschinen ein geschätzter Wert, der sich aufgrund langjähriger Erfahrungen ergeben hat. Sie wird beeinflusst vom Verschleiß des Gerätes bei Gebrauch, vom Aufwand für Reparaturen, Wartung und Pflege sowie von der Wertminderung durch Witterungseinflüsse und die technische Überalterung. Für die steuerliche Abschreibung gibt es die amtlichen, steuerlichen AfA-Tabellen (AfA = Absetzung für Abnutzung) für Baugeräte und Maschinen vom Dezember 2001 (siehe www.bundesfinanzministerium.de). Für allgemeine Wirtschaftsgüter (z.B. Büroausstattung mit PC) gelten die AfA-Tabellen vom 1.1.2001.

  Während der **Nutzungsdauer n** (in Jahren) ergeben sich Zeitspannen, in denen ein Gerät nicht eingesetzt werden kann, z.B. wegen fehlender Anschlussaufträge oder witterungsbedingter Stillstandszeiten. Zur Berücksichtigung dieser Ausfallzeiten hat man aufgrund der mittleren langjährigen Beschäftigung einer Geräteart Vorhaltemonate ermittelt, in denen ein Gerät auf den Baustellen wirtschaftlich eingesetzt werden kann. Die BGL gibt für jedes Gerät die Anzahl der **Vorhaltemonate v** (Monat) an, und zwar in Von-bis-Werten, um auch vom Durchschnitt abweichende Einzelfälle zu berücksichtigen.

- **Verlauf der Abschreibung**
  In der Bauwirtschaft wird für die kalkulatorische Abschreibung der Geräte die lineare Abschreibung angenommen. Die jährliche Abschreibung a_i errechnet sich aus dem Abschreibungsgrundwert (*A*) und der Vorhaltedauer (*v*):

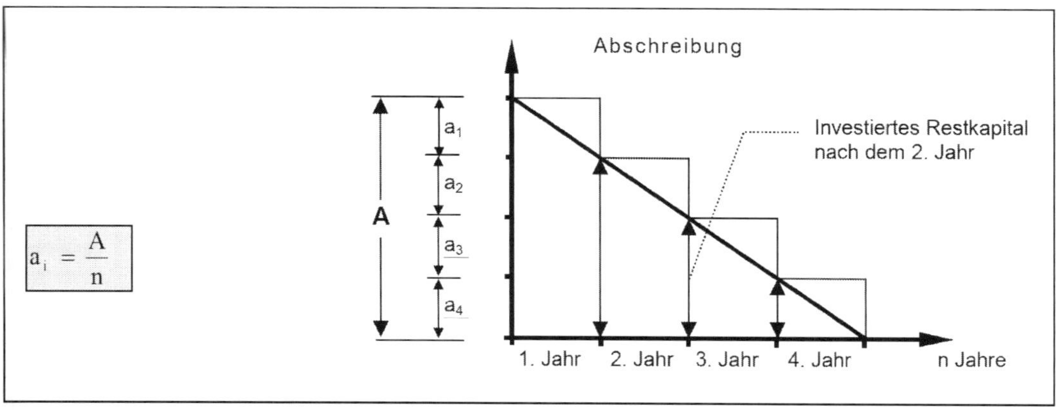

Bild B. 4-9: Lineare Abschreibung

In der BGL wird die Abschreibung je Vorhaltemonat *v* in Prozent vom mittleren Neuwert ermittelt. Der Anteil der Abschreibung beträgt:

$$a = \frac{100}{v} \; [\%]$$

d) Verzinsung des investierten Restkapitals (V)

Für das investierte, noch nicht abgeschriebene Restkapital der Geräte muss eine kalkulatorische Verzinsung vorgenommen werden. Sie wird bei der Ermittlung der Gerätekosten mit der

Abschreibung zusammengefasst und mit einfacher Verzinsung mit einem kalkulatorischen Zinsfuß von p = 6,5 % errechnet.

Dabei wird zur Vereinfachung die Verzinsung V in gleichen Beträgen über die gesamte Nutzungsdauer angesetzt. Diese Beträge werden wieder auf die Vorhaltemonate bezogen.

Die Verzinsung z je Vorhaltemonat in Prozent vom mittleren Neuwert beträgt:

$$z = \frac{p \cdot n \cdot 100}{2 \cdot v} \ (\%)$$

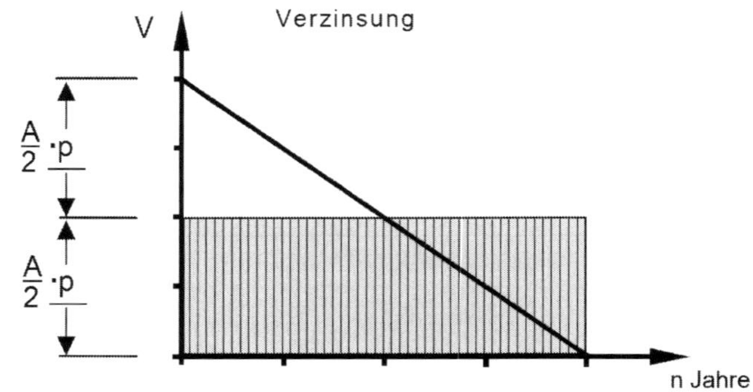

Bild B. 4-10: Verzinsung in der BGL (z = Verzinsung je Vorhaltemonat in Prozent vom mittleren Neuwert)

e) Kalkulatorische Abschreibung und Verzinsung (A + V) in der BGL 2015

In der BGL 2015 werden die Abschreibungs- und Verzinsungsbeträge für die einzelnen Gerätearten in einem monatlichen Satz k in Prozent vom mittleren Neuwert und für die Gerätegrößen als monatliche Beträge K in (EUR) angegeben (vgl. Bild B. 4-11).

Der monatliche Satz k in Prozent für die Abschreibung und Verzinsung beträgt:

$$k = a + z = \frac{100}{v} + \frac{p \cdot n \cdot 100}{2 \cdot v} \ [\%]$$

Der monatliche Betrag K in Euro ergibt sich zu:

$$k = \frac{k \cdot A}{100} \ [\text{EUR}]$$

Da die Vorhaltemonate in Von-bis-Werten angegeben sind, ergeben sich für die monatlichen Abschreibungs- und Verzinsungsbeträge ebenfalls Von-bis-Werte.

Es ist anzumerken, dass die BGL 2015 nur Richtwerte angibt. Im Einzelfall wird es erforderlich sein, diese Werte aufgrund der gegebenen betrieblichen Situation zu kontrollieren und zu korrigieren.

Beispiel

Für das Grundgerät eines hydraulischen Raupenbaggers (BGL-Nr. D.1.00.0060) mit einem mittleren Neuwert von 132.500,00 EUR ergeben sich bei 60 Vorhaltemonaten innerhalb einer Nutzungsdauer von sieben Jahren die folgenden Werte:

$$k = \frac{100}{60} + \frac{0{,}065 \cdot 7 \cdot 100}{2 \cdot 60} = 2{,}05 \approx 2{,}0\ [\%]$$

$$K = \frac{2{,}0 \cdot 132.500{,}00}{100} = 2.650{,}00\ \text{EUR}$$

Diese Werte sind auch der Tabelle aus der BGL 2015 (s. Bild B. 4-11) zu entnehmen.

Wurde das Gerät in 2015 erworben und soll in der Kalkulation der Wiederbeschaffungswert zum Zeitpunkt des Angebots (in 2019) berücksichtigt werden, so wird wie folgt verfahren:

Erzeugerpreisindex für Baumaschinen 2014: 100,0 (BGL 2015)

Erzeugerpreisindex für Baumaschinen 2019: ca. 105,0 (Statistisches Bundesamt, ca. Mitte 2019)

$$\text{Abschreibungswert } K_{19} = \frac{105{,}0}{100{,}00} \cdot 2.650{,}00\ \text{EUR} = 2.783{,}00\ \text{EUR}$$

f) Reparaturkosten (R)

Ein wesentlicher Bestandteil der Gerätekosten sind die Aufwendungen für die Erhaltung der Betriebsbereitschaft. Sie sind bedingt durch hohe Beanspruchung im Baubetrieb, den häufigen Wechsel des Einsatzortes, fehlenden Schutz gegen Witterungseinflüsse in allen Jahreszeiten und den meist unvermeidbaren Wechsel des Bedienungspersonals.

Die Gesamtreparaturkosten werden aufgrund der während der Nutzungsdauer wirklich angefallenen Kosten für jedes Gerät ermittelt. Die sich daraus ergebenden betriebsnotwendigen Kostensätze müssen in die Gerätekosten eingerechnet werden.

Soweit keine betriebsinternen Werte vorliegen, sind vereinfachend die Werte der BGL 2015 anzunehmen.

In der BGL 2015 sind für jede Geräteart die Reparaturkosten als Durchschnittswerte über die gesamte Nutzungsdauer angegeben als

- monatliche Sätze r in Prozent vom mittleren Neuwert
- monatliche Beträge R in EUR für jede Gerätegröße.

Beispiel

Für einen Hydraulikbagger mit Raupenfahrwerk mit einer Standardausstattung und einer Motorleistung von 60 kW beträgt nach Bild B. 4-11 der monatliche Satz r = 1,6 % vom mittleren Neuwert, der monatliche Betrag R = 2.120,00 EUR für das Grundgerät BGL – Nr. D.1.00.0060.

Diese Sätze gelten unter der Voraussetzung mittelschwerer Betriebsbedingungen bei überwiegend normaler Arbeitszeit und angemessener Wartung und Pflege. Im Durchschnitt betragen diese Sätze 60 bis 75 % der Beträge für Abschreibung und Verzinsung.

Die in der Baugeräteliste angegebenen Reparaturkostensätze und -beträge (jeweils 100 %) gliedern sich nach folgenden Kostenarten (im Regelfall und bei überwiegend eigenen Reparaturen):

60 % Lohnkosten (Bruttolöhne)
40 % Stoffkosten (sonstige Kosten)
(Kosten für Reparaturstoffe und Ersatzteile einschließlich Verschleißteile frei Reparaturstelle ohne Mehrwertsteuer)

Nicht enthalten sind Lohnnebenkosten und lohnstundenbezogene Zuschläge sowie Gemeinkosten der baubetrieblichen Reparaturwerkstätten, wie Kosten der Werkstattmaschinen, Lohnnebenkosten und freiwillige Sozialaufwendungen. Auch Wartung und Pflege, z.B. Abschmieren, Reinigen von Verschmutzungen durch Baustoffe und Boden und Beseitigung von Schäden durch Gewalteinwirkung, müssen in gesonderten Kostenansätzen erfasst werden.

Nach der Art der Reparatur wird unterschieden in:

- Instandhaltung
  Diese ist erforderlich, um ein auf der Baustelle befindliches Gerät während der Einsatzzeit in Betrieb halten zu können. Hierfür werden etwa 30 % der gesamten Reparaturkosten aufgewendet.
- Instandsetzung
  Diese umfasst alle Reparaturen, die nach dem Einsatz auf einer Baustelle ausgeführt werden müssen, um das Gerät für einen neuen Einsatz wieder herzurichten. Diese Arbeiten werden meist in Werkstätten durchgeführt. Sie betragen 70 % der Reparaturkosten.

Auf größeren und langfristigen Baustellen, insbesondere wenn eine eigene Baustellenwerkstatt vorhanden ist, kann sich der Reparaturanteil für auf der Baustelle durchgeführte Reparaturen erhöhen.

g) Berechnung der Gerätevorhaltekosten

Für die Gerätevorhaltekosten wird in der Kalkulation ein Verrechnungssatz je Zeiteinheit gebildet. Die Baustelle wird dann jeweils mit diesem Mietsatz belastet. Dabei werden auch die an sich leistungsabhängigen Reparaturkosten als zeitabhängige Kosten verrechnet, da nie feststeht, welche Reparaturen bei der Baudurchführung an den Geräten erforderlich sein werden und Großreparaturen einer Baustelle mit kürzerer Bauzeit nicht allein angelastet werden können.

Die Vorhaltekosten der **Bereitstellungsgeräte** und Baustellenausstattung werden in der Regel durch Multiplikation von geschätzter Vorhaltezeit mit den Vorhaltekosten je Zeiteinheit errechnet. Als Zeiteinheit ist in der BGL 2015 entsprechend den monatlichen Beträgen für Abschreibung, Verzinsung und Reparaturkosten der Monat eingeführt worden. Für die Umrechnung in kleinere Zeiteinheiten gilt:

1 Vorhaltemonat = 170 Vorhaltestunden
1 Vorhaltemonat = 30 Kalendertage.

Beispiel

Ein Raupenbagger mit einer Motorleistung von 60 kW wird 12 Tage von einer Baustelle benötigt. Wie hoch sind die Gerätevorhaltekosten der Baustelle, unter Berücksichtigung des Erzeugerpreisindexes für das Jahr 2019 = ca. 105,0 % (Basis 2014 = 100 % [= BGL 2015]) und Lohnnebenkosten inkl. lohnstundenbezogener Zuschläge auf den Lohnanteil der Reparaturkosten in Höhe von 10 %?

D.1 Hydraulikbagger und Zubehör

▶ D.1.0 Hydraulikbagger (Normalausführung)

	AfA-Fundstelle Bau-AfA	allg. AfA	Nutzungsjahre	Vorhaltemonate	Monatlicher Satz für Abschreibung und Verzinsung	Monatlicher Satz für Reparaturkosten
D.1.00 <16 kW	3.1.1.1		5	40–35	2,9%-3,3%	1,8%
D.1.00 16-35 kW	3.1.1.1		5	50–45	2,3%-2,6%	1,8%
D.1.00-D.1.01 36-150kW	3.1.1.2		7	60–55	→ 2,0%-2,2%	1,6%
D.1.00-D.1.01 ≥ 150 kW	3.1.1.3		8	65–60	1,9%-2,1%	1,5%

D.1.00 **Hydraulikbagger mit Raupenfahrwerk**
RAUPENBAGGER HYD

Beschreibung:
Grundgerät mit Serienmotor und Standardlaufwerk einschl. Hydraulikzylinder für Auslegerunterteil, Fahrerkabine ROPS
Ausleger siehe D.1.4, Grabgefäße siehe D.1.6
Mit: Kamera Rückraumüberwachung
Ohne: Ausleger, Löffelstiel, Schnellwechsler, Arbeitswerkzeug, Abstützung

Kenngröße(n): Motorleistung (kW)

R ***K***

Nr.	Motorleistung kW	Tieflöffelinhalt m^3	Gewicht kg	Mittlerer Neuwert Euro	Monatliche Reparaturkosten Euro	Monatlicher Abschreibungs- und Verzinsungsbetrag von Euro	bis
D.1.00.0010	10	0,06	1000	21500,00	386,00	620,00	710,00
D.1.00.0020	20	0,08	2800	42900,00	770,00	985,00	1120,00
D.1.00.0030	30	0,19	4000	64400,00	1160,00	1480,00	1670,00
D.1.00.0040	40	0,30	7500	85800,00	1370,00	1720,00	1890,00
D.1.00.0060	60	0,56	12500	132500,00	2120,00	2650,00	2920,00
D.1.00.0080	80	0,87	17000	182500,00	2920,00	3650,00	4020,00
D.1.00.0100	100	0,87	18000	228500,00	3660,00	4570,00	5050,00
↓ *[...] (siehe BGL)*	...	...	...	...	...	...	...

D.1.40 **Monoblockausleger mit Hydraulikzylindern**
MONOBLOCK M HYDROZYL

Kenngröße(n): Motorleistung (kW) des Grundgerätes

Nr	Motorleistung kW	Standardlänge m	Gewicht kg	Mittlerer Neuwert Euro	Monatliche Reparaturkosten Euro	Monatlicher Abschreibungs- und Verzinsungsbetrag von Euro	bis
D.1.40.0010	10	1,5	150	4030,00	72,50	117,00	129,00
D.1.40.0020	20	1,8	300	8100,00	146,00	186,00	210,00
D.1.40.0030	30	2,7	450	12100,00	217,00	278,00	314,00
D.1.40.0040	40	3,6	800	16100,00	257,00	321,00	353,00
D.1.40.0060	60	4,4	675	20100,00	321,00	401,00	441,00
D.1.40.0080	80	4,6	940	32200,00	515,00	645,00	710,00
D.1.40.0100	100	5,8	2130	32200,00	515,00	645,00	710,00
↓ *[...] (siehe BGL)*	...	...	...	...	...	...	...

D.1.60 **Tieflöffel**
TIEFLOEFFEL

Verschleißteil(e): Auftragsschweißung, Zähne, Schneiden und Verschleißspitzen komplett mit Befestigungsmaterial

Kenngröße(n): Tieflöffelinhalt (l)

Nr	Tieflöffelinhalt l	Schnittbreite mm	Gewicht kg	Mittlerer Neuwert Euro	Monatliche Reparaturkosten Euro	Monatlicher Abschreibungs- und Verzinsungsbetrag von Euro	bis
D.1.60.0025	25	220	30	595,00	23,50	17,00	19,50
D.1.60.0030	30	260	32	690,00	27,50	20,00	23,00
↓ *[...]*	...	...	...	...	...	...	...
D.1.60.0500	500	850	500	3740,00	75,00	75,00	82,50
D.1.60.0700	700	1050	610	5350,00	107,00	107,00	117,00
D.1.60.0900	900	1250	700	6950,00	139,00	139,00	153,00
D.1.60.1200	1200	1400	845	8900,00	178,00	178,00	196,00
↓ *[...] (siehe BGL)*	...	...	...	...	...	...	...

Bild B. 4-11: Auszüge aus der Baugeräteliste 2015

Lösung

Es werden die Kostenbeträge der BGL 2015 (vgl. Bild B. 4-11) angenommen und in der Gerätekostenkarte (vgl. Bild B. 4-12) mit den zu ermittelnden Faktoren angepasst:

Zur Berücksichtigung des Erzeugerpreisindexes für das Jahr 2019 wird der Faktor

$f_1 = 105{,}0\ \% : 100\ \% = 1{,}05$

auf die Gerätekosten (A+V+R) der BGL 2015 (Preisbasis = 2014) angewendet.

Die Reparaturkosten (R) werden zur Berücksichtigung der Lohnnebenkosten inkl. der lohnstundenbezogenen Zuschläge zusätzlich mit dem Faktor

$f_2 = (1 + 0{,}10 \cdot 0{,}60) = 1{,}06$

multipliziert, wobei zugrunde liegt, dass der Lohnkostenanteil der Reparaturkosten gemäß BGL 60 % beträgt.

Der Gerätemietsatz (Abschreibung und Verzinsung + Reparaturkosten) ermittelt sich gemäß Auswertung in der Baugerätekostenkarte (gerundete Werte) somit wie folgt:

2.783,00 + 2.360,00 + 421,00 + 357,00 + 112,00 + 119,00 = 6.152,00 EUR/Monat

Gerätekosten: 12/30 · 6.152,00 EUR/Monat = 2.460,80 EUR

Die Vorhaltekosten der **Leistungsgeräte** werden meist auf der Basis von Betriebsstunden errechnet. Voraussetzung dafür ist die Vorgabe der erwarteten Gesamtbetriebsstunden innerhalb der Vorhaltezeit. Die Vorhaltekosten werden durch Division auf die Betriebsstunden bezogen (vgl. Beispiel mit Bild B. 4-12).

Beispiel

Für einen Hydraulikbagger, BGL-Nr. D.1.00.0060, mit 700 l Tieflöffelinhalt, BGL-Nr. D.1.60.0700, sollen die Kosten für eine Betriebsstunde berechnet werden. Als betriebsinterne Angaben über den Einsatz des Hydraulikbaggers stehen zur Verfügung:

Treibstoffverbrauch	0,20 l/kWh[5]
Preis für Diesel	1,45 EUR/l
Schmierstoffkosten	10 % des Treibstoff-Verbrauchs
Betriebsstunden	130 Stunden/Monat
Bedienung	1,1 Zeitstunden (zu 40,00 EUR/Std.) je Betriebsstunde

Lösung

Die Berechnung der Gerätekosten ist in Bild B. 4-12 dargestellt, wobei neben den Gerätevorhaltekosten auch die Betriebskosten (Betriebs- und Schmierstoffe) einschließlich der Bedienung ermittelt werden. Die Kosten einer Betriebsstunde ermitteln sich gemäß Auswertung in der Baugerätekostenkarte (vgl. Bild B. 4-12) somit wie folgt:

47,00 + 17,40 + 1,74 + 44,00 = 110,14 EUR/Betriebsstunde

5 Anmerkung: 1 kWh = 1,36 PSh; 1 l Diesel = 0,84 kg.

Nr. *19/35*	Projekt: *Wasserbehälter*					Seite: *1*
BAUGERÄTE - KOSTENKARTE						
Geräteart:	*Hydro-Raupenbagger*		Baujahr: *2015*	BGL-Nr.: *D.1.00.0060*		
				Inv.-Nr.:		
				A + V + Rep. (lt. BGL)		
BGL-Nr.	Abschreibungs-grundwert	Bezeichnung	Gewicht [t]		Faktor	EUR/Monat
D.1.00.0060	*132 500,00*	*Raupenbagger - HYD*	*12,5*	A + V 2.650,00	*1,05*	*2 783,00*
				Rep. 2 120,00	*1,05 x 1,06*	*2 360,00*
D.1.40.0060	*20 100,00*	*Monoblockausleger mit Hydrozylinder*	*0,7*	A + V 401,00	*1,05*	*421,00*
				Rep. 321,00	*1,05 x 1,06*	*357,00*
D.1.60.0700	*5 350,00*	*Tieflöffel 0,7 m³*	*0,6*	A + V 107,00	*1,05*	*112,00*
				Rep. 107,00	*1,05 x 1,06*	*119,00*
		Summe	*13,8*			
				Gerätevorhaltekosten / Monat		*6 152,00*
Betriebsstd.: *130* h/Monat				Gerätevorhaltekosten / Betriebsstunde		*47,00*
Betriebsstoffe: *60 kW x 0,20 L/kWh x 1,45 EUR/L*					*17,40*	
Schmierstoffe: *10%* der Betriebsstoffe					*1,74*	
				Betriebsstoffkosten / Betriebsstunde	*19,14*	*19,14*
Bedienung je Betriebsstunde: *1,1 Std. x 40,00 EUR/Std.*						*44,00*
				Kosten einer Betriebsstunde		***110,14***

Transporte:

	Lohnstunden	Sonst.Kosten	Bemerkungen
Aufladen			
Abladen			
Aufladen			
Abladen			

Aufstellungsdatum:	Aufsteller:	Kontrolle:

Bild B. 4-12: Gerätekosten einer Betriebsstunde (Baugerätekostenkarte)

Für die Zeiten, in denen ein Gerät auf der Baustelle mehr als 10 Arbeitstage nacheinander stillliegt und nicht bei der Leistungserstellung eingesetzt werden kann (Stillliegezeiten), z.B. Ausfallzeiten während der Schlechtwetterperiode, sieht die Baugeräteliste folgende Regelung bei der Berechnung der Vorhaltekosten vor:

- für die ersten 10 Kalendertage werden die volle Abschreibung und Verzinsung ($A + V$) sowie die vollen Reparaturkosten (R) in Ansatz gebracht.
- vom 11. Kalendertag an werden 75 % der vollen Beträge für Abschreibung und Verzinsung ($A + V$) und für Wartung und Pflege zusätzlich 8 % des vollen Betrags für Abschreibung und Verzinsung ($A + V$) berechnet. Kosten für Reparaturen (R) entfallen.

Beispiel

Für den Hydraulikbagger BGL – Nr. D.1.00.0060 (vgl. Bild B. 4-12) sollen die Gerätekosten für einen Monat Stillliegezeit errechnet werden (ein Monat = 30 Kalendertage):

Lösung

Vorhaltekosten für 10 Kalendertage:

100 % ($A + V + R$): 10/30 · 6.152,00 =	2.051,00 EUR
Vorhaltekosten für 20 Kalendertage Stillliegezeit:	
75 % + 8 % ($A + V$): 0,83 · 20/30 · (2.783,00 + 421,00 + 112,00) =	1.835,00 EUR
Vorhaltekosten für ein Monat Stillliegezeit =	3.886,00 EUR

4.2.3.3 Betriebskosten

Zu den Betriebskosten zählen Lohnkosten für Bedienung der Maschine, die Kosten für Wartung und Pflege sowie die Kosten für Betriebs- und Schmierstoffe.

- Kosten für Bedienung:
  Der Aufwand an Lohnstunden richtet sich nach dem jeweiligen Gerät. In den meisten Fällen genügt ein Maschinenführer, soweit eine Bedienung erforderlich ist. Zur Erfassung der Kosten für Wartung und Pflege wird auf die Lohnstunde des Maschinenführers ein Zuschlag (z.B. 0,1 Std. je Betriebsstunde) gewählt und mit 1,1 Std./Betriebszeit gerechnet.
- Kosten für Betriebs- und Schmierstoffe:
  Für die Betriebs- und Schmierstoffe kommen je nach Art des Antriebs Strom, Kraftstoffe, Gas und weiterhin Schmieröle sowie Reinigungsmittel in Betracht.

  Der Betriebsstoffverbrauch der Baumaschinen ist von vielen Faktoren abhängig. Er wird durch den Zustand der Geräte, die Witterung, besondere Betriebsbedingungen usw. beeinflusst. In der BGL 2015 sind als Richtwerte für den Betriebsstoffverbrauch von Verbrennungsmotoren unter Berücksichtigung betriebsbedingter Unterbrechungen die nachfolgenden Werte angegeben.

  Baumaschinen und Kraftfahrzeuge:

  100 g (0,12 l) bis 175 g (0,21 l) Dieseltreibstoff je kW und Stunde.

  Der Schmierstoffverbrauch beträgt etwa 10 bis 12 % der Treibstoffkosten.

4.2.3.4 Kosten für die Einrichtung

Für jeden Einsatz muss das Gerät vom Bauhof oder unmittelbar von einer anderen Baustelle zu seinem Einsatzort befördert werden. Auf der Baustelle wird das Gerät aufgebaut und nach der Beendigung des Einsatzes wieder abgebaut und abtransportiert. Bei nicht selbstfahrenden Geräten entstehen weiterhin Kosten für das Auf- und Abladen.

- Ladekosten:
  Die Kosten für das Auf- und Abladen sind außer von der Geräteart vor allem von den zur Verfügung stehenden Verladegeräten abhängig. Im Allgemeinen werden diese Kosten mit einem vom Gerätegewicht abhängigen Wert als Lohnkosten und sonstige Kosten kalkuliert. Für einen Ladevorgang können als Richtwert 1,0 bis 2,5 Std. je t angenommen werden.
- Transportkosten:
  Die Transportkosten richten sich nach dem jeweiligen Gewicht der Geräte, der Transportentfernung und der Ausnutzung des jeweiligen Transportfahrzeugs (Sperrgut). Die Kosten werden als Betrag in EUR je t Fördergewicht erfasst.
- Kosten für Auf- und Abbau:
  Diese Kosten sind vom Gerätetyp und den Baustellengegebenheiten abhängig. Während für manche Geräte keinerlei besondere Maßnahmen getroffen zu werden brauchen, erfordern andere einen hohen Aufwand, z.B. Fundamente für Betonmischanlage, Aufbau der Krangleise.

Die Kosten für den Auf- und Abbau liegen als Erfahrungswerte aufgrund vorausgegangener Einsätze dem Kalkulator vor oder müssen abgeschätzt werden.

4.2.3.5 Weitere Gerätekosten

Weitere Gerätekosten entstehen durch die Lagerung der Geräte auf dem Bauhof, durch die Geräteverwaltung und durch Versicherungen oder Steuern für die Geräte. Diese Kosten werden zumeist unter den allgemeinen Geschäftskosten verrechnet.

Bei Vermietung eines Gerätes an andere Unternehmer sind weitere anteilige, allgemeine Geschäftskosten und ein angemessener Zuschlag für Wagnis und Gewinn zu berücksichtigen.

4.2.4 Fremdleistungskosten (Kosten der Nachunternehmerleistungen)

Zu dieser Kostenart werden in der Kalkulation nur die Kosten für solche Leistungen gezählt, die von einem Nachunternehmer (Subunternehmer) als komplette Arbeiten einschließlich Materiallieferung, Geräteeinsatz und Überwachung der Arbeiten erbracht werden. Als Auftraggeber kann der Hauptunternehmer gegenüber einem Nachunternehmer Mängelansprüche geltend machen, wenn die vom Nachunternehmer ausgeführten Leistungen nicht frei von Mängeln sind. Es handelt sich bei den Nachunternehmerleistungen üblicherweise um spezielle Arbeiten, wie z.B. Wasserhaltungsarbeiten, Estricharbeiten, Erdarbeiten, oder um Ausbaugewerke.

Für diese Leistungen übernimmt der Hauptunternehmer nur Bauleitungsaufgaben, so dass die allgemeinen Geschäftskosten und die Wagniskosten geringer veranschlagt werden können als bei eigenen Leistungen. Dies resultiert aus einer verursachungsgerechten Kostenverteilung und begründet sich darin, dass bestimmte Anteile der allgemeinen Geschäftskosten nur für eigene Leistungen entfallen (z.B. Kosten der Lohn- und Gehaltsbuchhaltung).

Die Preise für die einzelnen, von Nachunternehmern auszuführenden Teilleistungen sollten bei der Kalkulation für jedes Bauvorhaben neu angefragt werden. Dabei ist dem anbietenden Nachunternehmer für sein Angebot eine ausreichende Bindefrist, also eine Frist, bis zu der das Angebot ohne Preisänderung angenommen werden kann, vorzuschreiben, die mindestens über die eigene Bindefrist des Hauptunternehmers hinausreicht.

Hilfsleistungen oder Fremdarbeitskosten, wie z.B. das Verlegen von Betonstahl oder die Erstellung von Schalung durch einen Fremdunternehmer, ohne dass dieser die erforderlichen Stoffe zur Verfügung stellt, sowie Montage- oder Transportarbeiten, sollten als Lohnkosten (z.B. Schalarbeiten, Stahlverlegearbeiten, Maurerarbeiten) oder in der Kostenart sonstige Kosten geführt werden.

4.2.5 Gemeinkosten der Baustelle (GKB)

Die Gemeinkosten der Baustelle entstehen durch den Betrieb der Baustelle, lassen sich aber den einzelnen Teilleistungen nicht direkt zuordnen.

Für ihre Verrechnung sind Aufbau und Inhalt des Leistungsverzeichnisses zu beachten. Sind im Leistungsverzeichnis gesonderte Positionen, z.B. für das Einrichten und Räumen der Baustelle oder für die Vorhaltung der Geräte und Einrichtungen, enthalten, so müssen die dafür erforderlichen Aufwendungen trotz ihres Gemeinkostencharakters als Einzelkosten der Teilleistungen behandelt werden. Ist dies nicht der Fall, gehören diese Kosten und der nicht in einer Position ausgeschriebene restliche Kostenblock zu den Gemeinkosten der Baustelle, da gemäß ATV DIN 18299, Abschnitt 4.1, das Einrichten und Räumen der Baustelle und das Vorhalten der Baustelleneinrichtung Nebenleistungen darstellen, die auch ohne Erwähnung im Vertrag zur vertraglichen Leistung gehören.

Von den Gemeinkosten der Baustelle ändern sich Teile der Kosten in Abhängigkeit von der zeitlichen Dauer der Baudurchführung, während andere Teile zeitunabhängige, einmalige Kosten sind. Um bei einer Änderung der Bauzeit sofort den Einfluss auf die Kosten erkennen zu können, empfiehlt sich eine Trennung der Gemeinkosten der Baustelle in

- zeitabhängige Kosten und
- einmalige Kosten.

Eine Gliederung der Gemeinkosten in Kostengruppen sowie eine Zuordnung der Kosten zu den Kostenarten ist im Bild B. 4-13 dargestellt. Fallen auch Fremdleistungskosten an, können diese in der entsprechenden Kostenart erfasst werden.

Kostengruppen	Kostenarten			
	Lohn-kosten	Sonstige Kosten	Geräte-kosten	Fremdl.-kosten
A. Zeitabhängige Kosten				
1. Gerätevorhaltekosten			●	
2. Betriebsstoffkosten		●		
3. Baustellengehälter		●		
4. Allgemeine Baukosten	●	●		
5. Sonderkosten		●		
B. Einmalige Kosten				
1. Einrichten u. Räumen der Baustelle	●	●	●	
2. Lohnbezogene Kosten		●		
3. Technische Bearbeitung		●		
4. Sonderwagnisse, Versicherung		●		

Bild B. 4-13: Zuordnung der Gemeinkosten der Baustelle zu den Kostenarten

4.2.5.1 Zeitabhängige Kosten

Die nachfolgende Übersicht über die zeitabhängigen Baustellengemeinkosten wird in Abschnitt 5 in Bild B.5-11 (Formblatt K 4.a) für das Beispiel „Wasserbehälter" dargestellt.

A 1. Gerätevorhaltekosten und Kosten der Einrichtungen

Soweit Geräte, wie z.B. Turmdrehkran, Motorjapaner, Kompressoren, sich nicht einzelnen Teilleistungen zuordnen lassen, werden die Vorhaltekosten dafür als Gemeinkosten der Baustelle verrechnet. Der Umfang des Gerätebedarfs wird nach Art und Anzahl sowie Zeitdauer des Einsatzes ermittelt. Die Zusammenstellung der Kosten für Abschreibung und Verzinsung sowie der Reparaturkosten erfolgt in einer Geräteliste (vgl. Bild B. 5-10).

A 2. Betriebsstoffkosten

Hierbei handelt es sich um Kosten für den Betrieb der Baustelleneinrichtung. Dazu gehören auch Kosten für Beleuchtung und Heizung der Baubüros und Unterkünfte, Beleuchtung der Arbeitsplätze und Kosten für Wasser und Abwasser der sanitären Anlagen.

A 3. Baustellengehälter

Die Kosten für Bauleiter, Bauabrechner, Baukaufleute und Poliere (soweit sie nicht im Mittellohn berücksichtigt werden) richten sich nach der Dauer der Beschäftigung des Personals auf der Baustelle und den durchschnittlichen persönlichen Bezügen im Monat einschließlich etwaiger Zulagen zur Vermögensbildung. Die Anzahl der einzusetzenden Bauleiter, Poliere usw. ist aus dem zu erwartenden Leistungsumfang, dem Schwierigkeitsgrad, dem Koordinationsbedarf sowie dem Umfang des gewerblichen Arbeitskräfteeinsatzes (inkl. Nachunternehmer) und nicht zuletzt auch aus der Vertragsart und dem Abrechnungsverfahren (EP mit Aufmaß oder Pauschalpreis) zu beurteilen.

Ähnlich wie bei den gewerblichen Arbeitskräften sind bei den Gehaltsempfängern gehaltsgebundene Kosten zu berücksichtigen. Es handelt sich hierbei u.a. um Kosten der Renten-, Arbeitslosen-, Kranken-, Pflege- und Unfallversicherung, einen Beitrag zu den Sozialkassen, Urlaubsgeld und ein 13. Monatsgehalt. Der prozentuale Anteil der gehaltsgebundenen Kosten ist aufgrund der tatsächlich auftretenden Belastung firmenintern zu ermitteln. Er liegt betriebsspezifisch zwischen 35 und 70 Prozent der Gehaltssumme.

Weiterhin fallen Gehaltsnebenkosten wie **Fahrtkostenabgeltung** oder Kosten für Dienstwagen**, Verpflegungszuschuss sowie etwaige Kosten für Unterkünfte** (Auslösung) an. Ihre Höhe ist von der Lage der Baustelle bezogen auf den Betriebssitz und Wohnsitz des Gehaltsempfängers abhängig (vgl. § 7 Rahmentarifvertrag für die Angestellten und Poliere des Baugewerbes [35]).

A 4. Allgemeine Baukosten

Weitere Kosten, die regelmäßig bei der Durchführung einer Baumaßnahme anfallen, sind:

- Hilfslöhne
  für Magaziner, Boten und Wärter sowie Wartungs- und Reparaturpersonal wie Schlosser, Elektriker oder Kfz-Mechaniker. Die Hilfslöhne werden nach Art und Lohnstunden jeweils gesondert errechnet. Insgesamt werden etwa 2 bis 6 Prozent aller Lohnstunden der Baustelle dafür aufgewendet.
- Instandhaltungskosten
  für den Unterhalt der Baustelleneinrichtung und der Baustraßen sowie Aufräumarbeiten sind gegebenenfalls in gesonderten Ansätzen zu erfassen.
- Bürokosten
  umfassen Kosten für Telefon, Telefax, Computer und Drucker, Kopierer, Büromaterial, Postgebühren, Fachzeitschriften, Spesen usw., die in ihrer Höhe je Monat geschätzt werden.
- Reisekosten
  Für die Fahrten der Bauleitung und kleinere Versorgungsfahrten der Baustelle sind Kosten für Benutzung privater PKW oder baustelleneigener Fahrzeuge einzusetzen.

A 5. Sonderkosten

Zeitabhängige Sonderkosten sind Pachten, Mieten, Entschädigungen sowie besondere Finanzierungskosten und gegebenenfalls Versicherungs- und Avalgebühren. Teilweise kann es sich hier auch um einmalige Kosten handeln.

Im Bedarfsfall sind individuelle Berechnungen erforderlich.

4.2.5.2 Einmalige Kosten

Die nachfolgende Übersicht über die einmaligen Baustellengemeinkosten wird in Abschnitt 5 in Bild B.5-12 (Formblatt K 4.B) für das Beispiel „Wasserbehälter" dargestellt.

B 1. Kosten der Baustelleneinrichtung und -räumung

Hierunter sind sämtliche Kosten zusammenzufassen, die für die Einrichtung von Geräten, Anlagen und/oder sonstigen Ausrüstungen der Baustelle anfallen. Im Einzelnen gehören dazu:

- Kosten für das Auf- und Abladen von Maschinen, Geräten, Baubuden, Containern, sonstigen Einrichtungen und Installationen sowohl auf dem Bauhof als auch auf der Baustelle (vgl. Abschnitt 4.2.3.4);
- Transportkosten für die auf der Baustelle benötigten Maschinen und Ausrüstungsgegenstände;
- Kosten für den Auf-, Um- und Abbau von Maschinen, Geräten, Gerüsten und Winterbaueinrichtungen;
- Kosten für den Auf- und Abbau von Containern und Baubuden;
- Auf- und Abbaukosten der Baustelleninstallationen für Wasser, Abwasser, Elektrizität, Gasversorgung, Druckluft, Telefon und Telefax sowie Datennetz mit Netzanschluss;
- Herstellen und Rückbauen von Zufahrts- und Baustellenstraßen, Arbeitsplätzen und Bauschildern.

B 2. Lohnbezogene Kosten

Für eine Reihe von Kosten ist eine Einzelerfassung nicht praktikabel durchzuführen. Diese Kosten werden mithilfe von lohnbezogenen Prozentsätzen pauschal erfasst. Die Basis ist dabei die

Netto-Lohnsumme = Lohnstunden der Baustelle · Mittellohn (AP oder A).

Es gehören zu den lohnbezogenen Kosten:

- Kosten für Kleingeräte und Werkzeuge, wie z.B. Hämmer, Sägen, Bohrmaschinen, Arbeitsschutzkleidung (vgl. auch BAL 2001 = Baustellenausstattungs- und Werkzeugliste [11]). Der Verrechnungssatz kann mit etwa 3 bis 6 Prozent veranschlagt werden.
- Kosten für Nebenstoffe und Nebenfrachten
  Es handelt sich hierbei um Stoffe und ihre Frachten, die wegen ihrer geringen Bedeutung nicht einzeln erfasst werden können, wie z.B. Bindedraht, Schalöl, Nägel, Putzwolle, Wasserstoff, Sauerstoff, Schilder und Medikamente. Die Größenordnung der betriebsinternen Erfahrungssätze liegt bei 2 bis 4 Prozent.
- Sonstige allgemeine Baukosten
  Im Einzelnen nicht erfasste Spesen, Gebühren für Strom- und Wasseranschluss (etwa 1 %).

B 3. Technische Bearbeitung

Kosten für die technische Bearbeitung können bei der Erstellung von ausführungsreifen Bauplänen (Statik; Schal- und Bewehrungspläne) für den Bauherrn entstehen. Die Arbeitsvorbereitung sowie Baustoff- oder Baugrunduntersuchungen erfordern bei vielen Bauwerken ebenfalls besondere Kostenansätze. Richtwerte für die Kosten gibt u.a. die HOAI – Honorarordnung für Architekten und Ingenieure [20] (vgl. auch Abschnitt 4.5.6).

B 4. Besondere Wagnisse, Bauleistungsversicherung

Besondere Wagnisse können durch Lohn- und Stoffpreiserhöhungen, Mengenrisiko beim Pauschalvertrag, Hochwassergefahren während der Baudurchführung usw. entstehen.

Das Risiko der Gefahrtragung für unvorhersehbare Beschädigung oder Zerstörung der Bauleistung kann durch eine Bauleistungsversicherung (Bauwesenversicherung) abgedeckt werden.

4.2.6 Umsatzbezogene Gemeinkosten

4.2.6.1 Allgemeine Geschäftskosten (AGK)

Die allgemeinen Geschäftskosten (AGK) entstehen dem Unternehmer nicht durch einen bestimmten Auftrag, sondern allein durch den Betrieb seines Unternehmens. Als wichtigste Kosten sind hier zu nennen:

- Kosten der Geschäftsleitung und der Verwaltung einschließlich Bürokosten, z.B. Gehälter, Büromiete, Heizung, Buchhaltung, technisches Büro , Reisekosten;
- Kosten des Bauhofs mit dem Hauptlager, das sind Kosten der Werkstatt und des Fuhrparks (soweit diese nicht über Verrechnungssätze in den Herstellkosten verrechnet werden);
- freiwillige, soziale Aufwendungen für die Belegschaft, z.B. Kantine, Betriebssport;
- Steuern und öffentliche Abgaben, wie Gewerbesteuer, Vermögensteuer usw.;
- Beiträge zur Wirtschaftsgruppe und zu Vereinen wie z.B. Deutscher Beton- und Bautechnik Verein e. V., Handelskammer, Verbände;
- Versicherungen (z.B. Firmenhaftpflichtversicherung), soweit sie nicht ausschließlich einzelne Baustellen betreffen;
- sonstige allgemeine Geschäftskosten, z.B. Wartung, Rechtskosten, Patent- und Lizenzgebühren, Repräsentationskosten.

Die allgemeinen Geschäftskosten sind in ihrer Höhe kurz- bis mittelfristig gesehen feststehend und nur mit größeren, zeitlich länger andauernden Veränderungen des Geschäftsumfangs variabel. Sie werden in der Regel vereinfachend als Prozentsatz in Abhängigkeit von der Bauleistung erfasst.

$$a = \frac{\text{Allgemeine Geschäftskosten [EUR/Jahr]}}{\text{Bauleistung [EUR/Jahr]}} \cdot 100 \text{ [\%]}$$

In der Kalkulation entspricht die Netto-Angebotssumme der gesamten Bauleistung. Im Mittel liegen die Prozentsätze für allgemeine Geschäftskosten zwischen 6 und 10 Prozent der Bauleistung. Gegebenenfalls lassen sich die Ansätze für allgemeine Geschäftskosten in Bezug auf die eigene Bauleistung und die der Nachunternehmen (Fremdleistungen, vgl. Abschnitt 4.2.6) kostenverursachend differenzieren, da für die Nachunternehmerleistungen z.B. keine Lohn- und Gehaltsbuchführung oder dergleichen durchgeführt werden muss.

4.2.6.2 Bauzinsen

Für jede Baumaßnahme ist eine Vorfinanzierung erforderlich, da der Unternehmer eine Leistung erbringen muss, die erst später vom Auftraggeber bezahlt wird.

Die hieraus resultierenden Bauzinsen können zwar als Gemeinkosten der Baustelle verrechnet werden, sie lassen sich aber am einfachsten als Prozentsatz der Bauleistung erfassen.

Ihre Höhe richtet sich nach der vorgesehenen Zahlungsweise. Im Allgemeinen werden Abschlagszahlungen an jedem Monatsende in Rechnung gestellt. Bis die Rechnung geprüft und zur Zahlung angewiesen wird, vergehen etwa 1,5 Monate, so dass durchschnittlich die Produktion von etwa 2 Monaten vorfinanziert werden muss. Wenn man einen Zinsfuß von $p = 6{,}5\ \%$ ansetzt, ergibt sich eine Zinsbelastung von

$$z = 2\ \text{Monate} \cdot \frac{6{,}5\%}{12\ \text{Monate}} \approx 1\%$$

in Bezug auf die Bauleistung. Verzögerungen bei der Rechnungsprüfung und Zahlungsanweisung, höhere Zinssätze sowie Zahlungseinbehalte lassen diesen Wert schwanken.

Häufig sind in den Unternehmen die Bauzinsen auch bereits in den allgemeinen Geschäftskosten enthalten. Ungewöhnliche Zahlungsbedingungen sind dann als Sonderkosten zu berücksichtigen.

4.2.6.3 Wagnis und Gewinn

Das **Wagnis** entspricht einem Ansatz für zusätzliche Kosten, die zwar im Einzelnen noch unbekannt sind, deren Auftreten aber aufgrund langjähriger Erfahrungen mit Sicherheit zu erwarten ist, wie z.B. Aufwendungen für Mängelansprüche, Bauzeitverzögerungen oder unvorhergesehene Zwischenfälle. Man kann dabei zwischen dem allgemeinen Unternehmerwagnis und besonderen Wagnissen für ein bestimmtes Bauvorhaben unterscheiden. Objektbezogene Sonderwagnisse, wie z.B. bei risikoreichen Gründungen im Bereich von Bestandsgebäuden, werden unter den Herstellkosten erfasst, während das allgemeine Wagnis für die Bauausführung und das Unternehmerwagnis als umsatzbezogene Gemeinkosten in einem Prozentsatz w [%] der Netto-Angebotssumme erfasst werden.

Der **Gewinn** ist kein Kostenfaktor, sondern ein angemessenes Entgelt für die unternehmerische Leistung. Er dient zur Bildung von Rücklagen, Neuinvestitionen und zum Privatverbrauch des Unternehmers. Der Gewinn wird in einem Prozentsatz g [%] von der Netto-Angebotssumme errechnet. Die Höhe des Prozentsatzes wird aufgrund der unternehmerischen Zielsetzung in Abhängigkeit von der speziellen Marktsituation festgelegt. Im Allgemeinen sollte sich dieser Satz zwischen 1 und 6 Prozent der Netto-Angebotssumme bewegen.

Einige Unternehmen fassen den Ansatz für Wagnis und Gewinn auch zusammen und weisen hierfür nur einen Prozentsatz aus. Diese Vorgehensweise wird auch von der aktuellen KLR-Bau [16] empfohlen, im vorliegenden Buch aus Gründen einer besseren Differenzierung aber nicht verfolgt.

4.2.7 Umsatzsteuer

Alle Lieferungen und Leistungen des Bauunternehmers unterliegen der Umsatzsteuer. Bei der speziellen Form der Mehrwertsteuer geht die Umsatzsteuer aber nicht in die Kosten des Unternehmens ein. Alle Kosten- und Preisansätze sind in der Kalkulation ohne Mehrwertsteuer zu errechnen.

Erst für die Fertigstellung des Angebots wird die Mehrwertsteuer in Höhe von derzeit 19 % (seit 01.01.2007) der Netto-Angebotssumme zugeschlagen, sodass man die Brutto-Angebotssumme erhält, die dem Bauherrn als Angebotspreis unterbreitet wird.

Eine Besonderheit gilt bei Bauverträgen zwischen bauleistenden Unternehmen. Seit 01.04.2004 gilt gemäß § 13 b UStG (Umsatzsteuergesetz) die Umkehr der Umsatzsteuerschuldnerschaft, so dass nicht der Leistungserbringer (Auftragnehmer) die Umsatzsteuer in Rechnung stellt und an die Finanzkasse abführt, sondern der Leistungsempfänger (Auftraggeber) diese – auf Basis der Nettoabrechnung des Auftragnehmers – selbst zu ermitteln und rechtzeitig an die Finanzkasse abzuführen hat.

4.3 Kalkulation über die Angebotssumme

Bei dieser Kalkulation werden die Einzelkosten der Teilleistungen, die Gemeinkosten der Baustelle und die umsatzbezogenen Gemeinkosten für jedes zu kalkulierende Objekt gesondert ermittelt und zur Angebotssumme zusammengerechnet (vgl. Bild B. 4-14 und Gliederung der Kalkulation in den Abschnitten 4.1.1 und 4.1.2). Aufgrund des Verhältnisses von Gemeinkosten zur Summe der Einzelkosten werden Zuschlagssätze festgelegt, die eine Berechnung der Einheitspreise aus den Einzelkosten ermöglichen. Für die Kalkulation sind zwei Rechengänge erforderlich:

1. Rechengang: Ermittlung der Netto-Angebotssumme

2. Rechengang: Ermittlung der Zuschlagssätze und der Einheitspreise

4.3.1 Ermittlung der Angebotssumme

Die vertikale Gliederung der Kalkulation gibt für die Preisermittlung folgende Arbeitsfolge vor:

a) Die Einzelkosten der Teilleistungen werden ermittelt und den Kostenarten Lohnkosten, sonstige Kosten, Gerätekosten oder Fremdleistungskosten zugeordnet.

   Nach Bild B. 4-15 wird nach genauer Analyse der Leistungsbeschreibung ein Kurztext mit den wichtigsten Merkmalen im Formular „Einzelkosten der Teilleistungen" erstellt.

   Die Teilleistung wird in einheitliche Arbeitsvorgänge zerlegt, wie hier z.B.: Schalung erstellen [m^2], Beton liefern und mit Pumpe einbauen [m^3], Abziehen der Betonoberflächen [m^2]. Anzumerken ist, dass die in Bild B.4-15 dargestellte Position exemplarisch sowohl die Schalung, als auch den Betoneinbau in einer Position zusammenfasst, was unter Beachtung der ATV DIN 18331 – Betonarbeiten (VOB Teil C) – aber keine Anwendung mehr finden soll.

   Es werden die auf die Einheit bezogenen Einsatzmengen errechnet, z.B. für 1 m^3 Fundamentplatte, $d = 30$ cm, sind bei den aus dem Plan abzugreifenden Abmessungen 0,24 m^2 Schalung erforderlich.

   Die betriebsinternen Erfahrungswerte oder entsprechende Schätzungen für die Kosten der Arbeitsteilvorgänge werden festgelegt, z.B. sind für 1 m^3 Beton 0,7 Lohnstunden und 125,00 EUR sonstige Kosten zuzüglich 12,50 EUR für den Betonpumpeneinsatz erforderlich.

   Der Aufwand an Lohnstunden und die weiteren Einzelkosten werden für jede Position des Leistungsverzeichnisses, getrennt nach den jeweiligen Kostenarten und bezogen auf die jeweilige Mengeneinheit, errechnet. Durch Multiplikation mit den Vordersätzen (LV-Mengen) und Addition der Kosten aller Arbeitsvorgänge und Positionen ergeben sich die Einzelkosten der Teilleistungen.

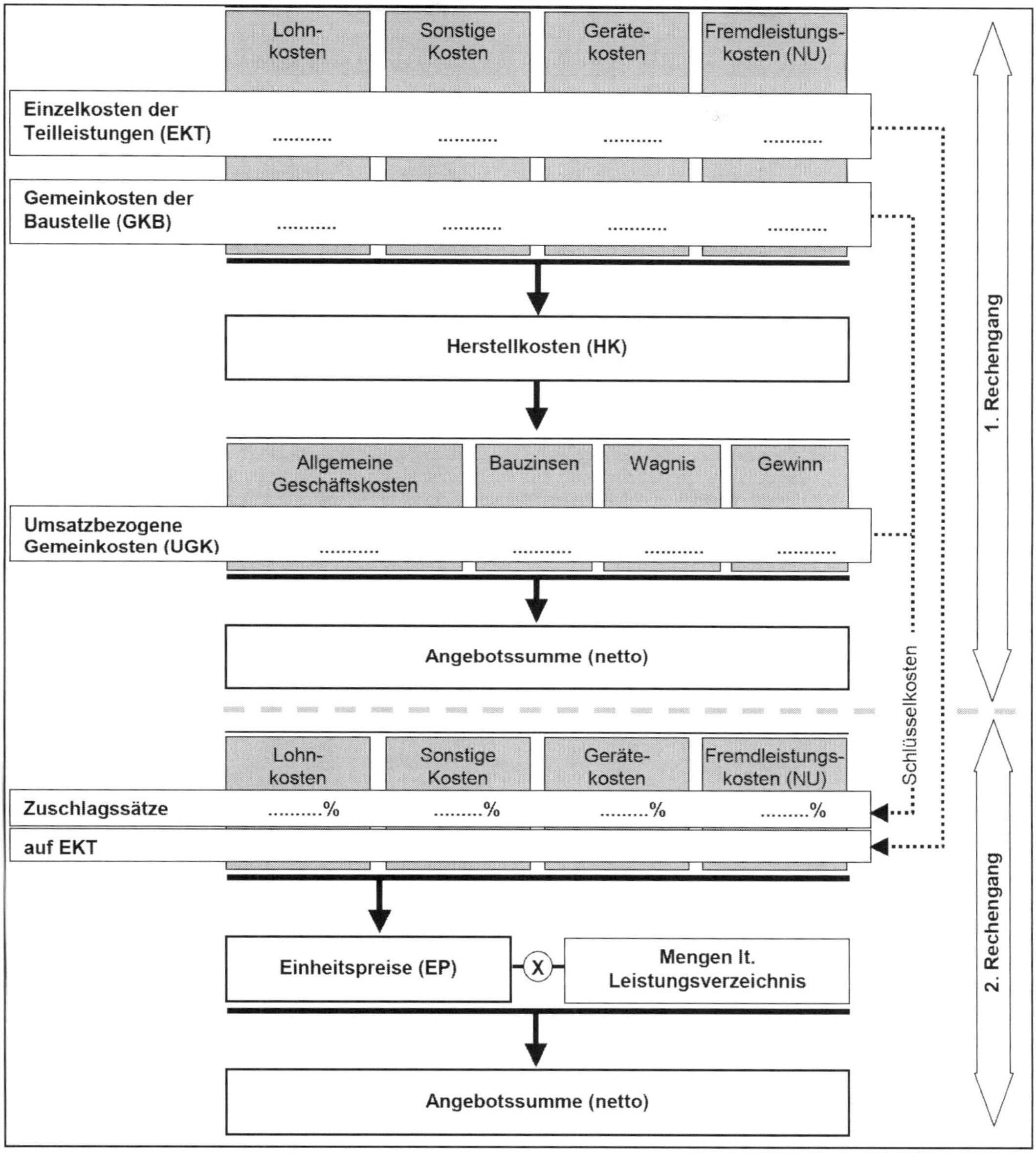

Bild B. 4-14: Durchführung der Kalkulation über die Angebotssumme

Zur Errechnung der Lohnkosten aus den Lohnstunden ist der Kalkulations-Mittellohn (APSL) nach Formblatt K 1, Bild B. 5-6 (Beispiel Wasserbehälter), zu entwickeln.

Die Einzelkosten werden mit den Mengenansätzen des Leistungsverzeichnisses multipliziert und innerhalb der Kostenarten aufaddiert, so dass sich die Summen der Einzelkosten der Teilleistungen ergeben.

Nr. 19/35	Projekt: *Wasserbehälter*			Seite:	
	EINZELKOSTEN DER TEILLEISTUNGEN				
Pos. Nr.	Leistungsbeschreibung Kostenentwicklung	je Einheit			
		Lohn [Std.]	So. Ko. [EUR]	Geräte [EUR]	Fremdleistung [EUR]
5	*115 m³ Ortbeton Fundamentplatte,*				
	C25/30, d=30 cm, einschl.Schalung				
	(siehe Zeichnung (Bild B.5-3))				
	Beton C25/30:				
	1,0 m³/m³ x (0,70 h + 125,00 €)/m³	*0,70 h*	*125,00 €*		
	Einbringen m.Pumpe:				
	1,0 m³/m³ x (0,00 h + 12,50 €)/m³		*12,50 €*		
	Schalung: 2 x (11,70 m + 31,10 m) 0,30 m*				
	= 25,7 m² Randschalung				
	Beton: 11,70 x 31,10 x 0,30= 109,20 m³				
	=> Schalung 25,7 m²/109,2 m³ = 0,24 m²/m³				
	0,24 m³/m³ x (1,00 h + 12,00 €)/m³	*0,24 h*	*2,88 €*		
	Abziehen d. Oberfläche:				
	(11,70 x 31,10) / 109,20 m³ = 3,33 m²/m³				
	3,33 m³/m³ x (0,10 h + 0,00 €)/m³	*0,33 h*			
		1,27 h	*140,38 €*		
	Lohnstunden x Kalkulationsmittellohn 42,90 €/Std.	*54,61 €*			
	=> Einzelkosten der Teilleistungen:	***54,61 €***	***140,38 €***		

K2

Bild B. 4-15: Ermittlung der Einzelkosten

Beispiel

Es wird mit den Werten des Bildes B. 4-16 weitergerechnet:

Summe der Einzelkosten der Teilleistungen:

Lohnkosten	129.172,00 EUR
sonstige Kosten	119.025,00 EUR
Fremdleistungskosten	62.840,00 EUR

b) Es erfolgt die Ermittlung der **Gemeinkosten der Baustelle**. Hilfsmittel sind dabei die in Form einer Checkliste angelegten Formblätter zur Gemeinkostenermittlung (K 4, Bild B. 5-11 und -12, Beispiel Wasserbehälter), wobei die Gemeinkosten ebenfalls entsprechend der Kostenartengliederung (Lohnkosten, sonstige Kosten usw.) aufgeteilt werden.

Beispiel

Gemeinkosten der Baustelle:

Lohnkosten	527 Std. · 42,90 EUR/Std. = 22.608,00 EUR
sonstige Kosten	48.230,00 EUR
Fremdleistungskosten	18.073,00 EUR

c) Die **Herstellkosten** ergeben sich als Addition der Einzelkosten der Teilleistungen und der Gemeinkosten der Baustelle. Es sind die Kosten, die unmittelbar durch die Herstellung des Bauobjekts veranlasst werden.

Beispiel

Herstellkosten:

Herstellkosten nach Bild B. 4-16 (Beispiel Wasserbehälter): 399.948,00 EUR

Nr. 19/35	Projekt: *Wasserbehälter*						Seite: *9*
ERMITTLUNG DER ZUSCHLÄGE ÜBER DIE ANGEBOTSSUMME							
Kostenart		Lohn (ML= 42,90 EUR/h) [Std.]	[EUR]	So.Ko. [EUR]	Geräte [EUR]		**Summe [EUR]**
Einzelkosten d. Teilleistung		*3.011*	*129.172,-*	*119.025,-*	*0,-*		*248.197,-*
Gemeinkosten d. Baustelle		*527*	*22.608,-*	*48.230,-*	*18.073,-*		*88.911,-*
Herstellkosten (eig. Leistung)		*3.538*	*151.780,-*	*167.255,-*	*18.073,-*		*337.108,-*
Fremdleistungen							*62.840,-*
HERSTELLKOSTEN							***399.948,-***
Umsatzbezogene Gemeinkosten			Eigene Leistung		Fremdleistung		
Allgemeine Geschäftskosten	a		*7,0*	%	*7,0*	%	
Bauzinsen	z		*1,0*	%	*0,5*	%	
Wagnis	w		*1,0*	%	–	%	
Gewinn	g		*3,0*	%	*1,5*	%	
Summe der Zuschläge	p		*12,0*	%	*9,0*	%	
Bezogen auf HK $X = \frac{p \times 100}{100 - p}$	%		*13,64*	%	*9,89*	%	
Umsatzbezogene GK für eigene Leistung			*13,64*	%	von	*337.108,-*	*45.982,-*
Umsatzbezogene GK für Fremdleistung			*9,89*	%	von	*62.840,-*	*6.215,-*
ANGEBOTSSUMME (netto)							***452.145,-***

Bild B. 4-16: Ermittlung der Angebotssumme (Oberer Teil des Formblattes K 6)

d) Die Herstellkosten ergeben zusammen mit den allgemeinen Geschäftskosten und den Bauzinsen die **Selbstkosten** für den Unternehmer. Fügt man die Kosten für Wagnis und Gewinn hinzu, erhält man die Netto-Angebotssumme.

Die allgemeinen Geschäftskosten *a* [%]), Bauzinsen *z* [%], Wagnis *w* [%] und der Gewinn *g* [%] bilden in der Summe die umsatzbezogenen Gemeinkosten *p* [%], die betragsmäßig auf der Basis der Netto-Angebotssumme (Bauleistung) errechnet werden. Bisher sind aber nur die Herstellkosten bekannt. Um die umsatzbezogenen Gemeinkosten errechnen zu können, ist eine Umrechnung des Prozentsatzes *p* in einen auf die Herstellkosten bezogenen Prozentsatz x erforderlich.

Diese umsatzbezogenen Gemeinkosten (UGK) ergeben sich aus der Angebotssumme (AGS) mit:

$$UGK = \frac{(a+z+w+g)}{100} = \frac{p}{100} \cdot AGS$$

und aus den Herstellkosten (HK):

$$UGK = \frac{x}{100} \cdot HK = \frac{p}{100} \cdot AGS \qquad (1)$$

Da die Summe aus Herstellkosten und umsatzbezogenen Gemeinkosten die Angebotssumme ergibt, gilt außerdem:

$$AGS = HK + UGK = HK + \frac{x}{100} \cdot HK \qquad (2)$$

Wird Gleichung (2) in (1) eingesetzt, so ergibt sich gemäß der rechts dargestellten Herleitung die Beziehung:

$$x = \frac{p \cdot 100}{100 - p} \ [\%]$$

Herleitung:

$$\frac{x}{100} \cdot HK = \frac{p}{100} \cdot \left(HK + \frac{x}{100} \cdot HK \right)$$

$$HK \cdot \frac{x}{100} = HK \cdot \frac{p}{100} + HK \cdot \frac{p}{100} \cdot \frac{x}{100}$$

$$\frac{x}{100} = \frac{p}{100} + \frac{p}{100} \cdot \frac{x}{100}$$

$$\frac{x}{100} + \frac{p}{100} \cdot \frac{x}{100} = \frac{p}{100}$$

$$\frac{x}{100} + \frac{p}{100} \cdot \frac{x}{100} = \frac{p}{100}$$

$$x \cdot \left(\frac{1}{100} - \frac{p}{100^2} \right) = \frac{p}{100}$$

$$x = \frac{p}{100 \cdot \left(\frac{1}{100} - \frac{p}{100^2} \right)} = \frac{p}{1 - \frac{p}{100}}$$

$$x = \frac{100}{100} \cdot \frac{p}{1 - \frac{p}{100}} = \frac{p \cdot 100}{100 - p}$$

Der Prozentsatz auf die untere Basis der Herstellkosten wird damit größer, als der ursprüngliche Prozentsatz von der oberen Basis der Angebotssumme.

Beispiel

Umrechnung des Zuschlagssatzes auf die Basis der Herstellkosten:

$$x = \frac{12 \cdot 100}{100 - 12} = 13{,}64\ \%$$

Der Zuschlagssatz beträgt statt p = 12 % (von der Angebotssumme) x = 13,64 % (von den Herstellkosten).

Mit diesen Prozentsätzen werden die umsatzbezogenen Gemeinkosten einschließlich eines Gewinnanteils errechnet, wobei für eigene Leistungen und für Fremdleistungen verschiedene Zuschlagssätze gewählt werden können (vgl. dazu Abschnitt 4.2.4). Die Addition mit den Herstellkosten ergibt die Netto-Angebotssumme (vgl. Bild B. 4-16), die dem Marktpreis für die Erstellung eines Bauobjektes entsprechen sollte.

Die Selbstkosten als Preisuntergrenze ohne wesentliche objektbezogene Verluste müssen bei diesem Verfahren gesondert errechnet werden.

Sie ergeben sich als Summe der Herstellkosten sowie der allgemeinen Geschäftskosten und der Bauzinsen.

Beispiel

Ermittlung der Selbstkosten:

Herstellkosten der eigenen Leistungen	($HK_{eig.Leist.}$) 337.108,00 EUR
Herstellkosten der Fremdleistungen	($HK_{Fremdleist.}$) 62.840,00 EUR
Allgemeine Geschäftskosten und Bauzinsen	
für eig. Leist.: $\left[\frac{(7+1)\cdot 100}{100-12} = 9{,}09\ \%\right]\cdot\left(HK_{eig.Leist} = 337.108\right) =$	30.643,00 EUR
für Fremdleist: $\left[\frac{(7+0{,}5)\cdot 100}{100-9} = 8{,}24\ \%\right]\cdot\left(HK_{Fremdleist.} = 62.840\right) =$	5.178,00 EUR
Selbstkosten	435.769,00 EUR

4.3.2 Errechnung der Zuschlagssätze und der Einheitspreise

4.3.2.1 Ermittlung der Zuschlagssätze

Die Zuschlagssätze müssen alle Kostenbestandteile enthalten, die noch nicht über die Einzelkosten der Teilleistung einer Position zugeordnet sind. **Schlüsselkosten** oder Umlagekosten (vgl. Bild B. 4-17) sind damit die Summe aus den Gemeinkosten der Baustelle , soweit sie nicht als Einzelkosten erfasst sind, und den umsatzbezogenen Gemeinkosten. Diesen Umlagebetrag errechnet man auch als Differenz zwischen der Netto-Angebotssumme und der Summe der Einzelkosten. Die letztgenannte Verfahrensweise ist immer erforderlich, wenn aufgrund von Marktbeobachtungen ein Angebotspreis festgesetzt wird, der von dem bisher ermittelten „Vollkostenpreis" (vgl. Abschnitt 6.4.3) abweicht.

Das einfachste Verteilungsverfahren ist die Bildung nur eines einheitlichen Zuschlagssatzes für alle Kostenarten.

Dieser Zuschlagssatz Z beträgt:

$$Z = \frac{\text{Schlüsselkosten}}{\text{Summe Einzelkosten der Teilleistungen}} \cdot 100\ [\%]$$

Beispiel

Ermittlung eines einheitlichen Zuschlagssatzes für alle Kostenarten:

$$Z = \frac{118.993{,}00}{223.275{,}00 + 53.931{,}00} \cdot 100[\%] = 42{,}9\%$$

Ein bewährtes und übliches Verfahren ist jedoch die Verteilung der Schlüsselkosten über unterschiedliche Zuschlagssätze für die einzelnen Kostenarten. Dabei werden für sonstige Kosten, Gerätekosten und Fremdleistungskosten Zuschlagssätze aufgrund preispolitischer Überlegungen vorgegeben und der Restbetrag auf die Lohnkosten verteilt.

Bei dieser Art der Verteilung wird der Zuschlagssatz auf die **sonstigen Kosten** relativ niedrig gewählt, da die Leistung des Bauunternehmers nur zu einem kleinen Teil in der Lieferung von Stoffen besteht, im Wesentlichen aber in der Erstellung der Leistung durch die Arbeitskräfte und Maschinen zu sehen ist. Es werden i. A. Zuschlagssätze zwischen 10 und 20 Prozent verwendet.

Wird bei maschinenintensiven Arbeiten die Kostenart **Geräte** eingeführt, so sollte der Zuschlagssatz zwischen 10 und 30 Prozent betragen.

Für die Kostenart **Fremdleistungen** ist es aus preispolitischen Gründen empfehlenswert, nur einen sehr geringen Zuschlag zu wählen, da der Auftraggeber diese Einheitspreise in vielen Fällen für sich betrachtet und bei Preisvergleichen mit Angeboten von Spezialunternehmen ein verzerrtes Bild entstehen könnte (Zuschlagssatz etwa 5 bis 10 Prozent).

Der verbleibende Restbetrag der zu schlüsselnden Gemeinkosten – die Rest-Schlüsselkosten – wird auf die Lohnkosten umgelegt. Den Zuschlagssatz Z_L errechnet man zu

$$Z_L = \frac{\text{Rest-Schlüsselkosten}}{\text{Summe Einzelkosten Lohn}} \cdot 100\ [\%]$$

Beispiel

Bestimmung der Zuschlagssätze gemäß Bild B. 4-17 (Beispiel Wasserbehälter):

Zuschlag auf sonstige Kosten (frei gewählt)	20 %
Zuschlag auf Fremdleistungen (frei gewählt)	10 %

Die Rest-Schlüsselkosten von 111.019,00 EUR ergeben, bezogen auf die Lohnkosten (nur Einzelkosten), den Zuschlagssatz Z_L = 85,95 % (gewählt: **85,9 %**).

Im Beispiel werden als Zuschlagssätze angenommen:

BERECHNUNG DER ZUSCHLAGSSÄTZE					
Gemeinkosten der Baustelle (soweit nicht als Einzelkosten verrechnet)					88.911,-
Umsatzbezogene Gemeinkosten		für eigene Leistung			45.982,-
		für Fremdleistung			6.215,-
Schlüsselkosten					141.108,-
Zuschläge auf	Sonstige Kosten	**20**	% von	119.025,-	-23.805,-
	Gerätekosten	**0**	% von	0,-	0,-
	Fremdleistungen	**10**	% von	62.840,-	-6.284,-
Rest – Schlüsselkosten					111.019,-
Zuschlagssatz $Z_L = \frac{111.019,-}{129.172,-}$	x 100 = 85,95	für weitere Berechnungen gewählt Z_L =	**85,9** %		

K 6

Bild B. 4-17: Berechnung der Zuschlagssätze (Unterer Teil des Formblattes K 6)

4.3.2.2 Ermittlung der Einheitspreise

Die Einzelkosten der Teilleistungen werden mit den Zuschlagssätzen beaufschlagt, und die so ermittelten Beträge je Kostenart innerhalb der einzelnen Positionen werden summiert.

Beispiel

Bestimmung des Einheitspreises gemäß Bild B. 4-15 (Beispiel Wasserbehälter):

Der **Angebotslohn (APSZL)**, d.h. der Kalkulationsmittellohn mit Zuschlag, errechnet sich bei einem Mittellohn von 42,90 EUR/Std. zu:

Angebotslohn: 1,859 · 42,90 EUR/Std. = 79,75 EUR/Std.
(Faktor 1,859 aus 100 % + (Z_L =) 85,9 %)

Für Bild B. 4-15 ergibt sich dabei als Einheitspreis (Preis je Einheit):

Lohnkosten: 1,27 Std./m³ · 79,75 EUR/Std. = 101,52 EUR/m³

sonstige Kosten: 140,38 EUR/m³ · 1,20 = 168,46 EUR/m³
(Faktor 1,10 aus 100 % + (Z_{SK} =) 10 %)

Einheitspreis = 269,98 EUR/m³

Werden die Einheitspreise mit der LV-Menge (Vordersatz) je Position multipliziert und diese Beträge addiert, so ergibt sich die endgültige Angebotssumme. Diese muss bis auf Rechenungenauigkeiten mit der Netto-Angebotssumme nach Abschnitt 4.3.1 übereinstimmen.

Einheitspreise, Gesamtpreise je Position und Netto-Angebotssumme werden in das Leistungsverzeichnis übertragen. Es werden die Umsatzsteuer sowie die Brutto-Angebotssumme ermittelt und ergänzt und das ausgefüllte Leistungsverzeichnis dem Bauherrn als Angebot übersandt.

4.4 Kalkulation mit vorausbestimmten Zuschlägen

Bei der Kalkulation mit vorausbestimmten Zuschlägen werden die Einzelkosten der Teilleistungen – getrennt nach den gewählten Kostenarten – wie bei der Kalkulation über die Angebotssumme ermittelt. Gemeinkosten der Baustelle, allgemeine Geschäftskosten sowie Wagnis und Gewinn werden nicht für jedes Angebot einzeln berechnet, sondern mithilfe konstanter, prozentualer Zuschlagssätze den Einzelkosten direkt zugerechnet. Diese vorausbestimmten Zuschlagssätze werden zum Jahresabschluss aus der Betriebsabrechnung errechnet und müssen in bestimmten Zeitabschnitten kontrolliert werden.

Die Preisermittlung wird wie folgt durchgeführt:

a) Wie bei der Kalkulation über die Angebotssumme werden die Einzelkosten der Teilleistungen, aufgeteilt nach den Kostenarten – Lohnkosten , sonstige Kosten, Gerätekosten und Fremdleistungskosten –, ermittelt.

b) Die Einzelkosten werden um die vorausbestimmten Zuschlagssätze erhöht. Die Addition je Position ergibt die Einheitspreise.

c) Durch Multiplikation des Einheitspreises mit dem Vordersatz wird der Angebotspreis (Gesamtpreis) je Position ermittelt. Aus der Addition der Gesamtpreise aller normalen Positionen (nicht Alternativ-, Eventual- bzw. Bedarfspositionen, vgl. Abschnitt 6.2) ergibt sich die Netto-Angebotssumme.

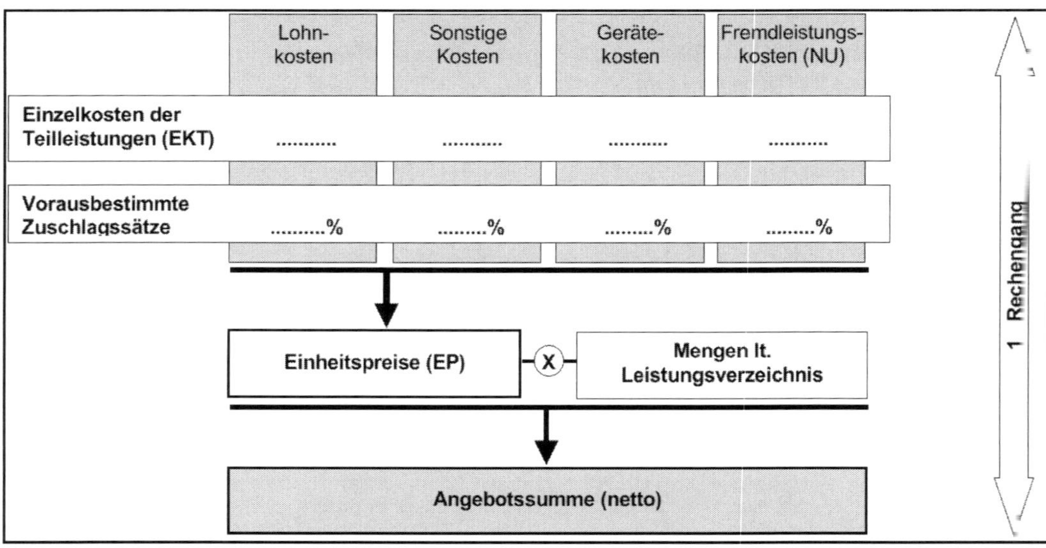

Bild B. 4-18: Ablauf der Kalkulation mit vorausbestimmten Zuschlägen

Zur Berechnung der Einheits- bzw. Gesamtpreise kann z.B. das Formblatt Bild B. 4-19 verwendet werden. Das Beispiel dort verdeutlicht, dass bei der Verwendung der vorausbestimmten Zuschlagssätze (hier: Lohnkosten Z_L = 60 %, sonst. Kosten Z_{SK} = 10 %) die Ermittlung der Einheitspreise in einem Rechengang erfolgen kann.

Diese Kalkulation wird wegen ihrer Einfachheit häufig angewandt. Voraussetzung dafür ist, dass die zu kalkulierenden Objekte möglichst gleicher Struktur und Größenordnung, d.h. vergleichbar sind. Auch nachträgliche Angebote für z.B. geänderte oder zusätzliche Leistungen (vgl. Abschnitte 7.2 und 7.3) werden in der Regel mit „vorausbestimmten Zuschlägen" kalkuliert, da diese aus der Urkalkulation des Hauptauftrages übernommen werden können.

Der Aufbau der Leistungsverzeichnisse mit unterschiedlicher Behandlung der Gemeinkosten (keine oder gesonderte Position für die Baustelleneinrichtung) erschwert das Verfahren und erzwingt die Anpassung der Zuschlagssätze an das Leistungsverzeichnis.

Beispiel

Ermittlung der Einheits- und Gesamtpreise für zwei Leistungspositionen mit den beispielhaft vorausbestimmten Zuschlagssätzen:

Z_L = 60 % (auf die mit einem Mittellohn von 40,00 EUR/Std. ermittelten Lohnkosten)

Z_{SK} = 10 % (auf die sonstigen Kosten)

Nr. 20/19	Projekt:	*Mehrfamilienwohnhaus*					Seite:	
		KOSTEN- UND PREISERMITTLUNG						
Pos. Nr.	Menge	Leistungsbeschreibung Kostenentwicklung	Lohn [Std.], [EUR]	Geräte [EUR]	So. Ko. [EUR]	Fremdleistung [EUR]	Einheitspreis (EP) [EUR]	Gesamtpreis (GP) [EUR]
4.1	400,0	m² Mauerwerk, d = 24 cm,						
		KSL 1,4 / 15 / II, 3 DF						
		Steine: 45 Stck./m² x 730,- EUR/1000 Stck.			32,85			
		Mörtel: 0,05 m³/m² x 115,- EUR/m³			5,75			
		Arbeitslohn: 0,6 h/m²	0,60 h					
			0,60 h		38,60			
		Lohnstunden x Kalkulationsmittellohn 40,00 €/Std.	24,00					
		Zuschläge: ZL = 60,00 % / ZSoKo = 10,00 %	14,40		3,86			
			38,40		42,46		80,86	32.344,00
4.2	1200	m² Stahlrohrgerüst als Arbeitsgerüst,						
		Belastung bis 300 kg/m², Vorhaltung 2 Monate						
		Gewicht: 1200 m² x 0,02 t/m² = 24 t						
		Ladekosten: 24 t x 2 x 2 x 1,0 Std./t / 1200 m²	0,08 h					
		Transport: 2 x 24 t x 20,- EUR/t / 1200 m²			0,80			
		Gerätemiete: 2 Mon. x 1,2 EUR/(m²xMon.)			2,40			
		Auf- und Abbau:	0,15 h					
			0,23 h		3,20			
		Lohnstunden x Kalkulationsmittellohn 40,00 €/Std.	9,20					
		Zuschläge: ZL = 60,00 % / ZSoKo = 10,00 %	5,52		0,32			
			14,72		3,52		18,24	21.888,00

K 8

Bild B. 4-19: Beispiel zur Kalkulation mit vorausbestimmten Zuschlägen

4.5 Besonderheiten der Pauschalpreiskalkulation im Schlüsselfertigbau (SF-Bau)

Bereits in Abschnitt 3.6 wurden unterschiedliche Kalkulationsmethoden für die Pauschalpreisfindung, z.B. bei einem SF-Bauobjekt, genannt. Die dort genannten Methoden, die vorwiegend auf den Kostenschätzungs- und -berechnungsverfahren bauherrenseitiger Architekten beruhen (vgl. auch DIN 276), sind aufgrund ihres relativ geringen Genauigkeitsgrades als alleiniges Kalkulationsverfahren nicht sehr empfehlenswert.

Darüber hinaus besitzen einige dieser Verfahren den Nachteil, dass sie aufgrund ihrer gewerkeübergreifenden Gliederungen (z.B. nach Bauelementen) wenig geeignet sind, Vergabeeinheiten (VE) für die gewerkeweise Anfrage und Vergabe von Nachunternehmerleistungen zu bilden (vgl. Bild B. 4-22).

Eine größtmögliche Kalkulationssicherheit erhalten die Unternehmen durch die Anwendung der klassischen (Zuschlags-)Kalkulationsverfahren, wie sie bereits in den vorherigen Abschnitten dargestellt wurden. Gegebenenfalls bieten sich auch Kombinationen aus den unterschiedlichen Methoden an, z.B. wenn Teilbereiche von untergeordneter Bedeutung sind oder keine konkreten Preise in der zur Verfügung stehenden Angebotsfrist eingeholt werden können.

Zwingend erforderlich ist bei allen Pauschalpreiskalkulationen, dass der Bieter sich genauestens über den zu erbringenden Leistungsumfang (Bau-Soll) informiert und die Mengen überprüft. Liegt nur eine funktionale Leistungsbeschreibung (eventuell mit Raumbuch) vor, empfiehlt es sich, auf dieser Grundlage ein mehr oder weniger detailliertes Leistungsverzeichnis zu erstellen und die voraussichtlichen Mengen für alle Positionen zu bestimmen. Die Erstellung von Leistungsverzeichnissen und die Berechnung der zugehörigen Mengen lassen sich auch mit CAD-Unterstützung durchführen.

Die Mengenermittlung der Teilleistungen ist deshalb von besonderer Bedeutung, da der GU das Risiko hierfür übernimmt und bei später ausgeführten Mehrmengen keinen Anspruch auf Mehrvergütung hat. Ordnet der Auftraggeber allerdings zusätzliche bzw. geänderte Leistungen an, oder übernimmt er Teile der beauftragten Leistung selbst, so wird dies regelmäßig zur Anpassung der Vergütung führen (vgl. Abschnitt 7.6).

Im Weiteren werden auf Grundlage der bereits genannten Zuschlagskalkulationen die Besonderheiten für die Anwendung bei der Pauschalpreiskalkulation im SF-Bau erörtert, wobei dem so genannten **GU-Zuschlag** besondere Aufmerksamkeit zu widmen ist.

4.5.1 Gliederung der Kalkulation

Grundsätzlich steht auch im SF-Bau einer Gliederung vertikal in Kostengruppen und horizontal in Kostenarten, (vgl. Abschnitt 4.1.1 und 4.1.2) nichts im Weg. Allerdings besteht keine so eindeutige Vorgabe für eine erforderliche Trennung von direkten **Einzelkosten der Teilleistungen** und darauf umzulegenden (aufzuschlüsselnden) **Gemeinkosten** (Gemeinkosten der Baustelle und umsatzbezogenen Gemeinkosten).

Dies begründet sich vorrangig in den zugrunde liegenden Ausschreibungsunterlagen. Dem Einheitspreisvertrag liegt in der Regel ein in Teilleistungen gegliedertes Leistungsverzeichnis zugrunde, dem für jede Teilleistung Einheitspreise zuzuordnen sind. Es bestehen – mit Ausnahme eventueller Baustelleneinrichtungspositionen – keine Abrechnungspositionen für Gemeinkosten, so dass diese in die Einheitspreise eingerechnet werden müssen.

Bei einem Pauschalvertrag, insbesondere auf Grundlage einer funktionalen Leistungsbeschreibung, gibt der AG keine zwingenden Leistungs- und Abrechnungspositionen vor, da nur **ein** Preis – der Pauschalpreis – für die Vergütung vereinbart wird. Für den Bieter bedeutet dies zugleich eine Freiheit bei der Gliederung seiner Kalkulation.

Ob der Bieter nun ein eigenes Leistungsverzeichnis für die auszuführenden Leistungen erstellt und darauf basierend „herkömmlich" kalkuliert oder er entsprechend den anderen Methoden (z.B. im Sinne einer Kostenschätzung) zu einem Preis gelangt, ist für den Auftraggeber zunächst unerheblich. Insofern kann der Bieter alle Kosten als direkte Einzelkosten der Teilleistungen auffassen und diese z.B. lediglich mit einem Ansatz für Wagnis und Gewinn beaufschlagen (vgl. Bild B. 4-20, Variante 3). Er kann aber auch allgemeine Leistungsbestandteile (z.B. die Gemeinkosten der Baustelle, die Umlage für allgemeine Geschäftskosten) separat erfassen und diese über einen **GU-Zuschlag (GU-Z)** auf die zuvor ermittelten direkten Einzelkosten der Teilleistungen aufschlagen (vgl. Bild B. 4-20, Varianten 1 und 2). Welche Leistungen er bei anderen Verfahren unter den **direkten Einzelkosten der Teilleistungen** zusammenfasst und welche Schlüsselkosten er über einen GU-Zuschlag gegebenenfalls auf direkte Einzelkosten umlegt, kann der Bieter frei bestimmen.

Die Schemata in Bild B. 4-20 veranschaulichen die unterschiedlichen Möglichkeiten unter Verwendung der bei den Zuschlagskalkulationen definierten Begriffe:

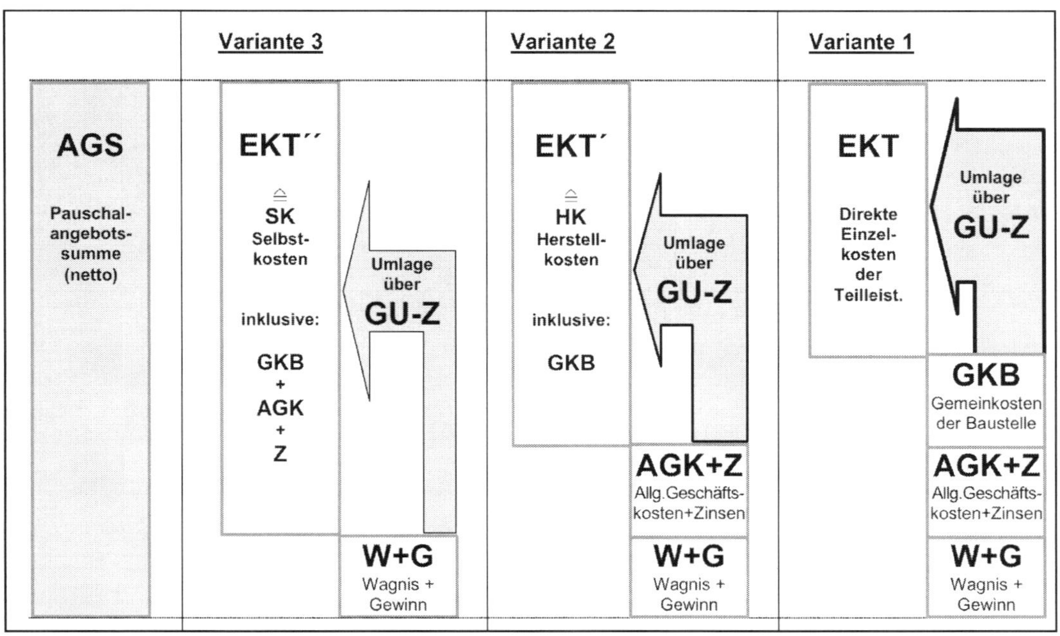

Bild B. 4-20: Varianten der Umlage von Schlüsselkosten über einen GU-Zuschlag (GU-Z)

Ergänzend kann der Bieter auch bei allen Verfahren differierende Zuschlagssätze für Eigen- und Fremdleistungen wählen oder zunächst die selbst auszuführenden Rohbauarbeiten mit den hierfür anfallenden Gemeinkosten herkömmlich im Zuschlagsverfahren kalkulieren und nur die für die Nachunternehmerleistungen erforderlichen Gemeinkosten (Planung und Bauüberwachung, Regieleistungen, Geschäftskosten, Bauzinsen, Wagnis und Gewinn) über einen **GU-Zuschlag** auf die Einzelkosten der Fremdleistungen umlegen.

Von Bedeutung kann die Wahl für das eine oder andere Verfahren sein, wenn einerseits z.B. Titelsummen für Einzelgewerke im Angebot ausgewiesen werden müssen und andererseits nachträgliche Änderungen des Leistungsumfangs (z.B. geänderte oder zusätzliche Leistungen) erwartet werden. Insbesondere bei der Erstellung von Nachtragsangeboten kommt der inhaltlichen Darlegung des GU-Zuschlags besondere Bedeutung zu, da dessen Größenordnung von den enthaltenen Kostenbestandteilen abhängig ist und starke Schwankungen möglich sind.

Am weitesten verbreitet ist das Verfahren nach **Variante 2** (Bild B. 4-20), bei dem einerseits die Kosten der Eigenleistungen (i.A. des Rohbaus und der kompletten Baustelleneinrichtung) im Sinne der Zuschlagskalkulationen als Einzelkosten kalkuliert werden und anschließend alle Leistungen (Herstellkosten des Rohbaus und Fremdleistungen) mit einem GU-Zuschlag für die Berücksichtigung der allgemeinen Geschäftskosten, Bauzinsen, Wagnis und Gewinn beaufschlagt werden. Dieser Zuschlagssatz liegt oft im Bereich von etwa 8 bis 15 %.

Bei der **Variante 1** (Bild B. 4-20) besteht die zusätzliche Differenzierungsmöglichkeit, dass die **Baustelleneinrichtungskosten** (einrichten – vorhalten – räumen) als **Einzelkosten der Teilleistungen** angesehen werden und in den **Gemeinkosten der Baustelle** alle weiteren Gemeinkostenanteile erfasst werden oder dass sämtliche **Baustelleneinrichtungs- und -gemeinkosten** als **Gemeinkosten der Baustelle** erfasst und umgelegt werden (vgl. Beispiel in Abschnitt 5.3).

4.5.2 Kosten und ihre Erfassung in der SF-Kalkulation

Grundsätzlich gelten auch die in Abschnitt 4.2 behandelten Erfassungsmöglichkeiten der Kosten in der SF-Bau-Kalkulation. Allerdings gewinnen einige Kostengruppen und -arten aufgrund ihres größeren Anteils an der Gesamtsumme an Bedeutung, so dass ihnen eine größere Aufmerksamkeit gewidmet werden muss.

Beispielsweise nimmt die Kostenart **Fremdleistung** eine wesentlich bedeutendere Stellung ein, als es bisher der Fall war, da üblicherweise alle Ausbau- und Haustechnikleistungen, die zwischen ca. 50 und 70 Prozent der Gesamtbaukosten ausmachen, an Nachunternehmer vergeben werden. Dies erfordert zugleich, dass der Generalunternehmer die Ausschreibung und Vergabe der Nachunternehmerleistungen durchzuführen und die Ausführung der Bauleistung zu überwachen hat.

Meist werden lediglich der Rohbau inkl. der Baustelleneinrichtung und -vorhaltung für die Gesamtbaumaßnahme sowie die Koordination und Bauüberwachung aller Leistungen durch eigenes Personal des Generalunternehmers ausgeführt. In Teilbereichen des Rohbaus (z.B. Bewehrungsarbeiten, Schalarbeiten, Mauerarbeiten) werden die Lohnleistungen häufig auch an Lohnleister (Fremdarbeitskosten) vergeben.

Der Fall, dass auch sämtliche Rohbauarbeiten an Nachunternehmer vergeben werden (man spricht dann von einem **General- bzw. Totalübernehmer**), soll an dieser Stelle nicht weiter verfolgt werden, da sich hierdurch primär nur die Nachunternehmerkosten auf bis zu 100 % erhöhen und die Eigenleistung sich im Wesentlichen nur noch aus allgemeinen Geschäftskosten zusammensetzt.

Zusätzlich zu den Fremdleistungen sind bei typischen SF-Bauverträgen auch weitere Kostenbestandteile zu beachten, die sich aus dem individuellen Ausschreibungsumfang ergeben. Hierzu gehören z.B. **Planungsleistungen wie Objektplanung und Fachplanungen (z.B. Tragwerksplanung und Planung der technischen Ausrüstung). Ferner sind** die **besonderen Risiken zu bewerten**, die durch weitreichende Übernahme von originären Bauherrenaufgaben (z.B. Koordination, Vergabe- und Ausfallrisiken der Fachgewerke, Mengenrisiken, Risiken aus besonderen behördlichen Auflagen) entstehen können.

Für die inhaltliche Untersuchung der zu kalkulierenden Kostengruppen und -arten empfiehlt es sich, ergänzend zur einfachen Kostengliederung gem. Abschnitt 4.1.1 eine differenziertere und leistungsorientierte Kostengruppengliederung zu verwenden, in der die Bestandteile der SF-Bauleistungen abgebildet und die Gemeinkosten der Baustelle besser differenziert werden:

	Kosten aus Bau- und Lieferleistungen	(Lohnk., Gerätek., SoKo., Fremdleist.)
+	Baustelleneinrichtungs- und -vorhaltekosten	(Lohnk., Gerätek., SoKo., Fremdleist.)
+	Organisation, Koordination und Bauüberwachung	(Kosten für Bauleitung, Poliere usw.)
+	Kosten aus Planungsleistungen	(Dienstleistungskosten eig. o. fremder Leist.)
+	Sonderkosten aus Finanzierungen, Gebühren, Beiträge	(über die allg. Bauzinsen Z hinausgehende)
±	Besondere Risikoaufschläge oder besondere Nachlässe	(aufgrund konkreter Anhaltspunkte)
=	Herstellkosten (bzw. ´EKT´ gem. Variante 2)	(HK)
+	Allgemeine Geschäftskosten	(AGK)
+	Bauzinsen	(Z)
=	Selbstkosten	(SK)
+	Wagnis und Gewinn	(W+G)
=	Angebotssumme (vor Nachlass/Zuschlag)	(AGS_{netto}) (vor Nachlass/Zuschlag)
±	ggf. akquisitorische Nachlässe/Zuschläge	(aus marktpolitischen Überlegungen)
=	Angebotssumme (netto)	(AGS_{netto})
+	Umsatzsteuer	(USt.)
=	Angebotssumme (brutto)	(AGS_{brutto})

Bild B. 4-21: Differenzierte, leistungsorientierte Kostengruppengliederung für den SF-Bau

Die einzelnen, leistungsorientierten Kostengruppen werden in den nachfolgenden Abschnitten beschrieben. Es ist jedoch darauf hinzuweisen, dass die Art der Kostengruppierungen firmenspezifisch differieren kann.

Ferner kommt es teilweise vor, dass die vom GU zu kalkulierenden Kosten gegenüber dem Auftraggeber in einer weiteren Kostengliederungssystematik anzugeben sind. Gemeint ist hier die Systematik der DIN 276 (2018-12) „Kosten im Bauwesen", in der die bauherrenseitige Kostenplanung normiert ist. In der folgenden Kurzübersicht sind die 8 Hauptkostengruppen sowie in den Kostengruppen 300 und 400 die zweite und in Kostengruppe 310 exemplarisch die dritte Ebene (= unterste Ebene der DIN 276) genannt.

100 Grundstück
200 Vorbereitende Maßnahmen
300 Bauwerk – Baukonstruktionen
- 310 Baugrube/Erdbau
  - 311 Herstellung
  - 312 Umschließung
  - 313 Wasserhaltung
  - 314 Vortrieb
  - 315 Sonstiges zu KG 310
- 320 Gründung, Unterbau
- 330 Außenwände/Vertikale Baukonstruktionen, außen
- 340 Innenwände/Vertikale Baukonstruktionen, innen
- 350 Decken/Horizontale Baukonstruktionen
- 360 Dächer
- usw.

400 Bauwerk – Technische Anlagen
- 410 Abwasser-, Wasser-, Gasanlagen
- 420 Wärmeversorgungsanlagen
- 430 Raumlufttechnische Anlagen
- 440 Elektrische Anlagen
- usw.

500 Außenanlagen und Freiflächen
600 Ausstattung und Kunstwerke
700 Baunebenkosten
800 Finanzierung

Um für das Beispiel „Neubau eines Wohn- und Geschäftshauses mit Tiefgarage" die Kosten auch in der Gliederungssystematik der DIN 276 auszuweisen, werden den jeweiligen Kostenermittlungen sogleich die Kostengruppen der DIN 276 zugeordnet. Auf dieser Grundlage kann eine entsprechende Auswertung, wie sie abschließend zu dem Beispiel in Bild B. 5-32 dargestellt wird, einfach vorgenommen werden.

4.5.3 Kosten aus Bau- und Lieferleistungen

Unter den Kosten aus Bau- und Lieferleistungen werden alle Kosten verstanden, die unmittelbar (direkt) durch die eigentliche Bauausführung entstehen. Diese resultieren aus der Bauausführung des Rohbaus (die typische Eigenleistung des GU[6]) und aus den Fremdleistungen (z.B. Gewerke des Ausbaus und der Haustechnik). Gegebenenfalls werden auch eigene Zuarbeiten für die Nachunternehmer erforderlich, die als Eigenleistungen erfasst werden.

6 Welche Eigenleistung von dem GU ausgeführt wird, hängt nicht zuletzt von seiner spezifischen Herkunft ab. Im Anlagenbau sind Generalunternehmer zu finden, deren eigene Hauptleistung in der Herstellung und Montage einer Anlage besteht und die die Rohbauarbeiten für die bauliche Hülle als Nachunternehmerleistung vergeben. Ebenso vergeben die so genannten General- bzw. Totalübernehmer auch die Rohbauarbeiten, da sie selbst z.B. nur die Projektleitung und Bauaufsicht übernehmen und alle Ausführungsleistungen an Nachunternehmer vergeben.

Bild B. 4-22 zeigt eine häufig anzutreffende Aufgliederung der Gewerke in Eigen- und Fremdleistungen für einen aus dem Hochbau stammenden Generalunternehmer.

●●● sehr oft und typisch

● manchmal

❍ selten

		Eigenleistung des Generalunternehmers (ggf. mit Fremdarbeit durch Lohnleister)	Fremdleistung (NU-Vergabe)
Rohbau	Baustelleneinrichtung (BE)	●●●	●●● (BE für NU)
	Erdarbeiten	●	●●●
	Verbauarbeiten	●●●	●
	Mauerarbeiten	●●●	❍
	Betonarbeiten	●●●	❍
	Zimmer- und Holzbauarbeiten	❍	●●●
	Stahlbauarbeiten	●	●●●
	Abdichtungsarbeiten	●●●	●
	Gerüstarbeiten	❍	●●●
Gebäudehülle	Dachabdichtungsarbeiten	❍	●●●
	Dachdeckungsarbeiten		●●●
	Klempnerarbeiten		●●●
	Fenster- und Außentüren		●●●
	Metallfassaden		●●●
	Steinfassaden	❍	●●●
	Außenputz und -anstrich	❍	●●●
	Rollladenarbeiten		●●●
Gebäudetechnik	Raumlufttechn. Anlagen		●●●
	Heizungsanlagen		●●●
	Sanitärinstallationen		●●●
	Dämmarbeiten		●●●
	Feuerlöschanlagen		●●●
	Elektrotechn. Anlagen		●●●
	Blitzschutzanlagen		●●●
	Zentrale Leittechnik		●●●
	Aufzugsanlagen		●●●
Ausbau	Estricharbeiten	❍	●●●
	Innenputz	❍	●●●
	Fliesen- und Plattenarbeiten	❍	●●●
	Natur- und Werksteinarbeiten	❍	●●●
	Metallbauarbeiten		●●●
	Tischlerarbeiten		●●●
	Trockenbauarbeiten		●●●
	Wandverkleidung		●●●
	Bodenbeläge		●●●
	Gebäudereinigung		●●●

Bild B. 4-22: Typische Eigen- bzw. Fremdleistungen der Bau- und Lieferleistungen aus Sicht eines aus dem Hochbau stammenden Generalunternehmers

Die **Kosten der Eigenleistungen** werden von Seiten des Generalunternehmers in herkömmlicher Weise entsprechend den Ausführungen in den Abschnitten 4.1.2 bis 4.2.3.5, meist getrennt nach den Kostenarten

- Lohnkosten,
- Gerätekosten und
- sonstige Kosten

kalkuliert.

Die **Kosten der an Nachunternehmer zu vergebenden Leistungen** des Ausbaus, der Gebäudetechnik und Gebäudehülle sowie gegebenenfalls spezieller Fachgewerke des Rohbaus (Zimmerarbeiten, Gerüstarbeiten, Stahlarbeiten, Spezial-Tiefbauarbeiten, Abdichtungsarbeiten usw.) werden in der Kostenart

- Fremdleistungen (bzw. Fremdleistungskosten)

kalkuliert.

Um größtmögliche Kalkulationssicherheit zu erreichen, in jedem Fall aber bei neuartigen Bauausführungen oder Baustoffen, bei denen der Generalunternehmer noch nicht über Erfahrungswerte verfügt, sollten die Leistungen bei in Frage kommenden Nachunternehmern angefragt werden.

Hierbei ist darauf zu achten, dass die Nachunternehmer ihre Angebote möglichst auf der Basis der gleichen Vertragsbedingungen erstellen, wie sie der GU gegenüber dem Auftraggeber zu beachten hat. Nur so können die beim GU verbleibenden Vertragsrisiken minimiert werden.

Das aus einem Preisspiegel der Nachunternehmerangebote resultierende wirtschaftlichste Angebot wird mit dessen Angebotssumme (netto) in der eigenen Kalkulation als Fremdleistungskosten für das entsprechende Gewerk eingetragen (entweder nur als Gewerkesumme oder durch Übernahme aller Teilpositionen).

Erwartet der GU, dass er bei Erhalt des Bauauftrags weitere erfolgreiche Preisverhandlungen mit den Nachunternehmern durchführen kann oder dass er die Fremdleistung erneut, z.B. in einem größeren Umkreis, anfragen und damit die Nachunternehmerkosten um z.B. 5 % reduzieren kann, besteht die Möglichkeit, diesen „Preisvorteil" als erwarteten Vergabegewinn bei der eigenen Kalkulation zu berücksichtigen.

Beispiel

Preisspiegel einer Nachunternehmeranfrage für das Gewerk „Trockenbauarbeiten"

Aus dem Preisspiegel (Bild B. 4-23) ist der Bieter „Firma B" als insgesamt günstigster Bieter zu entnehmen. Sein Gesamtpreis liegt nur 2,7 % über einem theoretischen Idealpreis, der sich je Position aus dem jeweils günstigsten Preis aller Bieter bestimmt.

Zugleich ist festzustellen, dass bei „NU Firma B" der Preis der Position 2.39.01.03 (Revisionsklappen) um 27,7 % höher liegt als bei dem günstigsten Bieter („NU Firma A"). An dieser Stelle ist eine gute Möglichkeit für eine weitere Preisverhandlung gegeben.

Bei einem positionsweisen Preisvergleich der Bieter ist zu beachten, ob für alle Positionen Preisangaben gemacht wurden und ob eventuelle ergänzende Hinweise des Bieters, z.B. der Hinweis auf eine besondere Produktwahl im Angebotsanschreiben, als Gründe für eventuell größere Preisabweichungen zu werten sind.

Projekt: A.2019 'Neubau eines Wohn- / Geschäftshauses mit Tiefgarage in Frankfurt'
LV-Titel: 2.39 Seite: 1
Gewerk: Trockenbauarbeiten Datum: 02.07.2019

– PREISSPIEGEL –

Pos.	LV-Kurztext	Menge Einh.	Info	LV-Preis *	Idealpreis *	Mittelpreis *	NU Firma A	NU Firma B	NU Firma C	NU Firma D
				[ ] 100%	[X] 100%	[ ] 100%				
2.39	**Trockenbauarbeiten**									
2.39.01	**Nichttragende Innenwände**						**47.091,07**	**45.248,50**	**46.726,00**	**47.339,64**
2.39.01.01	Gipskartonplatten-Vorsatzschale	205 m²	EP		**41,29**	42,77	41,86	44,30	**41,29**	43,64
	als Installationswand für Feuchträume		GP		**8.463,96**	8.768,19	8.582,02	9.081,50	**8.463,96**	8.945,28
	inkl. Ständerwerk, Mineralwolle,		*Prozent*		***100%***	*103,6%*	*101,4%*	*107,3%*	***100,0%***	*105,7%*
	1 x 12,5 mm GKBl, d = 200 mm		*Rang*				2.	4.	***1.***	3.
2.39.01.02	Gipsbauplatten-Montagewand,	460 m²	EP		**61,73**	65,39	68,21	**61,73**	65,19	66,42
	Ständerwerk Stahlprofile, verzinkt,		GP		**28.395,80**	30.078,25	31.377,36	**28.395,80**	29.985,96	30.553,88
	beideitig 2x12,5 mm GKF-Platten,		*Prozent*		***100%***	*105,9%*	*110,5%*	***100,0%***	*105,6%*	*107,6%*
	Anschlussdichtungen, Dämmschicht		*Rang*				4.	***1.***	2.	3.
	Mineralwolle, Wand d = 125 mm									
2.39.01.03	Revisionöffnungen mit vorgefertigten	35 Stck.	EP		**63,96**	70,41	**63,96**	81,68	69,51	66,49
	Revisionsklappen aus Metallblech bis		GP		**2.238,44**	2.464,29	**2.238,44**	2.858,80	2.432,84	2.327,06
	600/600 mm		*Prozent*		***100%***	*110,1%*	***100,0%***	*127,7%*	*108,7%*	*104,0%*
			Rang				***1.***	4.	3.	2.
2.39.01.04	Rundloch in Gipskartonplatten für	100 Stck.	EP		**3,90**	4,23	4,70	**3,90**	4,12	4,21
	Elektrosteckdosen, d = 80 mm		GP		**390,00**	423,35	470,34	**390,00**	411,84	421,20
			Prozent		***100%***	*108,6%*	*120,6%*	***100,0%***	*105,6%*	*108,0%*
			Rang				4.	***1.***	2.	3.
2.39.01.05	Verkofferung aus Gipskartonplatten,	80 m²	EP		**55,29**	60,84	**55,29**	56,53	67,89	63,65
	Plattendicke 20 mm, inkl.		GP		**4.422,91**	4.867,23	**4.422,91**	4.522,40	5.431,40	5.092,22
	Unterkonstrukion aus Metallprofilen		*Prozent*		***100%***	*110,0%*	***100,0%***	*102,2%*	*122,8%*	*115,1%*
			Rang				***1.***	2.	4.	3.
2.39.02	**Deckenbekleidungen**						**52.664,60**	**51.896,20**	**52.544,96**	**53.003,87**
2.39.02.01	Gipskarton-Decke, Unterkonstruktion	520 m²	EP		**41,33**	42,09	42,40	41,45	**41,33**	43,19
	Stahlprofile, abgehängt, 200 mm unter		GP		**21.489,34**	21.888,09	22.049,74	21.554,00	**21.489,34**	22.459,27
	Rohdecke, Mineralwolledämmung 40		*Prozent*		***100%***	*101,9%*	*102,6%*	*100,3%*	***100,0%***	*104,5%*
	mm, Decklage 1 x 12,5 mm GK,		*Rang*				3.	2.	***1.***	4.
2.39.02.02	Akustikdecke, Unterkonstruktion	400 m²	EP		**61,36**	63,22	**61,36**	61,92	65,70	63,90
	Stahlprofile, abgehängt, 200 mm unter		GP		**24.545,09**	25.288,13	**24.545,09**	24.768,00	26.278,85	25.560,58
	Rohdecke, Mineralwolledämmung 40		*Prozent*		***100%***	*103,0%*	***100,0%***	*100,9%*	*107,1%*	*104,1%*
	mm, Decklage 1 x 12,5 mm GK-		*Rang*				***1.***	2.	4.	3.
	Lochplatte									
2.39.02.03	Gerüst/Arbeitsbühne über 2 m, als	920 m²	EP		**3,91**	4,56	5,28	4,87	**3,91**	4,18
	Zulage zu Pos. der Deckenbekleidung		GP		**3.593,28**	4.194,77	4.856,75	4.480,40	**3.593,28**	3.848,66
			Prozent		***100%***	*116,7%*	*135,2%*	*124,7%*	***100,0%***	*107,1%*
			Rang				4.	3.	***1.***	2.
2.39.02.04	Aussparung für den Einbau	60 Stck.	EP		**18,23**	19,27	20,22	**18,23**	19,72	18,92
	quadratischer Leuchten, 625/625 mm,		GP		**1.093,80**	1.156,42	1.213,02	**1.093,80**	1.183,49	1.135,36
	Unterkonstruktionen auswechseln und		*Prozent*		***100%***	*105,7%*	*110,9%*	***100,0%***	*108,2%*	*103,8%*
	gesondert von Rohdecke abhängen.		*Rang*				4.	***1.***	3.	2.
2.39.03	**Einrichtungen, Einbauten**						**10.653,25**	**10.191,95**	**9.841,47**	**11.239,44**
2.39.03.01	Briefkastenanlage freistehend,	2 Stck	EP		**2.755,79**	3.010,15	3.069,74	2.906,95	**2.755,79**	3.308,11
	Stahlblech, pulverbeschichtet farbig		GP		**5.511,58**	6.020,29	6.139,48	5.813,90	**5.511,58**	6.616,22
	(RAL) nach Wahl des AG,		*Prozent*		***100%***	*109,2%*	*111,4%*	*105,5%*	***100,0%***	*120,0%*
	abschließbar, Namensschilder, ...		*Rang*				3.	2.	***1.***	4.
2.39.03.02	Gardinenleisten Aluminium, 2-läufig mit	135 m	EP		**32,07**	33,05	33,44	32,43	**32,07**	34,25
	Unterkonstrukion, bündig in		GP		**4.329,89**	4.461,23	4.513,77	4.378,05	**4.329,89**	4.623,22
	Gipskartondecke, über die		*Prozent*		***100%***	*103,0%*	*104,2%*	*101,1%*	***100,0%***	*106,8%*
	fensterseitigen Raumbreiten.		*Rang*				3.	2.	***1.***	4.
2.39	**Trockenbauarbeiten**	**Summen**	GP		**104.474,09**	109.610,24	110.408,92	**107.336,65**	109.112,43	111.582,95
			Prozent		*100%*	104,9%	105,7%	**102,7%**	104,4%	106,8%
			Rang				**3.**	**1.**	**2.**	**4.**

* Je nach Art der Auswertung kann es von Interesse sein, als 100-%-Referenzbasis entweder den eigenen „LV-Preis" (i.d.R. erst nach Auftragserhalt möglich), den „Idealpreis" (jeweils günstigster *EP*) oder den „Mittelpreis" (Mittel aller Bieter-*EP*) heranzuziehen. Gegebenenfalls wird auch ein ausgewählter Bieter (z.B. der über den Gesamtpreis günstigste) als 100-%-Referenzbasis gewählt. Im Beispiel wurde der „Idealpreis" als Referenz verwendet.

Bild B. 4-23: Beispiel Preisspiegel für die Vorkalkulation (noch kein eigener LV-Preis vorhanden)

Größere Preisabweichungen können ebenfalls durch die Art der vom Bieter vorgenommenen Gemeinkostenumlagen hervorgerufen werden; insofern sind einzelne Einheitspreise nicht immer direkt vergleichbar, sondern müssen auch im Kontext mit dem Gesamt-Angebotspreis gewertet werden.

Etwas schwieriger gestalten sich der Preisspiegel und die Vergleichbarkeit, wenn auch die Nachunternehmerleistungen funktional oder ohne Mengenvorgaben ausgeschrieben wurden. Es sind dann entweder nur Pauschalpreisangebote mit zum Teil differierenden Leistungsinhalten zu vergleichen, oder für ein vorgegebenes Leistungsverzeichnis werden unterschiedliche Mengenangaben durch die Bieter gemacht, die entsprechend zu werten sind.

4.5.4 Baustelleneinrichtungs- und -vorhaltekosten

Die Baustelleneinrichtungs- und -vorhaltekosten umfassen die Kosten, die durch das

- Einrichten der Baustelle
- Vorhalten der Baustelleneinrichtung
- Räumen der Baustelle

für die schlüsselfertige Gesamtbauleistung, also z.B. sowohl für Rohbau als auch Ausbau, entstehen.

Im Wesentlichen handelt es sich hierbei um Gemeinkosten der Baustelle gem. Abschnitt 4.2.5, jedoch wurde hier eine differenziertere Untergliederung (vgl. Abschnitt 4.5.5 bis 4.5.7) gewählt, bei der die Personalkosten der Bauleitung, die Planungskosten und die Sonderkosten gesondert behandelt werden.

Die Kosten lassen sich nach der Art ihrer Entstehung untergliedern:

- einmalige Kosten und
- zeitabhängige Kosten.

Bei der Ermittlung der Baustelleneinrichtungs- und -vorhaltekosten ist die Gesamtbaumaßnahme zu betrachten (Roh- und Ausbau) und genau abzugrenzen, welche Anteile durch die zu beauftragenden Nachunternehmen selbst geleistet bzw. durch sie mittels Kostenbeteiligung mit getragen werden.

Typischerweise werden die Nachunternehmen ihre eigenen Büro- und Unterkunftscontainer beistellen, benötigen dafür aber eine vom GU anzulegende Baustelleneinrichtungsfläche sowie Wasser- und Energieversorgungsanschlüsse. Der GU wird in der Regel die Flächen und Anschlüsse herrichten und diese während der Bauausführung an die Nachunternehmer gegen Entgelt vermieten sowie den Wasser- und Energieverbrauch mit ihnen abrechnen.

Auch für andere Bereiche werden die Nachunternehmen meist an den entstehenden Kosten beteiligt, so z.B. für die laufende Gebäudereinigung, die Überwachung der Baustelle (nachts und am Wochenende) und gegebenenfalls für die Bauwesenversicherung.

Die erwarteten Kostenbeteiligungen der Nachunternehmer können in der Kalkulation entsprechend ausgewiesen und in Abzug gebracht werden.

4.5.5 Kosten aus Organisation, Koordination und Bauüberwachung

Bei einer schlüsselfertigen Bauleistung, bei der ein Großteil an Bauherrenaufgaben auf den GU übertragen wird, ist genau zu prüfen, mit welchem Bauleitungspersonal die Baustelle ausgestattet werden muss.

Insbesondere die Koordination und Bauüberwachung der zahlreichen Fachgewerke stellt hohe Anforderungen an das Bauleitungspersonal. Größere Baustellen werden häufig mit einer „Bauleitungsmannschaft" bestückt, die alle erforderlichen Fachbereiche abdeckt.

Im Regelfall wird ein Bauleiter im SF-Bau, in Abhängigkeit von der Baustellengröße, den Abrechnungsarten und dem Nachunternehmeranteil, eine Netto-Jahresbauleistung von ca. 2,5 bis 5 Mio. EUR abwickeln können. In Einzelfällen sind Abweichungen nach unten wie oben möglich. Die bei einem Pauschalvertrag vereinfachte Abrechnung mit dem Auftraggeber nach Zahlungsplan (ohne Aufmaß) wird andererseits z.T. durch den Aufwand bei der Aufmaß- und Rechnungsprüfung sowie bei der Koordination der Nachunternehmer kompensiert.

Die Anzahl der einzusetzenden Poliere orientiert sich stark an seinen Aufgaben. Hier ist zu untersuchen, ob er im Rohbau die eigenen Kolonnen führen und beaufsichtigen muss oder ob er beim Gesamtausbau die Baustellenkoordination und Aufsicht der ausführenden Nachunternehmen übernimmt. Darüber hinaus spielen die Baustellengröße und die Anzahl der tätigen Arbeitskräfte eine bedeutende Rolle.

Nimmt die Baustelle eine Größenordnung ein, die den Vororteinsatz eines Baukaufmanns erfordert, so ist dieser entsprechend anteilig in der Kostenzusammenstellung zu berücksichtigen.

Beispiel

Für das in Abschnitt 5.3 beschriebene Beispiel für ein schlüsselfertiges Bauvorhaben „Neubau eines Wohn- und Geschäftshauses mit Tiefgarage" mit einer geschätzten Auftragssumme von ca. 5,3 Mio. EUR (zzgl. MwSt.) und einer Bauzeit von ca. 12 Monaten ist das Personal der Bauleitung zusammenzustellen.

Lösung

Zunächst wird die Bauzeit grob in die Bereiche Rohbau, Ausbau, Gebäudehülle und Gebäudetechnik untergliedert:

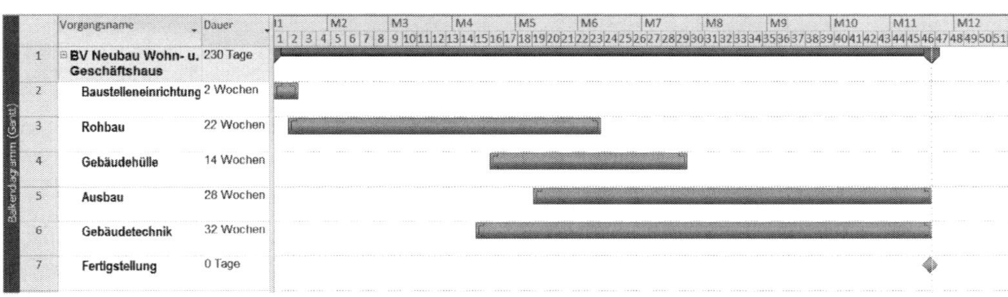

Bild B. 4-24: Bauzeitenplan des SF-Bauvorhabens „Neubau eines Wohn- und Geschäftshauses"

Im nächsten Schritt ist festzulegen, welches Personal in qualitativer und quantitativer Hinsicht erforderlich ist:

a) Bauleiter

Annahme: Die Bauleiter bewältigen einen Jahresumsatz von ca. 3 bis 4 Mio. EUR und werden zusätzlich durch einen Oberbauleiter unterstützt.

BE, Rohbau, Dach:	(ca. 2,1 Mio. EUR):	1 Bauleiter	à 6,0 Monate
Ausbau, Gebäudehülle und Außenanlage:	(ca. 1,8 Mio. EUR):	1 Bauleiter	à 8,5 Monate
Gebäudetechnik:	(ca. 1,3 Mio. EUR): 3 Fachbauleiter für Heizung/Lüftung/Sanitär/Elektro/Haustechnik, bei einer jeweils ca. 25 %igen Auslastung		à 6,0 Monate (i.M.)

b) Poliere

Rohbau und Dach: Unterstützt wird der Polier durch Werkpoliere und Vorarbeiter, die in der Mittellohnberechnung Rohbau berücksichtigt werden.	1 Polier	à 6,0 Monate
Ausbau und Gebäudetechnik:	1 Polier	à 7,0 Monate

c) Baukaufmann

Gesamtbaumaßnahme: betriebsintern (in AGK enthalten)

Wie in Abschnitt 4.2.5.1 dargestellt, werden die Baustellengehälter einschließlich der gehaltsgebundenen Kosten und der Gehaltsnebenkosten in Abhängigkeit von der Einsatzdauer bestimmt.

4.5.6 Kosten aus Planungsleistungen

In Abgrenzung der vom Auftraggeber bereits erstellten bzw. teilweise noch zu erstellenden Vor-, Entwurfs- oder Ausführungsplanung und der beabsichtigten Übertragung von Planungsleistungen auf den GU bestimmt sich der vom GU zu kalkulierende Planungsaufwand.

Darüber hinaus gehört auch die Arbeitsvorbereitung des Bauunternehmens, sofern hierfür eine eigene technische Abteilung vorhanden ist, zu den Planungskosten. Hat der GU auch den Sicherheits- und Gesundheitsschutzplankoordinator (SiGeKo) zu stellen und die dafür erforderliche Planung durchzuführen, so muss diese Leistung ebenfalls in den Planungskosten erfasst werden.

Eine Gliederung und Beschreibung der wichtigsten Planungsaufgaben enthält die Honorarordnung für Architekten und Ingenieure (HOAI, [20]). Sie dient der Ermittlung der bei Architekten und Ingenieuren ansetzbaren Honorarsätze bei Erarbeitung der jeweiligen Planungsaufgaben. Die Honorare ermitteln sich aus den bearbeiteten Leistungsphasen, den zutreffenden Honorarzonen (Bewertung des Schwierigkeitsgrads und der Planungsanforderungen eines Objektes) und den für die Berechnung anrechenbaren Kosten (z.B. bestimmte Teile der Bauwerkskosten).

Aus der Gliederung der HOAI (2013) lassen sich die enthaltenen Fachplanungsbereiche entnehmen:

Teil 1 Allgemeine Vorschriften

Teil 2 Flächenplanung
Abschnitt 1: Bauleitplanung
Abschnitt 2: Landschaftsplanung

Teil 3 Objektplanung
Abschnitt 1: Gebäude und Innenräume
Abschnitt 2: Freianlagen
Abschnitt 3: Ingenieurbauwerke
Abschnitt 4: Verkehrsanlagen

Teil 4 Fachplanung
Abschnitt 1: Tragwerksplanung
Abschnitt 2: Technische Ausrüstung

Teil 5 Übergangs- und Schlussvorschriften

Anlagen 1 bis 15: Beschreibung der Grundleistungen zu den unterschiedlichen Leistungsbildern.

Eine von der Bundesfachabteilung „Schlüsselfertiges Bauen" empfohlene Aufgabenverteilung in der Projektabwicklung veranschaulicht den manchmal bis häufig anzutreffenden Planungsumfang, mit dem Generalunternehmen im SF-Bau beauftragt werden:

Bauwerke / Planungsleistungen	Wohnungs-, Hotel- und Verwaltungsbau sowie Bauten für den Handel			Schul-, Industrie- und Anlagenbau			Verkehrs-, Sport-, Kultur- und Sakralbauten sowie Krankenhausbau		
	Ob-Pl	TW-Pl	HT-Pl	Ob-Pl	TW-Pl	HT-Pl	Ob-Pl	TW-Pl	HT-Pl
1. Definition Bauaufgabe+ Grundlagenermittlung	BH / PL			BH / PL			BH /PL		
2. Vorplanung	PL	GU	GU	PL	GU	PL	PL	PL	PL
3. Entwurfsplanung 4. Genehmigungsplanung	PL/GU	GU	GU	PL/GU	GU	PL/GU	PL	PL/GU	PL/GU
5. Ausführungsplanung 6. Vorbereitung der Vergabe	GU			GU			GU		

Ob-Pl: Objektplanung
TW-Pl: Tragwerksplanung
HT-Pl: Planung Techn. Ausrüstung
BH: Bauherr
PL: Planer (Architekt , Fachplaner)
GU: Generalunternehmer

Bild B. 4-25: Von der Bundesfachabteilung „Schlüsselfertiges Bauen" empfohlene Aufgabenteilung in der Projektabwicklung[7]

7 Vereinfachte sinngemäße Darstellung.

In der Kalkulation kann der Generalunternehmer die aus dem Bereich der Planung resultierenden Kosten, die sehr oft an Architektur- oder Ingenieurbüros weiter vergeben werden, anhand der Honorarermittlung der HOAI bestimmen.

Von den in den Honorartafeln angegebenen Beträgen sind entsprechend den auszuführenden Leistungsphasen (LP) anteilige Bewertungen vorzunehmen. Die nachfolgende Tabelle veranschaulicht die Leistungsbilder bei „Leistungen bei Gebäuden und Innenräumen (§ 34 HOAI)", „Freianlagen (§ 39 HOAI)" und der „Tragwerksplanung (§ 51 HOAI)" mit den jeweiligen Prozentsätzen des 100-%-Honorars:

LPh	Beschreibung	Gebäude und Innenräume § 34 HOAI		Freianlagen § 39 HOAI	Tragwerks-planung §§ 51 HOAI	Technische Ausrüstung §§ 55 HOAI
		Gebäude	Innenräume			
		in %	in %	in %	in %	in %
1	Grundlagenermittlung	2	2	3	3	2
2	Vorplanung	7	7	10	10	9
3	Entwurfsplanung	15	15	16	15	17
4	Genehmigungsplanung	3	2	4	30	2
5	Ausführungsplanung	25	30	25	40 [1)]	22 [1)]
6	Vorbereitung d. Vergabe	10	7	7	2	7
7	Mitwirkung bei d. Vergabe	4	3	3	—	5
8	Objektüberwachung - Bauüberwachung u. Dokumentation [2)]	32	32	30	—	35
9	Objektbetreuung	2	2	2	—	1
Summen		100	100	100	100	100

[1)] Sonderregelungen für bestimmte Bauweisen bzw. Leistungsinhalte (siehe HOAI)
[2)] Beschreibung variiert je Leistungsbild

Bild B. 4-26: Leistungsbilder der §§ 34, 39, 51 und 55 HOAI

Mit der Zuordnung einer „Honorarzone" wird eine Wertung der objektspezifischen Planungsanforderungvorgenommen:

Honorarzone	**Planungsanforderungen** [1)]	**Beispiele aus der Objektliste Gebäude** (Anlage 10 HOAI)	**Beispiele aus der Objektliste Tragwerksplanung** (Anlage 14 HOAI)
I	sehr geringe	Behelfsbauten, Feldscheunen, Einstellhallen	einfach statisch bestimmte ebene Tragwerke aus Holz, Stahl, Stein
II	geringe	einfache Wohnbauten, Garagen, Verkaufslager	Mauerwerksbauten ohne Nachweis horizontaler Aussteifung, Deckenkonstruktionen mit vorwiegend ruhenden Flächenlasten
III	durchschnittliche	Grundschulen, Einkaufszentren, Ausstellungsgebäude	statisch bestimmte und statisch unbestimmte ebene Tragwerke ohne Gesamtstabilitätsuntersuchungen
IV	hohe	Einfamilienhäuser, Hörsaalzentren, Kirchen, Hallenschwimmbäder	schwierige Rahmen- und Skelettbauten, Verbundkonstruktionen
V	sehr hohe	Universitätskliniken, Theater, Flughäfen	schiefwinklige Mehrfeldplatten, schwierige Flächentragwerke

[1)] Für individuelle Bewertungen vgl. Schemata mit Bewertungspunkten, z. B. gemäß §§ 35, 40 und 52 HOAI

Bild B. 4-27: Honorarzonen gemäß § 5 mit Objektbeispielen zu § 34 und § 51 HOAI

Die Planungsleistungen der Technischen Ausrüstung und der Flächenplanungen werden gemäß § 5 (2) HOAI in nur drei Honorarzonen differenziert: I = geringe, II = durchschnittliche und III = hohe Planungsanforderungen.

In den Honorartafeln kann das 100-%-Honorar für die einzelnen „Honorarzonen" und die „anzusetzenden, anrechenbaren Kosten" in einer Spanne „von/bis" abgelesen werden. Der jeweils niedrigere Wert ist das Mindesthonorar. Allerdings ist darauf hinzuweisen, dass mit Urteil des EuGH vom 04.07.2019 die in der HOAI festgelegte Pflicht zur Einhaltung der Höchst- und Mindestsätze als europarechtswidrig beurteilt wurde. Da die hieraus resultierenden Auswirkungen auf den Überarbeitungsbedarf der HOAI derzeit abzuwarten sind und davon auszugehen ist, dass Grundzüge der HOAI erhalten bleiben werden, orientiert sich das vorliegende Buch an der bisherigen Anwendung der Honorarordnung, wie sie bis zum genannten Urteil des EuGH uneingeschränkt gültig war.

Auszug aus Honorartafel zu § 52 Absatz 1 HOAI (2013) - Tragwerksplanung						
Anrechenbare Kosten	Honorarzone I: *sehr geringe Anforderungen* von - bis		Honorarzone III: *durchschnittl. Anforderungen* von - bis		Honorarzone V: *sehr hohe Anforderungen* von - bis	
		Honorarzone II: *geringe Anforderungen* von - bis		Honorarzone IV: *hohe Anforderungen* von - bis		
EUR	EUR	EUR	EUR	EUR	EUR	EUR
10.000	1.461	1.624	2.064	2.575	3.015	3.178
15.000	2.011	2.234	2.841	3.543	4.149	4.373
25.000	3.006	3.340	4.247	5.296	6.203	6.537
50.000	5.187	5.763	7.327	9.139	10.703	11.279
75.000	7.135	7.928	10.080	12.572	14.724	15.517
100.000	8.946	9.940	12.639	15.763	18.461	19.455
150.000	12.30	13.670	17.380	21.677	25.387	26.754
250.000	18.370	20.411	25.951	32.365	37.906	39.947
350.000	23.909	26.565	33.776	42.125	49.335	51.992
500.000	31.594	35.105	44.633	55.666	65.194	68.705
750.000	43.463	48.293	61.401	76.578	89.686	94.515
1.000.000	54.495	60.550	76.984	96.014	112.449	118.504
1.250.000	64.940	72.155	91.740	114.418	134.003	141.218
1.500.000	74.938	83.265	105.865	132.034	154.635	162.961
2.000.000	93.923	104.358	132.684	165.483	193.808	204.244
3.000.000	120.059	143.398	182.321	227.389	266.311	280.651
....	...	...	...	...	...	...
15.000.000	455.117	505.686	642.943	801.873	939.131	989.699

Bild B. 4-28: Auszug aus der Honorartafel des § 52 HOAI (Tragwerksplanung)

Die anrechenbaren Kosten ermitteln sich aus den nach DIN 276 von Dezember 2018 gegliederten Baukosten. Die DIN 276 sieht für die Kostengliederung 3 Ebenen vor.

Kostengruppen auf der ersten Gliederungsebene:

100 Grundstück
200 Vorbereitende Maßnahmen
300 Bauwerk – Baukonstruktionen
400 Bauwerk – Technische Anlagen
500 Außenanlagen und Freiflächen
600 Ausstattung und Kunstwerke
700 Baunebenkosten
800 Finanzierung

Die Kostengruppen (KGR) der ersten Ebene werden im Weiteren in die Kostengruppen der zweiten und dritten Ebene untergliedert.

Beispiel

300 Bauwerk – Baukonstruktion
 310 Baugrube/Erdbau
  311 Herstellung
  312 Umschließung

- Anrechenbare Kosten für Leistungen bei Gebäuden und Innenräumen (§ 33 HOAI):

  Anrechenbar sind die Kosten der Baukonstruktion (KGR 300).

  Anrechenbar sind auch die Kosten für Technische Anlagen (KGR 400), die der Auftragnehmer nicht fachlich plant oder deren Ausführung er nicht fachlich überwacht

  1. vollständig bis zu 25 Prozent der sonstigen anrechenbaren Kosten
  2. zur Hälfte mit dem Betrag, der 25 Prozent der sonstigen anrechenbaren Kosten übersteigt.

  Es sind weitere Sonderregelungen gemäß HOAI zu beachten. Die auf die Baukosten anfallende Umsatzsteuer ist nicht Bestandteil der anrechenbaren Kosten.

- Anrechenbare Kosten für die Tragwerksplanung (§ 50 HOAI)

  55 % der Kosten der Baukonstruktionen (KGR 300) und
  10 % der Kosten der Technischen Anlagen (KGR 400).

Liegen bei Verwendung der Honorartafel die anrechenbaren Kosten zwischen zwei dort angegebenen Werten, so können die Tabellenwerte entsprechend interpoliert werden.

Beispiel

Für das schlüsselfertige Bauvorhaben „Neubau eines Wohn- und Geschäftshauses mit Tiefgarage" (vgl. Bilder B. 5-31a und b sowie B. 5-32) mit einer geschätzten Auftragssumme von 5,2 Mio. EUR (netto) ist vom GU auf Grundlage der vorhandenen Genehmigungsplanung (Statik und Positionspläne) die Ausführungsplanung der Tragwerksausführung zu erstellen.

Wie hoch sind die zu kalkulierenden Planungskosten?

Lösung

Das Leistungsbild der Tragwerksplanung ist in § 51 HOAI beschrieben. Die Ausführungsplanung entspricht der Leistungsphase 5, für die ein prozentualer Honoraranteil in Höhe von 40 % anzusetzen ist.

Es wird Honorarzone III angenommen (durchschnittliche Planungsanforderungen).

Die anrechenbaren Kosten sind gemäß § 50 HOAI aus den Kosten der Baukonstruktion (55 %) und der Technischen Anlagen (10 %) zu ermitteln:

Anrechenbare Kosten:

KGR 300:	ca. 3.351.000,- EUR (vgl. Bild B. 5-32)	
	55 % der Kosten der Baukonstruktion	
	0,55 · ca. 3.351.000,- EUR =	1.843.050,00 EUR
KGR 400:	ca. 1.121.477,– EUR (vgl. Bild B. 5-32)	
	10 % der Technischen Anlagen	
	0,10 · ca. 1,121.477,- EUR =	112.148,00 EUR
Summe anrechenbarer Kosten:		**1.955.198,00 EUR**

Aus der Honorartafel (Bild B. 4-28) können für Honorarzone III (unten) folgende Werte entnommen werden:

Für anrechenbare Kosten i.H.v. 1.500.000,00 EUR:	
Mindesthonorar der Zone III =	105.865,00 EUR
Für anrechenbare Kosten i.H.v. 2.000.000,00 EUR:	
Mindesthonorar der Zone III =	132.684,00 EUR

Grafische und rechnerische Interpolation:

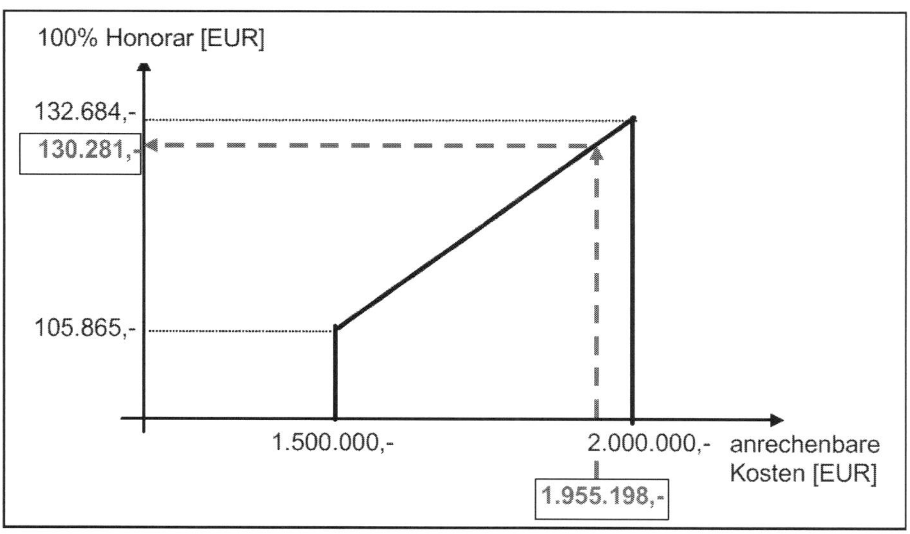

Bild B. 4-29: Grafische Interpolation

$$\text{Honorar } (100\ \%) = 105.865 + (1.955.198 - 1.500.000) \cdot \frac{132.684 - 105.865}{2.000.000 - 1.500.000}$$
$$= 130.281 \text{ EUR}$$

Da gemäß Leistungsphase 5 für die Ausführungsplanung nur 40 % des Gesamthonorars anzusetzen sind, ist dieser Anteil aus dem Gesamthonorar zu ermitteln:

40 % von 130.281,00 EUR = **52.112,00 EUR**

Das in der Kalkulation anzusetzende Planungshonorar beläuft sich (gerundet) nach Anwendung der HOAI auf 52.112,00 EUR (netto) zuzüglich eventueller Nebenkosten für Plankopien usw. Zur Berücksichtigung dieser Nebenkosten in der Kalkulation kann ein prozentualer Zuschlag von beispielsweise 10 % angesetzt werden, so dass sich das anzusetzende Gesamthonorar beläuft auf:

Honorar LP 5 der Tragwerksplanung = 1,1 · 52.112,00 = **57.323,00 EUR**

Gegebenenfalls führen Sondervereinbarungen auch zu abweichenden Honorarbeträgen, die entsprechend in der Kalkulation zu werten sind.

4.5.7 Sonderkosten z.B. aus Finanzierungen, Gebühren und Beiträgen

Ergänzend zu den in Abschnitt 4.2.5.1 bereits beschriebenen Sonderkosten können bei einem SF-Bau auch besondere Finanzierungskosten infolge einer „mitgelieferten Finanzierung" anfallen, die entsprechend zu kalkulieren sind. Typisch ist dies bei sogenannten Betreibermodellen oder ÖPP-Projekten (Öffentlich-Private-Partnerschaft), bei denen z.B. Kläranlagen, Verkehrswege, öffentliche Gebäude, wie Verwaltungsgebäude, Schulen oder Kliniken, durch private Unternehmen geplant, finanziert, gebaut und für einen längeren Zeitraum (z.B. 25 bis 30 Jahre) betrieben werden. Die Bau- und Betriebskosten einschließlich aller Neben- und Finanzierungskosten werden durch den bzw. die Nutzer mit regelmäßigen Zahlungen über die Dauer des Betriebs beglichen.

Gebühren für Sicherheitsleistungen (z.B. gem. § 17 VOB/B), wie Vertragserfüllungsbürgschaft während der Bauausführung und Mängelansprüchebürgschaft (Gewährleistungsbürgschaft) für den Zeitraum nach Abnahme der Bauleistung, in dem der Auftraggeber Mängelansprüche gegenüber dem Auftragnehmer geltend machen, kann sowie etwaige Zwischenfinanzierungen für vom Bauherrn einbehaltene Sicherheitsleistungen sind zu bewerten und in der Kostenkalkulation anzusetzen.

Ferner kann der GU dazu verpflichtet werden, alle eventuell anfallenden Abfindungen sowie Sach- und Vermögensschäden für angrenzende, von der Baumaßnahme beeinträchtigte Nachbarn und Betriebe (z.B. infolge Produktionsausfall) zu übernehmen. Diese Kosten sind in der erwarteten Höhe anzusetzen oder in Abschnitt 4.5.8 als Risikokosten zu bewerten.

Gegebenenfalls sind für das zu bebauende Grundstück Erschließungskosten o.Ä. zu vergüten und in der Kostenkalkulation zu berücksichtigen, wenn diese Leistung dem GU übertragen werden soll.

Zum Teil wird ein GU des SF-Baus auch dazu verpflichtet, alle Gebühren aus Baugenehmigung, Prüfstatik, behördliche Abnahmegebühren (Rohbau- und Gebrauchsabnahme), TÜV-Prüfungen für Aufzüge, abschließende Gebäudeeinmessung u.Ä. zu übernehmen. Alle hieraus resultierenden Kosten sind in der Kalkulation anzusetzen.

4.5.8 Besondere Risikoaufschläge oder besondere Nachlässe aufgrund konkreter Anhaltspunkte

Ein mit der Durchführung einer schlüsselfertigen Bauleistung beauftragter Generalunternehmer geht ein ungleich höheres Risiko ein, als es beispielsweise bei einem „einfachen" Rohbauunternehmer der Fall ist, der „nur" das Fachlos Rohbau herzustellen hat. Zu begründen ist dies in der Vielzahl der vom Generalunternehmer zu übernehmenden Leistungen, Verpflichtungen und vertraglichen Zugeständnisse, die sich durch die zusammengefasste Vergabe der Gesamt-Bauaufgabe ergeben. Bei der Fachlosvergabe (z.B. mit EP-Verträgen) verbleiben dagegen viele Risiken beim Auftraggeber.

Die Begriffe **Wagnis** (vgl. Abschnitt 4.5.11) und **Risiko** lassen sich rein sprachlich kaum differenzieren, allerdings werden sie an dieser Stelle in unterschiedlichen Zusammenhängen verwendet, die durch folgende Gegenüberstellung verdeutlicht werden soll:

Risiko Jede das konkrete Objekt oder eine konkrete Sache bzw. Frage betreffende Entscheidung unterliegt dem Risiko des Misslingens.
Es ist das mit dem konkreten Objekt (zu kalkulierenden Objekt) in Zusammenhang stehende Risiko jeglicher Art zu bewerten.

Wagnis Ein Bauunternehmen „unternimmt" eine Vielzahl von Geschäftstätigkeiten, d.h. es wagt die Durchführung der Betriebstätigkeit trotz des Wissens möglicher Gefahren und geht das Wagnis ein.
Es ist das Wagnis aus der allgemeinen Geschäftstätigkeit zu bewerten.

Der Inhalt von Wagnis und Risiko ist dagegen identisch; nach *Pfarr* [37] ist dies „der wertmäßige Ausdruck für Verlustgefahren der Zukunft".

Einige typische Risiken, denen ein Generalunternehmer durch Beauftragung einer konkreten Baumaßnahme „ausgeliefert" werden kann, sind:

a) Preisrisiko (wegen des Festpreises und des gleichzeitig übernommenen Mengenrisikos sowie Unsicherheiten bzgl. der NU-Preise sowie Lohn- und Stoffkosten, oft auch über einen längeren Zeitraum, was dann als mittlerer „Preisindex" in die Preisbildung einkalkuliert werden kann)
b) Terminrisiko (wegen des Festtermins, Vertragsstrafen und/oder Beschleunigungskosten)
c) Durchführungsrisiko (Verantwortung für erfolgreiche Planung/Ausführung, inkl. NU-Ausfall und SF-Risiko für „voll funktionsfähige" Leistung)
d) Haftungsrisiko (Gesamthaftung)
e) Risiko aus Mängelansprüchen des Auftraggebers (§ 13 VOB Teil B) (für alle Leistungen des GU, wobei diese z.T. an die NU übertragen werden können; allerdings besteht die Gefahr, dass Mängelanspruche aufgrund früherer Abnahmen bei einigen NU auch früher verjähren können, als es bei dem GU der Fall ist.)
f) Witterungsrisiko (insbesondere bei stark witterungsabhängigen Arbeiten)
g) Zahlungsrisiko (z.B. wegen schlechter Zahlungsmoral des AG oder überhöhter Einbehalte)

Die Liste ließe sich umfangreich fortsetzen und differenzieren. Von Bedeutung ist aber vielmehr, wie der GU mit möglichen Risiken umzugehen und diese in der Kalkulation zu berücksichtigen hat.

Die Risiken lassen sich im Sinne einer „Risikobekämpfung" in 3 Kategorien einteilen:

- abwendbare und unabwendbare Risiken
- verringerbare und nicht verringerbare Risiken
- versicherbare und nicht versicherbare Risiken

Der GU kann zur Berücksichtigung des möglichen Eintritts dieser Risiken beispielsweise folgende Vorkehrungen treffen:

a) Risikoabgrenzung, z.B. per Vertrag mit Auftraggeber
b) Risikoabwälzung, z.B. per Vertrag an Nachunternehmer
c) Risikoteilung, z.B. durch Bildung von Arbeitsgemeinschaften oder wie bei b) Risikoabwälzung
d) Risikokompensation, z.B. durch alternative, risikoärmere Bauverfahren (Bsp.: Gussasphalt statt Estrich zur Bildung von Pufferzeiten) oder Einführung von Qualitätssicherungssystemen
e) Risikoübertragung, z.B. per Prämie auf Versicherungsgesellschaften
f) Risikoabschirmung, z.B. durch Bildung von Reserven (Bsp. Risikozuschlag) oder Einrechnung konkreter Vorkehrungen (z.B. Pumpensumpf und Pumpen gegen Wasserandrang)

Alle in Betracht kommenden und anzunehmenden Einzelrisiken, die in ihrer Tragweite ein empfindliches Ausmaß annehmen können und darüber hinaus eine gewisse Eintrittswahrscheinlichkeit aufweisen, sollten konkret untersucht und sowohl qualitativ als auch möglichst quantitativ bewertet werden.

Lassen sich Risiken nicht versichern (Versicherungsbeiträge sind zu kalkulieren), abwälzen oder anderweitig ausschließen, muss das Unternehmen sich über geeignete Risikozuschläge Gedanken machen. Die Höhe der möglichen Risikobeträge kann sich aus einer Summe von prozentualen Einzelbewertungen, prozentual durchschnittlichen Pauschalansätzen oder konkreten Kostenansätzen für die Abdeckung eines wahrscheinlich eintretenden Risikofalls (z.B. Beschleunigungskosten infolge erwarteter Schlechtwetterausfalltage) zusammensetzen.

Ein durchschnittlicher Prozentsatz zur Berücksichtigung konkreter Risikoereignisse wird im SF-Bau etwa eine Größenordnung von 1 bis 5 Prozent der Bausumme betragen.

Entgegengesetzt zu einem Risikoaufschlag kann ebenso angenommen werden, dass aufgrund bestimmter Umstände ein Bieter in der Lage ist, für konkrete Sachverhalte und Randbedingungen **Nachlässe** einzuräumen, die gegebenenfalls auch an bestimmte Bedingungen gebunden sein können.

Beispielsweise führen folgende Fälle zur Gewährung von kostenorientierten Nachlässen aus besonderem Grund:

a) gute Erfahrungen bzw. besondere oder langjährige Geschäftsbeziehungen mit dem AG
b) Anschluss- oder Parallelaufträge (anteilig reduzierte Transport- oder Vorhaltekosten)
c) besonders auskömmliche Planvorlaufzeiten sowie flexiblere Ausführungszeiten (ausführliche Arbeitsvorbereitung möglich, die zu Einspareffekten führen kann)
d) Nachlässe für erwartete Vergabegewinne bei NU-Vergaben und Lieferantenverhandlungen

Nachlässe können prozentual in Abhängigkeit von der Auftrags- bzw. Abrechnungssumme, gegebenenfalls begrenzt auf einzelne Teilleistungen, oder als einmalige Nachlassbeträge (EUR) „kalkuliert" werden. Oft werden solche Nachlässe aber auch überhaupt nicht konkret ausgewiesen, wenn sie direkt in die Einzelkostenansätze der Kalkulation „eingepflegt" werden.

4.5.9 Allgemeine Geschäftskosten

Die allgemeinen Geschäftskosten wurden bereits in Abschnitt 4.2.6.1 behandelt. Ergänzend ist an dieser Stelle darauf hinzuweisen, dass insbesondere bei im SF-Bau tätigen GU die allgemeinen Geschäftskosten durch einen höheren Aufwand für die Angebotsbearbeitung „belastet" werden.

Im Rahmen der Angebotsbearbeitung sind oftmals diverse Planungsleistungen zu erbringen, Mengenermittlungen durchzuführen, Leistungsverzeichnisse zu erstellen, Ausschreibungen und Preisanfragen zu veranlassen und Nebenangebote (Alternativvorschläge) zu erarbeiten, deren Kosten allesamt den allgemeinen Geschäftskosten zuzurechnen sind.

4.5.10 Bauzinsen

Ergänzend zu den in Abschnitt 4.2.6.2 behandelten Bauzinsen kann für Bauvorhaben mit sehr hohem Nachunternehmeranteil eine differenzierte Betrachtungsweise durchgeführt werden.

Während die Kalkulation der Bauzinsen nach Abschnitt 4.2.6.2 davon ausgeht, dass nahezu sämtliche Leistungen vorfinanziert werden und der Ansatz der zu kalkulierenden Zinsen aus der durchschnittlichen Zahlungsfrist ermittelt wurde, kann diese Vorgehensweise bei einem umfangreichen Nachunternehmeranteil relativiert werden.

Nach Eingang von Nachunternehmerrechnungen bei dem GU können diese Leistungen i.A. zeitnah dem AG in Rechnung gestellt werden. Nach Zahlungseingang durch den AG kann die Zahlung an den NU erfolgen, so dass nahezu kaum Vorfinanzierungsbedarf entstanden ist.

Anderseits – bei einer sofortigen Zahlung der NU-Rechnungen – wird der GU in den meisten Fällen von einem vereinbarten Skontoabzug Gebrauch machen können, so dass der hieraus erzielte „Zinsvorteil" den eigenen Vorfinanzierungszinsen gegenübersteht.

Entsprechend den jeweiligen vertraglichen Vereinbarungen und Konstellationen sind die Bauzinsen zu bewerten.

4.5.11 Wagnis und Gewinn

Entsprechend den in Abschnitt 4.5.8 getroffenen Definitionen der Begriffe Risiko und Wagnis ist nunmehr unter Wagnis das allgemeine Unternehmerwagnis zu verstehen, das der Unternehmer durch Ausführung seines Betriebes eingeht. Hierzu gehören beispielsweise folgende Bestandteile:

a) Finanzierungswagnisse
   - Liquiditätswagnis: Gefahr der mangelnden Liquidität; seltener Überliquidität (geringere Rentabilität!), Kreditrisiko, Risiken bzgl. Kreditgewährung und -konditionen.
   - Kapitalstrukturwagnis: Ein hoher Eigenkapital-Umschlag (z.B. 15-fach) entspricht einem geringen Anteil Eigenkapital am Gesamtumsatz (6 %). Damit besteht ein erhebliches

Risiko, wenn bei einer Baustelle starke Probleme auftreten, da sofort das Eigenkapital gefährdet ist.

b) Beschäftigungswagnis
Wagnis der ungenügenden Auslastung vorhandener Kapazitäten eines Unternehmens. Individualität einzelner Aufträge, Spezialisierung/Bindung an einzelne Auftraggeber, geringe Terminflexibilität (keine großen Auftragspolster oder Haldenproduktion), Witterungsabhängigkeit, Saisonwagnis, Konjunkturwagnis, Wagnis aus strukturellen Veränderungen, Standortwagnis, Rufwagnis

c) Anlagenwagnis
Beschädigung/Zerstörung der Anlagegüter (versicherbar), falsche Bemessung der Abschreibung (fehlende Kapitalgenerierung für Wiederbeschaffung)

d) Beständewagnis
Schwund, Verlust, Güteminderung von Stoffen

e) Investitionswagnis
Erweiterungs-, Rationalisierungs-, Ersatzinvestitionen:
   - falsche Einschätzung des Beschäftigungsgrads
   - falsche Einschätzung der erforderlichen Leistungsfähigkeit
   - falsche Einschätzung der techn. Eigenschaften (Überalterung)

f) Wagnis aus Rechtsstreitigkeiten

g) Wagnisse während der Bindefrist
Kapazitätsfestlegung, Bindung von Mitteln, Arbeitskräften und Geräten

h) Wagnis aus geringer Angebotserfolgsquote

i) allgemeine Haftungswagnisse, soweit nicht versicherbar

Das Wagnis wird – sofern nicht mit dem Gewinn als eine Größe zusammengefasst – als prozentualer Ansatz w (%) von der Angebotssumme erfasst.

Der **Gewinn**, der ebenfalls als prozentualer Ansatz g (%) von der Angebotssumme angegeben wird, wurde bereits in Abschnitt 4.2.6.3 behandelt.

4.5.12 Akquisitorische Preisnachlässe und -aufschläge

Völlig unabhängig von der eigentlichen Kostenkalkulation können marktpolitische oder sonstige unternehmerische Überlegungen dazu führen, den ermittelten Angebotspreis über Nachlässe oder Aufschläge zu korrigieren. Beispiele hierfür können sein:

Akquisitorische Nachlässe:

a) AG fordert Nachlass als Bedingung für die Auftragserteilung.
b) Nachlass auf Einheitspreisangebot zur Ermittlung eines „runden" Pauschalpreises.
c) Verschaffung von Wettbewerbsvorteilen gegenüber der Konkurrenz (Auftrag wird aufgrund der Beschäftigungssituation bzw. aus Prestigegründen oder dergleichen dringend benötigt).
d) Einführungsangebote, z.B. zur Kontaktfindung zu potenziellen Mehrfachbauherren.

e) Nachlass in Form einer Skontoregelung bei Einhaltung einer bestimmten Zahlungsfrist (z.B. 2 % Skonto bei Zahlung innerhalb von 10 Tagen).

Prozentuale Nachlässe werden sich i.A., wenn es sich dabei um akquisitorische Pauschalnachlässe handelt, auch auf alle eventuellen Nachtragsleistungen übertragen. Einmalige Nachlassbeträge übertragen sich dagegen nicht auf Nachträge, bleiben jedoch auch maßgebend, wenn später Teile der Leistung durch den AG gekündigt werden und sich der Auftragsumfang dadurch reduziert.

Akquisitorische Aufschläge werden i.d.R. nicht gesondert ausgewiesen, sondern anderweitig (z.B. im Wagnis und Gewinn) eingerechnet, da sie gegenüber dem Auftraggeber nur schlecht zu vertreten sind. Gründe für den Ansatz eines Aufschlags können beispielsweise sein:

a) Für den Auftrag stehen zurzeit eigentlich keine eigenen Ressourcen zur Verfügung, so dass der Auftrag nicht unbedingt benötigt wird. Wird der Auftrag dennoch – trotz Aufschlag – erteilt, so kann dieser die eventuellen Mehrkosten für die Beschaffung der erforderlichen Ressourcen decken.
b) Die im Unternehmen durchgeführte Markt- und Konkurrenzbeobachtung hat ergeben, dass alle sonst an regionalen Submissionen beteiligten Firmen gut ausgelastet sind und wahrscheinlich mit hohen Preisen anbieten werden. An dieses erwartete höhere Preisniveau möchte sich der GU mit einem Aufschlag anpassen.

5 Beispiele zur Kalkulation

5.1 Kalkulation eines Wasserbehälters (Kalkulation über die Netto-Angebotssumme)

Im folgenden Beispiel wird die Kalkulation über die Netto-Angebotssumme für einen Wasserbehälter aus Stahlbeton durchgeführt. Bauunternehmer kalkulieren i.A. nur noch mittels spezieller EDV-Programme oder mit elektronischen Tabellenanwendungen. Die in diesem Buch zur Anwendung kommenden Tabellenformblätter bilden die Grundlage aller Softwarelösungen ab und zeigen die systematischen Zusammenhänge anschaulich auf. Aufgrund der Vielfalt der am Markt erhältlichen Kalkulationsprogramme verzichtet dieses Buch bewusst auf die Vorstellung konkreter Programme und richtet stattdessen das Augenmerk auf eine anschauliche und nachvollziehbare „manuelle" Kalkulation.

5.1.1 Ausschreibungsunterlagen

Die Ausschreibungsunterlagen enthalten allgemeine Vorbemerkungen und Vertragsbedingungen in vereinfachter Form (Bild B. 5-2), eine Übersichtszeichnung des Bauwerks (Bild B. 5-3) und das Leistungsverzeichnis (Bild B. 5-4 und B. 5-5).

Das Leistungsverzeichnis enthält die Titel „Erdarbeiten" (Titel 1) und „Betonarbeiten" (Titel 2). Da es sich um ein aus der Praxis entnommenes Beispiel handelt, entsprechen die Beschreibungen der einzelnen Teilleistungen nicht immer den Grundsätzen einer ordnungsgemäßen Leistungsbeschreibung. Das Leistungsverzeichnis ist hinsichtlich der Preise noch nicht ausgefüllt. Um das Angebot fertigzustellen, müssen nach der Preisermittlung die Einheitspreise und die Gesamtpreise je Position eingetragen werden. Für die Positionen 10 und 11 sind nur die Einheitspreise (nur *EP*) anzugeben (siehe dazu Abschnitt 6.2.1). Es handelt sich um sogenannte Alternativpositionen, mit denen sich der Bauherr die Möglichkeit offenhält, auch nach der Angebotsabgabe die Mittelwand des Behälters durch eine Stützenreihe zu ersetzen und gleichzeitig den Kostenrahmen zu fixieren.

5.1.2 Vorarbeiten zur Kalkulation

Bevor mit der detaillierten Kostenermittlung begonnen werden kann, müssen alle kostenbeeinflussenden Faktoren zusammengestellt werden. Dazu sind folgende Tätigkeiten erforderlich:

- Prüfung der Vertragsbedingungen
  Die Vertragsbedingungen können eine Reihe von Klauseln enthalten, die zusätzliche Kosten auslösen oder auch eine Kosteneinsparung bewirken. Im Beispiel sehen die besonderen Vertragsbedingungen vor, dass Bauwasser kostenlos zur Verfügung gestellt wird, andererseits aber die statische Berechnung und die Ausführungspläne vom Auftragnehmer geliefert werden müssen.
- Baustellenbegehung
  Lassen die Angebotsunterlagen keinen einwandfreien Aufschluss über die Lage und Situation der Baustelle zu, so ist eine Besichtigung des Geländes durchzuführen. Es sind dabei

alle Verhältnisse zu erkunden, die Einfluss auf die Kosten haben können, z.B. Verkehrswege, die Bodenbeschaffenheit oder die Energieversorgung.

- Arbeitsvorbereitung
  Für größere Baustellen ist die Ausarbeitung der möglichen Baustelleneinrichtung, eines Bauablaufplans und der Bedarfspläne für Arbeitskräfte und Baumaschinen erforderlich, um die Anzahl der benötigten Produktionsmittel sowie die Einsatzdauern festzulegen.
- Ermittlung von Preisen für Baustoffe oder Hilfsleistungen
  In vielen Fällen sind diese Preise aus vorliegenden Preislisten bekannt. Bei preisbeeinflussenden Hauptstoffen wie Betonstahl oder Transportbeton sind gesonderte Anfragen beim Baustoffhandel angebracht, da projektspezifische Preisdifferenzen möglich sind (z.B. aufgrund variierender Transportwege).
  Im vorliegenden Fall muss ein Angebot über die Durchführung von Erdarbeiten von einem Nachunternehmer eingeholt werden, da der Hauptunternehmer solche Arbeiten nicht selbst durchführt.

5.1.3 Kalkulations-Mittellohn (KML) (Bild B. 5-6)[8]

Der Kalkulations-Mittellohn (*APSL*) kann mithilfe des Formulars K 1 Bild B. 5-6 errechnet werden. Aufgrund des geschätzten Arbeitskräfteeinsatzes wird der Grundmittellohn L_{mo} = 21,05 EUR/Std. unter Einschluss der Kosten für den Polier ermittelt.

Der Grundmittellohn ist die Basis für die Berechnung der lohnbedingten Zuschläge:

- Es wird die Annahme getroffen, dass 6 Überstunden je Woche anfallen, davon jedoch nur ca. 30 % mit einem Überstundenzuschlag anzusetzen sind, da die restlichen 70 % zuschlagsfrei dem Arbeitszeitkonto zum Ausgleich von Ausfalltagen gutgeschrieben werden.
- Außerdem sind für einige Arbeitskräfte Stammarbeiterzulagen in Höhe von 5 % zu zahlen. Der Anteil der zu beaufschlagenden Stunden an den Gesamtstunden kann der Statistik des Betriebes entnommen werden; das gilt auch für den Anteil der Arbeitnehmer, die sich an der Vermögensbildung beteiligen.
  Der Zuschlagssatz von 85,72 % für die lohngebundenen Kosten entspricht dem Richtwert des Abschnitts 4.2.1.2 c).

Für die Lohnnebenkosten erfolgt eine detaillierte Einzelermittlung:

- Auslösung ohne tägliche Heimfahrt, erhält im Beispiel eine Arbeitskraft in Form von arbeitstäglichem Verpflegungszuschuss und bereitgestellter Unterkunft .
- Für die Wochenendheimfahrten erhält die Arbeitskraft Fahrtkosten in Form von Reisegeld sowie zusätzlich eine Reisezeitvergütung für Reisezeiten z.B.ginn und zum Ende der Baustelle, die auf die entsprechenden Arbeitstage zu beziehen sind.
- Zu beachten ist, dass ein gewisser Prozentsatz (hier: 15 %) der Lohnnebenkosten steuerpflichtig und deshalb mit den lohngebundenen Zuschlägen zu beaufschlagen ist.

8 Anmerkung: Stand 01.05.2018 (gültig bis 30.04.2020).

5.1.4 Einzelkosten der Teilleistungen (EKT) (Bild B. 5-7)

Zu der Einzelkostenermittlung ist im Einzelnen anzumerken:

Zu Pos. 1 bis 3: Die Kosten für die Erdarbeiten werden aufgrund des Angebots eines Nachunternehmers festgelegt. Die Preisermittlung des Erdbau-Unternehmers und dessen Angebot sind im Abschnitt 5.2 dargestellt.

Zu Pos. 4 bis 9: Die Lohnstundenaufwandswerte entstammen firmeninternen Werten aus der Nachkalkulation und wurden in Bezug auf das Bauwerk modifiziert. Sie enthalten auch Randstunden für Hilfspersonal (z.B. Kranfahrer).

Der Beton wird als Transportbeton geliefert.

Für die drei Betonierabschnitte wird vom Transportbetonwerk eine Betonpumpe gestellt. Die Kosten sind in Abhängigkeit von der Leistung mit 12,50 EUR/m³ kalkuliert.

Die Schalungskosten sind aufgrund von Einzelrechnungen, wie z.B. in Abschnitt 4.2.2.2 gezeigt wird, ermittelt worden.

Zu Pos. 12 u. 13: Die sonstigen Kosten für den Betonstahl umfassen die Lieferung von geschnittenem und gebogenem Material frei Baustelle sowie Zuschläge für Bindedraht und Abstandshalter.

Für Betonstabstahl B500B ist etwa folgende Aufteilung anzusetzen:

Lieferung gebogenen Materials	585,00 EUR/t
Dimensionsaufschlag und Zuschläge i.M.	50,00 EUR/t
Bindedraht und Abstandshalter	15,00 EUR/t
sonstige Kosten:	650,00 EUR/t

Im Formblatt K 5, Bild B. 5-13, werden die wichtigsten Daten der Einzelkostenermittlung zusammengestellt. Die Einzelkosten der Spalten (4) – Lohnstunden, (5) – sonstige Kosten und (7) – Fremdleistungen werden mit den Mengen in Spalte (2) multipliziert und die Produkte in die Spalten (8), (9) und (11) übernommen. Die Addition der einzelnen Spalten ergibt die Summe der Einzelkosten getrennt nach Kostenarten. Die Alternativpositionen 10 und 11 sind in die Summe der Einzelkosten nicht einzubeziehen. Die Kalkulation der Alternativpositionen wird in Kap. 6.2 ausführlich thematisiert.

5.1.5 Gemeinkosten der Baustelle (GKB)

Nach der Ermittlung der Einzelkosten der Teilleistungen werden die Gemeinkosten der Baustelle zusammengestellt.

Die Geräteliste (Formblatt K 3, Bild B. 5-10) wird aufgrund des Baustelleneinrichtungsplans erstellt. Sie enthält art- und mengenmäßig die einzusetzenden Geräte. Auf Grundlage der Gerätevorhaltekosten je Monat (getrennt nach Abschreibung und Verzinsung sowie Reparaturkosten gemäß BGL 2015 oder als Fremdmiete) wird durch Multiplikation mit der Vorhaltedauer die Gesamtmiete errechnet.

Weitere wichtige Daten sind die Lohnstunden und die sonstigen Kosten für den Auf- und Abbau, das zu befördernde Transportgewicht in (t) mit Unterteilung nach Sonderfrachten, wie z.B. den Turmdrehkran und die installierte Leistung in [kW].

Die Checkliste **„Gemeinkosten der Baustelle A"** (K 4.A, Bild B. 5-11) enthält alle zeitabhängigen Kosten.

- **Gerätevorhaltekosten** sind der Geräteliste zu entnehmen.
- Die Betriebsstoffkosten werden aufgrund der installierten Leistung in kW, einer Annahme über den Gleichzeitigkeitsfaktor, d.h., wie viele Geräte zur gleichen Zeit arbeiten (hier = 0,6), sowie der geschätzten Gesamteinsatzstunden unter Ansatz eines Durchschnittspreises je kWh errechnet.
- Für die Bauleitung der betreffenden Baustelle wird ein Bauleiter nur zur Hälfte seiner Arbeitszeit tätig, da er noch eine weitere Baustelle betreut.

Die **gehaltsgebundenen** Kosten werden prozentual zu den Gehaltskosten errechnet.

- Hilfslöhne sind hier nur im geringen Maße erforderlich. Sie werden mit 20 Std. je Monat geschätzt.
- Bürokosten (PC, Telefon, Telefax, Büromaterial und Spesen) werden in ihrer Höhe je Monat geschätzt.
- Der Betrieb eines PKW wird über die monatliche Kilometerleistung und die durchschnittlichen Kosten je km erfasst.

Das Formblatt **„Gemeinkosten der Baustelle B"** (K 4.B, Bild B. 5-12) gibt die Entwicklung der einmaligen Kosten wieder.

- Kosten für den **Auf- und Abbau** der Geräte sind dabei der Geräteliste zu entnehmen. Für weitere Einrichtungen (Wasser-, Strom- und Telefonanschluss, Winterbauvorrichtungen usw.) sind gesonderte Ermittlungen anzustellen.
- **Ladekosten** des Bauhofs werden nur als Hilfsleistungen, d.h. als sonstige Kosten, die getrennt nach Lohnstunden und sonstigen Kosten aufgrund des Transportgewichts der Geräteliste aufgeschlüsselt werden, erfasst.
- Die **Transportkosten** richten sich nach dem Gewicht in t; Sonderfrachten müssen je nach ihrer Art speziell kalkuliert werden.
- Die **lohnbezogenen Kosten** werden auf der Basis von Einzelkosten- und Gemeinkostenstunden, multipliziert mit dem Mittellohn (*AP*), errechnet.
- Kosten für die **technische Bearbeitung** werden hier, ebenso wie die Kosten für die **Arbeitsvorbereitung**, über einen Prozentsatz auf Basis der überschlägigen Angebotssumme geschätzt. Die Planungskosten könnten aber ebenso – wie in Abschnitt 4.5.6 dargestellt – auf Basis der HOAI ermittelt werden.

5.1.6 Angebotssumme und Zuschlagssätze

Die Ermittlung der Zuschläge über die Angebotssumme erfolgt auf dem Formblatt K 6 (Bild B. 5-14).

Die Ermittlung der Angebotssumme und der Zuschlagssätze ist, auf dieses Beispiel bezogen, bereits in Abschnitt 4.3.1 dargestellt worden.

5.1.7 Ermittlung der Einheitspreise

Mit den gewählten Zuschlagssätzen auf sonstige Kosten Z_{Sk} = 20 % und auf Fremdleistungen Z_F = 10 % und dem errechneten Zuschlagssatz auf Lohnkosten Z_L = 85,9 % werden im Formblatt K 5, Bild B. 5-13, die einzelnen Kostenarten mit Zuschlägen errechnet (Spalten (12), (13), (15)) und zum Einheitspreis der Spalte (16) addiert.

Die Multiplikation der Einheitspreise mit den Mengen je Position ergibt den Gesamtpreis (Spalte (17)) und die Addition aller Gesamtpreise dieser Spalte die Netto-Angebotssumme. Diese weist gegenüber der Angebotssumme der S. 99 (Bild B. 4-16) eine Differenz von 31,31 EUR auf, diese Abweichung ist durch die Abrundung bei der Ermittlung des Zuschlagssatzes auf Lohn (Z_L) bedingt. Bei großen Abweichungen muss auf einen Fehler bei der Ermittlung der Zuschlagssätze oder der Einheitspreise geschlossen werden.

Bauvertrag

zwischen

Auftraggeber (AG)	Auftragnehmer (AN)
....	....
....	....
....	....

1. Gegenstand des Vertrages

Der AG überträgt die **Ausführung der Erd- und Betonarbeiten**

an dem Bauvorhaben **Wasserbehälter in A-Stadt** an den AN.

Die Auftragssumme beläuft sich auf ____________ EURO inkl. der derzeit gesetzl. Mehrwertsteuer in Höhe von 19%.

2. Vertragsbestandteile

Als Bestandteile des Vertrages gelten:

2.1 Auftragsschreiben vom ________________

2.2 Die Bestimmungen dieses Vertrages.

2.3 Leistungsverzeichnis, Angebot des AN vom ____________. Leistungsbeschreibung vom ____________ einschließlich der in Anlage ________ aufgelisteten Planunterlagen[1].

2.4 Besondere Vertragsbedingungen (BVB).

2.5 Zusätzliche Vertragsbedingungen (ZVB).

2.6 Zusätzliche Technische Vertragsbedingungen (ZTV).

2.7 Allgemeine Technische Vertragsbedingungen für Bauleistungen (ATV / VOB Teil C in der Fassung von 2016)

2.8 Allgemeine Vertragsbedingungen für die Ausführung von Bauleistungen (VOB Teil B in der Fassung von 2016)

3. Ausführung

3.1 Der AN verpflichtet sich zur Ausführung der ihm übertragenen Leistung entsprechend den anerkannten Regeln der Baukunst/Technik zum Zeitpunkt der Angebotsabgabe. Bei einer Änderung dieser Regeln bis zur Beendigung der Leistung ist der AG zu unterrichten und dessen Anweisungen sind einzuholen.

3.2 Der AN hat seine Leistungen so zu erbringen, dass Dritte weder gefährdet noch verletzt werden. Entsteht einem Dritten im Zusammenhang mit der Leistung ein Schaden, für den dem Geschädigten neben dem Auftragnehmer auch der Auftraggeber haftet, trägt der AN im Verhältnis zwischen den Vertragsteilen den Schaden allein, es sei denn, der Schaden beruht auf einer vom Auftraggeber angeordneten Maßnahme, gegen die der AN Bedenken angemeldet hat (§ 4 Absatz 3 VOB/B).

3.3 Vorleistungen anderer Bauleistender, soweit für die Leistung des AN von Bedeutung, hat dieser ausschließlich auf äußerlich erkennbare Ordnungsmäßigkeit zu überprüfen. Weitere Überprüfungen erfolgen nur auf Verlangen des AG auf dessen Kosten.

4. Ausführungsfristen

4.1 Der AN hat innerhalb von 2 Wochen nach Auftragserhalt einen Bauzeitenplan vorzulegen.

5. Mängelansprüche und Abnahme

5.1 Ansprüche des AG bei Mängeln regeln sich nach § 13 VOB/B.

5.2 Förmliche Abnahme wird nicht[1] vereinbart.

6. Vergütung

6.1 Rechnungen sind in prüfbarer Form _3_ -fach beim AG / dessen Bevollmächtigten[1] einzureichen.

6.2 Die Abrechnung erfolgt nach Aufmaß und vertraglich vereinbarten Einheitspreisen.

____________, den ________	____________, den ________
____________________	____________________
Auftraggeber	Auftragnehmer

[1] Nichtzutreffendes streichen.

Bild B. 5-1: Bauvertrag zum Beispiel „Wasserbehälter in A-Stadt", Teil 1

Besondere Vertragsbedingungen (BVB)

1. Zufahrt und Versorgung

1.1 Die Baustelle ist weitgehend durch vorhandene Werkstraßen erschlossen, Freiflächen für die Baustelleneinrichtung sind vorhanden.

1.2 Strom- und Wasseranschluss ist in etwa 50 m Entfernung durch einen Werksanschluss gegeben. Bauwasser wird kostenlos zur Verfügung gestellt.

2. Vergütung

2.1 Mit den Einheitspreisen abgegolten sind die gesamte Baustelleneinrichtung, die Erstellung der statischen Berechnung und der Ausführungspläne und alle für die Baudurchführung erforderlichen amtlichen Genehmigungen.

2.2 Der Bauherr behält sich vor, die Mittelwand durch eine Stützenreihe (Pos.10 und 11) zu ersetzen. Mehrforderungen bei anderen Positionen können daraus nicht abgeleitet werden.

3. Ausführungsfristen

3.1 Der AN hat die ihm übertragenen Arbeiten am __________ / innerhalb von 12 Werktagen nach Aufforderung[1] zu beginnen und bis zum __________________ / innerhalb von 2 Monaten fertig zu stellen.

3.2 Kommt der AN mit der Fertigstellung in Verzug, verpflichtet er sich zur Zahlung einer Vertragsstrafe in Höhe von 0,2% der Abrechnungssumme je Werktag, jedoch nicht mehr als 5% der Abrechnungssumme.

[1] Nichtzutreffendes streichen.

Zusätzliche Technische Vertragsbedingungen (ZTV)

1. Allgemeines

Die Leistungen umfassen die Rohbauarbeiten zur Herstellung eines erdbedeckten, rechteckigen Wasserbehälters gemäß beiliegender Übersichtszeichnung auf dem Werksgelände der Firma xy in A-Stadt.

2. Abdichtung

Der Wasserbehälter wird im **Epoxydharzverfahren** unter Zuhilfenahme eines Glasvliesgewebes abgedichtet.

3. Erdarbeiten

Hinterfüllungen und Auffüllungen sind lagenweise so zu verdichten, dass im Gebrauchszeitraum keine Setzungen entstehen.

4. Betonarbeiten

4.1 Der Beton ist entsprechend dem Verwendungszweck frei von Kiesnestern nach DIN EN 206-1/DIN 1045-2 herzustellen.

4.2 Der Behälter ist in drei Abschnitten – Sohle, Wände, Decke – zu betonieren.

4.3 Das Betonrezept ist vor Ausführung gemeinsam mit der Bauleitung festzulegen. Es sind von jedem Betonierabschnitt je zwei Würfelserien für die Druckfestigkeitsprüfung herzustellen.

Bild B. 5-2: Bauvertrag zum Beispiel „Wasserbehälter in A-Stadt", Teil 2

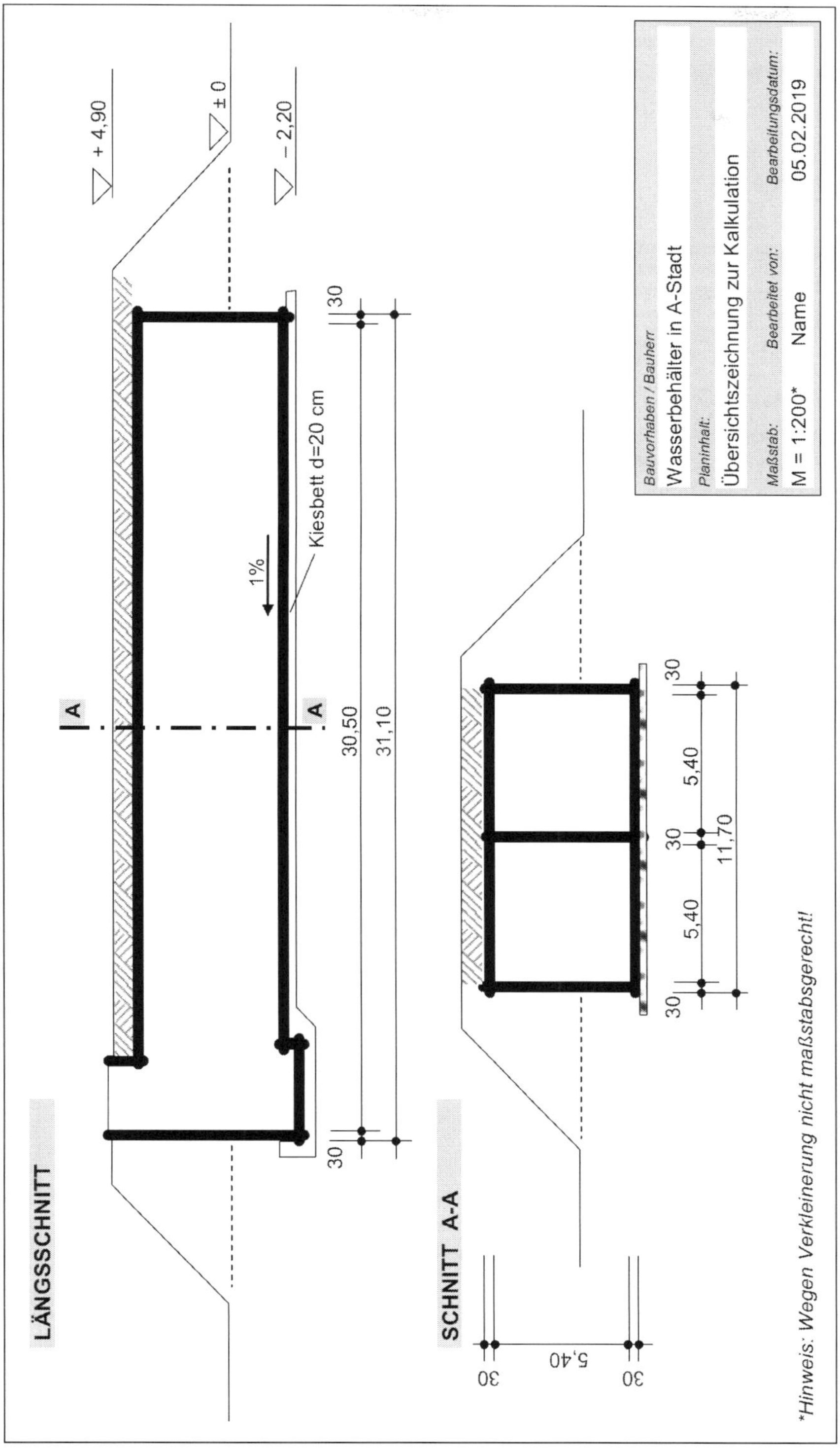

Bild B. 5-3: Übersichtszeichnung zur Ausschreibung und Kalkulation zum Beispiel „Wasserbehälter in A-Stadt"

Leistungsverzeichnis zur Baumaßnahme **Wasserbehälter in A-Stadt** Seite **1/2**

OZ (Pos.)	Text	Menge	Einh.	Einheitspreis (EP) [EUR/Einh.]	Gesamtpreis (GP) [EUR]
	Übertrag				
	Titel 1 – ERDARBEITEN				
1	Boden für Baugrube profilgerecht lösen, seitlich in ca.100 m Entfernung lagern, Aushubtiefe bis 2,5 m. Homogenbereich 1, Bodengruppe 1 GU DIN 18196 (Kies-Schluff-Gemisch), Konsistenz DIN EN ISO 14688-1 fest. Nach Erichtung des Bauwerks wieder lagenweise einbauen und verdichten.	1.050	m^3		
2	Füllstoff liefern und unter der Fundamentplatte einbauen und verdichten, Grubenkies 0/32, Schichtdicke über 15 bis 20 cm, Verdichtungsgrad mind. DPr 0,97.	80	m^3		
3	Füllstoff liefern und schichtenweise einbauen und verdichten, Kies-Sand-Gemisch, Schichtdicke über 20 bis 25 cm, Verdichtungsgrad mind. DPr 0,97.	2.500	m^3		
	Titel 2 – BETONARBEITEN				
4	Ortbeton Sauberkeitsschicht als unbewehrter Beton, Normalbeton C 12/15, Gefälle 1%, Dicke 10 cm,	380	m^2		
5	Ortbeton Fundamentplatte, obere Betonfläche 1% Gefälle, als Stahlbeton, WU-Beton C 25/30, Dicke über 20 bis 25 cm, einschließlich Schalung	115	m^3		
6	Ortbeton der Wände, als Stahlbeton, WU-Beton C 25/30, Dicke 30 cm	650	m^2		
7	Ortbeton der Deckenplatte, als Stahlbeton, Normalbeton C 25/30, Deckendicke = 30 cm, obere Betonfläche waagerecht.	370	m^2		
8	Schalung der Deckenplatte, GF-Schalungsplatten DIN 68791, Höhe Abstützung bis 5,4 m, Deckendicke 30 cm	320	m^2		
9	Schalung der Wände, GF-Schalungsplatten DIN 68791, Bauteilhöhe über 5 bis 6 m	1.300	m^2		
	Übertrag				

Bild B. 5-4: Leistungsverzeichnis zur Ausschreibung zum Beispiel „Wasserbehälter in A-Stadt“, Teil 1

Leistungsverzeichnis zur Baumaßnahme **Wasserbehälter in A-Stadt** Seite **2/2**

OZ (Pos.)	Text	Menge	Einh.	Einheitspreis (EP) [EUR/Einh.]	Gesamtpreis (GP) [EUR]
	Übertrag				
10	* **ALTERNATIVPOSITION** * (zu ca. 164,70 m² d. Pos. 6, vgl. Nr. 2.2 BVB) Ortbeton Stütze, als Stahlbeton; normalbeton C25/30, rechteckig, Querschnitt = 30 x 30 cm, einschließlich glatter Schalung	54	m		* nur EP *
11	* **ALTERNATIVPOSITION** * (zu ca. 329,4 m² d. Pos. 9, vgl. Nr. 2.2 BVB) Schalung Stützen, glatte Schalung, Querschnitt = 30 x 30 cm, Bauteilhöhe über 5 bis 6 m,	65	m²		* nur EP *
12	Bewehrung aus Betonstabstahl B500, alle Durchmesser, alle Längen, liefern, schneiden, biegen und verlegen.	22	t		
13	Bewehrung aus Betonstahlmatten B500B, liefern, schneiden und verlegen	25	t		
14	Arbeitsfugenband aus PVC liefern und zwischen Fundamentplatte und Wänden einbauen, Gesamtbreite: 240 mm, Banddicke: 4 mm, Sperrankeranzahl: 4	85	m		
15	Wasserdichte Rohrdurchführung Ø 200 mm liefern und nach Zeichnung einbauen.	6	Stck		
16	3-facher Abdichtungsanstrich zum Schutz erdberührter Betonwände und Decke als Bauwerksschutz gegen Wasser und Feuchtigkeit, einschließlich Lieferung des 1-komponentigen, lösemittelhaltigen, ungefüllten, bituminösen Beschichtungs-stoffs, Untergrund Beton.	880	m²		
	Übertrag				

ZUSAMMENSTELLUNG:

Titel 1: ERDARBEITEN		EUR ________
Titel 2: BETONARBEITEN		EUR ________
Angebotssumme (netto)		EUR ________
Mehrwertsteuer	________ %	EUR ________
Angebotssumme (brutto)		EUR ________

Ort Datum Unterschrift + Firmenstempel

Bild B. 5-5: Leistungsverzeichnis zur Ausschreibung zum Beispiel „Wasserbehälter in A-Stadt", Teil 2

Nr. *19/35*	Projekt: *Wasserbehälter*	Seite: *1*

KALKULATIONS-MITTELLOHN

Lohngruppe (Berufsgruppe)			Anzahl	Tariflohn (GTL) [EUR/Std.]	Gesamtlohn [EUR/Std.]
	Poliere	AVII	*(1)*	*27,35*	*27,35*
6	Werkpoliere	6	*0*	*23,7*	*0,00*
5	Vorarbeiter	5	*0*	*21,65*	*0,00*
4	Spezialfacharbeiter	4	*2*	*20,63*	*41,26*
3	Facharbeiter	3	*3*	*18,88*	*56,64*
2a	Fachwerker	2a	*2*	*18,39*	*36,78*
2	Mindestlohn 2, gelernter Fachwerker	2	*1*	*15,20*	*15,20*
1	Mindestlohn 1, ungelernter Werker	1	*1*	*12,20*	*12,20*
		Summe AK:	*9*	Summe Gesamtlohn:	*189,43* [EUR/Std.]

↔ Poliergehalt (Gr. AVII) [EUR/Mon] : Std./Mon.= *4.732* € / *173* Std./Mon. = *27,35* (hier: während Schlechtwetterzeit.)

Grundmittellohn L_{mo} = Σ Gesamtlohn / Σ AK = ***189,43 / 9 =***				L_{mo} =	***21,05***
Lohnbedingte Zuschläge – Mehrarbeitszuschläge	Überstunden*	*25* % x L_{mo} x	*4,0* % d. Std. *(30%x6/(39+6))=4,0%)*	*0,21*	
	Nachtstunden	*20* % x L_{mo} x	% d. Std.	*0,00*	
	Sonntagsstd.	*75* % x L_{mo} x	% d. Std.	*0,00*	
	Feiertagsstd.	*200* % x L_{mo} x	% d. Std.	*0,00*	*0,21*
Lohnbedingte Zuschläge – Sonstige Zulagen	Erschwerniszul.	EUR/h x	% d. Std.	*0,00*	*0,00*
	Leistungszulage	% x L_{mo} x	% d. Std.	*0,00*	
	Stammarb.-Zul.	*5* % x L_{mo} x	*70* % d. Std.	*0,74*	*0,74*
	Vermögensbildg.	*90* % d. AK x	*0,13* EUR/Std.	*0,12*	*0,12*
Mittellohn (AP)				L_{m1} =	***22,12***
Lohngebundene Zuschläge gesetzliche und tarifliche Aufwendungen (gesonderte Ermittlung)				*85,72* % x L_{m1} =	***18,97***
Mittellohn (APS)				L_{m2} =	***41,09***

Lohnnebenkosten (LNK)	Art	Anzahl AK	EUR / (AK x AT)		EUR/AT
ohne tägliche Heimfahrt	Verpflegungszuschuss	*1*	*24,00 EUR/(AKxAT) =*	*24,00*	*24,00*
	Unterkünfte	*1*	*4 Übern./5 AT/Wo.x ca.50 EUR/Übern.=*	*40,00*	*40,00*
	Reisegeld	*1*	*8 Fahrkarten x ca.20 EUR / 22 AT =*	*7,27*	*7,27*
	Reisezeitvergütung	*1*	*12 Std. x 21,05 EUR/Std. / 22 AT =*	*11,48*	*11,48*
mit tägl. Heimfahrt	Fahrtkosten	*2*	*30,00 km/AT x 0,20 EUR/km*	*6,00*	*12,00*
	Verpflegungszuschuss	*7*	*4,09 EUR / AT*	*4,09*	*28,63*
			Summe Lohnnebenkosten / AT		*123,38*

Lohnnebenkosten/Std. = Summe LNK : Σ AKxStd/Tag = *123,38 / (9 x 9) =*	*1,53*
Lohngeb. Zuschlag f. lohnsteuerpflichtige LNK = *15 % von 1,53 x 85,72 % =*	*0,20*
KALKULATIONS-MITTELLOHN (APSL) L_{m3} =	***42,82***
für weitere Berechnungen gewählt L_{m3} [EUR/Std] =	***42,90***

* *Überstunden: Im Beispiel Ansatz von 30% wegen der Annahme, dass die restlichen 70% der Überstunden zuschlagsfrei auf das Arbeitszeitkonto übertragen werden.*

K 1

Bild B. 5-6: Formblatt K 1, Mittellohnberechnung zur Kalkulation des Beispiels „Wasserbehälter in A-Stadt"

Nr. *19/35*	Projekt: *Wasserbehälter*			Seite:	*2*
	EINZELKOSTEN DER TEILLEISTUNGEN				
Pos. Nr.	Leistungsbeschreibung Kostenentwicklung	je Einheit			
		Lohn [Std.]	So. Ko. [EUR]	Geräte [EUR]	Fremdleistung [EUR]
1	*1.050 m³ Boden der Baugrube*				
	Fremdleistung Fa. Schulze				*13,17*
2	*80 m³ Füllstoff Grubenkies liefern*				
	Fremdleistung wie Pos.1				*40,77*
3	*2.500 m³ Füllstoff Kies-Sand liefern*				
	Fremdleistung wie Pos.1				*18,30*
4	*380 m² Ortbeton Sauberkeitsschicht*				
	C12/15, d=10cm				
	0,10 m³/m² x (0,80 h + 106,50 €)/m³	*0,08*	*10,65*		
5	*115 m³ Ortbeton Fundamentplatte,*				
	WU-Beton C25/30, d=30 cm,				
	einschl.Schalung				
	Beton: 1,0 m³ x (0,70 h + 125,00 €)/m³	*0,70*	*125,00*		
	Einbringen m.Pumpe: 1,0 m³ x 12,50 €/m³		*12,50*		
	Schalung: 0,24 m²/m³ x (1,00 h + 12,00 €)/m²	*0,24*	*2,88*		
	Abziehen d. Oberfläche:				
	3,33 m²/m³ x 0,10 h/m²	*0,33*			
		1,27	*140,38*		
6	*650 m² Stahlbeton der Wände,*				
	WU-Beton C25/30, d=30 cm				
	Beton: 0,3 m³/m² x (1,40 h + 125,00 €)/m³	*0,42*	*37,50*		
	Einbringen m.Pumpe: 0,3 m³/m² x 12,50 €/m³		*3,75*		
		0,42	*41,25*		

K 2

Bild B. 5-7: Formblatt K 2, Ermittlung der Einzelkosten der Teilleistung zum Beispiel „Wasserbehälter in A-Stadt", Teil 1

Nr. 19/35	Projekt: *Wasserbehälter*			Seite:	*3*
EINZELKOSTEN DER TEILLEISTUNGEN					
Pos. Nr.	Leistungsbeschreibung Kostenentwicklung	je Einheit Lohn [Std.]	So. Ko. [EUR]	Geräte [EUR]	Fremdleistung [EUR]
7	*370 m² Stahlbeton der Decke,*				
	C25/30, d=30cm, Schalung gesond.				
	Beton: 0,3 m³/m² x (0,70 h + 125,00 €)/m³	*0,21*	*37,50*		
	Einbringen m.Pumpe: 0,3 m³/m² x 12,50 €/m³		*3,75*		
	Abziehen : 1,00 m² x 0,10 h/m²	*0,10*			
		0,31	*41,25*		
8	*320 m² Schalung der Decke*				
	1,0 m² x (0,80 h + 10,00 €)/m²	*0,80*	*10,00*		
9	*1.300 m² Schalung der Wände*				
	1,0 m² x (0,90 h + 11,00 €)/m²	*0,90*	*11,00*		
10	*54 m Stahlbeton der Stützen,*	**** ALTERNATIVPOSITION ****			
	C25/30, b/d=30/30, Schalung geson				
	Beton: 0,09 m³/m x (2,00 h + 125,00 €)/m³	*0,18*	*11,25*		
	Einbringen m.Pumpe: 0,09 m³/m² x 12,50 €/m³		*1,13*		
		0,18	*12,38*		
11	*65 m² Schalung der Stützen,*	**** ALTERNATIVPOSITION ****			
	b/d=30/30				
	1,0 m² x (2,50 h + 14,00 €)/m²	*2,50*	*14,00*		
		2,50	*14,00*		

K 2

Bild B. 5-8: Formblatt K 2, Ermittlung der Einzelkosten der Teilleistung zum Beispiel „Wasserbehälter in A-Stadt", Teil 2

Nr. 19/35	Projekt: *Wasserbehälter*			Seite: *4*	
	EINZELKOSTEN DER TEILLEISTUNGEN				
Pos. Nr.	Leistungsbeschreibung Kostenentwicklung	je Einheit			
		Lohn [Std.]	So. Ko. [EUR]	Geräte [EUR]	Fremdleistung [EUR]
12	*22 t Betonstabstahl B500*				
	liefern, schneiden, biegen, verlegen				
	1,0 t x (16,00 h + 650,00 €)/t	*16,00*	*650,00*		
13	*25 t Betonstahlmatten B500B*				
	liefern, schneiden, verlegen				
	1,0 t x (14,00 h + 800,00 €)/t	*14,00*	*800,00*		
14	*85 m Arbeitsfugenband*				
	240 mm / 4 mm / 4 Sperranker				
	1,0 m x (0,50 h + 17,50 €)/m	*0,50*	*17,50*		
15	*6 Stck. Rohrdurchführungen*				
	ø 200 mm, liefern und einbauen.				
	Lieferung lt. Anfrage: 290,00 €/Stck.		*290,00*		
	Einbau: 1 Stck. x (2,00 h + 10,00 €)/Stck.	*2,00*	*10,00*		
		2,00	*300,00*		
16	*880 m² 3-facher Abdichtungsanstrich*				
	1-komponentige, lösemittelhaltige,				
	ungefüllte, bituminöse Beschichtung				
	1,0 m² x (0,30 h + 1,90 €)/m²	*0,30*	*1,90*		

K 2

Bild B. 5-9: Formblatt K 2, Ermittlung der Einzelkosten der Teilleistung zum Beispiel „Wasserbehälter in A-Stadt", Teil 3

Nr. 19/35 | Projekt: Wasserbehälter | Seite: 5

GERÄTELISTE

Lfd. Nr.	Anzahl	Gerät	BGL-Nr. 2007	Anschlußwert [KW]	Gewicht Einzel [t]	Gewicht Gesamt [t]	Vorhaltezeit [Mon.]	A + V[1] [EUR/Mon.]	Rep.Kosten [EUR/Mon]	Fremdmiete [EUR/Mon.]	Gesamtmiete [EUR]	Auf- und Abbau Löhne [Std.]	Auf- und Abbau So.Ko. [EUR]
1	1	Turmdrehkran 50 tm	C.0.10.0050	22,0	13,50	13,50	1,5	2.480,00	1.300,00	–	5.670,00	60	1.250,00
2	30	m Kranausleger	C.0.10.0080-00		0,38	11,40	1,5	16,00	8,40	–	1.098,00	15	0,00
3	12	m Turmstück, nicht kletterbar	C.0.20.0063		0,21	2,52	1,5	45,50	23,50	–	1.242,00	15	0,00
4	12	t Kranballast	C.0.70.0010		1,00	12,00	1,5	4,90	0,00	–	88,20	15	0,00
5	1	Unterwagen mit Turmbasisstück	C.0.41.0085		3,35	3,35	1,5	790,00	415,00	–	1.807,50	15	150,00
6	1	Kran-Fahrwerk	C.0.41.0100-AA		1,90	1,90	1,5	1.360,00	710,00	–	3.105,00	15	150,00
7	30	m Krangleis auf Betonschwellen	C.0.63.2100		2,10	63,00	1,5	8,50	2,40	–	490,50	120	250,00
8	1	Silokübel 500l	C.3.00.0500		0,17	0,17	1,5	26,50	19,00	–	68,25	–	–
9	1	Tischkreissäge	W.4.21.0400	4,0	0,10	0,10	1,5	56,50	46,00	–	153,75	5	50,00
10	2	Handbohrmaschinen	W.0.14.0016	1,0	0,02	0,04	1,5	20,00	12,50	–	97,50	–	–
11	1	Frequenz- u. Spannungswandler	B.9.50.0020	2,0	0,03	0,03	1,5	39,50	29,00	–	102,75	5	25,00
12	2	Elektr. Innenrüttler ø 65 mm	B.9.31.0065		0,02	0,04	1,5	47,50	36,50	–	252,00	–	–
13	1	Verteilerschrank	R.2.40.0250		0,10	0,10	2,0	185,00	123,00	–	616,00	15	100,00
14	2	Unterkunftscontainer 6,0 m	X.3.11.0006	2,0	2,90	5,80	2,0	118,00	164,00	–	1.128,00	20	200,00
15	1	Wasch-/Toilettencontainer l = 4,0 m	X.3.18.0004	1,0	2,00	2,00	2,0	116,00	161,00	–	554,00	10	500,00
16	1	Magazincontainer l = 3,0 m	X.3.01.0003	0,5	1,30	1,30	2,0	87,50	79,00	–	333,00	–	–
17	1	Nivellierinstrument	Y.0.00.0015		0,00	0,00	2,0	14,50	9,70	–	48,40	–	–
			Summen	32,5		117,3		5.416,-	3.139,-		**16.855,00**	310	2.675,-
							Gesamt:	10.619,-	6.236,-				

+ Lohnnebenkosten auf Lohnanteil der Rep.-Kosten -> Faktor gem. 4.2.3.2 g) = 1,06

(1,06 - 1,00) x 6.236,- EUR = **375,00**

+ Berücksichtigung des Erzeugerpreisindexes für das Jahr 2019, bezogen auf die BGL-Basis 2014 -> Faktor = 1,050

(1,05 - 1,00) x (10.619,00,- + 6.236,00,-) EUR = **843,00**

Gerätevorhaltekosten = 18.073,00 EUR

[1] A+V: Abschreibung + Verzinsung

K 3

Bild B. 5-10: Formblatt K 3, Geräteliste zur Kalkulation des Beispiels „Wasserbehälter in A-Stadt"

Nr. *19/35*	Projekt: *Wasserbehälter*		Seite:	*6*
	GEMEINKOSTEN DER BAUSTELLE TEIL A			
	Kostenentwicklung	Lohn [Std.]	So. Ko. [EUR]	Geräte [EUR]
A.	**ZEITABHÄNGIGE KOSTEN**			
1.	Vorhaltekosten der Geräte und Einrichtungen			
	(Geräteliste Seite ...5...)			*18.073,-*
2.	Betriebsstoffkosten (Strom, Benzin, Heizöl, Wasser)			
	ca. 32,5 KW x 0,6 x 200 h/Mon. x 1,5 Mon. x 0,40 EUR/KW/h =		*2.340,-*	
3.	Baustellengehälter			
	0,5 Bauleiter (A VIII) *4.732,00* EUR/Mon. x *2,0* Mon.		*4.732,-*	
	.... Baukaufmann .... EUR/Mon. x ...... Mon.		*0,-*	
	.... Poliere .... EUR/Mon. x ...... Mon. (soweit nicht im Mittellohn enthalten)		*0,-*	
	.... EUR/Mon. x ...... Mon.		*0,-*	
	Gehaltsgebundene Kosten			
	55 % von (*4.732,00 + 0,00 + 0,00 + 0,00*) EUR		*2.603,-*	
	Gehaltsnebenkosten:			
4.	Allgemeine Baukosten			
	Hilfslöhne (Magaziner, Schlosser, Beton etc.)			
	1,0 AK x *20* Std./Mon. x *2,0* Mon.	*40*		
	Bürokosten			
	Telefon *100,00* EUR/Mon. x *2,0* Mon.		*200,-*	
	Material, Spesen *200,00* EUR/Mon. x *2,0* Mon.		*400,-*	
	PKW-Betrieb *400 km x 0,50 EUR/km x* *2,0* Mon.		*400,-*	
5.	Sonderkosten:			
	Summe A: ZEITABHÄNGIGE KOSTEN	*40*	*10.675,-*	*18.073,-*

K 4.A

Bild B. 5-11: Formblatt K 4.A, Ermittlung der zeitabhängigen Gemeinkosten der Baustelle zum Beispiel „Wasserbehälter in A-Stadt"

Nr. 19/35	Projekt: Wasserbehälter			Seite: 7
	GEMEINKOSTEN DER BAUSTELLE TEIL B			
	Kostenentwicklung	Lohn [Std.]	So. Ko. [EUR]	Geräte [EUR]
B	**EINMALIGE KOSTEN**			
1.	Einrichten und Räumen der Baustelle			
	Auf- und Abbau Geräte u. Baubuden (siehe Geräteliste)	310	2.675,-	
	Auf- und Abbau allgemeiner Einrichtungen	–	–	
	Wasseranschluss	40	600,-	
	Stromanschluss	20	400,-	
	Telefonanschluss	–	150,-	
	Auf- und Abbladen Baustelle 2 x 117,30 t x (0,50 Std / t + 15,00 EUR / t)	117	3.519,-	
	Auf- und Abbladen Bauhof 2 x 117,30 t x (15,00 EUR / t)	–	3.519,-	
	Transportkosten 2 x 117,30 t x (20,00 EUR / t)	–	4.692,-	
	Sonderfrachten: .... 2 x .... t x (........... EUR / t)	–	–	
2.	Lohnbezogene Kosten			
	Lohnsumme= Σ Std.xMittellohn (AP) = (3.994+527) x 22,12= 100.005,-			
	Kleingeräte und Werkzeuge 3,0 % d. Lohnsumme		3.000,-	
	Nebenstoffe und-frachten 2,0 % d. Lohnsumme		2.000,-	
	Sonst. allg. Baukosten 1,0 % d. Lohnsumme		1.000,-	
3.	Technische Bearbeitung			
	Konstruktion (ca. 3 % von ca. 400.000,- EUR)		12.000,-	
	Arbeitsvorbereitung (ca. 1 % von ca. 400.000,- EUR)		4.000,-	
	Sonstiges			
4.	Besondere Wagnisse			
	Bauleistungsversicherung		–	
	Summe B: EINMALIGE KOSTEN	487	37.555,-	0,-
GEMEINKOSTEN DER BAUSTELLE (Summe A+B)		527	48.230,-	18.073,-

K 4.B

Bild B. 5-12: Formblatt K 4.B, Ermittlung der einmaligen Gemeinkosten der Baustelle zum Beispiel „Wasserbehälter in A-Stadt"

Nr. 19/35		Projekt: Wasserbehälter													Seite:	8
ZUSAMMENSTELLUNG DER EINZELKOSTEN							SUMME DER EINZELKOSTEN				PREISERMITTLUNG					
			je Mengeneinheit								je Mengeneinheit mit Zuschlägen					
Pos.	Menge	Kurzbeschreibung der Pos.	Lohn [Std.]	So.Ko. [EUR]	Geräte [EUR]	Fremdl. [EUR]	Lohn [Std.]	So.Ko. [EUR]	Geräte [EUR]	Fremdl. [EUR]	Lohn + 85,9 %	So.Ko. + 20 %	Geräte + 0 %	Fremdl. + 10 %	Einheits-preis [EUR/Einh.]	Angebots-summe [EUR]
1	2	3	4	5	6	7	8 = 2 x 4	9 = 2 x 5	10 = 2 x 6	11 = 2 x 7	12 = 4xMLx(1+Z_L)	13 = 5 x (1+Z_{SoKo})	14 = 6 x (1+Z_G)	15 = 7 x (1+Z_F)	16 = Σ 12..15	17 = 2 x 16
					{ ML (APSLZ) = 1,859 x 42,90 EUR/Std. = 79,76 EUR/Std. }											
		Titel 1 Erdarbeiten														
1	1050	m³ Boden der Baugrube				13,17				13.828,50				14,49	14,49	15.214,50
2	80	m³ Füllstoff Grubenkies liefern				40,77				3.261,60				44,85	44,85	3.588,00
3	2500	m³ Füllstoff Kies-Sand liefern				18,30				45.750,00				20,13	20,13	50.325,00
		Titel 2 Betonarbeiten														
4	380	m² Ortbeton Sauberkeitsschicht	0,08	10,65			30,40	4.047,00			6,38	12,78			19,16	7.280,80
5	115	m³ Ortbeton Fundamentplatte,	1,27	140,38			146,40	16.143,70			101,53	168,46			269,99	31.048,85
6	650	m² Stahlbeton der Wände,	0,42	41,25			273,00	26.812,50			33,50	49,50			83,00	53.950,00
7	370	m² Stahlbeton der Decke,	0,31	41,25			114,70	15.262,50			24,73	49,50			74,23	27.465,10
8	320	m² Schalung der Decke	0,80	10,00			256,00	3.200,00			63,81	12,00			75,81	24.259,20
9	1300	m² Schalung der Wände	0,90	11,00			1.170,00	14.300,00			71,78	13,20			84,98	110.474,00
10	54	m Stahlbeton der Stützen,	0,18	12,38			–	–			Alternativpos.: siehe Abschnitt 6.2.1				43,79	–
11	65	m² Schalung der Stützen,	2,50	14,00			–	–			Alternativpos.: siehe Abschnitt 6.2.1				304,98	–
12	22	t Betonstabstahl B500	16,00	650,00			352,00	14.300,00			1.276,16	780,00			2.056,16	45.235,52
13	25	t Betonstahlmatten B500B	14,00	800,00			350,00	20.000,00			1.116,64	960,00			2.076,64	51.916,00
14	85	m Arbeitsfugenband	0,50	17,50			42,50	1.487,50			39,88	21,00			60,88	5.174,80
15	6	Stck. Rohrdurchführungen	2,00	300,00			12,00	1.800,00			159,52	360,00			519,52	3.117,12
16	880	m² 3-facher Abdichtungsanstrich	0,30	1,90			264,00	1.672,00			23,93	2,28			26,21	23.064,80
						Summen :	**3.011,00**	**119.025,20**	**0,00**	**62.840,10**					**Angebotssumme :**	**452.113,69**
← 1. Rechengang →											← 2. Rechengang →					

K 5

Bild B. 5-13: Formblatt K 5, Zusammenstellung der Einzelkosten (1. Rechengang) und Preisermittlung (2. Rechengang) zum Beispiel „Wasserbehälter in A-Stadt"

Nr. *19/35*	Projekt: *Wasserbehälter*					Seite: *9*
ERMITTLUNG DER ZUSCHLÄGE ÜBER DIE ANGEBOTSSUMME						
Kostenart	Lohn (ML= 42,90 EUR/Std.) [Std.]	[EUR]	So.Ko. [EUR]	Geräte [EUR]		Summe [EUR]
Einzelkosten d. Teilleistung	*3.011*	*129.172,-*	*119.025,-*	*0,-*		*248.197,-*
Gemeinkosten d. Baustelle	*527*	*22.608,-*	*48.230,-*	*18.073,-*		*88.911,-*
Herstellkosten (eig. Leistung)	*3.538*	*151.780,-*	*167.255,-*	*18.073,-*		*337.108,-*
Fremdleistungen						*62.840,-*
HERSTELLKOSTEN						***399.948,-***
Umsatzbezogene Gemeinkosten		Eigene Leistung		Fremdleistung		
Allgemeine Geschäftskosten	a	*7,0*	%	*7,0*	%	
Bauzinsen	z	*1,0*	%	*0,5*	%	
Wagnis	w	*1,0*	%	–	%	
Gewinn	g	*3,0*	%	*1,5*	%	
Summe der Zuschläge	p	*12,0*	%	*9,0*	%	
Bezogen auf HK $X = \frac{p \times 100}{100 - p}$	%	*13,64*	%	*9,89*	%	
Umsatzbezogene GK für eigene Leistung		*13,64*	%	von	*337.108,-*	*45.982,-*
Umsatzbezogene GK für Fremdleistung		*9,89*	%	von	*62.840,-*	*6.215,-*
ANGEBOTSSUMME (netto)						***452.145,-***

BERECHNUNG DER ZUSCHLAGSSÄTZE					
Gemeinkosten der Baustelle (soweit nicht als Einzelkosten verrechnet)					*88.911,-*
Umsatzbezogene Gemeinkosten	für eigene Leistung				*45.982,-*
	für Fremdleistung				*6.215,-*
Schlüsselkosten					*141.108,-*
Zuschläge auf	Sonstige Kosten	**20**	% von	*119.025,-*	*-23.805,-*
	Gerätekosten	**-**	% von	*0,-*	*0,-*
	Fremdleistungen	**10**	% von	*62.840,-*	*-6.284,-*
Rest – Schlüsselkosten					*111.019,-*
Zuschlagssatz $Z_L = \frac{111.019,-}{129.172,-} \times 100 = 85,95$	*für weitere Berechnungen gewählt* Z_L =	**85,9**	**%**		

K 6

Bild B. 5-14: Formblatt K 6, Kalkulations-Schlussblatt und Berechnung der Zuschlagssätze des Beispiels „Wasserbehälter in A-Stadt“

5.2 Kalkulation von Erdarbeiten (Kalkulation mit vorausbestimmten Zuschlägen)

Dieses Beispiel zeigt die Ermittlung der Einheitspreise für Erdarbeiten mithilfe der Kalkulation mit vorausbestimmten Zuschlägen.

5.2.1 Ausschreibungsunterlagen

Als Verdingungsunterlagen erhielt der Erdbau-Unternehmer vom Rohbau-Unternehmer einen Auszug aus dem Leistungsverzeichnis des Abschnitts 5.1.1 mit den Teilleistungen für Erdarbeiten (Pos. 1–3).

Das bereits mit Einheits- und Gesamtpreisen sowie ergänzenden Bemerkungen des Bieters (Nachunternehmer) versehene Leistungsverzeichnis als Angebot des Erdbau-Unternehmers zeigt Bild B. 5-15.

5.2.2 Vorarbeiten zur Kalkulation

Die Vorarbeiten zur Kalkulation entsprechen prinzipiell den Anmerkungen zu Abschnitt 5.1.2. Bei der Arbeitsvorbereitung hat hier die Planung des Geräteeinsatzes besondere Bedeutung.

Für die Erdbauarbeiten ergibt sich als möglicher Geräteeinsatz:

1	Hydro-Raupenbagger, 60 kW, Schaufelinhalt 0,7 m³	
	Leistung Bodengruppe 1, GU (Kies-Schluff), fest	85 m³/h
	Betriebsstoffverbrauch	0,20 l/kWh
1	Frontlader (Radlader), 70 kW, Schaufelinhalt 1,25 m³	
	Leistung bei 100 m Transportweite	80 m³/h
	Betriebsstoffverbrauch	0,20 l/kWh
1	Flächenrüttler, 6,5 kW	Fliehkraft 50 kN
	Leistung bei 3 Übergängen	etwa 200 m²/h
	Betriebsstoffverbrauch	0,19 l/kWh
2	Lkw mit Kippeinrichtung, 200 kW, Nutzlast 9,0 t	
	Leistung im Baustellenverkehr	4,5 m³ je Ladung
	Betriebsstoffverbrauch	0,15 l/kWh

Die Leistungsansätze für die Baumaschinen werden unter Berücksichtigung vorliegender Erfahrungswerte geschätzt. Falls solche Vergleichswerte nicht vorliegen, müssen die Geräteleistungen aufgrund von vergleichenden Berechnungen, die alle auftretenden Einfluss- bzw. Störgrößen berücksichtigen, festgelegt werden. Unterlagen darüber können aus Berichten der Baumaschinenhersteller oder der Literatur ([14], [18]) entnommen werden.

5.2.3 Betriebsinterne Unterlagen zur Kalkulation

Für die im Erdbauunternehmen vorhandenen Baugeräte existieren Baugerätekostenkarten, wie in Bild B. 4-12 für den Hydro-Raupenbagger dargestellt. Nach diesen Kostenkarten betragen die Gerätekosten:

Baugerät	Lohn [Std./h]	A + V + Rep. [EUR/h]	Betriebsstoffe [EUR/h]
Hydro-Raupenbagger (vgl. Bild B. 4-12)	1,1	47,00	19,14
Frontlader	1,1	39,50	22,33
Flächenrüttler	1,1	9,00	1,97
LKW-Kipper	1,1	34,30	47,85

Die Kosten werden in der Kalkulation den 4 Kostenarten zugeordnet, für die mithilfe der Betriebsrechnung Zuschlagssätze festgelegt worden sind:

Z_L = 20 % auf Lohnkosten
Z_G = 20 % auf Gerätekosten
Z_{Sk} = 10 % auf sonstige Kosten
Z_F = 5 % auf Fremdleistungskosten

Der Kalkulations-Mittellohn (APSL) beträgt 40,00 EUR/Std.

5.2.4 Ermittlung der Einheitspreise

Die Entwicklung der Einzelkosten sowie die Errechnung der Einheitspreise mithilfe der Zuschlagssätze ist im Einzelnen auf den Formblättern „Kosten und Preisermittlung" dargestellt (Bild B. 5-16 bis B. 5-19).

Aus der Erfassung der Einzelkosten sich ergebende Lohnstunden werden mit dem Mittellohn multipliziert, der zuvor um den vorausbestimmten Zuschlag auf Lohnkosten (Z_L = 20 %) erhöht wurde.

1,2 · 40,00 EUR/Std. = 48,00 EUR/Std.

Gerätekosten werden mit dem Zuschlag Z_G = 20 % und die sonstigen Kosten mit Z_{SK} = 10 % beaufschlagt, und aus der Summe der Kostenarten einschließlich der Gemeinkostenzuschläge wird sofort der Einheitspreis ermittelt. Fremdleistungen fallen im Beispiel nicht an.

ANGEBOT Nr. 25/19

über die Ausführung von Erdarbeiten für einen Wasserbehälter in A-Stadt

OZ (Pos.)	Text	Menge	Einheit	Einheitspreis (EP) [EUR/Einh.]	Gesamtpreis (GP) [EUR]
	Übertrag:				
	Titel 1 - E R D A R B E I T E N				
1	Boden für Baugrube profilgerecht lösen, seitlich in ca.100 m Entfernung lagern, Aushubtiefe bis 2,5 m. Homogenbereich 1, Bodengruppe 1 GU DIN 18196 (Kies-Schluff-Gemisch), Konsistenz DIN EN ISO 14688-1 fest. Nach Errichtung des Bauwerks wieder lagenweise einbauen und verdichten.	1.050,00	m^3	*13,17*	*13.828,50*
2	Füllstoff liefern und unter der Fundamentplatte einbauen und verdichten, Grubenkies 0/32, Schichtdicke über 15 bis 20 cm, Verdichtungsgrad mind. DPr 0,97.	80,00	m^3	*40,77*	*3.261,60*
3	Füllstoff liefern und schichtenweise einbauen und verdichten, Kies-Sand-Gemisch, Schichtdicke über 20 bis 25 cm, Verdichtungsgrad mind. DPr 0,97.	2.500,00	m^3	*18,30*	*45.750,00*
					62.840,10
	Mehrwertsteuer (MwSt.)	19%			*11.939,62*
	Angebotssumme				***74.779,72***

Anmerkungen des Bieters:

An dieses Angebot halten wir uns bis zum 10.07.2019 gebunden.

Die Preise gelten nur unter der Voraussetzung, dass die Arbeiten in zwei Abschnitten ohne Unterbrechung durchgeführt werden können.

A-Stadt, den 29.05.2019

K. Schulze GmbH
Baggerarbeiten und Erdbau

Unterschrift

Bild B. 5-15: Angebot über die Erdarbeiten zum Beispiel „Wasserbehälter in A-Stadt"

Nr. 25/19	Projekt: Wasserbehälter in A-Stadt						Seite:	1
KOSTEN- UND PREISERMITTLUNG								
Pos. Nr.	Menge	Leistungsbeschreibung Kostenentwicklung	Lohn [Std.]	Geräte [EUR]	So. Ko. [EUR]	Fremdleistung [EUR]	Einheitspreis (EP) [EUR]	Gesamtpreis (GP) [EUR]
1	1.050,0	m^3 Boden für Baugrube profilgerecht ausheben,						
		Aushubtiefe bis 2,5 m, Homogenbereich 1, Bodengruppe 1						
		GU DIN 18196 (Kies-Schluff-Gemisch), fest, in 100 m lagern.						
		in 100 m Entfernung lagem.						
		Lösen und Laden						
		Bagger: $\frac{47{,}00\ €/h + 19{,}14\ €/h}{85{,}0\ m^3/h}$		0,55	0,23			
		Bedienung: (1,1 h + 1,0 h) : 85,0 m^3/h	0,025					
		Transport:						
		Laden : ca. 4,5 m^3 : 3,4 min						
		Fahrzeit : 2,0 min						
		Kippen, Wenden : 1,4 min						
		6,8 min						
		Einsatz von $n = 6{,}8 / 3{,}4 = 2$ LKW						
		LKW : $\frac{6{,}8\ min}{60\ min} \left(\frac{34{,}30\ €/h + 47{,}85\ €/h}{4{,}5\ m^3} \right)$		0,86	1,21			
		Fahrer : $\frac{6{,}8\ min}{60\ min} \times 1{,}1\ h : 4{,}5\ m^3$	0,028					
		Rücktransport (mit Radlader)						
		Radlader : (39,50 €/h + 22,33 €/h) : 80,0 m^3/h		0,49	0,28			
		Fahrer: 1,1 h : 80,0 m^3/h	0,014					
		Übertrag Pos.1:	0,067 h	1,90 €	1,72 €			

K 8

Bild B. 5-16: Formblatt K 8, Kosten- u. Preisermittlung der Erdarbeiten zum Beispiel „Wasserbehälter in A-Stadt", Teil 1

Nr. 25/19	Projekt: Wasserbehälter in A-Stadt						Seite:	2
KOSTEN- UND PREISERMITTLUNG								
Pos. Nr.	Menge	Leistungsbeschreibung Kostenentwicklung	Lohn [Std.]	Geräte [EUR]	So. Ko. [EUR]	Fremdleistung [EUR]	Einheitspreis (EP) [EUR]	Gesamtpreis (GP) [EUR]
... 1		*Übertrag Pos.1:*	*0,067 h*	*1,90 €*	*1,72 €*			
		Verdichten (mit Flächenrüttler)						
		Flächenrüttler 6,5 kW: (9,00 €/h + 1,97 €/h) : 40,0 m³/h		*0,23*	*0,05*			
		Führer, Helfer : (1,1 + 1,0 h) : 40,0 m³/h	*0,053*					
		Baggertransport						
		Fracht : 13,8 t x 25,00 €/t : 1.050 m³			*0,33*			
		Laden : 2 x 2,0 h/t x 13,8 t : 1.050 m³	*0,053*					
		Einzelkosten	*0,173 h*	*2,13 €*	*2,10 €*			
		KML und Zuschläge : 48,00 €/Std. / 20 % / 10 % / 5 %	*8,30 €*	*0,43 €*	*0,21 €*			
			8,30 €	*2,56 €*	*2,31 €*		***13,17***	***13.828,50***
2	*80,0*	*m³ Füllstoff liefern und unter der Fundamentplatte einbauen und*						
		verdichten, Grubenkies 0/32						
		Kies						
		ab Werk 18,50 €/m³						
		Auflockerungsfaktor : 1,25 x 18,50 €/m³			*23,13*			
		Übertrag Pos.2:			*23,13 €*			

K 8

Bild B. 5-17: Formblatt K 8, Kosten- u. Preisermittlung der Erdarbeiten zum Beispiel „Wasserbehälter in A-Stadt", Teil 2

Nr. 25/19	Projekt:	Wasserbehälter in A-Stadt						Seite:	3
KOSTEN- UND PREISERMITTLUNG									
Pos. Nr.	Menge	Leistungsbeschreibung Kostenentwicklung	Lohn [Std.]	Geräte [EUR]	So. Ko. [EUR]	Fremdleistung [EUR]	Einheitspreis (EP) [EUR]	Gesamtpreis (GP) [EUR]	
... 2		*Übertrag Pos.2:*			*23,13 €*				
		Transport (L= 4 km, Umlaufzeit ta= 15 min)							
		LKW : 1,25 x $\frac{15\ min}{60\ min}$ *[x 34,30 €/h +47,85 €/h] : 4,5m³*		*2,38*	*3,32*				
		Fahrer: 1,25 x $\frac{15\ min}{60\ min}$ *x 1,1 h : 4,5m³*	*0,076*						
		Einbau und Verdichten							
		Rüttlerleistung : 200 m²/h x 0,20 m³/m² = 40 m³/h							
		Flächenrüttler: (9,00 €/h + 1,97 €/h) : 40,0 m³/h		*0,23*	*0,05*				
		Löhne : (1,1 h + 2,0 h) : 40,0 m³/h	*0,078*						
		Gerätetransport Flächenrüttler							
		Fracht : 0,4 t x 25,00 €/t : 80 m³			*0,13*				
		Laden : 2 x 2,0 h/t x 0,4 t : 80 m³	*0,020*						
		Einzelkosten	*0,174 h*	*2,61 €*	*26,63 €*				
		KML und Zuschläge : 48,00 €/Std. / 20 % / 10 % / 5 %	*8,35 €*	*0,52 €*	*2,66 €*				
			8,35 €	*3,13 €*	*29,29 €*		*40,77*	*3.261,60*	
3	*2500,0*	*m³* ***Füllkies*** *liefern, einbauen u. verdichten*							
		Verdichtungsgrad V = 1,15							
		Füllkies (von Baustelle C) 1,15 x 2,95 EUR/m³			*3,39*				
		Übertrag Pos.3:			*3,39 €*				

K 8

Bild B. 5-18: Formblatt K 8, Kosten- u. Preisermittlung der Erdarbeiten zum Beispiel „Wasserbehälter in A-Stadt", Teil 3

Nr. 25/11	Projekt:	Wasserbehälter in A-Stadt					Seite:	4
		KOSTEN- UND PREISERMITTLUNG						
Pos. Nr.	Menge	Leistungsbeschreibung Kostenentwicklung	Lohn [Std.]	Geräte [EUR]	So. Ko. [EUR]	Fremdleistung [EUR]	Einheitspreis (EP) [EUR]	Gesamtpreis (GP) [EUR]
... 3		*Übertrag Pos.3:*			3,39 €			
		Transport (L= 5 km, Umlaufzeit ta= 15 min)						
		LKW : 1,15 x $\frac{15\ min}{60\ min}$ (x 34,30 €/h +47,85 €/h) : 4,5m³		2,19	3,06			
		Fahrer: 1,15 x $\frac{15\ min}{60\ min}$ x 1,1 h : 4,5 m³	0,070					
		Verteilen durch Frontlader						
		Lader: 5 Tg. x 8,0 h x (39,50 €/h +22,33 €/h) : 2.500 m³		0,63	0,36			
		Fahrer: 5 Tg. x 8,0 h x 1,1 h : 2500 m³	0,018					
		Verdichten						
		Flächenrüttler: 5 Tg. x 8,0 h x (9,00 €/h + 1,97 €/h) : 2.500 m³		0,14	0,03			
		Lohn : 5 Tg. x 8,0 h x (1,1 h + 2,0 h) : 2.500 m³	0,050					
		Gerätetransport Frontlader u. Flächenrüttler						
		Fracht : (6,5 t + 0,4 t) x 25,00 €/t : 2.500 m³			0,070			
		Laden : 2 x 2,0 h/t x (6,5 t + 0,4 t) : 2.500 m³	0,011					
		Einzelkosten	0,149 h	2,96 €	6,91 €			
		KML und Zuschläge : 48,00 €/Std. / 20 % / 10 % / 5 %	7,15 €	0,59 €	0,69 €			
			7,15 €	3,55 €	7,60 €		18,30	45.750,00

K 8

Bild B. 5-19: Formblatt K 8, Kosten- u. Preisermittlung der Erdarbeiten zum Beispiel „Wasserbehälter in A-Stadt", Teil 4

5.3 Kalkulation eines SF-Bauvorhabens aus dem Hochbau (Kalkulation mit einem GU-Zuschlag)

Dieses Beispiel zeigt die Ermittlung eines Pauschalpreises für die Herstellung der schlüsselfertigen Bauleistung „Neubau eines Wohn- und Geschäftshauses mit Tiefgarage" durch einen Generalunternehmer. Es werden zunächst die Herstellkosten des Bauvorhabens ermittelt und die weiteren Gemeinkosten in Form eines konstanten GU-Zuschlages auf alle Einzelkosten der Teilleistungen ausgewiesen.

5.3.1 Ausschreibungsunterlagen

Die Ausschreibungsunterlagen umfassen den Entwurf des Generalunternehmervertrages (vgl. Bild B. 5-21 bis B. 5-22) sowie die auf Bild B. 5-20 angegebenen Unterlagen. Die in Klammern angegebene Anzahl von Seiten gibt den Umfang eines konkreten Beispiels wieder.

AUSSCHREIBUNGSUNTERLAGEN

INHALTSVERZEICHNIS .... (6 Seiten)

0. ANGEBOTSUNTERLAGEN .... (6 Seiten)
(Angebotsblankett, Ausbauoptionen, Sonstige Vertragsbedingungen, Vorbemerk. zur Ausschreibung)

I. AUSSCHREIBUNGSUNTERLAGEN ARCHITEKT

1. **Gebäudebuch / Baubeschreibung** .... (24 Seiten)
(Vorbemerkungen u. Allgemeines / Herrichten u. Erschließen / Bauwerk-Konstruktion / Baunebenkosten / Gutachten u. Beratung / Ausführung u. Objektüberwachung / DIN-Normen)
2. **Gewerkeliste / Summenblatt** (Blankett) .... (1 Seite)
3. **Raumbuch** (Raumbuch, Anlage zum Raumbuch mit Raumnummerierungen) .... (1 Plan + 11 Seiten)
4. **Bemusterung / Prospekte** .... (28 Seiten)
(Teilansicht Fassade, M. 1:25 / abgehängte Decke (Fa. xy) / Dachausstiegsfenster (Fa. yx) / Doppelparker (Fa. xz) / Türen (Fa. zx) / Fliesen (Fa. xz) / Fassadenfarbe (Fa. zx) / usw.)
5. **Aktuelle Pläne M. 1:100** .... (15 Pläne)
(Grundrisse 2. UG, 1. UG, EG mit Nutzung Büro, EG mit Nutzung Wohnen, 1.–4. OG, DG und Galeriegeschoss / Schnitt A-A, B-B / Ansichten N-W usw.)
6. **Leitdetails** .... (13 Pläne)
(Schnitt A1-A1, M. 1:50 / Balkon Anschluss und Brüstung, Rankgerüst, Balkon-Entwässerung, M 1:5 / Eingang, Vordach TRH 1, Detail Pflanzkübel und Rankgerüst, M 1:20 / Fensterplan Ansicht Nord-Ost / Französischer Balkon, M 1:10 / usw.)
7. **Küchenplanung** .... (80 Seiten)
(Vorschlagsplanung / Raster / Produktinformationen / Zeichnungen / usw.)
8. **Außenanlagen / Freiflächenplanung** .... (1 Plan)

II. AUSSCHREIBUNGSUNTERLAGEN H-K-L-S (Heizung-Klima-Lüftung-Sanitär)

10. **Anlagen- und Leistungsbeschreibung H-K-L-S** .... (42 Seiten)
(Hinweise / Zeichnungsliste / Gas-,Wasser-,Abwasseranlagen / Wärmeversorgungsanlagen, Lufttechnische Anlagen / Verbrauchskostenerfassung)
11. **Pläne H-L-S** .... (17 Pläne)
(Grundrisse / Strangschemata für Heizung, Trinkwasser, Schmutzwasser, Regenwasser und Abluft / Abrechnungsschema H-L-S / Abluft Küchen)
12. **Bemusterung H-L-S** .... (19 Seiten)
(Waschtische / WC / Badewanne / Duschwanne / Badaccessoires / Heizkörper)

III. AUSSCHREIBUNGSUNTERLAGEN ELEKTRO

13. **Bau- und Funktionalbeschreibung Elektro** .... (10 Seiten)
(Starkstromanlagen / Eigenstromversorgungsanlagen / Niederspannungsinstallationsarbeiten / Verlegesysteme / Installationsgeräte / Unterverteilungen / Durchbrüche u. Brandschottungen / Beleuchtungsanlagen / Blitzschutz- und Erdungsanlagen / Telekommunikationsanlagen / Such- u. Signalanlagen / Fernseh- und Antennenanlagen / Außenbeleuchtung)
14. **Pläne Elektro** .... (13 Pläne)
(Elektroinstallationen in den Grundrissplänen / Übersichtsschaltplan UV-Verteilung / Übersichtsschaltplan Breitbandkabel / 2x HSLE Koordinationspläne / Außenanlagenplan Beleuchtung)
15. **Lichtberechnung Tiefgarage** .... (5 Seiten)
16. **Nachweis der Blitzschutzklasse** .... (1 Seite)
17. **Bemusterung Elektro** .... (17 Seiten)
(Beleuchtung Terrasse, Balkon, TG-Einfahrt, Treppenhaus, Büros, Keller, Flure, Wege, Eingang / Gegensprechanlage / Schalterprogramm / Brüstungskanal)

IV. BAUGENEHMIGUNGSUNTERLAGEN

18. **Bauvorbescheid** .... (15 Seiten)
(Bauvorbescheid mit Kommentaren / Gebührenbescheid / Info Katasteramt / Hinweise Bauaufsichtsbehörde / Unfallverhütungsvorschriften / Merkblatt Unfallversicherung / usw.)
22. **Bauantragsunterlagen** .... (91 Seiten)
(Bauantrag und Antrag auf Baugenehmigung nach §70(3) HBO / Vollmachtserklärung Bauherr / Auszug Handelsregister / Nachweis ü. 2.Rettungsweg aus DG / Bauvorbescheid u. Aktennotiz Denkmalamt / Abstandsflächenplan / Bauzeichnungen M 1:100 / Lageplan mit Abbruch u. Erläuterung / Berechnung GRZ/GFZ, Stellplätze, BGF/BRI, Wohn- u. Nutzflächen / Entwässerungsantrag / usw.)
23. **Baugenehmigung** .... (wird nachgereicht)
24. **Abbruchantrag und Abbruchgenehmigung** .... (wird nachgereicht)
25. **Statik** .... (kann bei Ing.-Büro xy eingesehen werden)

Bild B. 5-20: Inhaltsverzeichnis der Ausschreibungsunterlagen zum Beispiel „Neubau eines Wohn- und Geschäftshauses mit Tiefgarage"

Generalunternehmervertrag (Seite 1 von 2) *(Hier nur Auszüge!)*

zwischen dem Auftraggeber (AG): .... und dem Auftragnehmer (AN) ....
wird folgender Vertrag geschlossen:

<u>§ 1 Gegenstand des Vertrags</u>

1. Der AN wird beauftrag, das nachstehend bezeichnete Bauvorhaben nach Maßgabe dieses Vertrags und seiner Anlagen bzw. den in diesem Vertrag und seinen Anlagen in Bezug genommenen Unterlagen zu erstellen:
Neubau eines Wohn- u. Geschäftshauses mit Tiefgarage / Baustraße 1, Frankfurt am Main
Inklusive Abriss der derzeitigen Bebauung Baustraße 1

3. Vertragsbestandteile sind in der nachstehenden Reihenfolge:
a) dieser Vertrag,
b) Vergabeprotokoll vom .... (Anlage ....),
c) Genehmigungsbescheid für das Bauvorhaben vom 01.Juni 2019 Nr. B-*xxxxxxxx*
nebst Befreiungsbescheid und Abrissgenehmigung vom 01.Juni 2019 Nr. X-*yyyyyyyy*
d) Angebot des AN vom .... (Anlage ....)
e) Alle Auflagen der zuständigen Behörden soweit sie sich aus den Vertragsunterlagen ergeben und/oder bekannt sind,
f) Bestimmungen der Landesbauordnungen und ihre Durchführungsvorschriften,
g) Bestimmungen der Ent-/Versorgungsbetriebe, die Allg. Techn. Vertragsbed. f. Bauleistungen (VOB–Teil C – jeweils gültige Fassung) und die sonst. einschlägigen DIN-Vorschriften, Bestimmungen der Berufsgenossenschaft, gewerbepoliz. Auflagen,
h) die Allgemeinen Vertragsbedingungen für die Ausführung von Bauleistungen (VOB–Teil B – in der gültigen Fassung).
Alle Anlagen zu diesem Vertrag o. Unterlagen, auf die dieser Vertrag Bezug nimmt, bilden einen untrennbaren Bestandteil dieses Vertrags. Die Anlagen sind den Vertragspartnern vor diesem Vertragsabschluss übergeben worden und bekannt.

4. Der AN ist verpflichtet, den Altbestand abzubrechen und zu entsorgen, das gesamte Bauvorhaben schlüsselfertig und funktionsfähig nach den anerkannten Regeln der Baukunst und der Technik zu erstellen und erforderliche behördliche Auflagen zu erfüllen. Soweit Einzelheiten von Leistungen in den Plänen und Beschreibungen nicht geregelt oder beschrieben sind, gilt eine gehobene Qualität, die für ein modernes Wohn- und Geschäftsgebäude mit Tiefgarage zum heutigen Zeitpunkt entsprechend erforderlich und/oder üblich ist, als vereinbart. Der AN wird dadurch nicht verpflichtet, z.B. bei starker Wärmeentwicklung im Gebäude eine Klimaanlage einzubauen.

<u>§ 3 Vertrag mit Dritten</u>

1. Verträge mit Bauunternehmen, Handwerkern und –soweit erforderlich – Architekten und Ingenieuren hat der AN im eigenen Namen und für eigene Rechnung abzuschließen.
2. Bei Bauverträgen mit Dritten sind die VOB zu vereinbaren. Hiervon abweichend ist die Gewährleistungsregelung, wie sie zwischen dem AG und den AN in diesem Vertrag vereinbart wird, auch mit Dritten zu vereinbaren. Bei allen Verträgen mit Architekten und Ingenieuren ist die HOAI zugrunde zu legen. ...

<u>§ 4 Schlüsselfertige Erstellung</u>

Zur Erfüllung der sich aus § 1 Ziffer 4 ergebenden Verpflichtung (mängelfreie, schlüsselfertige und funktionsfähige Erstellung/Herstellung) obliegen dem AN insbesondere:

1. Die Weiterentwicklung der bisherigen Planung – einschließlich der Genehmigungsplanung – und Erstellung der Ausführungspläne; Mietersonderwünsche sind, soweit dies nach dem Baufortschritt möglich ist, nach Abstimmung mit dem AG im Rahmen der vereinbarten Termine und Kosten zu berücksichtigen;
2. erforderliche Ingenieurleistungen;
3. sämtliche Bauleistungen einschließlich aller dazugehörigen Nebenarbeiten;
4. Einholung v. Genehmigungen d. zuständ. Behörden für Baubehelfe, wie Gerüste, Aussteifungen, Abfangungen usw.;
5. Freistellung des AG von allen ab Vertragsabschluss anfallenden Kosten, Gebühren, Ansprüchen Dritten etc., falls für die Baustelleneinrichtung Straßenland oder Nachbargrundstücke benötigt werden;
6. laufende Entfernung des Bauschutts und Reinhaltung der Gebäude und der Baustelle ohne besondere Aufforderung; Übergabe der Baustelle in ordnungsgemäßem Zustand nach Beendigung der Arbeiten innerhalb von 2 Wochen;
7. Einhaltung aller gesetzlichen Bestimmungen, z.B. über den Lärmschutz;
8. Schaffung von Energie- und Wasseranschlüssen zum Betrieb der Baustelle des Objektes; der Verbrauch, der ab Vertragsabschluss anfällt, geht zu Lasten des AN, der auch für entsprechende Zählereinrichtungen zu sorgen hat;
9. Beschaffung behördlicher und behördlich vorgeschriebener Abnahmen und Überprüfungen und Durchführung aller sonstiger für die vertragsgemäße Fertigstellung des Objektes erforderlichen Arbeiten und Aufträge;
11. Zur schlüsselfertigen Erstellung gehören unter anderem:
a) die Herbeiführung notwendiger Genehmigungen und der behördlichen Rohbau- und Schlussabnahmen; die Gebühren und Kosten für die Genehmigung, Durchführung und Abnahme des Bauvorhabens einschließlich der Probeentnahmen und Prüfung von Baustoffen und Bauteilen. Die Kosten und Gebühren trägt mit Ausnahme der Kosten für die Baugenehmigung und die Prüfgebühr für die Statik, die zur Erlangung der Baugenehmigung erforderlich ist, der AN;
b) Freimachung des Baugrundstücks, aller erforderlichen Erdarbeiten inkl. Sondergründungsmaßnahmen des AN, Gebühren und Kosten der Wasserhaltung;
c) Kampfmitteluntersuchungen, Bodenaushub, Abriss und Abtransport, chemische Analysen, Deponiekosten (LAGA Z0);
d) Anschluss des Bauvorhabens an die öffentliche Kanalisation und die öffentlichen Versorgungsnetze, die Vorrichtungen zum Einbau der notwendigen Verbrauchszähler und die Heizkostenverbrauchsmesser gem. Heizkostenverordnung;
e) Erstellung der Außenanlage einschl. evtl. erforderlicher gärtnerischer Anlagen;
f) Teilnahmen an Gesprächen mit Mietern über deren Wünsche und die Ausarbeitung von Angeboten.
Die vorstehende Aufzählung hat weder erschöpfende noch einschränkenden Charakter.

Bild B. 5-21: Auszüge aus dem Generalunternehmervertrag (Teil 1) zum Beispiel „Neubau eines Wohn- und Geschäftshauses mit Tiefgarage"

Generalunternehmervertrag (Seite 2 von 2) *(Hier nur Auszüge!)*

§ 6 Vergütung

1. Als Vergütung wird ein Paschalpreis in Höhe von EUR .... zzgl. der jeweils geltenden gesetzl. MwSt. vereinbart. In der Vergütung ist die Vergütung für die Generalunternehmertätigkeit enthalten.
3. Mit dem Pauschalfestpreis sind alle Leistungen abgegolten, die in diesem Vertrag und seinen Bestandteilen in Worten, Zeichnungen, Berechnungen dem Gegenstand nach (nicht gemeint ist bewegliches Mobiliar) dargestellt sind, einschließlich der dazugehörigen Nebenleistungen. Abgegolten sind ferner diejenigen Leistungen, die in den Vertragsbestandteilen nicht dargestellt sind, die jedoch erforderlich sind, um den durch den Vertragsgegenstand bestimmten Vertragszweck zu verwirklichen, und die von dem AN aufgrund des von ihm zu erwartenden Fachwissens bei Vertragsabschluss erkennbar waren, soweit diese nicht schriftlich ausgenommen wurden.

§ 7 Fertigstellungsgarantie / Vertragsstrafe

1. Der AN garantiert dem AG, dass das Objekt spätestens am 20. Juli 2020 vollständig schlüsselfertig und funktionsfähig entsprechend den Bedingungen dieses Vertrages hergestellt ist. Der AN kann mit dem Bauvorhaben sofort nach Vertragsabschluss beginnen, spätestens am ....
2. Die Parteien vereinbaren folgende Vertragsstrafe:
   Der AG ist berechtigt; für den Fall der vom AN verschuldeten Überschreitung des Fertigstellungszeitpunktes als Vertragsstrafe 0,1% der Netto-Schlussrechnungssumme je Kalendertag geltend zu machen, insgesamt jedoch höchstens 5% der nach der Schlussrechnung maßgeblichen Netto-Vergütungssumme. Dem AG bleibt vorbehalten, einen darüber hinausgehenden Schaden geltend zu machen.
4. Die Fertigstellung des Bauvorhabens ist durch eine Fertigstellungsbürgschaft (Vertragserfüllungsbürgschaft) über 10% der Brutto-Auftragssumme vom AN abzusichern, die selbstschuldnerisch, unwiderruflich und unter dem Verzicht auf das Recht zur Hinterlegung der Bürgschaft auszustellen ist. Die Bürgschaft ist innerhalb vom 18 Werktagen nach Auftragserteilung dem AG auszuhängigen.

§ 8 Zahlungen

1. Der AN kann Abschlagszahlungen nach dem Zahlungsplan (Anlage ....) und dem entsprechenden Baufortschritt im Terminplan (Anlage ...) verlangen. Abschlagszahlungen können nur in Höhe der erbrachten Leistungen verlangt werden.
2. Bis zum Vorliegen der Fertigstellungsbürgschaft gemäß § 7 Absatz 4 des Vertrags ist der AG berechtigt, die Abschlagszahlungen um einen Sicherheitseinbehalt in Höhe von 10% zu kürzen, bis die vereinbarte Sicherheitssumme mit der Leistung des AN erreicht ist.
6. Bei Zahlung sämtlicher nach diesem Vertrag – mit Ausnahme der Schlussrechnung – anfallenden und unter Voraussetzung der Bedingungen gem. Absatz 1 fälligen Rechnungen innerhalb von 10 Werktagen nach dem jeweiligen Rechnungseingang beim AG, gewährt der AN dem AG ein Skonto von 1,5% der jeweiligen Brutto-Rechnungssumme. Bei der Schlussrechnung beträgt die Skontofrist 10 Werktage ab Fälligkeit. Bei berechtigten Einbehalten gilt die Skontofrist als gewahrt.

§ 9 Abnahmen

1. Die Parteien vereinbaren eine förmliche Abnahme. ..... Eine fiktive Abnahme wird ausgeschlossen.

§ 10 Haftung / Mängelansprüche

1. Die Verjährungsfrist für Mängelansprüche beträgt abweichend von § 13 Absatz 4 VOB/B für
   Leuchtmittel: 6 Monate / alle maschinellen, rotierenden Leistungen: 1 Jahr
   Dach, Terrassen, horizontale u. vertikale Abdichtungen: 10 Jahre / alle anderen Leistungen: 5 Jahre

§ 11 Sicherheitsleistung

1. Zur Absicherung der Erfüllung seiner Gewährleistungsrechte ist der AG berechtigt, einen Betrag von 5% der Brutto-Schlussrechnungssumme auf die Dauer der Gewährleistungszeit von der Schlussrechnung einzubehalten.
2. Der AN ist berechtigt, diesen Sicherheitseinbehalt durch Übergabe einer Bürgschaft einer deutschen Bank, eines deutschen öffentlich-rechtlichen Kreditinstituts oder eines deutschen Versicherungskonzerns nach Maßgabe des in der Anlage 6 beigefügten Textes abzulösen.

§ 12 Sonstige Vereinbarungen

1. Der AN hat eine Bauwesenversicherung abzuschließen, welche Leistungen des AG mit abdeckt; der AN trägt die Versicherungskosten. Der AN schließt auf seine Kosten für das Bauvorhaben eine ausreichende Haftpflichtversicherung unter Einschluss des Bauherrnrisikos ab. Der Abschluss des Versicherungsvertrages ist dem AG nachzuweisen.
2. Der AN übernimmt die Aufgabe des verantwortlichen Bauleiters, falls nach der einschlägigen Landesbauordnung die Bestellung eines verantwortlichen Bauleiters vorgesehen und erforderlich ist. Eine gesonderte Vergütung fällt hierfür nicht an.

§ 13 Zusätzliche Vereinbarung

1. Der AN übernimmt die Verkehrssicherungspflicht. Der AN ist verpflichtet, eigenverantwortlich alle notwendigen Sicherheitsvorkehrungen zu treffen, um Schaden von Personen und Sachen innerhalb des Baugeländes und des Baubereiches abzuwenden.

.................................., den ...., den ....

....

– Auftraggeber – – Auftragnehmer – Anlagen: .....

Bild B. 5-22: Auszüge aus dem Generalunternehmervertrag (Teil 2) zum Beispiel „Neubau eines Wohn- und Geschäftshauses mit Tiefgarage"

5.3.2 Gliederung der Kalkulation

Bezugnehmend auf die in Bild B. 4-20 dargestellten Variationsmöglichkeiten wurde bei diesem Bauvorhaben die Variante 1 gewählt, wobei die gesamten Baustelleneinrichtungskosten inkl. der Gemeinkosten der Baustelle, der allgemeinen Geschäftskosten, Bauzinsen, Wagnis und Gewinn auf die direkten Einzelkosten (Kosten der eigentlichen Bauleistung) zur Ermittlung eines konstanten GU-Zuschlages umgelegt (aufgeschlüsselt) werden.

Die Gliederung der Kostengruppen kann somit entsprechend Bild B. 5-23 angepasst werden:

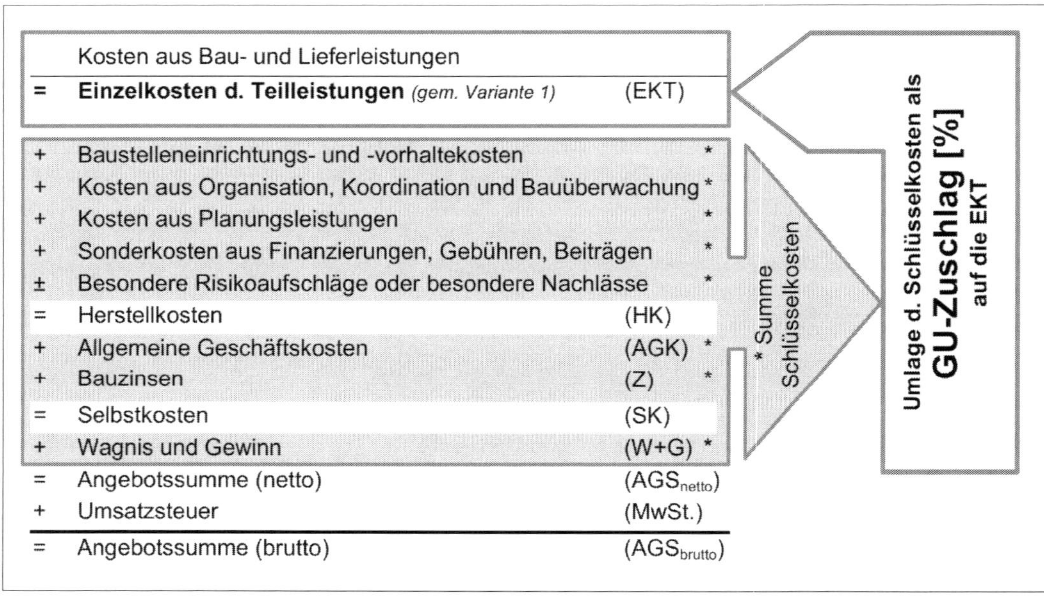

Bild B. 5-23: Kostengruppengliederung gem. Variante 1 aus Bild B. 4-20, als Berechnungsgrundlage für das Beispiel

In diesem Beispiel wird auf eine nochmalige ausführliche Herleitung von bereits in vorangegangenen Beispielen durchgeführten Kostenermittlungen verzichtet. Insofern wird nur noch auf die Besonderheiten bei diesem Bauvorhaben eingegangen, und es werden zum Teil nur die Ergebnisse der Einzelkostenermittlungen angegeben.

5.3.3 Kosten aus Bau- und Lieferleistungen

Der Generalunternehmer beabsichtigt, alle Rohbauarbeiten in Eigenleistung auszuführen und sämtliche Ausbau- und Haustechnikleistungen an Nachunternehmer zu vergeben (Fremdleistungen).

Für die Rohbauarbeiten können auf Grundlage eines selbst erstellten Leistungsverzeichnisses inkl. Mengenermittlung die Einzelkosten der Teilleistungen in gleicher Form ermittelt werden wie bereits im Beispiel des Abschnitts 5.1 (Wasserbehälter).

Für die allgemeinen Ausbauarbeiten werden seitens des Generalunternehmers ebenfalls in Teilleistungen gegliederte Leistungsverzeichnisse erstellt, auf deren Grundlage die Ausschreibung erfolgen kann. Die Einheitspreisangebote der Nachunternehmen können mittels Preisspiegel ausgewertet und das beste Angebot in die eigene Kalkulation positionsweise oder als Gewerkesumme übernommen werden (vgl. das Preisspiegelbeispiel in Bild B. 4-23).

Die haustechnischen Gewerke (Lüftung, Heizungsanlage, Gas-, Wasser und Abwasser, Elektro- und Blitzschutzanlagen) werden auf Grundlage der funktionalen Leistungsbeschreibung ausgeschrieben, für die jeweils ein Pauschalpreis von den Nachunternehmern angeboten wird.

Als Ergebnis der eigenen Kalkulation und der bei in Frage kommenden Nachunternehmern eingeholten Preisangebote, die als Fremdleistungskosten in der eigenen Kalkulation erfasst werden, ergibt sich die Zusammenstellung der Einzelkosten der Teilleistungen (Kosten aus Bau- und Lieferleistungen) entsprechend den Bildern B. 5-31a und B.5-31b (Spalten (1) bis (3)). Die Kosten aus **Bau- und Lieferleistungen** schließen mit einer Summe in Höhe von **3.966.531,61 EUR** ab.

5.3.4 Baustelleneinrichtungs- und -vorhaltekosten

Die Kosten für das Einrichten, Räumen und Vorhalten der Baustelle wurden gesondert ermittelt und führen zu der folgenden Kostenzusammenstellung:

Kosten der Baustelleneinrichtung			
Bauvorhaben: Neubau eines Wohn- und Geschäftshauses mit Tiefgarage			
OZ	Beschreibung	**Kosten** [EUR]	**KGR** gem. DIN 276
(1)	(2)	(3)	(4)
0.1.1	**Einrichten der Baustelle (Einmalige Kosten):** – Transportkosten der für Container, Unterkünfte, Schalung und allg. Einrichtungen – Aufbaukosten der Geräte und Einrichtungen – Herstellung von Fundamenten für Krane – Herstellung des Strom-, Wasser-, Abwasseranschlusses und Verteilerkästen für die Elektroversorgung der Baustelle – Kosten der Baureifmachung – Kosten für Herrichten der Bauwege und -straßen – Herstellung des Bauzaunes – Kosten für Vermessung, Schnurgerüste u.Ä.	**47.093,20**	391
0.1.2	**Vorhalten der Baustelle (Zeitabhängige Kosten):** – Vorhaltekosten der Einrichtungsgegenstände/-geräte für die Dauer der Bauzeit, z. B. 7 Monate Hochbaukran 12 Monate Sanitär-, Büro-, Unterkunftscontainer 6 Monate Geräte für den Rohbau, wie z. B.: Umformer, Kreissäge, Silokübel, Steinkorb usw. – Kosten für Winterbau, lfd. Müll- und Schuttbeseitigung und Baubeleuchtung	**91.778,50**	391
0.1.3	**Räumen der Baustelle (Einmalige Kosten):** – Transportkosten für Container, Unterkünfte, Schalung und allg. Einrichtungen – Abbaukosten der Geräte und Einrichtungen	**28.876,65**	391
0.1	**SUMME Kosten der Baustelleneinrichtung**	**167.748,35**	

Bild B. 5-24: Zusammenstellung Baustelleneinrichtungskosten zum Beispiel „Neubau eines Wohn- und Geschäftshauses mit Tiefgarage"

5.3.5 Organisation, Koordination und Bauüberwachung

Für die Bauleitung und die Oberbauleitung der unterschiedlichen Fachgewerke wurden entsprechend der jeweils erforderlichen Vorhaltezeit und unter Ansatz des Gehalts (inkl. Gehaltsnebenkosten) kalkuliert:

Kosten der Bauleitung			
Bauvorhaben: Neubau eines Wohn- und Geschäftshauses mit Tiefgarage			
OZ	Beschreibung	**Kosten** [EUR]	**KGR** gem. DIN 276
(1)	(2)	(3)	(4)
0.2.1	**Bauleitung Rohbau:** – 1 Oberbauleiter • 6,0 Monate • 40% (Auslastung) – 1 Bauleiter • 6,0 Monate • 100% (-´´-) – 1 Polier (200h/Mon.) • 6,0 Monate • 100% (-´´-) – 1 Vermessungsing. • 1,0 Monat • 50% (-´´-)	**161.020,00**	790
0.2.2	**Bauleitung Ausbau:** – 1 Oberbauleiter • 6,0 Monate • 60% (Auslastung) – 1 Bauleiter • 8,5 Monate • 100% (-´´-) – 1 Polier (200h/Mon.) • 7,0 Monate • 100% (-´´-)	**208.870,00**	790
0.2.3	**Bauleitung Sonstige:** – 1 Bauleiter H-L-S • 6,0 Monate • 25% (Auslastung) – 1 Bauleiter Elektro • 6,0 Monate • 25% (-´´-) – 1 Bauleiter Haustechnik • 6,0 Mon.•25% (-´´-)	**42.680,00**	790
0.2.4	**Hilfslöhne:** – keine	**0,00**	790
0.2	**SUMME Kosten der Bauleitung**	**412.570,00**	

Bild B. 5-25: Zusammenstellung Bauleitungskosten zum Beispiel „Neubau eines Wohn- und Geschäftshauses mit Tiefgarage“

5.3.6 Kosten aus Planungsleistungen

Der Generalunternehmer hat Planungsarbeiten in größerem Umfang zu leisten, die zum Teil an Planungsbüros – gem. § 3 Nr. 2 des GU-Vertrages – auf Basis der HOAI vergeben werden oder bezüglich der Arbeitsvorbereitung von der eigenen technischen Abteilung zu einem internen Verrechnungssatz durchgeführt werden.

Für die erforderliche Tragwerksplanung (Ausführungspläne – Schal- und Bewehrungspläne) wurde im Beispiel des Abschnitts 4.5.6 bereits eine hier anzusetzende Honorarberechnung durchgeführt.

Kosten der Planungsleistungen			
Bauvorhaben:	Neubau eines Wohn- und Geschäftshauses mit Tiefgarage		
OZ	Beschreibung	**Kosten [EUR]**	**KGR** gem. DIN 276
(1)	(2)	(3)	(4)
0.3.1	**Tragwerksplanung:** – Ausführungsplanung (Schal- und Bewehrungspläne) (gem. Beispiel in Abschnitt 4.5.6)	**57.323,00**	740
0.3.2	**Architektur-/Objektplanung:** – Ausführungsplanung	**115.670,00**	730
0.3.3	**SiGe-Planung / SiGeKo**	**8.500,00**	740
0.3	**SUMME Kosten der Planungsleistungen**	**181.493,00**	

Bild B. 5-26: Zusammenstellung Planungskosten zum Beispiel „Neubau eines Wohn- und Geschäftshauses mit Tiefgarage"

5.3.7 Sonderkosten

Alle anfallenden Sonderkosten werden entweder auf Grundlage von Annahmen geschätzt oder auf Grundlage von Anfragen bzw. Gebührentabellen o.Ä. angesetzt.

Sonderkosten			
Bauvorhaben:	Neubau eines Wohn- und Geschäftshauses mit Tiefgarage		
OZ	Beschreibung	**Kosten [EUR]**	**KGR** gem. DIN 276
(1)	(2)	(3)	(4)
0.4.1	**Gebühren Prüfstatik**	**25.410,00**	760
0.4.2	**Gebühren für Abnahmen**	**6.655,00**	760
0.4.3	**Anschlussgebühren**	**45.980,00**	760
0.4.4	**Kanaluntersuchung**	**6.534,00**	760
0.4.5	**Bestandsuntersuchung**	**6.655,00**	760
0.4	**SUMME Sonderkosten**	**91.234,00**	

Bild B. 5-27: Zusammenstellung Sonderkosten zum Beispiel „Neubau eines Wohn- und Geschäftshauses mit Tiefgarage"

5.3.8 Besondere Risikoaufschläge oder besondere Nachlässe

Ob besondere Risiken zu erwarten sind, ist von Seiten des Bauunternehmens möglichst sorgfältig zu prüfen. In welcher Form diese Risiken in der Kalkulation berücksichtigt werden sollen, (vgl. Abschnitt 4.5.8) muss entsprechend festgelegt werden.

Im Beispiel wird davon ausgegangen, dass aufgrund der Abbrucharbeiten und des Bauens bei angrenzender Nachbarbebauung eine Beweissicherung der angrenzenden Gebäude und Flächen durchgeführt werden muss, um für den Fall späterer Schadensersatzansprüche der Nachbarschaft gerüstet zu sein.

Des Weiteren geht man davon aus, dass gewisse Risiken durch eine geforderte Betonüberwachung als Überwachungsklasse 3 gemäß DIN EN 13670/DIN 1045-3 und DIN EN 206-1/DIN 1045-2 und durch eventuell erhöhte Druck-/Pauskosten entstehen, die mit jeweils einem pauschal angesetzten Betrag abgedeckt werden sollen.

Außer der gem. § 12 Nr. 1 des GU-Vertrages abzuschließenden Bauwesenversicherung geht der GU von keinen weiteren Risiken mehr aus, die gesondert zu behandeln sind.

Nachlässe aus bestimmten Umständen (z.B. Auftrag für ein 2. Los mit gleicher BE) kommen im Beispiel nicht zur Anwendung.

Besondere Risikoaufschläge oder besondere Nachlässe			
Bauvorhaben: Neubau eines Wohn- und Geschäftshauses mit Tiefgarage			
OZ	Beschreibung	**Kosten** [EUR]	**KGR** gem. DIN 276
(1)	(2)	(3)	(4)
0.5.1	**Bauwesenversicherung:** 0,13% von ca. 5.200.000 EUR	**6.760,00**	760
0.5.2	**Beweissicherung**	**9.500,00**	760
0.5.3	**Betonüberwachung Überwachungsklasse 3**	**3.000,00**	760
0.5.4	**Druck-/Pauskosten**	**1.200,00**	760
0.5	**SUMME Risikoaufschläge**	**20.460,00**	

Bild B. 5-28: Zusammenstellung Risikokosten zum Beispiel „Neubau eines Wohn- und Geschäftshauses mit Tiefgarage"

5.3.9 Allgemeine Geschäftskosten, Bauzinsen, Wagnis und Gewinn

Die umsatzbezogenen Gemeinkosten werden in Prozent angegeben und stammen aus der Betriebsabrechnung (Geschäftskosten), der Ermittlung erwarteter Vorfinanzierungen aus den durchschnittlichen Zahlungsfristen (Bauzinsen) sowie betriebsinternen Überlegungen (Wagnis und Gewinn).

Um eine betragsmäßige Berechnung auf Basis der Herstellkosten durchführen zu können, ist eine entsprechende Umrechnung vorzunehmen (vgl. Abschnitt 4.3.1).

Auf eine für Eigen- und Fremdleistungen differierende Zuschlagsbestimmung wurde verzichtet.

AGK, Z, W, G			
Bauvorhaben: Neubau eines Wohn- und Geschäftshauses mit Tiefgarage			
OZ	Beschreibung	Umsatz-bezogen [%]	Herstellkosten-bezogen [%]
(1)	(2)	(3)	(4)
0.6.1	**Allgemeine Geschäftskosten**	**6,00%**	**6,59%**
0.6.2	**Bauzinsen**	**1,00%**	**1,10%**
0.6.3	**Wagnis + Gewinn**	**2,00%**	**2,20%**
0.6	**SUMME Umsatzbezogene Gemeinkosten**	**9,00%**	**9,89%**

Bild B. 5-29: Zusammenstellung umsatzbezogene Gemeinkosten zum Beispiel „Neubau eines Wohn- und Geschäftshauses mit Tiefgarage"

Die Spalte (4) ermittelt sich zu:

$$\text{OZ. 0.6.1: } x = \frac{6 \cdot 100}{100-9} = 6{,}59\ \%$$

$$\text{OZ. 0.6.2: } x = \frac{1 \cdot 100}{100-9} = 1{,}10\ \%$$

$$\text{OZ. 0.6.3: } x = \frac{2 \cdot 100}{100-9} = 2{,}20\ \%$$

5.3.10 Zusammenstellung des Kostenangebotes und Ermittlung des GU-Zuschlags

Mit den bisher durchgeführten Einzelermittlungen können nun die einzelnen Kostengruppen zusammengestellt, die **Angebotssumme** ermittelt und der **GU-Zuschlag** aus der Gemeinkostenumlage berechnet werden.

	Kosten aus Bau- und Lieferleistungen:			3.966.531,61 EUR
=	**Einzelkosten d. Teilleistungen** *(gem. Variante 1)* **(EKT)**			**3.966.531,61 EUR**
+	Baustelleneinrichtungs- und -vorhaltekosten			167.748,35 EUR *
+	Organisation, Koordination und Bauüberwachung			412.570,00 EUR *
+	Kosten aus Planungsleistungen			181.493,00 EUR *
+	Sonderkosten aus Finanzierungen, Gebühren, Beiträge			91.234,00 EUR *
±	Besondere Risikoaufschläge oder besondere Nachlässe			20.460,00 EUR *
=	Herstellkosten	(HK)		4.840.036,96 EUR
+	Allg. Geschäftskosten	(AGK):	6,59% v. 4.840.036,96 =	318.958,44 EUR *
+	Bauzinsen	(Z):	1,10% v. 4.840.036,96 =	53.240,41 EUR *
=	Selbstkosten	(SK):		5.212.235,80 EUR
+	Wagnis und Gewinn	(W+G):	2,20% v. 4.840.036,96 =	106.480,81 EUR *
=	Angebotssumme (netto)	(AGS_{netto})		5.318.716,62 EUR
+	Umsatzsteuer	(MwSt.)	19% von 5.318.716,6 =	1.010.556,16 EUR
=	Angebotssumme (brutto)	(AGS_{brutto})		6.329.272,77 EUR

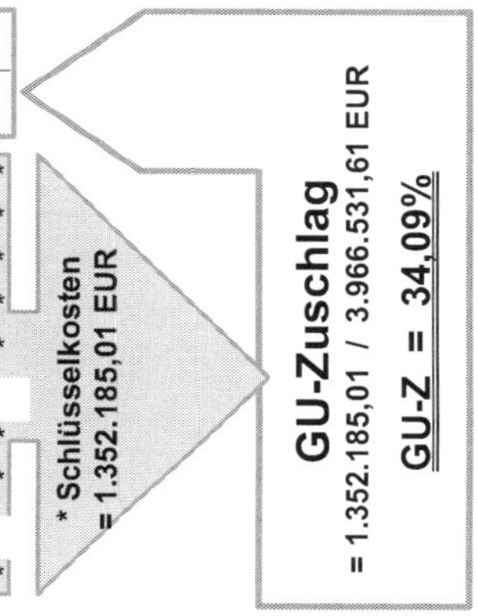

Bild B. 5-30: Ermittlung der Angebotssumme und Berechnung des GU-Zuschlags zum Beispiel „Neubau eines Wohn- und Geschäftshauses mit Tiefgarage"

Alle im Beispiel als Gemeinkosten eingestuften Kosten (Variante 1 gem. Bild B. 4-20) betragen in der Summe 1.352.185,01 EUR (netto). Durch Umlage dieser Kosten auf die Kosten aus Bau- und Lieferleistungen (EKT = 3.966.531,61 EUR) lässt sich der einheitliche GU-Zuschlag für Eigen- und Fremdleistungen ermitteln:

GU-Zuschlag = 1.352.185,01 EUR : 3.966.531,61 EUR = 34,09 %

Im Gegensatz zu der normalen Zuschlagskalkulation bei Einheitspreisen nimmt dieser Zuschlagssatz keinen direkten Einfluss auf die Berechnung von Vertragspreisen. Der von dem Generalunternehmer anzubietende **Pauschal-Angebotspreis** lässt sich in Bild B. 5-30 direkt ablesen und beträgt, sofern keine weiteren akquisitorischen Nachlässe oder Rundungen vorgenommen werden

6.329.272,77 EUR inkl. 19 % MwSt.

Für die Angebotsbearbeitung können nun ergänzend, sofern es der AG fordert, die für die Einzelgewerke maßgeblichen Titelsummen durch Einrechnung des GU-Zuschlags ermittelt werden. Hierzu wird jede Titelsumme mit dem GU-Zuschlag beaufschlagt (siehe „Zusammenstellung des Angebots").

Bei diesen Titelsummen handelt es sich in der Regel zwar nicht um Vertragspreise (Vertragspreis ist **ein** Pauschalpreis!), im Falle von Änderungen nach Vertragsabschluss (Nachtragsangebote) sind diese Angaben für den AG jedoch hilfreich, eine vertragsgerechte Vergütungsanpassung

ZUSAMMENSTELLUNG DES ANGEBOTES					
Bauvorhaben: Neubau eines Wohn- und Geschäftshauses mit Tiefgarage					
OZ	Text (Gewerk)	**Einzelkosten** [EUR]	**GU-Zuschlag** **34,09%**	**Angebotspreis** [EUR](netto)	Kostengruppe gem. DIN 276
(1)	(2)	(3)	(4)	(5)	(6)
Wohnhaus mit Tiefgarage					
1.	**Rohbau**				
1.01	Gerüstarbeiten	16.935,33	5.773,25	22.708,58	392
1.02	Erdarbeiten	140.927,26	48.042,10	**188.969,36**	311
1.06	Verbauarbeiten	164.719,10	56.152,74	**220.871,84**	312
1.08	Wasserhaltung	19.169,65	6.534,93	**25.704,58**	313
1.84	Abbruch	47.873,80	16.320,18	**64.193,98**	394
1.09	Kanalarbeiten	32.883,26	11.209,90	**44.093,16**	411
1.10	Dränarbeiten	3.397,87	1.158,33	**4.556,20**	326
1.12	Mauerarbeiten				
1.12.01	Tragende Außenwände	30.898,49	10.533,30	**41.431,79**	331
1.12.02	Nichttragende Innenwände	77.246,23	26.333,24	**103.579,47**	341
1.12.03	Tragende Innenwände	46.347,73	15.799,94	**62.147,67**	342
1.13	Betonarbeiten				
1.13.01	Flachgründungen	111.598,46	38.043,92	**149.642,38**	322
1.13.02	Tragende Außenwände	185.997,44	63.406,53	**249.403,97**	331
1.13.03	Tragende Innenwände	74.398,97	25.362,61	**99.761,58**	341
1.13.04	Deckenkonstruktionen	371.994,86	126.813,05	**498.807,91**	351
1.16	Zimmer- und Holzbauarbeiten	33.845,55	11.537,95	**45.383,50**	361
1.17	Stahlbauarbeiten	9.264,74	3.158,35	**12.423,09**	379
1.18	Abdichtung gegen Wasser	26.202,31	8.932,37	**35.134,68**	325
1.	**SUMME Rohbau**	**1.393.701,05**	**475.112,69**	**1.868.813,74**	
2.	**Ausbau**				
2.14	Natur- / Betonwerksteinarbeiten				
2.14.01	Deckenbeläge	73.790,77	25.155,27	**98.946,04**	353
2.14.02	Natursteinfassade	103.951,17	35.436,95	**139.388,12**	335
2.20	Dachdeckungsarbeiten	76.533,17	26.090,16	**102.623,33**	364
2.21	Dachabdichtungsarbeiten	86.821,84	29.597,57	**116.419,41**	363
2.22	Klempnerarbeiten	15.203,94	5.183,02	**20.386,96**	363
2.23	Putz- und Stuckarbeiten, Wärmedämmsysteme				
2.23.01	Putz-/ Stuckarbeiten- Innenputz	93.011,38	31.707,58	**124.718,96**	345
2.23.02	Wärmedämm-Verbundsystem	77.303,35	26.352,71	**103.656,06**	335
2.24	Fliesen- und Plattenarbeiten				
2.24.01	Innenwandbekleidungen	26.002,05	8.864,10	**34.866,15**	345
2.24.02	Deckenbekleidungen	78.006,17	26.592,30	**104.598,47**	354
2.25	Estricharbeiten	59.873,14	20.410,75	**80.283,89**	353
2.26	PVC-Fenster und -Rolläden	104.159,56	35.507,99	**139.667,55**	334
2.27	Tischlerarb.-Innentüren/-treppen	109.709,77	37.400,06	**147.109,83**	344
2.28	Parkett- und Holzpflasterarbeit.	168.520,46	57.448,62	**225.969,08**	353
2.29	Schließanlage	4.829,75	1.646,46	**6.476,21**	399
2.31	Metallbauarbeiten				
2.31.01	Türen/Tore	44.476,95	15.162,19	**59.639,14**	334
2.31.02	Schlosserarbeiten	130.825,50	44.598,41	**175.423,91**	359
2.33	Gebäudereinigungsarbeiten	9.063,57	3.089,77	**12.153,34**	397
2.34	Malerarbeiten - Innenanstrich	151.379,24	51.605,18	**202.984,42**	345
2.39	Trockenbauarbeiten (vgl. Preisspiegel Bild B.4-23)				
2.39.01	Nichttragende Innenwände	45.248,50	15.425,21	**60.673,71**	342
2.39.02	Deckenbekleidungen	51.896,20	17.691,41	**69.587,61**	354
2.39.03	Einrichtungen, Einbauten	10.191,95	3.474,44	**13.666,39**	381
2.	**SUMME Ausbau + Geb.-hülle**	**1.520.798,43**	**518.440,18**	**2.039.238,61**	

zu *Bild B. 5-31a: Zusammenstellung Kosten der Bau- und Lieferleistungen und des Gesamtangebotes (Teil 1) zum Beispiel „Neubau eines Wohn- und Geschäftshauses mit Tiefgarage"*

OZ	Text (Gewerk)	Einzelkosten [EUR]	GU-Zuschlag 34,09%	Angebotspreis [EUR](netto)	Kostengruppe gem. DIN 276
(1)	(2)	(3)	(4)	(5)	(6)
3.	**Gebäudetechnik**				
3.75	Raumlufttechnische Anlagen	157.949,00	53.844,81	**211.793,81**	430
3.40	Heizanlage	291.720,17	99.447,41	**391.167,58**	420
3.42	Gas-, Wasser- u. Abwasseranlagen				
3.42.1	Abwasseranlagen	55.617,98	18.960,17	**74.578,15**	411
3.42.2	Wasseranlagen	111.235,96	37.920,34	**149.156,30**	412
3.42.3	Gasanlagen	18.539,33	6.320,06	**24.859,39**	413
3.53	Elektro-, Niederspannungsanlagen	214.319,48	73.061,51	**287.380,99**	444
3.50	Blitzschutzanlagen	6.562,65	2.237,21	**8.799,86**	446
3.69	Aufzugs- und Förderanlagen				
3.69.1	Aufzugsanlage	50.231,13	17.123,79	**67.354,92**	461
3.69.2	Doppelparker	81.486,05	27.778,59	**109.264,64**	469
3.	**SUMME Gebäudetechnik**	**987.661,75**	**336.693,89**	**1.324.355,64**	
4.	**Außenanlage**				
4.03	Landschaftsbauarbeiten	20.660,88	7.043,29	**27.704,17**	570
4.80	Straßen, Wege, Plätze	43.709,50	14.900,57	**58.610,07**	530
4.	**SUMME Straßen, Wege, Plätze**	**64.370,38**	**21.943,86**	**86.314,24**	

1. bis 4.	**GESAMTSUMMEN**	**EKT**	**Gemeinkosten**	**GP (netto)**
	Wohnhaus mit Tiefgarage	**3.966.531,61**	**1.352.190,63**	**5.318.722,24**
			+ 19% MwSt.	**1.010.557,22**
			Angebotspreis Pauschal (brutto)	**6.329.279,46**

Bild B. 5-31b: Zusammenstellung Kosten der Bau- und Lieferleistungen und des Gesamtangebotes (Teil 2) zum Beispiel „Neubau eines Wohn- und Geschäftshauses mit Tiefgarage"

bewerten. Sinnvoll wäre beispielsweise auch, ergänzend die für den Rohbau und die wichtigsten Ausbaugewerke maßgebenden Mittellöhne anzugeben oder ausgewählte Einheitspreislisten zu vereinbaren, um eine einvernehmliche Grundlage für die Erstellung von Nachtragsangeboten zur Verfügung zu haben.

Der Gesamtpreis (brutto) der Berechnung in Bild B. 5-30 und der aus der „Zusammenstellung des Angebots" (Bild B. 5-31b) weist eine Differenz von 6,69 EUR aus, die in der Rundung bei der Ermittlung des GU-Zuschlags begründet ist. Um dem AG eine schlüssige Preis-Zusammenstellung übergeben zu können, sollte der Preis entsprechend der „Zusammenstellung des Angebots" aufgeschlüsselt werden.

Falls der Auftraggeber zusätzlich eine Ausweisung der Kosten gemäß der Gliederungssystematik der DIN 276 (2018-12) wünscht, kann aufgrund der zuvor in den Bildern B. 5-24 bis B. 5-31 vorgenommenen Kostengruppenzuweisungen eine entsprechende Auswertung vorgenommen werden. Hierbei werden die Gemeinkosten der Baustelle (Bilder B. 5-24 bis B. 5-28) in gleicher Art und Weise wie die Kosten der Bau- und Lieferleistungen den Kostengruppen direkt als Einzelkosten zugeordnet. Da die DIN 276 aber keine Kostengruppe für die umsatzbezogenen Gemeinkosten (Bild B. 5-29) vorsieht, müssen diese prozentual auf die jeweiligen Einzelkosten hinzugerechnet werden. Der Zuschlag auf Basis der Herstellkosten beläuft sich gemäß Bild B. 5-29 auf 9,89 % (aus AGK, Z, W+G).

Je nachdem, ob die Kosten als Nettobeträge (ohne MwSt.) oder als Bruttowerte (inkl. MwSt.) anzugeben sind, muss gegebenenfalls eine entsprechende Ergänzung vorgenommen werden. Im Beispiel des Bildes B. 5-32 werden hier nur die Nettobeträge angegeben.

Kostengliederung nach Kostengruppen gem. DIN 276			Zuschlag für AGK,Z,W+G			
Kostengruppen (KG)		Herstellkosten (HK) der KGR [EUR] gem. 3. Ebene	9,89% (gem. Bild B.5-29)	Angebotssumme gem. 3. Ebene [EUR] (netto)	Angebotssumme gem. 2. Ebene [EUR] (netto)	Angebotssumme gem. 1. Ebene [EUR] (netto)
100	**Grundstück**	0,00	0,00	0,00	**0,00**	**0,00**
200	**Vorbereitende Maßnahmen**	0,00	0,00	0,00	**0,00**	**0,00**
300	**Bauwerk – Baukonstruktionen**	0,00	0,00	0,00	**0,00**	**3.350.946,72**
310	Baugrube/Erdbau	0,00	0,00	0,00	**356.940,32**	
311	Herstellung	140.927,26	13.937,71	154.864,97		
312	Umschließung	164.719,10	16.290,72	181.009,82		
313	Wasserhaltung	19.169,65	1.895,88	21.065,53		
320	Gründung, Unterbau	0,00	0,00	0,00	**155.163,19**	
322	Flachgründungen und Bodenplatten	111.598,46	11.037,09	122.635,55		
325	Abdichtungen und Bekleidungen	26.202,31	2.591,41	28.793,72		
326	Dränagen	3.397,87	336,05	3.733,92		
330	Außenwände/Vertikale Baukonstrukti	0,00	0,00	0,00	**600.864,19**	
331	Tragende Außenwände	216.895,93	21.451,01	238.346,94		
334	Außenwandöffnungen	148.636,51	14.700,15	163.336,66		
335	Außenwandbekleidungen, außen	181.254,52	17.926,07	199.180,59		
340	Innenwände/Vertikale Baukonstrukti	0,00	0,00	0,00	**684.992,59**	
341	Tragende Innenwände	151.645,20	14.997,71	166.642,91		
342	Nichttragende Innenwände	91.596,23	9.058,87	100.655,10		
344	Innenwandöffnungen	109.709,77	10.850,30	120.560,07		
345	Innenwandbekleidungen	270.392,67	26.741,84	297.134,51		
350	Decken/Horizontale Baukonstruktion	0,00	0,00	0,00	**1.027.369,40**	
351	Deckenkonstruktionen	371.994,86	36.790,29	408.785,15		
353	Deckenbeläge	302.184,37	29.886,03	332.070,40		
354	Deckenbekleidungen	129.902,37	12.847,34	142.749,71		
359	Sonstiges zu KG 350	130.825,50	12.938,64	143.764,14		
360	Dächer	0,00	0,00	0,00	**233.411,30**	
361	Dachkonstruktionen	33.845,55	3.347,32	37.192,87		
363	Dachbeläge	102.025,78	10.090,35	112.116,13		
364	Dachbekleidungen	76.533,17	7.569,13	84.102,30		
370	Infrastrukturanlagen	0,00	0,00	0,00	**10.181,02**	
371	Allgemeine Einbauten	0,00	0,00	0,00		
379	Sonstiges zu KG 370	9.264,74	916,28	10.181,02		
380	Baukonstruktive Einbauten	0,00	0,00	0,00	**11.199,93**	
381	Allgemeine Einbauten	10.191,95	1.007,98	11.199,93		
390	Sonstige Maßnahmen für Baukonstru	0,00	0,00	0,00	**270.824,78**	
391	Baustelleneinrichtung	167.748,35	16.590,31	184.338,66		
392	Gerüste	16.935,33	1.674,90	18.610,23		
393	Sicherungsmaßnahmen	0,00	0,00	0,00		
394	Abbruchmaßnahmen	47.873,80	4.734,72	52.608,52		
395	Instandsetzungen	0,00	0,00	0,00		
396	Materialentsorgung	0,00	0,00	0,00		
397	Zusätzliche Maßnahmen	9.063,57	896,39	9.959,96		
398	Provisorische Baukonstruktionen	0,00	0,00	0,00		
399	Sonstiges zu KG 390	4.829,75	477,66	5.307,41		
400	**Bauwerk – Technische Anlagen**	0,00	0,00	0,00	**0,00**	**1.121.476,92**
410	Abwasser-, Wasser-, Gasanlagen	0,00	0,00	0,00	**239.864,08**	
411	Abwasseranlagen	88.501,24	8.752,77	97.254,01		
412	Wasseranlagen	111.235,96	11.001,24	122.237,20		
413	Gasanlagen	18.539,33	1.833,54	20.372,87		
420	Wärmeversorgungsanlagen	291.720,17	28.851,12	320.571,29	**320.571,29**	
430	Raumlufttechnische Anlagen	157.949,00	15.621,16	173.570,16	**173.570,16**	
440	Elektrische Anlagen	0,00	0,00	0,00	**242.727,38**	
444	Niederspannungsinstallationsanlage	214.319,48	21.196,20	235.515,68		
446	Blitzschutz- und Erdungsanlagen	6.562,65	649,05	7.211,70		
460	Förderanlagen	0,00	0,00	0,00	**144.744,01**	
461	Aufzugsanlagen	50.231,13	4.967,86	55.198,99		
469	Sonstiges zu KG 460	81.486,05	8.058,97	89.545,02		
500	**Außenanlagen und Freiflächen**	0,00	0,00	0,00	**0,00**	**70.736,61**
510	Erdbau	0,00	0,00	0,00	**0,00**	
520	Gründung, Unterbau	0,00	0,00	0,00	**0,00**	
530	Oberbau, Deckschichten	43.709,50	4.322,87	48.032,37	**48.032,37**	
540	Baukonstruktionen	0,00	0,00	0,00	**0,00**	
550	Technische Anlagen	0,00	0,00	0,00	**0,00**	
560	Einbauten in Außenanlagen und Frei	0,00	0,00	0,00	**0,00**	
570	Vegetationsflächen	20.660,88	2.043,36	22.704,24	**22.704,24**	
580	Wasserflächen	0,00	0,00	0,00	**0,00**	
600	**Ausstattung und Kunstwerke**	0,00	0,00	0,00	**0,00**	**0,00**
700	**Baunebenkosten**	0,00	0,00	0,00	**0,00**	**775.556,36**
710	Bauherrenaufgaben	0,00	0,00	0,00	**0,00**	
720	Vorbereitung der Objektplanung	0,00	0,00	0,00	**0,00**	
730	Objektplanung	115.670,00	11.439,76	127.109,76	**127.109,76**	
740	Fachplanung	65.823,00	6.509,89	72.332,89	**72.332,89**	
750	Künstlerische Leistungen	0,00	0,00	0,00	**0,00**	
760	Allgemeine Baunebenkosten	111.694,00	11.046,54	122.740,54	**122.740,54**	
790	Sonstige Baunebenkosten	412.570,00	40.803,17	453.373,17	**453.373,17**	
800	**Finanzierung**	0,00	0,00	0,00	**0,00**	**0,00**
SUMMME KGR 100 - 800		**4.840.036,96**	**478.679,65**	**5.318.716,61**	**5.318.716,61**	**5.318.716,61**

Bild B. 5-32: Kostengliederung des Angebotes „Wohn- und Geschäftshaus mit Tiefgarage" nach Kostengruppen gem. DIN 276 (hier: Nettoangaben, ohne MwSt.)

6 Sonderfragen der Baupreisermittlung

6.1 Einflussmöglichkeiten auf die Gestaltung der Einheitspreise

6.1.1 Aufbau des Leistungsverzeichnisses

Über den Aufbau des Leistungsverzeichnisses hat der Kalkulator nur dann einen Einfluss auf die Einheitspreise, wenn das Leistungsverzeichnis von dem Bauunternehmen selbst aufgestellt wird. Je nachdem, ob einzelne Gemeinkostenblöcke, wie das Einrichten und das Räumen der Baustelle, das Vorhalten der Baustelleneinrichtung, die Kosten der Bauleitung usw., in gesonderten Positionen ausgeschrieben werden oder nicht, ändern sich die Einheitspreise erheblich.

Diese Gemeinkosten werden nicht mehr als Schlüsselkosten mittels der Zuschlagssätze auf die Kostenarten verrechnet, sondern bilden eine eigene Teilleistung, für die ein gesonderter Einheitspreis errechnet wird.

Beispiel

Es wird angenommen, dass im Beispiel des Abschnitts 5.1 der Bauherr als besondere Position vorgesehen hat:

Pos. 0 1 psch. Baustelle einrichten und wieder räumen, einschließlich Vorhaltung aller Geräte und Einrichtungen.

Wie ändert sich der Zuschlagssatz auf die Lohnkosten und wie hoch ist der Einheitspreis der Pos. 0?

Lösung

Von den Gemeinkosten der Baustelle (GKB) werden zu Einzelkosten (EKT) der Pos. 0 (vgl. Bild B. 5-11 u. B. 5-12):

Kosten nach K 4. A.1 (zeitabhängige Kosten):		
aus 1. Vorhaltekosten der Geräte u. Einrichtungen:		
Lohnstunden: 0 Std. + Gerätekosten:		18.073,00 EUR
Kosten nach K 4. B.1 (einmalige Kosten):		
aus 1. Einrichten und Räumen der Baustelle:		
Lohnstunden: 487 Std. + sonstige Kosten:		15.555,00 EUR
Summe Baustelleneinrichtungskosten:		
Lohnstunden: 487 Std. + Geräte- und sonstige Kosten:		33.628,00 EUR
Es betragen damit die erweiterten Einzelkosten der Teilleistungen:		
Lohnkosten: 129.172,00 EUR + 487 Std. · 42,90 EUR/Std.	=	150.064,00 EUR
Sonstige Kosten: 119.025,00 EUR + 33.628,00 EUR	=	152.653,00 EUR
Fremdleistungskosten	=	62.840,00 EUR

Die restlichen Gemeinkosten der Baustelle gem. Formblatt K 4.A (2. bis 5.) und K 4.B (2. bis 4.) betragen somit:

Lohnkosten: 40 Std. · 42,90 EUR/Std.	=	1.716,00 EUR
Sonstige Kosten: 10.675,00 EUR + 22.000,00 EUR	=	32.675,00 EUR
Gerätekosten	=	0,00 EUR
Summe Gemeinkosten der Baustelle (GKB)	=	34.391,00 EUR

Der neue Zuschlagssatz auf Lohnkosten ist mit 33,20 % (vgl. Bild B. 6-1) erheblich kleiner; die Einheitspreise sinken entsprechend; gleichzeitig enthält das Angebot die Pos. 0 mit einem Einheitspreis von 68.182,00 EUR (aus: 487 Std. · 42,90 EUR/Std. · 1,332 + 33.628,00 EUR · 1,2).

BERECHNUNG DER ZUSCHLAGSSÄTZE						
Gemeinkosten der Baustelle (soweit nicht als Einzelkosten verrechnet)						*34.391,-*
Umsatzbezogene Gemeinkosten	für eigene Leistung					*45.982,-*
	für Fremdleistung					*6.215,-*
Schlüsselkosten						*86.588,-*
Zuschläge auf	Sonstige Kosten	***20***	%	von	*152.653,-*	*-30.531,-*
	Gerätekosten	***0***	%	von	*0,-*	*0,-*
	Fremdleistungen	***10***	%	von	*62.840,-*	*-6.284,-*
Rest – Schlüsselkosten						*49.773,-*
Zuschlagssatz $Z_L = \frac{49.773,-}{150.064,-} \times 100 =$ ***33,2 %***						

K 6

Bild B. 6-1: Berechnung von Zuschlagssätzen

6.1.2 Verrechnung der Gerätekosten

Je nach Aufbau des Leistungsverzeichnisses gibt es für den Kalkulator die Möglichkeit, die Kosten für Auf- und Abbau, Transport und Vorhaltung der Geräte entweder in

- die Baustelleneinrichtung,
- die gerätespezifischen Teilleistungen oder
- die Gemeinkosten der Baustelle

einzurechnen. Man kann z.B. die Kosten für die Betonmischanlage auf alle Betonpositionen verteilen. Werden die Gerätekosten den gerätespezifischen Teilleistungen zugeordnet, so werden die Einheitspreise dieser Positionen sehr viel höher, da neben den Gerätekosten anteilig außerdem noch mehr Gemeinkosten über die Zuschlagssätze verrechnet werden.

6.1.3 Unterschiedliche Zuschlagsverteilung

Durch die Wahl des Zuschlagssatzes auf die sonstigen Kosten und die Fremdleistungen wird der Verteilungsschlüssel beeinflusst. Je nach Verhältnis der Lohnkosten zu den sonstigen Kosten bei den Einzelkosten der Teilleistungen kann der Einheitspreis dann verändert werden. Ist eine Position lohnintensiv, so wird der Einheitspreis mit steigendem Zuschlagssatz auf die sonstigen Kosten niedriger.

Beispiel

Für das Beispiel aus Abschnitt 5.1 werden als neue Zuschlagssätze angesetzt:

Zuschlag auf sonstige Kosten $Z_{SK} = 30\ \%$

Fremdleistungen $Z_F = 15\ \%$

Wie hoch sind der Zuschlagssatz auf Lohnkosten und der Einheitspreis der Pos. 8 (Schalung der Decke)?

Lösung

Der neue Zuschlagssatz auf Lohnkosten beträgt gem. Bild B. 6-2 nunmehr 74,3 %. Der Einheitspreis der Pos. 8 (Schalung der Decke) beträgt somit:

EP = 1,743 · 0,8 h/m² · 42,90 EUR/Std. + 1,3 · 10,00 EUR/m² = 72,82 EUR/m²

Der Einheitspreis liegt damit um 3,9 % niedriger als zuvor errechnet (vgl. Bild B. 5-13).

BERECHNUNG DER ZUSCHLAGSSÄTZE						
Gemeinkosten der Baustelle (soweit nicht als Einzelkosten verrechnet)						88.911,-
Umsatzbezogene Gemeinkosten	für eigene Leistung					45.982,-
	für Fremdleistung					6.215,-
Schlüsselkosten						141.108,-
Zuschläge auf	Sonstige Kosten	**30**	%	von	119.025,-	-35.708,-
	Gerätekosten		%	von	0,-	0,-
	Fremdleistungen	**15**	%	von	62.840,-	-9.426,-
Rest – Schlüsselkosten						95.975,-
Zuschlagssatz $Z_L = \frac{95.975,-}{129.172,-}$ x 100 = **74,3 %**						

K 6

Bild B. 6-2: Berechnung der geänderten Zuschlagssätze

6.1.4 Mehrere Verteilungsschlüssel

Es kann auch zweckmäßig sein, innerhalb einer Kalkulation mehrere Verteilungsschlüssel nebeneinander zu verwenden.

Diese Methode ist z.B. zu empfehlen, wenn im Leistungsverzeichnis keine Sonderposition für die Baustelleneinrichtung vorgesehen ist. Da der größte Teil der Kosten für die Baustelleneinrichtung bereits zu Baubeginn anfällt, die Kosten aber erst nach etwa zwei Dritteln des Bauvorganges voll erstattet sind, kann man einen großen Anteil der Kosten für die Baustelleneinrichtung zusammen mit den weiteren allgemeinen Zuschlägen auf solche Leistungspositionen, die bereits zu Baubeginn ausgeführt werden, aufschlüsseln. Die Abschlagsrechnungen bereits zu Baubeginn sind damit wesentlich kostengerechter.

6.2 Alternativ- und Eventualposition

6.2.1 Kalkulation von Alternativpositionen

Im Leistungsverzeichnis werden oft auch Alternativpositionen (Wahlpositionen) ausgeschrieben, für die der Bauunternehmer Einheitspreise angeben muss. Damit hat der Bauherr auch nach Vertragsabschluss noch die Möglichkeit, sich aus mehreren Ausführungsvarianten eine Möglichkeit auszuwählen, ohne dass neue Preisvereinbarungen getroffen werden müssen.

Für diese Positionen werden im Angebot nur die Einheitspreise (nur EP) ausgewiesen; sie werden aber in der Angebotssumme nicht berücksichtigt.

Bei der Kalkulation der Alternativpositionen ist zu beachten, dass in die Einheitspreise Gemeinkosten in gleicher Höhe verrechnet werden müssen wie bei der zugehörigen, dafür entfallenden Grundposition. Anderenfalls kann es zu einer Unterdeckung der Gemeinkosten kommen. Die Berechnung des Einheitspreises für eine Alternativposition kann damit erst erfolgen, wenn der Preis der zugehörigen Grundposition bekannt ist. Die Ermittlung des Einheitspreises einer Alternativposition wird am Beispiel der Pos. 9 des Angebots für den Wasserbehälter gezeigt.

Beispiel

Die Ausführung des Wasserbehälters (Abschnitt 5.1) ist zunächst mit einer Mittelwand vorgesehen. Der Bauherr möchte sich jedoch die Möglichkeit offen halten, die Mittelwand durch eine Stützenreihe zu ersetzen und lässt sich deshalb die Positionen 10 und 11 als Alternativpositionen für die Ausführung einer Stützenreihe anstelle einer Mittelwand (Positionen 6 und 9) anbieten. Wie hoch müssen die Einheitspreise sein?

Lösung

Wenn die Stützenreihe ausgeführt wird, entfallen aus den Positionen 6 und 9 insgesamt:

Pos. 6:	Beton der Wände:	5,40 m · 30,50 m =	164,70 m² Beton
Pos. 9:	Schalung der Wände:	2 Seiten · 5,40 m · 30,5 m =	329,40 m² Schalung

Hierfür wurden an Gemeinkosten verrechnet (siehe Bild B. 5-13):

aus Pos. 6:	Beton der Wände:	
über Lohn:	0,42 Std./m² · 42,90 EUR/Std. · 85,9 % =	15,48 EUR/m²
über SoKo:	41,25 EUR/m² · 20,0 % =	8,25 EUR/m²
Summe je m²:		23,73 EUR/m²
aus Pos. 9:	Schalung der Wände:	
über Lohn:	0,90 Std./m² · 42,90 EUR/Std. · 85,9 % =	33,17 EUR/m²
über SoKo:	11,00 EUR/m² · 20,0 % =	2,20 EUR/m²
Summe je m²:		35,37 EUR/m²

Summe der Gemeinkosten, die durch Reduzierung der Mengen bei den Positionen 6 und 9 entfallen würden:

Pos. 6:	Beton der Wände:	164,70 m^2 · 23,73 EUR/m^2 =	3.908,33 EUR
Pos. 9:	Schalung der Wände:	329,40 m^2 · 35,37 EUR/m^2 =	11.650,88 EUR
Summe entfallender Gemeinkosten:			**15.559,21 EUR**

Diese Gemeinkosten entfallen bei Ausführung der Alternativpositionen.

Auf die Positionen 10 und 11 würden bei Anwendung der kalkulierten Zuschlagssätze für insgesamt 54 m Betonstützen und 65 m^2 Schalung der Stützen an Gemeinkosten verrechnet werden:

für Pos. 10:	Beton der Stützen:	
über Lohn:	0,18 Std./m · 42,90 EUR/Std. · 85,9 % =	6,63 EUR/m
über SoKo:	12,38 EUR/m · 20,0 % =	2,48 EUR/m
Summe je m:		9,11 EUR/m
für Pos. 11:	Schalung der Stützen:	
über Lohn:	2,50 Std./m^2 · 42,90 EUR/Std. · 85,9 % =	92,13 EUR/m^2
über SoKo:	14,00 EUR · 20,0 % =	2,80 EUR/m^2
Summe je m^2:		94,93 EUR/m^2

Bezogen auf die auszuführenden Mengen der Positionen 10 und 11 ermitteln sich die bei Ausführung der Alternativpositionen zu erzielenden Gemeinkostendeckungen:

Pos. 10:	Beton der Stützen:	54 m · 9,11 EUR/m =	491,94 EUR
Pos. 11:	Schalung der Stützen:	65 m^2 · 94,93 EUR/m^2 =	6.170,45 EUR
Summe entfallender Gemeinkosten:			**6.662,39 EUR**

Es entsteht also ein Umlagefehlbetrag in Höhe von:

15.559,21 EUR – 6.662,39 EUR =	**8.896,82 EUR**

Dieser Umlagefehlbetrag enthält auch umsatzbezogene Gemeinkosten für Löhne und Baustoffkosten, die bei Ausführung der Alternativposition zum Teil entfallen. Für die Berechnung wird zunächst die Differenz aus den entfallenden EKT und den hinzukommenden EKT aus den Alternativpositionen ermittelt. Anschließend werden die umsatzbezogenen Gemeinkosten aus den letztlich entfallenden EKT berechnet:

EKT aus Pos. 6:	
164,70 m^2 · (0,42 Std./m^2 · 42,90 EUR/Std. + 41,25 EUR/m^2 =	9.761,44 EUR
EKT aus Pos. 9:	
329,40 m^2 · (0,90 Std./m^2 · 42,90 EUR/Std. + 11,00 EUR/m^2 =	16.341,53 EUR
./. EKT aus Pos.10:	
54,00 m · (0,18 Std./m · 42,90 EUR/Std. + 12,38 EUR/m^2 =	– 1.085,24 EUR
./. EKT aus Pos.11:	
65,00 m^2 · (2,50 Std./m^2 · 42,90 EUR/Std. + 14,00 EUR/m^2 =	– 7.881,25 EUR
= EKT-Einsparung bei Ausführung der Alternativpositionen:	17.136,42 EUR

Hierauf verrechnete umsatzbezogene Gemeinkosten:

13,64 % von 17.136,42 EUR =	2.337,42 EUR

Der Umlagefehlbetrag verringert sich um diese umsatzbezogenen Gemeinkosten auf 8.896,82 EUR – 2.337,42 EUR = 6.559,40 EUR. Dieser Restbetrag (Fehlumlage) ist entsprechend den EKT-Anteilen der Alternativpositionen 10 und 11 anteilig umgelegt:

Anteil für Pos. 10: Beton der Stützen:	
1.085,24 EUR : (1.085,24 EUR + 7.881,25 EUR) · 100 % =	12%
Umzulegender Anteil der Fehlumlage: 12% · 6.559,40 EUR)	787,13 EUR
Anteil für Pos. 11: Schalung der Stützen:	
7.881,25 EUR : (1.085,24 EUR + 7.881,25 EUR) · 100 % =	88%
Umzulegender Anteil der Fehlumlage: 88% · 6.559,40 EUR)	5.772,27 EUR

Die Einheitspreise der Positionen 10 und 11 betragen damit:

Pos. 10 Beton der Stützen:		
Lohn:	0,18 Std./m · 42,90 EUR/Std. · 1,859 =	14,36 EUR/m
SoKo:	12,38 EUR/m · 1,200 =	14,85 EUR/m
Umlagefehlbetrag:	787,13 EUR : 54,0 m =	14,58 EUR/m
Einheitspreis der Alternativposition 10:		**43,79 EUR/m**
Pos. 11 Schalung der Stützen:		
Lohn:	2,50 Std./m² · 42,90 EUR/Std. · 1,859 =	199,38 EUR/m²
SoKo:	14,00 EUR/m² · 1,200 =	16,80 EUR/m²
Umlagefehlbetrag:	5.772,27 EUR : 65,0 m² =	88,80 EUR/m²
Einheitspreis der Alternativposition 11:		**304,98 EUR/m²**

6.2.2 Kalkulation von Eventualpositionen

Eventualpositionen (oder Bedarfspositionen) werden vom Ausschreibenden vorgesehen, wenn bei Bedarf die ausgeschriebene Leistung um zusätzliche, kleinere Leistungen ergänzt werden soll. Sie erhöhen damit den ursprünglich vorgesehenen Leistungsumfang.

Bei der Kalkulation werden diese Eventualpositionen bei der Festlegung der Angebotssumme im Schlussblatt und bei der Ermittlung der Zuschlagssätze nicht berücksichtigt.

Der Einheitspreis für diese Positionen wird dann mit den gleichen Zuschlägen errechnet wie der Preis für die normalen Positionen; ggf. kann der Ansatz der anteiligen Baustellengemeinkosten reduziert werden.

Anzumerken ist, dass bei Ausschreibungen auf Grundlage der VOB Teil A (z.B. von öffentlichen Auftraggebern) Eventual- bzw. Bedarfspositionen nicht in die Leistungsbeschreibung aufgenommen werden dürfen (vgl. § 7 Abs. 1 Nr. 4 VOB/A).

6.3 Preisgleitklauseln

Nach VOB/A § 7 Abs. 1 soll dem Auftragnehmer kein ungewöhnliches Wagnis aufgebürdet werden für Umstände und Ereignisse, auf die er keinen Einfluss hat und deren Einwirkung auf die Preise er im Voraus nicht abschätzen kann. Dies ist aber bei Baumaßnahmen mit längeren Ausführungsfristen, vor allem auf dem Lohnsektor und teilweise auch bei der Entwicklung der Baustoffpreise, fast immer der Fall. Aus diesem Grund dürfen auch bei öffentlichen Aufträgen Preisvorbehalte vereinbart werden; allerdings nur dann, wenn zwischen Angebotsabgabe und Fertigstellung des Bauvorhabens mehr als 10 Monate, in Ausnahmefällen auch nur 6 Monate, liegen (siehe auch Vergabehandbuch [34], „Richtlinien zu 211: Angebot Lohngleitklausel" sowie § 9d VOB/A). Mögliche Preisgleitklauseln sind

- Umsatzsteuer-Gleitklausel,
- Lohngleitklausel und
- Stoffpreisgleitklausel.

6.3.1 Umsatzsteuer-Gleitklausel

Der vom Bauherrn zu zahlende Baupreis umfasst in der Regel auch den gemäß Umsatzsteuergesetz (UStG) zu berechnenden Steuersatz der Umsatzsteuer (umgangssprachlich auch: Mehrwertsteuer , derzeit in Höhe von 19,0 %). Der Umsatzsteuersatz ist damit einer möglichen Änderung durch die Gesetzgebung ausgesetzt. Die Übernahme des Risikos einer eventuellen Erhöhung während der Bauausführungszeit kann durch eine entsprechende vertragliche Vereinbarung auf den Auftraggeber übertragen werden. Der Bieter kann hierfür seinen Angebotspreis als Nettobetrag „zuzüglich der gesetzlichen Umsatzsteuer" angeben und sicherstellen, dass er unabhängig von der zum Zeitpunkt des Vertragsabschlusses geltenden Umsatzsteuer die Steuer erhält, die er auch an das Finanzamt abführen muss.

Beispiel

Der Bieter unterbreitet sein Angebot mit folgendem Hinweis:

„Der Angebotspreis beträgt 4.322.538,57 EUR (netto) zuzüglich der bei Abnahme gesetzlich festgesetzten Umsatzsteuer."

Es kann somit festgelegt werden, dass der Umsatzsteuersatz vergütet wird, der bei Entstehung der Steuerschuld – also bei der Abnahme des Bauwerks – gültig ist.

6.3.2 Lohngleitklauseln

Nach den vom Bundesministerium für Verkehr, Bau- und Wohnungswesen herausgegebenen Vertragsvordrucken soll eine Änderung der tariflichen Löhne und Gehälter über einen vom Bauunternehmer bei Angebotsabgabe angegebenen Änderungssatz der Einheitspreise ausgeglichen werden (vgl. [34], EFB 224 Angebot Lohngleitklausel).

Der Unternehmer muss angeben, um wie viel [‰] (Promille) sich die Einheitspreise für noch nicht ausgeführte Leistungen ändern werden, wenn der maßgebende Lohn sich um 0,01 EUR je Stunde ändert.

„Maßgebender Lohn ist der Gesamttarifstundenlohn (Tarifstundenlohn und Bauzuschlag) des Spezialbaufacharbeiters gemäß Lohngruppe 4 (West), wenn der Auftraggeber im „Angebot Lohngleitklausel" nichts anderes angegeben hat." ([34])

Beispiel

Für das Angebot des Abschnitts 5.1 „Wasserbehälter" ist der Änderungssatz zu ermitteln. Um wie viel [%] erhöhen sich die Einheitspreise?

Lösung

Der Lohn- und Gehaltsanteil ermittelt sich aus den Einzelkosten der Teilleistungen einschließlich Fremdleistungen und den Gemeinkosten der Baustelle:

Lohnkosten der EKT	=	129.172,00 EUR
Lohnkosten der GKB	=	22.608,00 EUR
Gehaltskosten der GKB	=	7.335,00 EUR
Summe L: Löhne und Gehälter der eigenen Leistungen	=	184.251,00 EUR
Lohn- und Gehaltskosten der Fremdleistungen: ca. 40 % der NU-Angebotssumme 62.840,00 EUR	=	ca. 25.136,00 EUR
Summe L_{EL+FL}: Löhne und Gehälter der eigenen und Fremdleistungen	=	184.251,00 EUR
Angebotssumme (netto)	=	452.145,00 EUR
Maßgebender Lohn: Lohngruppe 4 (West) – Spezialfacharbeiter (ab 01.05.2018)	=	20,63 EUR

Der Änderungssatz f für die eigenen Leistungen (ohne Fremdleistungen) errechnet sich damit wie folgt:

$$\text{Änderungssatz } f = \frac{L \cdot 10}{(A - N) \cdot L_t}$$

mit: L = Kalkulierte Lohnkosten

A = Angebotssumme des Hauptangebots ohne Umsatzsteuer

N = Nachunternehmerleistungen

LT = Maßgebender Lohn

$$\frac{159.115 \text{ EUR} \cdot 10}{(452.145 \text{ EUR} - 62.840 \text{ EUR}) \cdot 20{,}63 \text{ EUR}} = \frac{0{,}2\ ‰}{[0{,}01 \text{ EUR}]}$$

Der mit 0,20 ‰ je 0,01 EUR maßgebender Lohn ermittelte Änderungssatz ist im Angebot anzugeben.

Soll dagegen ein Änderungssatz für alle Leistungen (inkl. Fremdleistungen) ermittelt werden, kann hilfsweise der geschätzte Lohn- und Gehaltsanteil aus den Fremdleistungen den kalkulierten Lohnkosten (L) hinzugerechnet werden (-> L_{EL+FL}) und im Nenner der o.g. Formel auf den Abzug der Nachunternehmerleistungen (N) verzichtet werden:

$$\frac{184.251\,\text{EUR} \cdot 10}{452.145\,\text{EUR} \cdot 20{,}63\,\text{EUR}} = \frac{0{,}20\ \text{v.T.}}{[0{,}01\,\text{EUR}]}$$

Eine zusätzliche Vergütung erfolgt aber nur dann, wenn der aus der Lohngleitklausel sich ergebende Gesamtbetrag größer als 0,5 % der Abrechnungssumme wird (Bagatell- oder Selbstbeteiligungsklausel).

Beispiel

Der Gesamttariflohn der Lohngruppe 4 (West) erhöht sich im Laufe der Bauzeit um 5 %. Wie wirkt sich die Selbstbeteiligungsklausel aus, wenn die Hälfte der Bauleistung bis zum Stichtag der Lohnerhöhung erbracht wurde?

Lösung

Erhöhung des maßgebenden Lohns:		
5 % von 20,63 EUR	=	1,03 EUR
Erhöhung der Einheitspreise:		
103 Cent · 0,20 [‰/Cent]	=	2,06 ‰
Mehrvergütung für die Hälfte der Bauleistung:		
2,06 % von 50 %	=	1,030 %
Selbstbehalt für 100 % der Bauleistung:		
0,5 % von 100 %	=	0,50 %
Die Mehrvergütung beträgt damit in [%] der vertraglichen Gesamtleistung:		
1,030 % – 0,50 %	=	0,530 %

Werden die beauftragten Leistungen mit den ausgeschriebenen Mengen entsprechend ausgeführt, beträgt die Mehrvergütung im Beispiel „Wasserbehälter" somit:

452.145 EUR · 0,530 %	=	ca. 2.396,00 EUR

6.3.3 Stoffpreisgleitklauseln

Stoffpreisgleitklauseln gelten nur für Stoffe, die im „Verzeichnis für Stoffpreisgleitklausel" aufgeführt sind (vgl. [34], EFB 225 – Stoffpreisgleitklausel – Einheitliche Fassung). Zu jedem Stoff setzt der Auftraggeber u.a. einen sogenannten Basiswert 1 zum Zeitpunkt der Versendung der Vergabeunterlagen sowie einen Abrechnungszeitpunkt (Einbau, Lieferung oder Verwendung) fest.

Der Basiswert 1 dient als Nettopreis der der Abrechnung zugrunde liegenden Abrechnungseinheit und wird gemäß Richtlinie zu 225 (vgl. [34]) fortgeschrieben bis zum gewählten Abrechnungszeitpunkt.

Bei einer Preiserhöhung muss der Auftragnehmer die Höhe und den Grund für die Mehraufwendungen nachweisen. Von diesen Mehraufwendungen hat er 10 % – mindestens aber 0,5 % – der Abrechnungssumme selbst zu tragen (Bagatellgrenze).

Bei Stoffpreissenkungen muss er allerdings auch die ersparten Aufwendungen von seinem Vergütungsanspruch an den Auftraggeber absetzen.

6.4 Kalkulation nach dem System der Deckungsbeitragsrechnung

6.4.1 Allgemeines

Die Deckungsbeitragsrechnung löst sich bewusst von einem einzelnen Auftrag; sie integriert durch Zusammenfassung der Deckungsbeiträge die einzelnen Aufträge im Hinblick auf die Erfolgssituation der Gesamtunternehmung. Wird durch die Mehrzahl der Aufträge eine Überdeckung der fixen Kosten erreicht, so kann bei einem einzelnen Auftrag aus beschäftigungs- oder marktpolitischen Gründen heraus auf eine volle Deckung der Kosten verzichtet werden. Für die Entscheidung, wie hoch dieser Kostenverzicht sein kann, muss die Unternehmensleitung den Marktpreis des Bauobjekts kennen. Dies ist aber in der Bauwirtschaft vor Angebotsabgabe nicht der Fall. So müssen in einem Bauunternehmen zunächst die Vollkosten für ein Bauwerk errechnet werden. Von diesen Kosten ausgehend kann die Unternehmensleitung aufgrund der Einschätzung der Marktlage den Preis bestimmen, wobei mithilfe der Deckungsbeitragsrechnung nachgewiesen werden kann, inwieweit betriebswirtschaftlich eine Preisunterdeckung überhaupt sinnvoll ist. Grundsätzlich kann eine Kostenunterdeckung bei einem Auftrag nur vertreten werden, wenn kurzfristig übersehbar eine Deckung durch höhere Erlöse anderer Aufträge erzielt werden kann.

6.4.2 Kostenanalyse

Voraussetzung für die Anwendung der Deckungsbeitragsrechnung ist eine genaue Kostenanalyse des Betriebs und des einzelnen Angebots.

Die Kosten müssen nach ihrem Verhalten gegenüber der Veränderung der Beschäftigungslage in variable, d.h. direkt von einem einzelnen Auftrag veranlasste Kosten, und in fix behandelte Kostenbestandteile getrennt werden. Als Kriterium für diese Kostenaufspaltung gilt:

„Ändern sich die Kosten bei Annahme eines zusätzlichen Auftrags, so sind sie als variabel einzustufen. Bleiben sie konstant, so können sie als fix behandelte Kosten gelten."

Näherungsweise sind auch als fix behandelt alle jene Kosten einzustufen, die praktisch innerhalb eines Jahres nicht abbaubar sind.

Wird diese Kostenanalyse konsequent durchgeführt, so zeigt sich, dass die Kostenarten der Kalkulation zum Teil rein variable oder rein fixe Kosten, zum Teil aber auch Mischkosten sind

Für einige Kostenarten zeigt Bild B. 6-3 eine beispielhafte Aufspaltung.[9]

Kostenarten, Kostengruppe		fix behandelte Kosten	variable Kosten	ausgaben-wirksam
(1)		*(2)*	*(3)*	*(4)*
Lohnkosten der Baustelle		10%	90%	100%
Lohnnebenkosten			100%	100%
Sonstige Kosten			100%	100%
Gerätevorhaltekosten	A + V	45%	55%	50%
	Rep.	30%	70%	100%
Fremdleistungen			100%	100%
...		...	...	...
...		...	...	...
...		...	...	...
Kleingeräte und Werkzeuge			100%	100%
Gehaltskosten		100%		100%
Gehaltsnebenkosten			100%	100%
...		...	...	...
...		...	...	...
...		...	...	...
Sonderkosten			100%	100%
Allgemeine Geschäftskosten		100%		80%

Bild B. 6-3: Analyse der Kostenarten der Kalkulation

Zu beachten gilt, dass eine generelle Zuordnung der Kosten nicht möglich ist. Ein anderer Untersuchungszweck oder Entscheidungen der Geschäftsleitung können eine Neuorientierung erfordern.

Als weitere Kategorie können die Kosten nach ihrer Ausgabenwirksamkeit unterteilt werden. Die Spalte (4) zeigt den Anteil der kurzfristig wirksamen Ausgaben an den Kosten auf. Mit ihrer Hilfe können weitere Entscheidungshilfen in Bezug auf den Finanzsektor getroffen werden.

6.4.3 Preisstufen der Kalkulation

Damit eine eventuelle Kostenunterdeckung im Einzelnen beurteilt werden kann, wird die vertikale Gliederung der Kalkulation über die Angebotssumme im System der Deckungsbeitragsrechnung wie folgt erweitert:

9 Anmerkung: Soweit es sich um Löhne für Stammarbeiter handelt, können auch Lohnkosten fixe Kosten darstellen; vgl. hierzu auch [29].

	1. Variable Einzelkosten der Teilleistungen		
+	2. Variable Gemeinkosten der Baustelle		
+	3. Fixe Kosten der Engpasskapazitäten		
=	Preisstufe **I**	$\widehat{=}$	Grenzkosten der Baustelle
+	4. Fixe Teile der Einzelkosten (ohne 3.)		
+	5. Fixe Kosten der Baustelle (ohne 3.)		
=	Preisstufe **II**	$\widehat{=}$	Herstellkosten
+	6. Allgemeine Geschäftskosten		
=	Preisstufe **III**	$\widehat{=}$	Selbstkosten
+	7. Wagnis + Gewinn		
=	Preisstufe **IV**	$\widehat{=}$	Netto-Angebotssumme

Bild B. 6-4: Preisstufen der Kalkulation

Als **Grenzkosten** der Baustelle werden alle direkt vom Auftrag veranlassten Kosten, d.h. die direkten Kosten, bezeichnet. Die hierdurch definierte Preisstufe I ist eine absolute Preisuntergrenze, bei der kein Beitrag zur Deckung der unternehmensbezogenen Kosten mehr erreicht wird.

Die Kosten für Engpasskapazitäten, d.h. solche Kapazitäten, die zum Zeitpunkt der Ausführung bereits durch andere Aufträge ausgelastet sind und nur durch Kauf von Geräten oder Einstellung zusätzlicher Gehaltsempfänger beschafft werden können, sind in den Grenzkosten enthalten.

Die weiteren Preisstufen entsprechen der Kalkulation über die Angebotssumme nach Abschnitt 4.3.

Die Netto-Angebotssumme bildet den „Vollkostenpreis" unter Einbezug eines prozentualen Anteils für Gewinn.

Eine weitere Orientierungshilfe bietet die Unterscheidung der Kosten nach kurzfristig ausgabewirksamen Kosten und nur langfristig ausgabewirksamen Kosten. Diese an der Zahlungsfähigkeit orientierte Preisuntergrenze ergibt sich vereinfachend zu:

	Netto-Angebotssumme
–	Wagnis und Gewinn
–	Zinsen auf Eigenkapital
–	Abschreibungen Geräte, Maschinen, Grundstücke
=	Preisuntergrenze
+	Notwendige Neuanschaffungen
=	Liquiditätsorientierte Preisuntergrenze

Bild B. 6-5: Preisuntergrenzen

Wird diese Untergrenze eingehalten, kann – mittelfristig gesehen – zumindest eine Deckung aller Kosten, die zahlungswirksam sind, erreicht werden.

6.4.4 Beispiel zur Kalkulation

Die Kalkulation im System der Deckungsbeitragsrechnung wird zunächst analog der Vorgehensweise des Abschnitts 4.3 durchgeführt, wobei die Einzelkosten und die Gemeinkosten der Baustelle nach einer erweiterten Kostenartengliederung erfasst werden sollten. Gegenüber der Kalkulation in Abschnitt 5.1 ist eine geänderte Kostenzuordnung zu beachten. Die Kosten des Poliers werden nicht mehr in den Kalkulationsmittellohn eingerechnet, sondern sind als Gemeinkosten der Baustelle zu berücksichtigen.

In einer Kostenzusammenstellung nach Kostenarten und Kostengruppen wird anschließend die Aufspaltung in fix behandelte und variable Kosten nach den Prozentsätzen der Kostenanalyse vorgenommen.

Nr. *19/35* Projekt: *Wasserbehälter* Seite:

DECKUNGSBEITRAGSRECHNUNG - KALKULATION

ERMITTLUNG DER HERSTELLKOSTEN

	Kostenart	Gesamtkosten	Fixe Kosten %	Fixe Kosten EUR	Variable Kosten	Ausgabenwirksam %	Ausgabenwirksam EUR
1	2	3		4	5		6
A	**EINZELKOSTEN DER TEILLEISTUNGEN**						
1	Lohnkosten A	*129.172,-*	*10*	*12.917,-*	*116.255,-*	*100*	*129.172,-*
2	Vorhaltekosten (Geräte, Schalung, Rüstung) A+V	*9.807,-*	*45*	*4.413,-*	*5.394,-*	*50*	*4.904,-*
	Rep.	*8.024,-*	*30*	*2.407,-*	*5.617,-*	*100*	*8.024,-*
3	Sonstige Kosten	*5.263,-*	*0*	*0,-*	*5.263,-*	*100*	*5.263,-*
4	Baustoffe + Fertigungsmaterial	*95.932,-*	*0*	*0,-*	*95.932,-*	*100*	*95.932,-*
5	Fremdleistung	*62.840,-*	*0*	*0,-*	*62.840,-*	*100*	*62.840,-*
	Summe A: Einzelkosten der Teilleistungen	***311.038,-***		***19.737,-***	***291.301,-***		***306.135,-***
B	**BAUSTELLENEINRICHT. U. RÄUMUNG**						
1	Lohnkosten A	*20.892,-*	*10*	*2.089,-*	*18.803,-*	*100*	*20.892,-*
2	Sonstige Kosten	*19.895,-*	*0*	*0,-*	*19.895,-*	*100*	*19.895,-*
3	Vorhaltekosten (Geräte, Baracken) A+V	*11.150,-*	*45*	*5.018,-*	*6.132,-*	*50*	*5.575,-*
	Rep.	*6.923,-*	*30*	*2.077,-*	*4.846,-*	*100*	*6.923,-*
4	Fremdgeräte	*0,-*	*0*	*0,-*	*0,-*	*0*	*0,-*
5	Kleingeräte + Werkzeuge	*3.000,-*	*0*	*0,-*	*3.000,-*	*100*	*3.000,-*
6	Hilfslöhne + Gerätebedienung	*1.716,-*	*20*	*343,-*	*1.373,-*	*100*	*1.716,-*
7	Gehälter und soziale Aufwendungen TK/P	*7.335,-*	*100*	*7.335,-*	*0,-*	*100*	*7.335,-*
8	Gehalts-Überstundenzuschläge + Nebenkosten	*0,-*	*0*	*0,-*	*0,-*	*100*	*0,-*
9	Allgemeine Baukosten	*2.000,-*	*30*	*600,-*	*1.400,-*	*100*	*2.000,-*
10	Sonderkosten (Techn. Bearbeitung / AV)	*16.000,-*	*80*	*12.800,-*	*3.200,-*	*100*	*16.000,-*
	Summe B: Einzelkosten der Baustelle	***88.911,-***		***30.262,-***	***58.649,-***		***83.336,-***
C	**SUMME A + B = C HERSTELLKOSTEN**	***399.949,-***		***49.999,-***	***349.950,-***		***389.471,-***

DBR-K1

Bild B. 6-6: Kostenstruktur des Angebots Wasserbehälter (vgl. Abschnitt 5.1)

Beispiel

Aus Bild B. 6-6, das an das Beispiel des Abschnitts 5.1 („Wasserbehälter") anknüpft, lassen sich folgende Preisstufen herleiten:

Preisstufe I:	
Grenzkosten (variable Herstellkosten, C 5)	= 349.950,00 EUR
Preisstufe II:	
Herstellkosten (C 3)	= 399.949,00 EUR
+ allgemeine Geschäftskosten	
9,09 % von 399.949,00 EUR	= 36.355,00 EUR
= Preisstufe III:	
Selbstkosten	= 436.304,00 EUR
+ Wagnis und Gewinn	
4,55 % von 399.949,00 EUR	= 18.198,00 EUR
= Preisstufe IV:	
Vollkostenpreis	= 454.502,00 EUR

Wird die Preisstufe IV als Angebotspreis eingesetzt, so beträgt der Deckungsbeitrag dieses Auftrags:

Vollkostenpreis	= 454.502,00 EUR
./. Grenzkosten	= 349.950,00 EUR
= Deckungsbeitrag	= 104.52,00 EUR

Die ausgabenorientierte Preisuntergrenze errechnet sich zu:

ausgabenwirksame Herstellkosten (C 6)	= 389.471,00 EUR
+ allgemeine Geschäftskosten (zu 80 % ausgabenwirksam) 0,8 · 36.355,00 EUR	= 29.084,00 EUR
= liquiditätsorientierte Preisgrenze	= **418.555,00 EUR**

6.5 Auswirkungen unzureichender Leistungsbeschreibungen

Im Abschnitt 3.2 wurden die grundsätzlichen Anforderungen an eine Leistungsbeschreibung, basierend auf § 7 VOB/A, dargelegt. Für das Bauunternehmen stellt die Leistungsbeschreibung eine wesentliche Preisermittlungsgrundlage dar, auf der es seine Preise sicher und ohne umfangreiche Vorarbeiten berechnen soll. Für öffentliche Auftraggeber werden in Vergabehandbüchern (vgl. z.B. [34]) die Anforderungen an eine Leistungsbeschreibung detailliert erläutert.

Liegt für die Angebotsbearbeitung eine Leistungsbeschreibung vor, die diesen Anforderungen nicht gerecht wird, können sich für die Bieter bei der Preisbildung bzw. für den späteren Auftragnehmer bei der Ausführung und Abrechnung erhebliche Probleme ergeben.

6.5.1 Anforderungen an die Leistungsbeschreibung gemäß VOB Teil A

Gemäß § 7 VOB Teil A und ergänzend durch das Vergabe- und Vertragshandbuch für die Baumaßnahmen des Bundes (VHB-Bund – Ausgabe 2017) [34] (100 – Allgemeine Richtlinien Vergabeverfahren und Zuständigkeiten) muss die Leistung eindeutig, vollständig, technisch richtig und ohne ungewöhnliche Wagnisse für die Bieter beschrieben werden.

Eindeutig ist die Leistungsbeschreibung, wenn sie

- „Art und Umfang der geforderten Leistungen mit allen dafür maßgebenden Bedingungen, z.B. Qualität, Beanspruchungsgrad, technische und bauphysikalische Bedingungen, zu erwartende Erschwernisse, besondere Bedingungen der Ausführung und etwa notwendige Regelungen zur Ermittlung des Leistungsumfangs zweifelsfrei erkennen lässt und
- keine Widersprüche in sich, zu den Plänen oder zu anderen vertraglichen Regelungen enthält."

Vollständig ist die Leistungsbeschreibung, wenn sie

- „Art und Zweck des Bauwerks bzw. der Leistung,
- Art und Umfang aller zur Herstellung des Werks erforderlichen Teilleistungen und
- alle für die Herstellung des Werks spezifischen Bedingungen und Anforderungen darstellt."

Technisch richtig ist die Leistungsbeschreibung, wenn sie

- „Art, Qualität und Modalität der Ausführung der geforderten Leistung entsprechend
- den anerkannten Regeln der Technik,
- den Allgemeinen Technischen Vertragsbedingungen oder
- etwaigen leistungs- und produktspezifischen Vorgaben

zutreffend festlegt."

Die Leistungsbeschreibung darf zudem keine ungewöhnlichen Risiken enthalten, insbesondere für Umstände und Ereignisse, auf die der Bieter keinen Einfluss hat und deren Einwirkungen auf die Preise und Fristen er nicht im Voraus schätzen kann.

Für eine die vorstehenden Anforderungen erfüllende Leistungsbeschreibung empfehlen sich die Beachtung der Allgemeinen Technischen Vertragsbedingungen der VOB/C und die Verwendung standardisierter Leistungsbeschreibungen (vgl. Abschnitt 3.3.3).

6.5.2 Pflichten des Bieters bei einer erkennbar fehler- oder lückenhaften Leistungsbeschreibung

Ist für den Bieter die vorliegende Leistungsbeschreibung aufgrund seiner Fachkenntnis erkennbar fehlerhaft oder fehlen preisbeeinflussende Angaben (z.B. die Anzahl oder Größen der in die Stahlbetonwände einzurechnenden Aussparungen), so obliegt ihm vor Angebotsabgabe eine Hinweis- bzw. Erkundigungspflicht, damit der Auftraggeber eine Berichtigung bzw. Ergänzung vornehmen kann.

6.5.3 Folgen einer für den Bieter nicht erkennbar fehler- oder lückenhaften Leistungsbeschreibung

Enthält die Leistungsbeschreibung aufgrund einer vom Auftraggeber zu verantwortenden Unterlassung Fehler oder Lücken (z.B. gemäß Abschnitt 6.5.1), die vom Bieter nicht oder nur mittels umfangreicher Vorarbeiten hätten erkannt werden können, kann dies zu nachträglichen Vergütungsanpassungen und gegebenenfalls zu Bauzeitanpassungen führen.

Eine geänderte bzw. zusätzliche Vergütung erfolgt im Regelfall nach den in § 2 VOB/B genannten Grundsätzen (siehe hierzu auch die Abschnitte 7.2 ff.). Wird aufgrund erforderlicher Änderungen die vereinbarte Bauausführung verzögert oder behindert, so ist § 6 VOB/B mit den darin enthaltenen Anpassungsregeln für die Ausführungsfristen zu beachten (vgl. Abschnitt 7.7).

7 Kalkulationsaufgaben nach Vertragsabschluss

7.1 Kalkulation als Informationsinstrument der Bauleitung

Da eine Arbeitskalkulation nach Vertragsabschluss oft nicht durchgeführt wird, muss der Bauleiter mithilfe der Angebotskalkulation prüfen, ob die Kosten der Bauausführung dem geplanten Kosten- und Gewinnziel entsprechen.

Durch den Vergleich der kalkulierten Einzelkostenansätze, wie z.B. Lohnstundenaufwands- oder Geräteleistungswerte, Preise für Stoffe, mit den bei der Baudurchführung wirklich angefallenen Werten, kann der Bauleiter Unter- oder Überdeckungen im Einzelnen feststellen.

Ein besonderes Problem ergibt sich, wenn in der Kalkulation als Eigenleistung vorgesehene Teilleistungen an Nachunternehmer vergeben werden sollen, sofern dies gemäß Vertrag zulässig ist (vgl. § 4 Abs. 8 VOB/B). Der Bauleiter muss dann mithilfe der Kalkulation feststellen, wie hoch der Preis des Nachunternehmers sein darf, ohne dass für die Baustelle Verluste anfallen. Ein direkter Vergleich der vertraglichen Einheitspreise mit den vom Nachunternehmer angebotenen Preisen für die gleiche Position ist nicht möglich, da im Einheitspreis ein großer Teil von Gemeinkosten enthalten ist. Diese Gemeinkosten fallen auch an, wenn der Nachunternehmer tätig wird.

Der Vergleichspreis ist u.a. unter Berücksichtigung der zum Teil unterschiedlichen Kostenansätze für allgemeine Geschäftskosten, Bauzinsen sowie Wagnis und Gewinn zu errechnen.

Beispiel

Bei der Erstellung des Wasserbehälters (vgl. Abschnitt 5.1) sollen die Betonstahlarbeiten der Pos. 12 an einen Nachunternehmer vergeben werden.

Welcher Preis kann dem Nachunternehmer gezahlt werden?

Lösung

Da für diese Arbeiten der Kran der Baustelle zur Verfügung gestellt wird und sich die Gemeinkosten nur wenig ändern, entfallen nur die Einzelkosten der Pos. 12:

Lohnkosten: 16,00 Std./t · 42,90 EUR/Std.	=	686,40 EUR/t
+ sonstige Kosten	=	650,00 EUR/t
Einzelkosten je t	=	1.336,40 EUR/t

Berücksichtigt man, dass für eigene Leistungen und Fremdleistungen unterschiedliche Verrechnungssätze für umsatzbezogene Gemeinkosten in der Kalkulation angesetzt werden, so kann auf die Differenz aus den Verrechnungssätzen verzichtet werden, ohne dass sich eine Gemeinkostenunterdeckung ergibt:

Verrechnungssatz für eigene Leistungen	=	12 %
./. Verrechnungssatz für fremde Leistungen	=	– 9 %
= Differenz	=	3 %

Dieser auf die Basis des Umsatzes bezogene Prozentsatz wird auf die Herstellkosten umgerechnet:

$$x = \frac{3 \cdot 100}{100 - 12} = 3{,}4\ \%$$

Der Vergabepreis kann gegenüber den Einzelkosten um diesen Satz angehoben werden:

Einzelkosten je t:	=	1.336,40 EUR/t
+ Differenzbetrag aus Verrechnungssätzen:		
3,4 % von 1.336,40 EUR	=	45,44 EUR/t
= Preis für Vergabe je t	=	1.381,84 EUR/t

7.2 Kalkulation von geänderten Leistungen gemäß § 2 Absatz 5 VOB/B und § 650c BGB

Gemäß § 1 Abs. 3 VOB/B sowie § 650b Abs. 1 BGB bleibt dem Auftraggeber vorbehalten, auch noch während der Bauausführung Änderungen des Bauentwurfs bzw. Änderungen des vereinbarten Werkerfolgs anzuordnen. Damit ändern sich zumeist auch die ursprünglich beauftragten und gemäß Vertrag auszuführenden Leistungen. Stellt einer der Vertragspartner fest, dass sich die Preisermittlungsgrundlagen für diese Leistungen oder Teile davon bei der Bauausführung gegenüber dem Vertrag ändern, so ist ein neuer Preis für die geänderte Leistung auf Grundlage der entsprechenden Vertragsvereinbarungen zu ermitteln, als Nachtragsangebot dem Auftraggeber einzureichen und zu vereinbaren.

7.2.1 Preisermittlung auf Grundlage von § 2 Absatz 5 VOB/B

Ist die VOB Teil B als Allgemeine Vertragsbedingungen vereinbart, erfolgt die Preisermittlung für die geänderte Leistung nach § 2 Abs. 5 VOB/B:

„Werden durch Änderung des Bauentwurfs oder andere Anordnungen des Auftraggebers die Grundlagen des Preises für eine im Vertrag vorgesehene Leistung geändert, so ist ein neuer Preis unter Berücksichtigung der Mehr- oder Minderkosten zu vereinbaren."

Das Preis-Leistungsgefüge bleibt so weit bestehen, wie es von der Änderung nicht betroffen wird. Neben den bisherigen Kosten werden die Mehr- oder Minderkosten berücksichtigt, die durch die Änderung entstehen.

Beispiel

Beim Bau des Wasserbehälters soll die Schalung der Decke (Pos. 8) in glatter Sichtbetonschalung ausgeführt werden. Wie hoch ist der neue Einheitspreis?

Lösung

siehe Bild B. 7-1

Nr. 19/35	Projekt:	Wasserbehälter					Seite:	3
KOSTEN- UND PREISERMITTLUNG								
Pos. Nr.	Menge	Leistungsbeschreibung Kostenentwicklung	Lohn [Std.]	So. Ko. [EUR]	Geräte [EUR]	Fremdleistung [EUR]	Einheitspreis (EP) [EUR]	Gesamtpreis (GP) [EUR]
N8	.... m^2	***Schalung der Decke wie bei Pos. 8, jedoch***						
		statt rauher Schalung glatte Sichtbetonschalung SB2						
		Alter Einheitspreis =					***75,81***	***€/m²***
		aus: 0,80 h/m² x 42,90 €/Std x 1,86 + 10,00 €/m² x 1,20						
		Zulage für glatte Schalung *(Mehrkosten):*						
		1,0 m² x (0,3 h/m² + 3,75 €/m²)	*0,30 h*	*3,75 €*				
		Einzelkosten als Zulage:	*0,30 h*	*3,75 €*				
		KML = *42,90 €/Std.*	*12,87 €*					
		Z_{Lohn} = *85,9 %*	*23,93 €*					
		Z_{SoKo} = *20,0 %*		*4,50 €*	}	***Mehrpreis:***	***28,43***	***€/m²***
			Neuer Einheitspreis für Pos. N8				***104,24***	***€/m²***

K 8

Bild B. 7-1: Kalkulation eines Nachtragsangebots auf Grundlage von § 2 Abs. 5 VOB/B

Bei einfachen Änderungen – wie im Beispiel gezeigt – geht man als Grundlage für die Berechnung des neuen Einheitspreises von dem alten Einheitspreis aus und kalkuliert darauf aufbauend die Mehr- und/oder Minderkosten. Mit dieser Vorgehensweise wird sichergestellt, dass eventuell enthaltene Kalkulationsfehler, an denen der Auftragnehmer auch weiterhin festhalten muss, nicht durch die Neuberechnung beseitigt werden.

Die Mehr- oder Minderkosten werden meist mit den gleichen Zuschlagssätzen beaufschlagt, wie sie aus der Urkalkulation hervorgehen. Das bisherige Kostenniveau der Angebotskalkulation ist auch bei der Nachtragskalkulation fortzuschreiben. Dies gilt ebenfalls für neue, bisher noch nicht in der Kalkulation enthaltene Kosten- und Leistungsansätze.

Eine Anpassung der Zuschlagssätze kommt gegebenenfalls dann in Betracht, wenn die damit gedeckten Gemeinkosten sich aufgrund der geänderten Leistung nicht im gleichen Maße ändern (z.B. erhöhen).

7.2.2 Preisermittlung auf Grundlage von § 650c BGB

Sind weder die VOB/B, noch individuelle Vertragsbedingungen vereinbart worden, die Regelungen zur Preisermittlung bei Leistungsänderungen enthalten, so greifen seit dem 01.01.2018 die gesetzlichen Regelungen gemäß §§ 650b und 650c BGB. Liegt im Sinne von § 650b BGB eine Anspruchsgrundlage für eine Vergütungsanpassung vor, so erfolgt diese gemäß § 650c Abs. 1 BGB zunächst nicht unter Fortführung des bisherigen Kostenniveaus, sondern unter Bezugnahme auf „tatsächlich erforderliche Kosten":

> *„(1) Die Höhe des Vergütungsanspruchs für den infolge einer Anordnung des Bestellers nach § 650b Absatz 2 vermehrten oder verminderten Aufwand ist nach den tatsächlich erforderlichen Kosten mit angemessenen Zuschlägen für allgemeine Geschäftskosten, Wagnis und Gewinn zu ermitteln."*

Macht der Auftragnehmer allerdings gemäß § 650c Absatz 2 BGB von seinem Wahlrecht zur Berechnungsmethode Gebrauch, so entspricht die Ermittlung der neuen Vergütung im Wesentlichen der vorgestellten Methode nach VOB/B:

> *„(2) Der Unternehmer kann zur Berechnung der Vergütung für den Nachtrag auf die Ansätze in einer vereinbarungsgemäß hinterlegten Urkalkulation zurückgreifen. Es wird vermutet, dass die auf Basis der Urkalkulation fortgeschriebene Vergütung der Vergütung nach Absatz 1 entspricht."*

7.3 Kalkulation von zusätzlichen, nicht im Vertrag vorgesehenen Leistungen gemäß § 2 Absatz 6 VOB/B und § 650c BGB

Gemäß § 1 Abs. 4 VOB/B sowie § 650b Abs. 1 BGB bleibt dem Auftraggeber vorbehalten, auch noch während der Bauausführung „nicht vereinbarte Leistungen, die zur Ausführung der vertraglichen Leistung erforderlich werden" bzw. „eine Änderung, die zur Erreichung des vereinbarten Werkerfolgs notwendig ist" anzuordnen. Dies führt zumeist zur Erweiterung der ursprünglich beauftragten und gemäß Vertrag auszuführenden Leistungen. Für diese „zusätzliche Leistungen" hat der Auftragnehmer Anspruch auf „besondere Vergütung" bzw. eine Vergütungsanpassung, die entsprechend den Vertragsvereinbarungen zu ermitteln, als Nachtragsangebot dem Auftraggeber einzureichen und zu vereinbaren ist.

7.3.1 Preisermittlung auf Grundlage von § 2 Absatz 6 VOB/B

Ist die VOB Teil B als Allgemeine Vertragsbedingungen vereinbart, muss der Auftragnehmer seinen Vergütungsanspruch dem Auftraggeber anzeigen[10], bevor er mit der Ausführung der Leistung beginnt. Die Preisermittlung für die zusätzliche Leistung richtet sich nach § 2 Abs. 6 Nr. 2 VOB/B:

> *„Die Vergütung bestimmt sich nach den Grundlagen der Preisermittlung für die vertragliche Leistung und den besonderen Kosten der geforderten Leistung."*

Soweit die zusätzliche Leistung in sachlicher, zeitlicher und räumlicher Verbindung mit der bisherigen Vertragsleistung steht, sind die Preisermittlungsgrundlagen des Hauptangebots bei der Preisfestsetzung heranzuziehen.

Der neue Preis ist auf dieser Grundlage aufzubauen und um die Kosten zu ergänzen, die die neue Leistung erfordert. Das heißt, dass auch bei den zusätzlichen Leistungen das Kostenniveau der Urkalkulation fortzuschreiben ist und meist auch mit den gleichen Zuschlagssätzen der Urkalkulation kalkuliert wird.

Eine Anpassung der Zuschlagssätze kommt gegebenenfalls dann in Betracht, wenn die damit gedeckten Gemeinkosten sich aufgrund der zusätzlichen Leistung nicht im gleichen Maße erhöhen (z.B. keine zusätzlichen zeitabhängigen Gemeinkosten trotz zusätzlicher Leistung).

7.3.2 Preisermittlung auf Grundlage von § 650c BGB

Sind weder die VOB/B, noch individuelle Vertragsbedingungen vereinbart worden, die Regelungen zur Preisermittlung für zusätzliche Leistungen, die zur Erreichung des vereinbarten Werkerfolgs notwendig sind, enthalten, so gelten auch hier die bereits in Abschnitt 7.2.2 vorgestellten Regelungen gemäß §§ 650b und 650c BGB.

7.4 Mengenänderungen

7.4.1 Problematik

Ziel der Kalkulation ist es, eine möglichst gerechte Zurechnung aller Kosten auf die Teilleistungen vorzunehmen, so dass Kosten und Einheitspreise sich möglichst entsprechen.

Die Einzelkosten sind überwiegend leistungsabhängig, während ein großer Teil der Gemeinkosten von der Leistungserstellung unabhängig ist. Diese fixen Gemeinkosten werden aber bei der Verteilung als Zuschläge auf die Basis der Einzelkosten künstlich zu variablen Kosten mit proportionalem Verlauf in Abhängigkeit von der ausgeführten Leistungsmenge gemacht.

10 Diese Anspruchsvoraussetzung wurde durch die Rechtsprechung teilweise „aufgeweicht" (vgl. BGH, 08.11.2001, VII ZR 111/00)

Verändern sich nach dem Vertragsabschluss die im Leistungsverzeichnis vorgesehenen Mengen, kommt es zu Gemeinkostenüber- oder -unterschreitungen.

Wird nicht die kalkulierte Menge M_{LV}, sondern nur eine Menge M_1 ausgeführt (Bild B. 7-2), so kommt es zu der Kostenunterdeckung K_1. Im Falle einer Mengenüberschreitung, also der Ausführung der Menge M_2, kann es dagegen gegebenenfalls zu einer Kostenüberdeckung K_2 (in Bild B. 7-2 inkl. eines zusätzlichen Gewinns dargestellt) kommen, wenn die Gemeinkosten nicht proportional mit der Ausführungsmenge ansteigen (z.B. wenn trotz Mehrmenge keine längere Bauausführungszeit erforderlich wird).

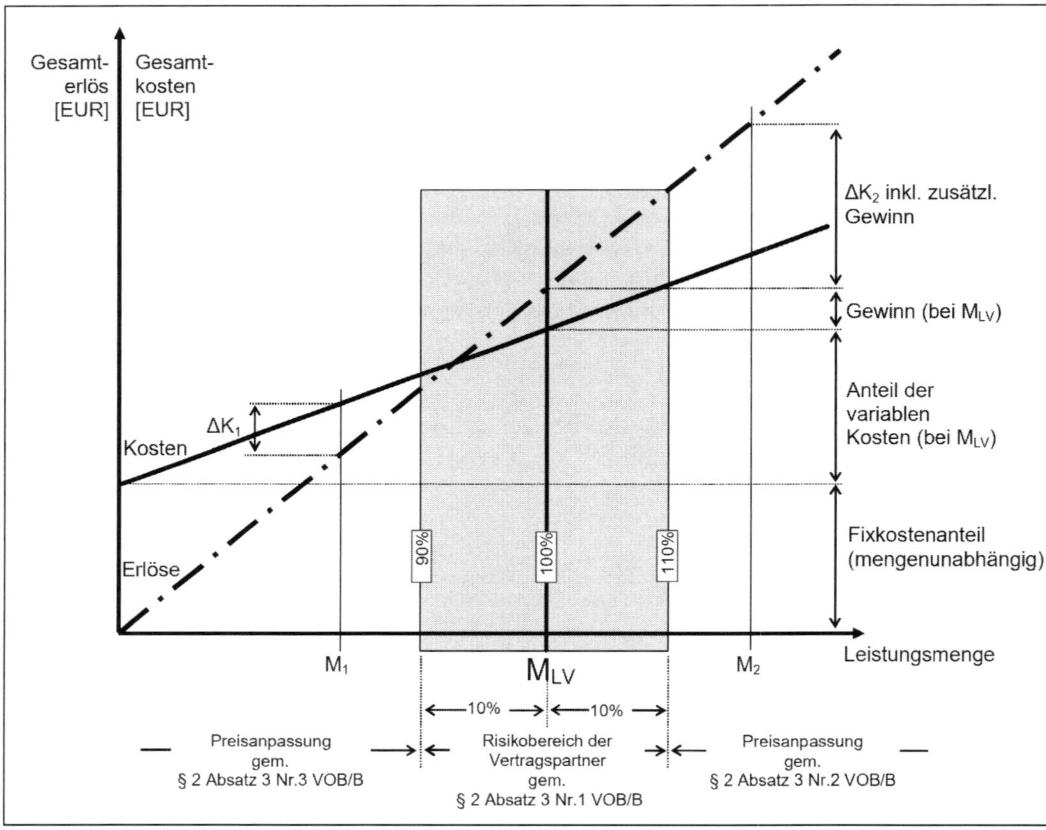

Bild B. 7-2: Kosten- und Erlösentwicklung bei gleichbleibender Bauzeit und Preisanpassungsbereiche gemäß § 2 Abs. 3 VOB/B.

Die Grundlagen der Kostenfunktionen mit Unterscheidung von fixen und variablen Kosten sind dem Abschnitt 2.1.3 zu entnehmen.

Der Einheitspreis wurde aber geschaffen, um die Möglichkeit von Mengenänderungen auch während der Bauausführung zu berücksichtigen. In § 2 Abs. 3 VOB/B wird daher bestimmt, dass für die über 10 v. H. hinausgehende Abweichung des Mengenansatzes auf Verlangen ein neuer Preis zu vereinbaren ist. Liegt hingegen die Abrechnungsmenge im Bereich von 90 bis 110 % der ausgeschriebenen Menge MLV, bleibt der Einheitspreis zu Lasten von Auftraggeber oder Auftragnehmer unverändert (Risikobereich der Vertragspartner).

Voraussetzung für die Anwendung des § 2 Abs. 3 VOB/B ist, dass sich die Mengen nicht durch eine Anordnung des Auftraggebers ergeben haben, sondern sich lediglich bei Ausführung der ursprünglich vorgesehenen vertraglichen Leistung eingestellt haben. In der Regel beruht eine solche Mengenänderung auf falschen oder ungenauen Annahmen bei der Mengenermittlung für die Ausschreibung durch den Auftraggeber. Beispielsweise kann dies der Fall sein, wenn zum Zeitpunkt der Ausschreibung noch keine Bewehrungspläne und Stahllisten vorlagen, so dass die benötigte Menge Betonstahl geschätzt werden musste. Erst aus den später angefertigten Plänen und Stahllisten ergeben sich in diesem Fall die genauen Ausführungs- und Abrechnungsmengen, die von den ursprünglichen Schätzungen abweichen können, ohne dass sich das eigentliche vertragliche Bausoll durch z.B. zusätzliche oder geänderte Leistungen geändert hat.

Sobald jedoch der Auftraggeber Anordnungen trifft, die zu einer „Mengenänderung" führen (z.B. zusätzliche Betonwand herstellen oder Verzicht auf einzelne Teilleistungen), ist nicht § 2 Abs. 3 VOB/B, sondern je nach Umstand § 2 Abs. 4 (vgl. Abschnitt 7.5), Abs. 5 (vgl. Abschnitt 7.2.1) oder Abs. 6 (vgl. Abschnitt 7.3.1) maßgebend.

7.4.2 Mengenunterschreitung

Bei einer Unterschreitung des Mengenansatzes ist auf Verlangen der **Einheitspreis** für die tatsächlich ausgeführte, verringerte Leistung **zu erhöhen**. Die Erhöhung des Preises soll im Wesentlichen dem Mehrbetrag entsprechen, der sich durch die Verteilung der Baustelleneinrichtungs- und Baustellengemeinkosten und der allgemeinen Geschäftskosten auf die verringerte Leistungsmenge ergibt (§ 2 Abs. 3 Nr. 3 VOB/B), soweit dem Auftragnehmer nicht in anderer Form ein Ausgleich gewährt wird.

Beispiel

Bei der Abrechnung des Bauvorhabens Wasserbehälter (vgl. Abschnitt 5.1) wird festgestellt, dass statt 22,0 t nur 19,5 t Bewehrung in Form von Betonstahlmatten B500B eingebaut wurden. Wie hoch ist der neue Einheitspreis für die Pos. 13, wenn die Urkalkulation entsprechend Bild B. 7-3 erstellt wurde.

Lösung

Mengenänderung insgesamt:	25 t – 19,5 t = 5,5 t
10 % von 25 t = 2,5 t	5,5 t > 2,5 t

Nicht vergütete, in den Einheitspreisen enthaltene Gemeinkosten aufgrund der Zuschlagssätze:

Anteil aus Lohn: 5,5 t · 85,90 % · 14 Std./t · 42,90 EUR/Std. =	2.838,00 EUR
Anteil aus sonst. Kosten: 5,5 t · 20 % · 800,00 EUR/t =	880,00 EUR
Summe nicht vergütete Gemeinkosten	**3.718,00 EUR**

In diesen Gemeinkosten sind Anteile für Wagnis und Bauzinsen sowohl auf Einzelkosten als auch auf Gemeinkosten enthalten. Ein Anspruch auf das Wagnis und die Bauzinsen der Einzelkosten entfällt, da der Auftragnehmer für die nicht ausgeführte Leistung kein Wagnis eingeht und keine Vorfinanzierung übernehmen muss.

Nr. 19/35	Projekt:	*Wasserbehälter*										Seite:	*8*
ZUSAMMENSTELLUNG DER EINZELKOSTEN								**PREISERMITTLUNG**					
			je Mengeneinheit					je Mengeneinheit					
								mit Zuschlägen					
Pos.	Menge	Kurzbeschreibung der Pos.	Lohn [Std.]	So.Ko. [EUR]	Geräte [EUR]	Fremdl. [EUR]		Lohn + 85,9 %	So.Ko. + 20 %	Geräte + 0 %	Fremdl. + 10 %	Einheits-preis [EUR/Einh.]	Angebots-summe [EUR]
1	*2*	*3*	*4*	*5*	*6*	*7*		*12 = 4xMLx(1+Z_L)*	*13 = 5 x (1+Z_{Soko})*	*14 = 6 x (1+Z_G)*	*15 = 7 x (1+Z_F)*	*16 = Σ 12..15*	*17 = 2 x 16*
					[ML (APSLZ) = 1,859 x 42,90 EUR/Std. = 79,76 EUR/Std.]								
		Titel 2 Stahlbetonarbeiten											
		....											
13	*25*	*t Betonstahlmatten B500B*	*14,00*	*800,00*				*1.116,64*	*960,00*			*2.076,64*	*51.916,00*
		....											

Bild B. 7-3: Auszug aus der Kalkulation des Beispiels „Wasserbehälter"

Eingesparte Einzelkosten:		
5,5 t · (14 Std./t · 42,90 EUR/Std. + 800,00 EUR/t)	=	7.703,00 EUR
Summe der Zuschläge der umsatzbezogenen Gemeinkosten	=	12 %
Darin enthalten für nicht zu beanspruchende Bauzinsen und Wagnis	=	2 %
Umrechnung auf die Herstellkosten:		
$x = \frac{2 \cdot 100}{100 - 12}$	=	2,3 (%)
Bauzinsen und Wagnis der Einzelkosten:		
2,3 % von 7.703,00 EUR	=	177,00 EUR
Zu vergütende Gemeinkosten (Gemeinkostenunterdeckung):		
3.718,00 EUR – 177,00 EUR	=	3.541,00 EUR
Neuer Einheitspreis der Pos. 13		
(= alter EP + Gemeinkostenunterdeckung./tatsächliche Menge):		
EP_{neu} = 2.076,64 EUR/t + 3.541,00 EUR/19,5 t	=	2.258,23 EUR/t

Die tatsächliche Gesamtmenge von 19,5 t der Pos. 13 wird mit dem neuen Einheitspreis in Höhe von 2.258,23 EUR/t abgerechnet, zuzüglich der gesetzlichen Umsatzsteuer.

Erhält der Auftragnehmer einen Ausgleich für die Gemeinkostenunterdeckung in anderer Weise, so kann auf die Ermittlung eines neuen (höheren) Einheitspreises verzichtet werden. Möglich ist der Ausgleich beispielsweise durch eine Auswertung all derjenigen Positionen des Leistungsverzeichnisses, die eine nach § 2 Abs. 3 VOB/B zu beurteilende Mengenabweichung aufweisen (10 % Mengenüber- bzw. -unterschreitung). Für diese Positionen werden aus den Mindermengen (Differenz zu 100 % LV-Menge) und den Mehrmengen (Differenz zu 110 % LV-Menge) die Gemeinkostenüber- und -unterdeckungen ermittelt und gegeneinander aufgerechnet. Als Ergebnis ergibt sich ein Differenzbetrag, der bei einer insgesamt festgestellten Kostenunterdeckung vom Auftraggeber an den Auftragnehmer als Ausgleich (zzgl. Umsatzsteuer) zu erstatten ist. Ergänzend zu dieser Ausgleichszahlung sind die tatsächlich ausgeführten Mengen zu den vertraglichen Einheitspreisen abzurechnen.

Wird dagegen mit dem ermittelten Differenzbetrag insgesamt eine (vermeintliche) Kostenüberdeckung festgestellt, so führt dies nicht zwangsläufig zu einem Kürzungsanspruch des Auftraggebers, da die Vermutung nahe liegt, dass vom Auftragnehmer Mehrleistungen ausgeführt wurden, für die dieser auch Ansprüche auf Gemeinkostenzuschläge geltend machen kann. Es empfiehlt sich in diesem Fall, zunächst für die Positionen mit Mindermengen entsprechende Positionen mit Mehrmengen für einen Ausgleich der Gemeinkostenunter- und -überdeckungen heranzuziehen und die restlichen Positionen mit Mehrmengen gemäß § 2 Abs. 3 Nr. 2 VOB/B (vgl. Abschnitt 7.4.3) individuell zu untersuchen.

7.4.3 Mengenüberschreitung

Bei einer Mengenüberschreitung sieht die vertragliche Regelung nach § 2 Abs. 3 Nr. 2 VOB/B vor:

„Für die über 10 v. H. hinausgehende Überschreitung des Mengenansatzes ist auf Verlangen ein neuer Preis unter Berücksichtigung der Mehr- oder Minderkosten zu vereinbaren."

Hier wird eine eindeutige Richtlinie, ob der Einheitspreis zu erhöhen oder zu verringern ist, nicht gegeben. Je nach Umfang und Art der Mengenüberschreitung können sich sowohl höhere als auch niedrigere Kosten ergeben. Muss z.B. ein größerer Erdaushub bewältigt werden, weil die ursprüngliche Mengenermittlung auf falschen Annahmen beruhte, so kann der Einsatz von zusätzlichen Geräten, die nicht mehr voll ausgelastet werden können, erforderlich werden. Es ergeben sich dann höhere Kosten für den Unternehmer.

Beispiel

Bei der Abrechnung des Bauvorhabens Wasserbehälter (vgl. Abschnitt 5.1) wird festgestellt, dass statt 22 t Bewehrung in Form von Betonstabstahl B500 (Pos. 12) insgesamt 28 t eingebaut worden sind. Wie hoch ist der Einheitspreis für die über 110 % hinausgehende Betonstahlmenge der Pos. 12?

Lösung

Mengenänderung insgesamt:	28 t – 22 t = 6,0 t
10 % von 22 t = 2,2 t	6,0 t > 2,2 t
Mehrmenge über 110 % der ausgeschriebenen Menge:	
28 t – (22 t · 1,1) =	3,8 t

Für die Differenzmenge von 3,8 t wird vom Auftraggeber die Vereinbarung eines neuen Einheitspreises verlangt. Unter der Annahme, dass sich von den Gemeinkosten der Baustelle nur die lohnbezogenen Kosten erhöhen (vgl. Bild B. 5-12) und kein Spekulationspreis für die Position angeboten wurde, errechnet sich als neuer Einheitspreis je t:

Einzelkosten:		
16 Std./t · 42,90 EUR/Std. + 650,00 EUR/t	=	1.336,40 EUR/t
Lohnbezogene Gemeinkosten (zum Ansatz kommt hier der Mittellohn L_{m1}):		
6 % von (16 Std./t · 22,12 EUR/Std.)	=	21,24 EUR/t
allg. Geschäftskosten, Bauzinsen, Wagnis und Gewinn:		
13,64 % von (1.336,40 EUR/t + 21,24 EUR/t)	=	185,18 EUR/t
Neuer Einheitspreis für Mengen > 110 %:		1.542,82 EUR/t

Die Menge bis 110 % (28 t – 3,8 t = 24,2 t) wird mit dem vertraglichen Einheitspreis in Höhe von 2.056,16 EUR/t und die darüber hinausgehende Menge (3,8 t) mit dem neuen Einheitspreis in Höhe von 1.542,82 EUR/t, jeweils zuzüglich der gesetzlichen Umsatzsteuer, abgerechnet.

7.5 Vergütungsanpassung bei Übernahme von Leistungen durch den Auftraggeber gem. § 2 Absatz 4 VOB/B

Für den Fall, dass ein Teil der Leistung nach Vertragsabschluss durch den Auftraggeber gekündigt wird, weil er diesen Teil z.B. selbst bzw. anderweitig ausführen lassen möchte, gibt § 2 Abs. 4 VOB/B an, dass – sofern nichts anderes vereinbart wurde – nach § 8 Abs. 1 Nr. 2 zu verfahren ist.

§ 8 Abs. 1 Nr. 2 VOB/B enthält die Vereinbarung, dass dem Auftragnehmer in einem solchen Fall die vertraglich vereinbarte Vergütung zusteht, er sich jedoch anrechnen lassen muss, was er infolge der Aufhebung des Vertrages (hier Teil des Vertrages) an Kosten erspart bzw. ersparen könnte.

Im Wesentlichen erspart der Auftragnehmer die variablen Einzelkosten der Teilleistungen, die in der Regel erst bei der Ausführung anfallen. Nur wenn z.B. bereits Vorfertigungen oder Lieferungen (Betonfertigteile, Fenster, Türen usw.) erbracht wurden, die aber noch nicht eingebaut werden konnten, oder verbindliche Verträge mit Nachunternehmern und Lieferanten vereinbart wurden, kann auch für die hieraus resultierenden Kosten ein Vergütungsanspruch entstehen. Der weitere Vergütungsanspruch erstreckt sich über die in der vertraglichen Vergütung enthaltene Gemeinkostenumlage des Unternehmers, die er in die betreffenden Positionen eingerechnet hat.

Beispiel

Bei dem Bauvorhaben „Neubau eines Wohn- und Geschäftshauses mit Tiefgarage" (vgl. Abschnitt 5.3) beabsichtigt der Bauherr, die Malerarbeiten (Pos. 2.34 – Innenanstrich) von einem befreundeten Malerbetrieb ausführen zu lassen, der ihm ein günstiges Angebot unterbreitet hat.

Welchen Vergütungsanspruch hat der Generalunternehmer aufgrund der Übernahme dieses Gewerks durch den Bauherrn?

Lösung

Der Kalkulation des Generalunternehmers kann für Pos. 2.34 entnommen werden:

Pos. 234 Malerarbeiten – Innenanstrich

(GU) Einzelkosten (entspricht hier dem Angebotspreis des (NU)	=	151.379,24 EUR
(GU) Gemeinkostenumlage über GU-Zuschlag (34,09 %)	=	51.605,18 EUR
(GU) Angebotspreis	=	202.984,42 EUR

Der zu kündigende Nachunternehmer, der seine Leistung zu 151.379,24 EUR (netto) angeboten hat, fordert gem. § 8 Abs. 1 Nr. 2 VOB/B ebenfalls die vertragliche Vergütung abzüglich der eingesparten Kosten.

Aus der vom Nachunternehmer vorgelegten Kalkulation ist zu entnehmen:

(NU) Einzelkosten der Teilleistung	=	121.991,32 EUR
(NU) Gemeinkosten der Baustelle	=	14.250,00 EUR
(NU) umsatzbezogene Gemeinkosten AGK = 7 %, Z = W = G = 1 % (Summe 10 %)	=	15.137,92 EUR
(NU) Angebotspreis	**=**	**151.379,24 EUR**

Der Nachunternehmer fordert als Vergütung bei Kündigung vom Generalunternehmer:

(NU) Angebotspreis	=	151.379,24 EUR
./. (NU) Einzelkosten der Teilleistung	=	– 121.991,24 EUR
./. (NU) Wagnis (1 %) und Bauzinsen (1 %) Anteil für W+Z = 2 % v. 151.379,24 EUR	=	– 3.027,58 EUR
./. (NU) Gemeinkosten der Baustelle (Annahme: 30 % können bei anderen Aufträgen gedeckt werden) 30 % von 14.250,00 EUR	=	– 4.275,00 EUR
(NU) Vergütungsanspruch bei Kündigung	**=**	**22.085,34 EUR**

Der Generalunternehmer fordert als Vergütung bei Kündigung vom Bauherrn:

(GU) Angebotspreis	=	202.984,42 EUR
./. (GU) eingesparte Einzelkosten der Teilleistung (gemäß (NU)-Angebot)	=	– 151.379,24 EUR
+ vom (GU) an den (NU) zu zahlender Vergütungsanspruch infolge Kündigung (s.o.)	=	+ 22.085,34 EUR
./. (GU) eingesparte Bauzinsen 1 % v. 202.984,42 EUR (Anm.: Das Wagnis ist im Bsp. nicht gesondert ausgewiesen)	=	– 2.029,84 EUR
./. (GU) eingesparte Gemeinkosten der Baustelle (Annahme: Es sind keine Einsparungen möglich, da die Baustelle trotz der Kündigung voll eingerichtet und besetzt bleibt.)	=	– 0,00 EUR
(GU) Vergütungsanspruch bei Teilkündigung Malerarbeiten	**=**	**71.660,68 EUR**

Eine Teilkündigung des Gewerks 2.34/Malerarbeiten führt zu einem Vergütungsanspruch des Generalunternehmers für dieses Gewerk in Höhe von 71.660,68 EUR.

Bei der Abrechnung des Gesamtbauauftrags ist jedoch zu beachten, dass die Vergütungsansprüche aus gekündigten, noch nicht ausgeführten Leistungen (hier: Gewerk Malerarbeiten) nach einem Entschädigungsprinzip zu vergüten sind. Es besteht somit ein Vergütungsanspruch des Generalunternehmers gegenüber dem Bauherrn, ohne dass für dieses Gewerk ein „Leistungsaustausch " (vgl. § 1 Umsatzsteuergesetz) stattgefunden hat. Insofern geht die Rechtsprechung derzeit davon aus, dass die Vergütung bzw. Entschädigung infolge (Teil-)Kündigung nicht der Umsatzsteuerpflicht unterliegt. Bei der Abrechnung ist daher eine Trennung dahingehend vorzunehmen, dass ausgeführte Leistungsabschnitte umsatzsteuerpflichtig und gekündigte (noch nicht ausgeführte) Leistungsabschnitte ohne Umsatzsteuer abzurechnen sind. Erforderlichenfalls sollte eine finanzrechtliche Prüfung im Einzelfall herangezogen werden (vgl. auch Abschnitt 7.7.3 Nr. 7 Umsatzsteuer).

Der ursprüngliche Pauschalpreis in Höhe von 5.318.722,24 EUR (netto) würde sich somit zunächst um den Gesamtbetrag des Gewerks Malerarbeiten (–202.984,42 EUR) auf 5.115.737,81 EUR reduzieren. Dieser Betrag wäre in jedem Fall umsatzsteuerpflichtig.

Im zweiten Schritt ist der Vergütungsanspruch infolge Teilkündigung in Höhe von 71.660,68 EUR abzurechnen, für den dann i.A. keine Umsatzsteuer zu erheben ist.

Insgesamt beläuft sich der Vergütungsanspruch (netto) somit auf 5.115.737,81 EUR + 71.660,68 EUR = 5.187.398,50 EUR zuzüglich Umsatzsteuer auf den erstgenannten Betrag, in Höhe von 971.990,18 EUR (bei 19 % USt.).

Dem Bauherrn sollte allerdings Gelegenheit geboten werden, die Entscheidung über eine etwaige Teilkündigung nach Vorlage der Vergütungsberechnung gründlich abzuwägen.

7.6 Vergütungsanpassung bei Pauschalpreisen gem. § 2 Absatz 7 VOB/B

Ist als Vergütung der Gesamt- oder einer Teilleistung (einer Position) eine Pauschalsumme vereinbart, so bleibt die Vergütung gemäß § 2 Abs. 7 VOB/B unverändert. Weicht jedoch die ausgeführte Leistung von der vertraglich vorgesehenen Leistung so erheblich ab, dass ein Festhalten an der Pauschalsumme nicht zumutbar ist (§ 242 BGB – „Leistung nach Treu und Glauben"), so ist auf Verlangen ein Ausgleich unter Berücksichtigung der Mehr- oder Minderkosten zu gewähren. Bei der Ermittlung dieses Ausgleichs ist wie in den vorherigen Abschnitten von den Grundlagen der Preisermittlung auszugehen.

Während der Fall einer „so erheblichen Abweichung", die ein Festhalten auf Grundlage von § 242 BGB unzumutbar werden lässt, eher als Ausnahmefall bezeichnet werden kann, kommen in der Praxis viel häufiger ganz andere Fälle in Betracht, bei denen die VOB eine Preisanpassung auch beim Pauschalvertrag uneingeschränkt zulässt.

Grundlage hierfür stellt § 2 Abs. 7 Nr. 2 VOB/B dar, in dem es heißt:

„Die Regelungen der Absätze 4, 5 und 6 gelten auch bei Vereinbarung einer Pauschalsumme."

Dies bedeutet, dass auch bei einem Pauschalvertrag bzw. bei vereinbarten Pauschalvergütungen für einzelne Teilleistungen (Positionen) die folgenden Vergütungsanpassungsvereinbarungen uneingeschränkt gelten:

- § 2 Abs. 4 VOB/B: Übernahme von Leistungen durch den Auftraggeber (vgl. Abschnitt 7.5)
- § 2 Abs. 5 VOB/B: Änderung der Preisgrundlage, z B. durch Bauentwurfsänderungen (vgl. Abschnitt 7.2)
- § 2 Abs. 6 VOB/B: zusätzliche, nicht im Vertrag vorgesehene Leistungen (vgl. Abschnitt 7.3). Wurde weder die VOB Teil B, noch eine individuelle Vertragsbedingung zur Ermittlung einer Preisanpassung vereinbart, so greift auch hier die gesetzliche Regelung gemäß den §§ 650b und 650c BGB (vgl. Abschnitt 7.2.2).

Die besondere Problematik bei der Darlegung der Ansprüche dem Grund und der Höhe nach liegt insbesondere bei Vorliegen einer funktionalen Leistungsbeschreibung (vgl. Abschnitt 3.3.2) in der einwandfreien Abgrenzung von vertraglich vorgesehenen und nach Ansicht des Auftragnehmers nachträglich vom Auftraggeber angeordneten Leistungen.

Lediglich die Vergütungsanpassung bei Mengenänderungen gem. § 2 Abs. 3 VOB/B (vgl. Abschnitt 7.4) ist bei einem Pauschalvertrag nicht anzuwenden, da der Auftragnehmer in der Regel dieses Risiko übernimmt und die Mengen im Zuge der Angebotsbearbeitung zu prüfen hat. Nur in ausgesprochenen Ausnahmefällen wird eine Vergütungsanpassung auf Grundlage der eingangs von der VOB eingeräumten Möglichkeit über § 242 BGB (Leistung nach Treu und Glauben) erfolgen.

7.7 Gestörter Bauablauf

7.7.1 Fallunterscheidungen

Der zwischen Auftraggeber und Auftragnehmer vereinbarte Bauvertrag sieht in der Regel klar definierte Termine respektive Ausführungsfristen für die Herstellung der vereinbarten Bauleistung vor. Während der Auftraggeber aus seiner Sichtweise terminliche Planungssicherheit für zum Beispiel mit Dritten zu vereinbarende Miet- oder Kaufverträge benötigt und eine pünktliche Fertigstellung Voraussetzung für die rechtzeitige weitere Vermarktung darstellt, ist dem Auftragnehmer in der Regel ebenfalls an einer zeitnahen Fertigstellung gelegen, um die entstehenden Kosten (insbesondere zeitabhängige Kosten) zu minimieren und Kapazitäten für neue Projekte freizustellen.

Um die vertragsgerechte Ausführung, die üblicherweise in einem Vertragsterminplan abgebildet wird, mit allen technologischen und kapazitiven Abhängigkeiten zu realisieren, bedarf es einer störungsfreien Durchführung. Der Vertragspartner, der die VOB/B als Allgemeine Vertragsbedingung dem Vertrag zugrunde legt (zumeist ist dies bereits der Auftraggeber), verpflichtet den Auftragnehmer gemäß § 6 Abs. 1 VOB/B, dem Auftraggeber *„unverzüglich schriftlich anzuzeigen"*, wenn sich *„der Auftragnehmer in der ordnungsgemäßen Ausführung der Leistung behindert [...] glaubt"*. Es wird hierbei weder nach Größe oder Ausmaß der Behinderung unterschieden, noch muss der Grund der Behinderung durch den Auftraggeber verursacht worden sein. Ferner muss die Behinderung noch gar nicht eingetreten sein, sondern es genügt schon die Vermutung, dass man sich behindert *glaubt*, wenn beispielsweise eine bestimmte Voraussetzung nicht rechtzeitig geklärt wird. Diese Forderung der VOB, also die unverzügliche Anzeige einer etwaigen Behinderung, in der die Fakten und die erwarteten Auswirkungen dezidiert dargelegt werden, beabsichtigt:

- die Information des Auftraggebers (AG) über die Störung,
- den Schutz des AG vor unberechtigten Ansprüchen des Auftragnehmers (Dokumentationsmöglichkeit des AG/Beweissicherung),
- die Warnung des AG über terminliche und finanzielle Folgen,
- die Aufforderung an den AG, die Behinderung abzustellen.

Die Anzeige der Behinderung soll zugleich die grundsätzliche Leistungsbereitschaft und den vertragsgerechten Leistungswillen des Auftragnehmers dokumentieren, was als selbstverständliche Voraussetzung für alle weiteren Ansprüche des Auftragnehmers anzusehen ist.

Kommt es während der Bauausführung zu Störungen im Bauablauf, so ist für die weitere Beurteilung entscheidend, aus wessen Sphäre diese Störungen hervorgehen und ob ein Verschulden beim Auftraggeber, beim Auftragnehmer oder bei Dritten vorliegt. Störungen können beispielsweise hervorgerufen werden durch:

- Änderungen des Bauentwurfs,
- verzögerte Planlieferung oder Planfreigaben,
- fehlende Baugenehmigung,
- Behinderung durch andere Gewerke (z.B. durch Vorunternehmer oder Nebenunternehmer),
- schlechte Arbeitsvorbereitung,
- unzureichende Ausstattung der Baustelle (Arbeitskräfte, Geräte, Gerüste, Stoffe usw.),
- Witterungsbedingungen:
  - mit denen bei Angebotsabgabe zu rechnen war,
  - mit denen bei Angebotsabgabe nicht zu rechnen war.

Die baubetrieblichen Folgen der Störungen können wie folgt differenziert werden, wobei jeweils zu unterscheiden ist, ob sich eine Leistung auf dem „kritischen Weg" der Bauausführung befindet oder parallel zum „kritischen Weg" auszuführen ist:

- Verschiebung des Baubeginns oder des Beginns einer Teilleistung,
- Hemmung oder Behinderung der Bauausführung (verlangsamte Ausführung),
- Unterbrechung der kompletten Bauausführung oder einer Teilleistung.

Unter Einfluss der vorstehenden zeitlichen Auswirkungen entstehen dem Auftragnehmer nahezu zwangsläufig Mehrkosten, für deren Geltendmachung beim Auftraggeber Voraussetzungen zu erfüllen sind. Werden diese Voraussetzungen nicht erfüllt oder sind die Ursachen dem Auftragnehmer selbst bzw. Witterungsbedingungen zuzuordnen, mit denen bei Angebotsabgabe gerechnet werden konnte, so wird der Auftragnehmer keine Ansprüche geltend machen können.

Die Übersicht in Bild B. 7-4 zeigt die Zusammenhänge von möglichen Ursachen und daraus abzuleitenden baubetrieblichen Folgen auf.

Bild B. 7-4: Fallunterscheidungen bei Störungen und Behinderungen in der Bauausführung

Bei den die Kostenermittlung betreffenden Begriffen ist folgende Unterscheidung von Bedeutung und maßgeblich bei dem jeweiligen Berechnungsverfahren zugrunde zu legen:

- **Vergütung, Vergütungsanpassung (§ 2 VOB/B)**
  Die Vergütung bestimmt sich gemäß § 2 VOB/B auf Grundlage der vereinbarten Preise und der tatsächlich ausgeführten Leistung. Bei Vergütungsanpassungen, z.B. gem. § 2 Abs. 3 ff. VOB/B, sind stets die Grundlagen der ursprünglichen Preisermittlung heranzuziehen und das Kostenniveau der Urkalkulation fortzuführen, unabhängig von den tatsächlich entstehenden Mehrkosten. Eine einvernehmliche Änderung der Ausführungstermine stellt eine Änderung der ursprünglichen Preisgrundlage dar, sodass insbesondere auf Grundlage von § 2 Abs. 5 VOB/B eine Preisanpassung zur Berücksichtigung der neuen Randbedingungen vorgenommen werden kann, deren Höhe sich aus dem beauftragten Preis-Leistungsniveau (Kostenniveau), also auf Grundlage der Urkalkulation, fortschreiben lässt.

- **angemessene Entschädigung (§ 642 BGB, Mitwirken des Bestellers)**
  Die angemessene Entschädigung im Sinne von § 642 BGB, die der Auftragnehmer, nachdem er seine Leistung vertragsgemäß dem Auftraggeber angeboten hat und dieser (auch ohne Verschulden) in Annahmeverzug dieser Leistung kommt, geltend machen kann, ist wie folgt zu ermitteln: *„Die Höhe der Entschädigung richtet sich einerseits nach der Dauer des Verzugs und der vereinbarten Vergütung, andererseits nach demjenigen, was der Unternehmer infolge des Verzugs an Aufwendungen erspart oder durch anderweitige Verwendung seiner Arbeitskraft erwerben kann"* (vgl. § 642 BGB). Es sind somit wiederum die Kalkulationsgrundlagen und das darin abgebildete Kostenniveau heranzuziehen, wobei

allerdings die Rechtsprechung derzeit davon ausgeht, dass – im Gegensatz zur reinen Vergütungsbetrachtung – der Entschädigungsansatz keinen Ansatz für Wagnis und Gewinn enthalten soll. Ferner ist – wie auch bei einer Vergütungsberechnung infolge Kündigung – gegenzurechnen, was der Auftragnehmer an Aufwendungen erspart oder stattdessen anderweitig erwerben kann.

- **Schadensersatz (§ 6 Abs. 6 VOB/B)**
  Bei der Geltendmachung eines reinen Schadensersatzanspruchs, was stets ein Verschulden einer Partei voraussetzt, sind die vereinbarten und in der Kalkulation dokumentierten Preise im Wesentlichen zu vernachlässigen. Ein „Schaden" definiert sich als Nachteil, den jemand durch ein bestimmtes (schadenstiftendes) Ereignis an seinem Vermögen oder sonstigen rechtlich geschützten Gütern erleidet. Der *„nachweislich entstandene Schaden"* (siehe auch §§ 249 ff. BGB) besteht aus der Differenz zwischen zwei Güterlagen:
  - der tatsächlichen Güterlage, die durch das Schadensereignis geschaffen wurde, und
  - einer unter Ausschaltung des Ereignisses hypothetisch gedachten Güterlage.

  Zur Ermittlung sind die **nachweislich tatsächlichen IST-Kosten** zu ermitteln und per Rechnung zu belegen, z.B. mit Miet- und Reinigungsrechnungen der mobilen WC-Anlagen bis hin zu konkreten Gehaltsnachweisen der Bauleiter und Poliere, die als „unproduktiv Beschäftigte" in Abhängigkeit von der Zeit Kosten verursachen. Nur in Ausnahmefällen dürfen Schätzwerte herangezogen werden; hierunter fällt beispielsweise der Bezug auf die in der BGL [13] veröffentlichten Gerätekosten, die auch vor Gericht – ggf. unter Ansatz von Korrekturfaktoren – Anerkennung finden.
  Diesen IST-Kosten sind die **hypothetischen SOLL-Kosten** gegenzurechnen, die angefallen wären, wenn es keine Störungen durch den AG gegeben hätte. Hierfür ist die vorliegende Auftrags- oder Arbeitskalkulation auf Auskömmlichkeit hin zu untersuchen und ggf. zu korrigieren.
  Gemäß § 6 Abs. 6 VOB/B besteht beim Schadensersatz – ganz im Gegensatz zu einem reinen BGB-Vertrag – ein Anspruch auf einen etwaigen *„entgangenen Gewinn"* nur bei *„Vorsatz oder grober Fahrlässigkeit"* des Verursachers.

Die wichtigsten der vorgenannten und in Bild B. 7-4 enthaltenen Fallunterscheidungen werden nachfolgend an einem Beispiel erläutert.

7.7.2 Erläuterung der Fallunterscheidungen am Beispiel einer Linienbaustelle

Beispiel

Für einen Straßenneubau (Gesamtlänge = 2.000 m) war vorgesehen, die Erdarbeiten vorlaufend mit gleichbleibender Ausführungsgeschwindigkeit, in jeweils 20 Arbeitstagen (AT) je 500 m Strecke, die vorlaufenden Gesamt-Erdarbeiten also innerhalb von 80 AT auszuführen. Vereinbart war ein Planvorlauf für die jeweils auszuführenden Streckenabschnitte von mindestens einer Woche (5 AT).

Aufgrund diverser Störungen kam es zu Abweichungen vom geplanten Soll-Terminplan, wodurch sich die Bauzeit verlängert hat. Für die Endphase der Erdarbeiten wurde der Auftragnehmer seitens des Auftraggebers aufgefordert, die Fertigstellung mit geeigneten Maßnahmen zu beschleunigen.

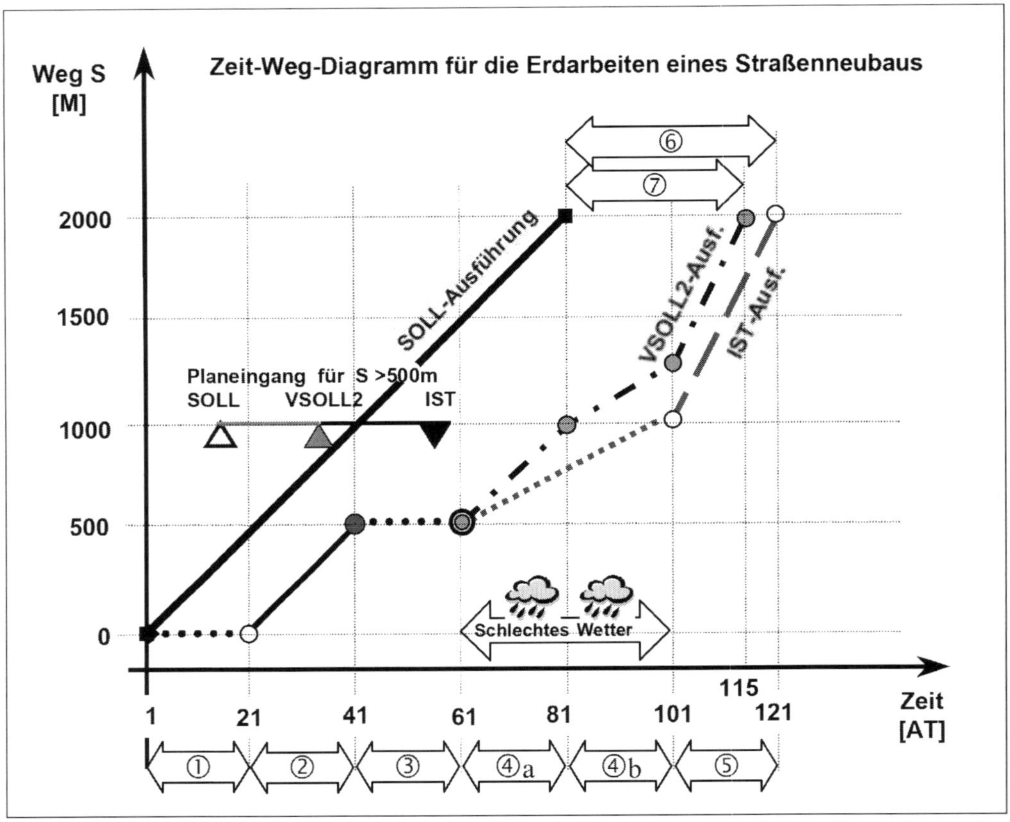

Bild B. 7-5: Zeit-Weg-Diagramm, Gegenüberstellung von SOLL-, VSOLL2- und IST-Ausführung der Erdarbeiten einer Linienbaustelle

1. Aufgrund verspäteter Fertigstellung von Leistungen eines Vorunternehmers konnten die Erdarbeiten nicht wie geplant begonnen werden. Der **Beginn** hat sich um 20 AT **„verschoben"**. Der Auftragnehmer hat dem Auftraggeber diesen Umstand sofort angezeigt und ihm seine vertragsgerecht zu erbringende Leistung angeboten. Der Auftraggeber kommt hierdurch in **„Annahmeverzug"** der vereinbarten Leistung, wodurch dem Auftragnehmer der Anspruch auf eine **„angemessene Entschädigung"** gem, § 642 BGB zusteht. Ferner steht dem Auftragnehmer ein Fristverlängerungsanspruch nach § 6 Abs. 2 Nr. 1 VOB/B zu.
2. Nach Fertigstellung der Vorunternehmerarbeiten konnten die Erdarbeiten mit einer Verzögerung von 20 AT am 21. AT beginnen und zunächst mit der geplanten Geschwindigkeit (500 m/20 AT) ausgeführt werden.
3. Die Pläne für den Streckenabschnitt S > 500 m lagen dem Auftragnehmer weder wie vereinbart eine Woche vor SOLL-Ausführung, am 15. AT, noch zum modifizierten VSOLL2-Termin am 35. AT vor, so dass er eine Behinderungsanzeige gemäß § 6 Abs. 1

VOB/B an den Auftraggeber richtet und ihn über die zu erwartenden baubetrieblichen Folgen und finanziellen Auswirkungen (Baustillstand/Mehrkosten) informiert. Zur Höhe etwaiger Mehrkosten braucht er zu diesem Zeitpunkt noch keine Angaben zu machen. Die fehlenden Planunterlagen gingen bezogen auf den ursprünglichen SOLL-Termin tatsächlich mit einer Verzögerung von 40 AT (am 55. AT), bzw. bezogen auf den modifizierten VSOLL2-Termin noch mit 20 AT Verzögerung beim Auftragnehmer ein, so dass unter Fortschreibung der vereinbarten Planvorlauffrist die Arbeiten im Anschluss an den Baustillstand der Erdarbeiten ab dem 61. AT fortgeführt werden konnten. Vernachlässigt wurde im vorliegenden Beispiel, dass bei der Berechnung der Fristverlängerung gemäß § 6 Abs. 4 VOB/B auch ein angemessener „Zuschlag für die Wiederaufnahme der Arbeiten" angesetzt werden könnte.

Da die rechtzeitige Bereitstellung der Ausführungsunterlagen durch den Auftraggeber eine seiner vertraglichen Hauptpflichten darstellt (§ 3 Abs. 1 VOB/B), handelt es sich bei der verspäteten Übergabe um eine **unterlassene Mitwirkungshandlung mit Verschulden**, so dass hieraus dem Auftragnehmer ein **Fristverlängerungsanspruch** nach § 6 Abs. 2 Nr. 1 und ein **Schadensersatzanspruch** nach § 6 Abs. 6 VOB/B zusteht.

4a. Während der Fortführung der Bauarbeiten ab dem 61. AT verschlechterte sich das Wetter derart, dass die geplante Produktivität sich auf nunmehr nur noch 250 m/20 AT reduziert hat. Da jedoch der Auftragnehmer im vorliegenden Fall bereits bei Angebotsabgabe mit ungünstigen Witterungsverhältnissen rechnen musste (weil z.B. die Ausführung während der Schlechtwetterzeit erfolgen sollte), steht ihm gemäß § 6 Abs. 2 Nr. 2 VOB/B **kein Anspruch auf Fristverlängerung** zu und somit natürlich auch **kein Anspruch auf eine diesbezügliche Kostenerstattung**.

4b. Ab dem 81. AT, also nach Fertigstellung von erst 750 m Baustrecke, beginnt die tatsächliche Bauzeitverlängerung über die vertraglich vereinbarte Bauzeit hinaus. Die verringerte Ausführungsgeschwindigkeit wird witterungsbedingt bis zum 100. AT (= 1000 m ausgeführte Strecke) beibehalten. Da der Auftragnehmer bei Angebotsabgabe nicht mit einer ungünstigen Witterung nach dem 80. AT der Ausführung rechnen musste, da zu diesem Zeitpunkt die Bauausführung bereits abgeschlossen sein sollte, ist nunmehr die witterungsbedingte Fristverlängerung als „**Sekundärverzögerung**" ansatzfähig und verlängert damit die ihm zustehende Bauzeit. Ferner steht dem Auftragnehmer ein daraus abzuleitender **Ersatzanspruch**, anteilig in Form von **Schadensersatz** gem. § 6 Abs. 6 VOB/B in Folge der Planlieferverzögerungen (siehe 3) sowie in Form einer **angemessenen Entschädigung** (gem. § 642 BGB) aufgrund der Anfangsverzögerungen (siehe 1), zu.

5. Der Auftragnehmer stockt auf Anweisung des Auftraggebers die Kapazitäten (Personal und Gerät) um ein Mehrfaches auf und bewirkt eine Beschleunigung auf eine neue Ausführungsgeschwindigkeit von 1.000 m je 20 AT. Die Erdarbeiten werden somit mit Ende des 120. AT abgeschlossen. Da der Auftraggeber eine **Anordnung zur Beschleunigung** im Sinne von § 1 Abs. 3 VOB/B ausgesprochen hat und kein Grund für ein „Abhilfeverlangen" des Auftraggebers nach § 5 Abs. 3 VOB/B geboten

war, entstehen dem Auftragnehmer **Vergütungsansprüche** auf Grundlage von § 2 Abs. 5 VOB/B, da sich aufgrund der Beschleunigungsanordnung die Grundlagen der Preise für die im Vertrag vorgesehenen Leistungen geändert haben.

6. Die tatsächliche Bauzeitverzögerung, bezogen auf die Fertigstellung der Erdarbeiten, beläuft sich auf einen Zeitraum von 40 AT. Ohne die zuvor durchgeführte Beschleunigung (5) hätte die Bauausführung noch 20 AT länger gedauert.
7. Es ist festzustellen, dass innerhalb der IST-Ausführung der Auftragnehmer während der Schlechtwetterzeit (4 a), also während der Vertragsfrist, langsamer als geplant gearbeitet hat. Diese Verzögerung fällt in den Verantwortungsbereich des Auftragnehmers, sodass bei der Ermittlung des theoretischen **„VSOLL2"**, in dem nur die dem Risikobereich des Auftraggebers zuzurechnenden Störungen zu berücksichtigen sind, diese eigenverschuldeten Verzögerungen unberücksichtigt bleiben müssen. Somit ist ein **AG-störungsbedingt modifizierter VSOLL2-Fertigstellungstermin** zum 115. AT zu erwarten gewesen. Daraus resultiert ein dem AG zuzurechnender Gesamt-Verzögerungszeitraum im Umfang von 35 AT. Bei der Kostenermittlung, gleichgültig, ob es sich um Schadenskosten-, Entschädigungs- oder Vergütungsbetrachtungen handelt, ist bei gleichzeitiger Berücksichtigung der Störungen und der Beschleunigung maximal von diesem Gesamtverzögerungszeitraum auszugehen. Dennoch sind etwaige Stillstandskosten für z.B. Geräte, die in den Phasen 1, 3 und 4 b vorzuhalten waren, unabhängig von der Gesamtverzögerung ansatzfähig.

7.7.3 Typische störungsbedingte Schadenskosten auf Seiten des Auftragnehmers

Kann eine Baumaßnahme nicht mehr planmäßig ausgeführt werden, weil es zu Störungen kam, die beispielsweise vom Auftraggeber verursacht wurden, so ist auf Seiten des Auftragnehmers alles zu tun, was ihm billigerweise zuzumuten ist, um den entstehenden Schaden möglichst gering zu halten. Dennoch werden die entstehenden Verzögerungen und etwaigen Bauablaufänderungen unterschiedlichste Mehrkosten verursachen. Es empfiehlt sich im Falle einer Schadenskostenanalyse, eine systematische Untersuchung anhand einer Checkliste durchzuführen. In Anlehnung an Born [40] bzw. Vygen/Schubert/Lang [30] kann folgende Checkliste mit hier nur auszugsweise und beispielhaft genannten Unterpunkten angewandt werden:

1. **Kosten durch verlängerte Vorhaltung** (mit/ohne abschließende Bauzeitverlängerung)
   - Abschreibung, Verzinsung, Reparatur zeitabhängiger Geräte
   - Betriebsstoffe für zeitabhängige Geräte
   - Kosten der örtlichen Bauleitung, Bürobedarf, Reisekosten
   - Hilfslöhne, Mieten + Pachten, Instandhaltung Baustelleneinrichtung
2. **Kosten durch Produktivitätsverluste**
   - infolge ungünstigerer Witterungseinflüsse (Kälte, Dunkelheit)
   - infolge arbeitsablaufbedingter Störungen
   - infolge des Verlustes eines Einarbeitungseffekts
   - infolge Änderung optimaler Abschnittsgrößen

- infolge nicht optimaler Kolonnenbesetzung
- infolge nicht kontinuierlichen Arbeitsflusses
- infolge der Wiederaufnahme länger stillstehender Bauarbeiten

3. **Kosten durch Zusatzarbeiten**
   - Umstellungen im Arbeitsablauf, Herstellung Provisorien
   - Aufräumarbeiten, Sicherungsmaßnahmen
   - Winterbaumaßnahmen, Grundwasserabsenkung
   - zusätzliche Ab-/Antransporte von Geräten
4. **Kosten durch Lohn- und Preissteigerungen**
   - Anstieg von Löhnen und Gehältern
   - Anstieg von Baustoffpreisen
   - auslaufende Verträge mit Subunternehmern
5. **Kosten durch Beschleunigungsmaßnahmen**
   - Einsatz zusätzlicher Personal- und Gerätekapazitäten
   - Überstundenzuschläge, Schichtarbeiten
6. **Gesamtunternehmensbezogene Kosten**
   - Planungs- und Organisationskosten (Arbeitsvorbereitung)
   - zusätzliche Finanzierungskosten
   - zusätzliche Kosten für Engpässe
   - allgemeine Geschäftskosten
   - Kosten für Sachverständige
7. **Umsatzsteuer**
   - Nach § 1 UStG ist bei einem reinen „Schadensersatz" keine Umsatzsteuer ansetzbar, da in der Regel kein Leistungsaustausch vorliegt. Da aber die Abgrenzung zum wirklichen Leistungsaustausch (z.B. zusätzliche Leistungen o. Ä.) nur schwer durchführbar ist und derzeit eine Rechtsunsicherheit besteht, ist sicherheitshalber zu empfehlen, die Umsatzsteuer in Rechnung zu stellen bzw. ein Anerkenntnis des AG für die spätere Vergütung zu sichern, falls man nach späterer Feststellung doch selbst die Umsatzsteuer abführen muss.

Der Ansatz von Wagnis und Gewinn als Schadenskosten kann bei einem VOB-Vertrag nur bei Vorsatz oder grober Fahrlässigkeit des Verursachers geltend gemacht werden; bei einem reinen BGB-Vertrag bleibt der Anspruch auf entgangenen Gewinn gemäß § 252 BGB jedoch unberührt.

7.7.4 Typische Schadenskosten auf Seiten des Auftraggebers

Sind Bauzeitverzögerungen auf ein Verschulden des Auftragnehmers zurückzuführen, so hat auch der Auftraggeber einen Schadensersatzanspruch gem. § 5 Abs. 4 und § 6 Abs. 6 VOB/B, der durch eine eventuelle Vertragsstrafenregelung (Pönale) nicht begrenzt wird. Die Schadenskosten des Auftraggebers können – im Gegensatz zum Auftragnehmer – wesentlich individueller in Abhängigkeit von der Institution des Auftraggebers entstehen. Die folgende Checkliste versucht die wesentlichen Unterscheidungsmerkmale zusammenzufassen, wobei zu unterscheiden ist, ob ein etwaiger entgangener Gewinn aufgrund von Vorsatz oder grober

Fahrlässigkeit des Verursachers bzw. bei einem reinen BGB-Vertrag auch ohne diese Voraussetzung anzusetzen ist oder nicht.

Schadensersatz ohne entgangenen Gewinn

1. **Schadenskosten am Bauwerk**
   - z.B. Bauwerksschäden infolge Wassereintritt, nachdem der AN die Dachabdichtungsarbeiten schuldhaft verzögert hat
2. **Sonstige Vermögensschäden**
   - z.B. Lohnkosten für nicht beschäftigtes Personal, weil der AN die Fabrikhalle nicht rechtzeitig fertiggestellt hat
   - z.B. Hotelkosten für temporär ausgelagerte Mieter eines Mehrfamilienhauses, dessen Sanierung durch den AN verzögert wurde.
   - Schadensersatzforderungen bzw. Vertragsstrafen des Bauherrn, die dieser dem Generalunternehmer (GU) in Rechnung stellt, können vom GU als seine Schadenskosten an den Nachunternehmer, der die Verzögerungen verursacht hat, durchgestellt werden.
3. **Finanzierungsmehraufwand**
   - z.B. Bereitstellungszinsen für später abgerufene Darlehen
4. **Architekten- und Ingenieurleistungen**
   - z.B. etwaige konkrete Schadensmehrkosten bei den beauftragten Architekten und Fachingenieuren
5. **Sachverständigenkosten**
   - z.B. etwaige Mehrkosten infolge der Beauftragung Dritter (z.B. Sachverständige) zur Dokumentierung und Geltendmachung der Ansprüche
6. **Nutzungsausfall**
   - z.B. Ausfall der Kostenmiete (ohne Gewinn) eines Mietobjekts während dessen verzögerter Fertigstellung

Schadensersatz mit entgangenem Gewinn

7. **Mietausfall (inkl. Gewinn bei o. g. Voraussetzungen)**
   - z.B. kompletter Mietausfall eines Mietobjekts während dessen verzögerter Fertigstellung einschließlich der enthaltenen Gewinnanteile
8. **Sonstiger Verdienstausfall (inkl. Gewinn bei o. g. Voraussetzungen)**
   - z.B. Ausfall des kompletten Unternehmerlohns einschließlich Gewinnanteile bei einem Kaufhaus, dessen Fertigstellung seitens des Auftragnehmers z.B. grob fahrlässig verzögert wurde

Es ist aber darauf hinzuweisen, dass regelmäßig auch geprüft werden muss, ob die verzögerte Fertigstellung eines Bauvorhabens auch zu Einsparungen führt, die den Schadenskosten gegenzurechnen sind. Beispielsweise ist dies durch die bis zur verspäteten Fertigstellung eingesparten Betriebs- und Bewirtschaftungskosten gegeben sowie bei eingesparten Zinsen, etwaigen Steuervorteilen oder wenn Erträge aus noch länger angelegtem Kapital erzielt werden können.

7.7.5 Dokumentation des gestörten Bauablaufs

7.7.5.1 Grundlagen

Sollen seitens des Auftragnehmers Ansprüche aus einem gestörten Bauablauf geltend gemacht werden, so werden hohe Anforderungen an den von ihm aufzubereitenden Nachweis gestellt. Vereinfachte Nachweisverfahren (z B. Äquivalenzverfahren) werden vor Gericht in der Regel nicht anerkannt. Beispielsweise heißt es im Urteil des Bundesgerichtshofes vom 20.02.1986 (BGH – VII ZR 286/84, siehe auch [23] und BauR 1986, 347):

„Auch die Verhältnisse auf Großbaustellen machen es nicht von vornherein unmöglich, einen Behinderungsschaden konkret darzulegen. Im Rahmen der dort ohnehin üblichen Dokumentationen können die Behinderungen und die sich hieraus ergebenden Folgen wie etwa Leerarbeit oder Leerkosten mit festgehalten werden."

Die auftragnehmerseitige Baustellenleitung muss sich somit intensiv mit dem Berichtswesen zur Dokumentation der Störungen im Bauablauf auseinandersetzen. Es sind hierbei die Ursachen der Störung einerseits und die daraus im Einzelnen entstandenen im adäquat kausalen Zusammenhang stehenden Folgen (Auswirkung auf die Bauzeit und auf die Kosten) andererseits konkret aufzuzeigen. Ferner müssen die Anspruchsvoraussetzungen, wie z.B. die gemäß § 6 Abs. 1 VOB/B geforderte „unverzügliche schriftliche Anzeige" beim Auftraggeber, erfüllt sein, sofern nicht in Ausnahmefällen von einer Offenkundigkeit der Störung und der behindernden Wirkung ausgegangen werden kann.

Je plausibler der Auftragnehmer die kausalen Zusammenhänge von Ursache und Wirkung (Störung und zeitliche und kostenmäßige Auswirkungen) darstellt und aufbereitet, desto eher wird eine Durchsetzung seiner Ansprüche möglich sein (vgl. Bild B. 7-7).

7.7.5.2 Darlegungs- und Beweislast des Auftragnehmers (AN)

Die Anforderungen an die vom Auftragnehmer für den Schadensanspruch durchzuführenden Nachweise haben Kapellmann/Schiffers [31] in einer „Checkliste Darlegungs- und Beweislast" zusammengetragen. Die sich daraus ergebenden wichtigsten Punkte sind:

1. Der AN muss grundsätzlich leistungsbereit und leistungsfähig sein.
2. Der AN muss den Tatbestand der Störung und die diesbezügliche verletzte Pflicht des Auftraggebers substantiiert darlegen und beweisen (haftungsbegründende Kausalität), nicht aber die Rechtswidrigkeit.
3. Der AN muss substantiiert darlegen und beweisen,
   - dass, wann und gegenüber wem er die Behinderung angezeigt hat, oder
   - warum die Behinderung selbst und die behindernde Auswirkung offenkundig waren, oder
   - warum im ganz besonderen Ausnahmefall Anzeige und/oder Offenkundigkeit nicht erforderlich waren.
4. Der AN braucht nicht darzulegen und/oder zu beweisen, dass der Auftraggeber die Behinderung verschuldet hat. Hierfür muss sich vielmehr umgekehrt der Auftraggeber entlasten.
5. Der AN braucht nicht in präzisen Einzelheiten die Folgen der Behinderung darzulegen und zu beweisen, er muss insoweit jedoch **prüfbare Anhaltspunkte** für

- den Eintritt eines zeitlichen Mehraufwandes oder eines Schadens,
- die Verursachung dieser Folgen durch die Störung sowie
- die Schadenshöhe

darstellen und beweisen (haftungsausfüllende Kausalität).

Auf Grundlage dieser Anhaltspunkte darf gemäß § 287 ZPO (Zivilprozessordnung) erforderlichenfalls auch eine Schätzung der zum Teil nur schwierig konkret zu ermittelnden Schadenskosten (z.B. Schätzung der Gerätevorhaltekosten durch Bezugnahme auf die BGL) zugelassen werden. Empfohlen wird dennoch stets eine belastbare und lückenlose Belegdokumentation.

7.7.5.3 Übersicht über die allgemeinen Dokumentationsmöglichkeiten der Baustelle

Die nachfolgende Aufstellung bietet eine grobe Übersicht über die üblichen Dokumentationsmittel der Baustelle und bewertet diese im Hinblick auf die im vorherigen Abschnitt angegebenen Darlegungs- und Beweislasten des Auftragnehmers. Zu beachten ist aber, dass bei individuellen Problemstellungen auch abweichende Gewichtungen denkbar sein können.

Eine besondere Stellung bei dem Berichtswesen ist dem Bautagebuch beizumessen. Dieses bietet als Komprimat (vgl. [31]) vieler anderer detaillierterer Aufzeichnungen eine sehr gute Möglichkeit, dem Auftraggeber das Geschehen auf der Baustelle mit all seinen Besonderheiten (z.B. mündliche Festlegungen, Anordnungen, Behinderungen usw.) mitzuteilen bzw. anzukündigen. Mitteilungen durch das Bautagebuch haben den Vorteil, dass sie aktuell erfolgen können, wenig Aufwand verursachen und eine niedrigere Hemmschwelle als Briefe haben.

Wenn auch das Bautagebuch das wichtigste Dokument über Bauabwicklung, Bauinhalt und Bauumstände darstellt, sollte es nicht als vollwertiger Ersatz für die in § 6 Abs. 1 VOB/B geforderte schriftliche Anzeige an den Auftraggeber angesehen werden; insbesondere dann, wenn der bauleitende Architekt das tägliche Protokoll übernimmt und nicht der Auftraggeber selbst.

Unter der Kenntnis des zentralen Stellenwertes des Bautagebuches versteht es sich von selbst, dass es nicht einfach so nebenbei geführt, sondern gezielt als tägliches Werkzeug vom **Bauleiter** eingesetzt werden sollte. Hierbei sollte der Fokus darauf gerichtet sein, dass anhand des Bautagebuches auch nachträglich jederzeit noch ein ausreichend informativer Ist-Verlauf der Bauausführung (IST-Bauablaufplan) festgestellt und die tatsächlich eingesetzten Kapazitäten ermittelt werden könnten.

Dokumentationsunterlagen Legende: ● sehr wichtig ○ kann wichtig sein	Bestimmung vertragliches Bau-SOLL	Darlegung Leistungs-bereitschaft	Anzeige + Abmeldung der Behin-derungen	Beweis Tatbestand der Störung + IST-Verlauf	Nachweis der Folgen (terminliche + finanzielle)
Bauvertrag mit - Terminen und Fristen (inkl. z.B. Planvorlauffristen) - Zuständigkeiten (Mitwirkung AG ?) - Preise und Vergütungsregelungen - Sonstige vertraglichen Regularien (Verhandlungsprotokoll) - Bauvertragspläne	●			○	
Bauablaufplan und **Bauzeitenplan** (Terminplan) - SOLL-Vorgabe (oft Vertragsbestandteil) - IST-Kontrolle	●	○		●	○
Bautagebuch (als Komprimat einer Vielzahl von Doku.-mitteln) - Zusammenfassung aller wichtigen Tagesereignisse (Wetter, Belegschaft, Tätigkeiten, eingesetzte Kapazitäten, Planeingänge, besond.Vorkommnisse, Behinderungen,...)		●	○	●	○
Kapazitätsplan (inkl. SOLL-IST-Nachkalkulation) - SOLL-Vorgabe, oft in Verbindung mit Arbeitskalkulation - IST-Kontrolle, Lohn-Tagesberichte, Tagelohnzettel Maschinentagesberichte/Versandberichte		●		○	●
Schriftverkehr - Allgemeiner Schriftverkehr - Schriftverkehr Bauherr/Bauunternehmung - Behinderungsanzeigen an Bauherrn - Behinderungsanzeigen von Nachunternehmern - Mitteilungen anderer Baubeteiligter (Planer, Behörden, ...)		○	●	○	○
Planlisten - Planübersichtsliste (SOLL-Termine) - Planeingangsliste (Soll-/Ist-Vergleich Planeingang) - Planvergleichsliste (inhaltlicher Vergleich mit Bauvertrag sowie Feststellung auftretender Änderungen in fortlaufenden Indexplänen)	○			●	○
Abrechnungen (inkl. Belege, Lieferscheine, Berechnungen usw.) - eigene Rechnungen an den Bauherrn - NU- u. Lieferantenrechnungen inkl. Lieferscheinen - Arge-Rechnungen - Lohn- und Gehaltsabrechnungen		○		○	●
Bauausführungs-Protokolle - Technische (Vor-) Abnahmen, - Aufmaßprotokolle		○			○
Angebote und **Verträge** mit Nachunternehmern und Lieferanten		○			○
Aktennotizen - Offizielle Besprechungsprotokolle (mit Unterschriften) - (Einseitige Aktennotizen, ohne Beweiskraft!)			○	●	○
Schlechtwettermeldungen - Statistiken über meteorologische Gegebenheiten				○	○
Ausführungspläne - genehmigte Architekten- Schal- und Bewehrungspläne - nicht genehmigte Pläne (Vorabzüge)	○			○	
Fotos mit Datum von Bauzuständen und Baustellenausstattung		○		○	○
Urkalkulation - beim Bauherrn hinterlegt (?)	●	○			○
Organisationsschemata - Planverteiler - Projektstruktur (Aufbau, Ablauf, Zuständigkeiten, Befugnisse, Vollmachten,...)	○	○		○	
Spezielle, ergänzende Dokumentationsmittel - z.B. „Behinderungs-Ereignis-Deckblatt" (vgl. Bild B.7-8)	⟷	⟷	⟷	⟷	⟷

Bild B. 7-6: Dokumentationsmittel zur Erfassung von Bauablaufstörungen

7.7.5.4 Spezielle, ergänzende Dokumentationsmöglichkeiten der Baustelle

Im Hinblick auf eine möglichst schlüssig und konkret erfasste Dokumentation von Störungsereignissen und deren terminlichen und finanziellen Folgen empfiehlt es sich, zusätzlich zu den zuvor allgemein üblichen Dokumentationsmitteln ein weiteres „Dokumentationskomprimat" für jeden einzelnen Behinderungsvorgang anzufertigen. Dieses Instrument soll ermöglichen, als eine Art Deckblatt für ein jeweiliges Behinderungsereignis sämtliche elementaren Informationen auf einem Blatt zielgerichtet zusammenzutragen. Ein solches „Behinderungs-Deckblatt", wie es beispielsweise in Bild B. 7-8 exemplarisch dargestellt wird, stellt einerseits sicher, dass keine wesentlichen Schritte vergessen werden, und ermöglicht andererseits zugleich den Verweis auf die jeweiligen anzuhängenden Datenerfassungen aus der ohnehin durchgeführten Baustellendokumentation.

Das „Behinderungs-Deckblatt" baut sich im Wesentlichen aus 5 Hauptspalten (A) bis (E) (vgl. Schema in Bild B. 7-7) auf, wobei die Spalten (A) bis (C) im Wesentlichen die „Störungsursachen" und die Spalten (D) und (E) die bauzeitlichen und kostenmäßigen Auswirkungen der Störungen erfassen. Ein solches Formblatt kann die Behinderung vom Erkennen bis zum Wegfall begleiten und später einem konkreten Nachweis dienen.

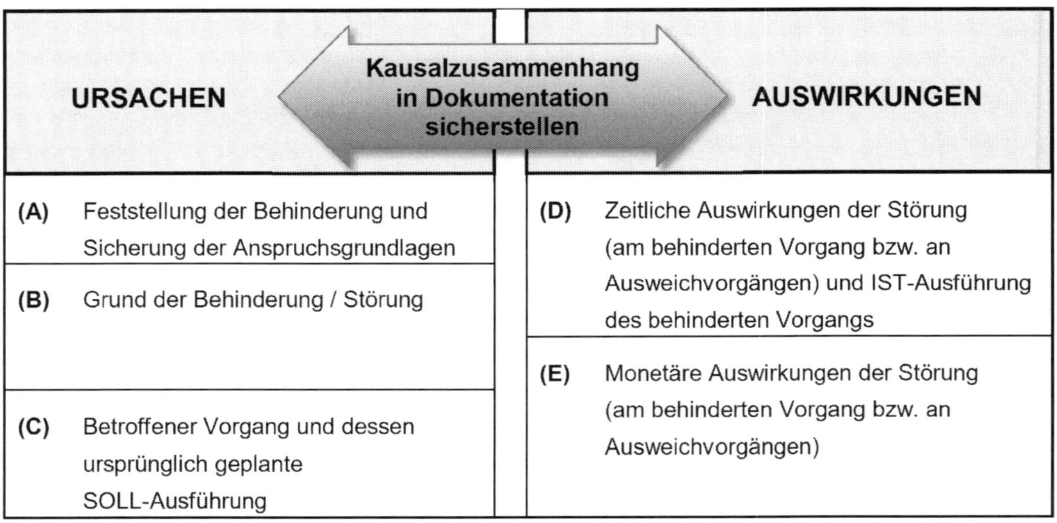

Bild B. 7-7: Sicherstellung einer schlüssigen und kausalen Nachweisführung bei Störungen im Bauablauf

Gleichgültig, ob ein gesondertes und umfangreiches Behinderungs-Ereignisblatt – wie in Bild B. 7-8 dargestellt – verwendet wird, oder dies in einfacheren Formblättern bzw. Listen realisiert wird, so stellt eine einfache und eindeutige (fortlaufende) Ereignisnummerierung den zentralen Schlüssel dar, über den der zugehörige Schriftverkehr gekennzeichnet und alle weiteren zugehörigen Dokumentationsunterlagen abgelegt werden können. Auf diese Weise besteht die Möglichkeit, ein geordnetes und auch über die Behinderungssachverhalte hinaus anwendbares Dokumentationssystem anzulegen, das zielorientiert eine entsprechende Erfassung, Nachhaltung und Auswertung ermöglicht bzw. vereinfacht.

BEHINDERUNGS-EREIGNIS-DECKBLATT

Bauvorhaben: …

Auftraggeber: …

Ereignis-Nr.: …… Kurzbezeichnung: …

(A) Feststellung & Anspruchsgrundlagen

Behinderungsanzeige (§ 6 (1) VOB/B):
(auch Angebot Leistungsbereitschaft i.S.v. § 642 BGB):

Datum: … **siehe Anlage:** …
an: …

Bemerkungen: (ab wann, wie lang, Auswirkungen)
…

AG-Anordnung (§ 1 (3) + (4) VOB/B):
(Anordnung mit Eingriff in Bauablauf oder umfangreiche Leistungsänderungen/Zusatzleistungen):

Datum: … **siehe Anlage:** …
Inhalt: (welche vertragsabweichende Anordnung?)
…

Anspruchsgrundlagen:

- ○ § 6 (1) VOB/B (angezeigte Behinderung)
- ○ § 6 (2) VOB/B (längere Ausführungsfrist)
- ○ § 6 (6) VOB/B (Schadensersatz)
- ○ § 642 BGB (Annahmeverzug/ angem.Entschäd..)
- ○ § 2 (5) + (6) VOB/B (Vergütungsänderung)
- ○ § 6 (3) VOB/B (Wegfall Behind./Wiederaufnahme)

Doku-Link (*P=Protokolle, SV=Schriftverkehr, BT=Bautagebuch,...):

Datum Art* Inhalt / **siehe Anlage:** …

Anzeige WEGFALL des Behinderungsgrunds:

Datum: … **siehe Anlage:** …
an: …

Bemerkungen: (ab wann, Auswirkungen)
…

(B) Grund der Behinderung/Störung

Fehlende Pläne:

Plan.Nr.	Beschreibung			
	Soll-Eingang	Ist-Eingang	Verzug	
…	…	…	…	(WT)
…	…	…	…	(WT)

Planeingangsliste: siehe Anlage: …

Fehlende Genehmigungen / Freigaben:

Beschreibung			
Soll-Datum	Ist-Datum	Verzug	
…	…	…	(WT)
…	…	…	(WT)

Nachweis: siehe Anlage: …

Fehlende Vorleistungen:

Gewerk / Beschreibung			
Soll-Fertigstell.	Ist-Fertigstell.	Verzug	
…	…	…	(WT)
…	…	…	(WT)

Nachweis: siehe Anlage: …

Sonstige Gründe:
…

(C) Betroffener Vorgang

Bauabschnitt:
Los: … Achse: …
Abschnitt: …
Bauteil: …

Gewerk(e):
…

Tätigkeiten / Leistungen:
…

Betroffene Nachunternehmer:
…

SOLL-Bauausführung gem. Vertrags-Terminpl.

Terminplan Nr. ……vom: ……

Vorg.Nr.	Beschr.	Soll-Beginn	Soll-Ende
…	…	…	…
…	…	…	…
…	…	…	…

Leistungen befinden sich …

○ **auf dem kritischen Weg der Bauausführung**
(Auswirkungen direkt auf Gesamt-Endtermin!!!)

○ **nicht auf dem kritischen Weg**
(vorerst keine Auswirkungen auf Gesamt-Endtermin!!!)

Es bestehen technologische Abhängigkeiten zu

Vorg.Nr.	Beschr.	Soll-Beginn	Soll-Ende
…	…	…	…
…	…	…	…
…	…	…	…
…	…	…	…
…	…	…	…

(Abhängigkeiten auf Rückseite näher erläutern)

(D) Zeitliche Auswirkungen

○ **Stillstand**/○ **Hemmung**/○ **Beschleunig.**
Soll-/Ist-Leistung +Mengen erfassen!

○ **Vorgang Nr.** … Beschr. …
vom: … … (ggf. Uhrzeit)
bis: … …
auf kritischen Weg: … (Ja/Nein)

○ **Ausweichvorg.Nr.** … Beschr. …
vom: … …
bis: … …
auf kritischen Weg: … (Ja/Nein)

○ **Sekundärverzögerungen (z.B. im Winter):**
Vorgang Nr. … Beschr. …
vom: … bis: …
auf kritischen Weg: … (Ja/Nein)
(Stillstände / Verzögerungen auf Rückseite protokollieren)

IST-Bauausführung gem. Soll-Ist-Terminplan (in Übereinstimmung mit Bautagebuch!)

Terminplan Nr. ……vom: ……

Vorg.Nr.	Beschr.	Ist-Beginn	Ist-Ende
…	…	…	…
…	…	…	…
…	…	…	…

Der vertragl. Endtermin verschiebt sich um:
… WT
vom: … auf den: …
Festgestellt im Terminplan vom: …
Dem AG vorgelegt am: …

Ergänz.Info: …

Verhandlungsstatus „Fristverlängerung": **siehe Anlage**

- ○ Dem AG angekündigt: … …
- ○ Zurückgezogen: … …
- ○ Abgelehnt: … …
- ○ Widerspruch: … …
- ○ Sachlich anerkannt: … …
- ○ Genehmigt: … …
- ○ Neuer Terminplan: … …
- ○ Neue Vertragsstrafe: … …

(E) Monetäre Auswirkungen

Produktivitätsverluste: **siehe Anlage**
Mengenermittlung und Soll-/Ist-Vergleich erfassen!!!

○ **am behind. Vorg.-Nr.** …: …
vom: … bis: …
Tätigkeiten: …

○ **am Ausweichvorg.-Nr.** …: …
vom: … bis: …
Tätigkeiten: …

○ **inf. Wiederaufn. V-Nr.** …: …
am: …
Tätigkeiten: …

○ **bei Sekundärvorg.Nr,** …: …
vom: … bis: …
Tätigkeiten: …

Ergänz.Info: …

Zusätzliche Leistungen: **siehe Anlage**

- ○ Projekt- /Oberbauleitung …
- ○ Bauleitung / Poliere …
- ○ Planungsleistungen …
- ○ Gewerbl. Personaleinsatz …
- ○ Materialeinsatz …
- ○ Geräteeinsatz …

Ergänz.Info: …

Kosten aus längerer Vorhaltung: **siehe Anlage**
vom: … bis: …

- ○ Baustelleneinrichtung: …
- ○ Aufsichtspersonal: …
- ○ Gewerbl. Personal: …
- ○ Geräte / Schalung: …
- ○ AGK-Unterdeckung …
- ○ … …

Ergänz.Info: …

Verhandlungsstatus „Mehrkosten": **siehe Anlage**

- ○ Dem AG angekündigt: … …
- ○ Dem AG angeboten: … …
- ○ Zurückgezogen: … …
- ○ Abgelehnt: … …
- ○ Widerspruch: … …
- ○ Sachlich anerkannt: … …
- ○ Genehmigt: … …

WERT (netto): … EUR

Sachbearbeiter: … *Letztes Änderungsdatum:* …

Bild B. 7-8: Behinderungsdeckblatt, als Komprimat der Erfassung eines Störungsereignisses

C Betriebsabrechnung eines Bauunternehmens

8 Betriebsabrechnung

8.1 Aufgaben und Zielsetzung

Im Betriebsablauf eines Bauunternehmens fallen im Zusammenhang mit der allgemeinen Organisation und der Auftragsabwicklung laufend Kosten an, die in den Konten der Finanzbuchhaltung zusammen mit dem übrigen Aufwand erfasst und verbucht werden. Das Ordnungsprinzip der Kostenerfassung in der Finanzbuchhaltung ist dabei die Kostenartengliederung, d.h., für jede Kostenart gibt es ein Konto, auf dem die entsprechenden Kosten aller Betriebsteile und Baustellen gesammelt werden. So werden z.B. die Löhne aller Baustellen oder sonstigen Betriebsteile, in denen Löhne anfallen, auf einem gemeinsamen Konto der Finanzbuchhaltung gebucht. Entsprechend werden alle übrigen Kosten behandelt.

Diesem Block der betrieblichen, nach Kostenarten gegliederten Gesamtkosten, ergänzt durch sonstige Aufwendungen, stehen die Erlöse der Baustellen und Hilfsbetriebe und die Erträge des Gesamtunternehmens gegenüber.

Bei dieser zusammenfassenden Betrachtungsweise kann wohl eine Ergebnisrechnung für den Betrieb durchgeführt werden, indem Aufwand und Erträge gegenübergestellt werden, wie es z.B. jeweils zum Jahresende in der Gewinn- und Verlustrechnung geschieht; eine Einzelanalyse einer Baustelle ist aber nicht möglich. Im Interesse einer Optimierung der Wirtschaftlichkeit muss der Unternehmensleitung aber bekannt sein, welche Kosten in den einzelnen Betriebsteilen angefallen sind und welche Erlöse dafür erzielt wurden. Die Gegenüberstellung von Kosten und Erlösen ist nicht nur einmal am Jahresende erforderlich, sondern möglichst monatlich, um bei Fehlentwicklungen rechtzeitig steuernd eingreifen zu können.

Hieraus ergeben sich die wesentlichen Aufgaben der Betriebsabrechnung, nämlich:

- die in der Finanzbuchhaltung erfassten betrieblichen Kosten und Erlöse zu sortieren und aufzubereiten;
- eine kurzfristige, d.h. monatliche Erfolgsrechnung der Baustellen und des Gesamtbetriebes durchzuführen und
- die Wirtschaftlichkeit der Hilfsbetriebe zu überprüfen.

Daneben kann über die Betriebsabrechnung eine Reihe von Kennzahlen und Kontrolldaten vom kalkulatorischen Einzelansatz für die Preisermittlung bis hin zu umfassenden Aussagen für die Unternehmenssteuerung gewonnen werden.

8.2 Prinzip der Betriebsabrechnung

Um die Zielsetzung der Betriebsabrechnung zu erreichen, d.h. um betriebsteilbezogene Erfolgs- und Wirtschaftlichkeitskontrollen durchführen zu können, müssen die Kosten des Gesamtbetriebes so aufgeschlüsselt werden, dass sie mit den Einzelerlösen der Betriebsteile direkt in Beziehung gebracht werden können. Sonstige Aufwendungen und Erträge, die nicht im unmittelbaren Zusammenhang mit der Auftragsabwicklung stehen, bleiben dabei unberücksichtigt und gehen nur in die Gesamterfolgsrechnung des Unternehmens ein.

Der direkte Bezug zwischen Kosten und Erlösen wird dadurch hergestellt, dass das Verursacherprinzip als neues Kostengliederungsprinzip eingeführt wird. Dies erfordert ein zweites Buchwerk, in dem die Kosten aus der Finanzbuchhaltung

- für jeden Betriebsteil gesondert,
- aber in der üblichen Kostenartengliederung

erfasst werden.

Nachdem die Kosten im ersten Schritt auf den entsprechenden Konten der Finanzbuchhaltung verbucht wurden, werden sie anschließend in einem zweiten Schritt dem Verursacher zugeordnet, für den im Prinzip nochmal die gleichen Konten wie in der Finanzbuchhaltung geführt werden. Dieses zweite Buchwerk ist die sogenannte Betriebsbuchhaltung. Die Betriebsbuchhaltung ist die Basis für den direkten Kosten- und Leistungsvergleich zur Feststellung der Ergebnissituation für die einzelnen Betriebsteile und liefert die für die Steuerung und Kontrolle notwendigen Daten.

8.3 Voraussetzungen für die Betriebsabrechnung

8.3.1 Gliederung des Betriebs in Kostenstellen

Für die Kostenzuordnung nach dem Verursacherprinzip ist die eindeutige Definition dieser Verursacher erforderlich. Dies geschieht durch die Aufteilung des Betriebs in Kostenstellen, in Anlehnung an die bereits bestehende Betriebsorganisation.

Danach bietet sich z.B. folgende Gliederung an:

- allgemeine Verwaltung
- Fuhrpark
- Gerätepark
- Bauhof
- Lagerplatz
- Werkstatt
- Baustellen.

Daneben können aus kostenrechnerischer Sicht weitere Kostenstellen für bestimmte Bereiche gebildet werden, die gesondert kontrolliert werden sollen, z.B.

- Soziallasten für Arbeiter und Poliere
- Kleingeräte und Werkzeuge
- Schalung und Rüstung.

Für die Einteilung des Betriebs in Kostenstellen gibt es keine allgemeingültige Vorschrift; sie wird den Erfordernissen und praktischen Gegebenheiten des jeweiligen Unternehmers angepasst.

Aus kostenrechnerischer Sicht lassen sich bei der Gliederung des Betriebs drei Arten von Kostenstellen unterscheiden:

- Hauptkostenstellen
- Hilfskostenstellen
- Nebenkostenstellen.

Diese Kostenstellen werden nach den Leistungsempfängern unterschieden.

Hauptkostenstellen sind Träger einer Leistung, die auf einem Markt absetzbar ist und für die unmittelbar ein Erlös erzielt werden kann. Hauptkostenstellen im Baubetrieb sind demnach die Baustellen, auf denen Leistungen erbracht und an den Bauherrn „verkauft" werden.

Hilfskostenstellen sind Träger einer innerbetrieblichen Leistung. Die innerbetriebliche Leistung wird für den Betrieb oder einen Teilbereich, z.B. die Baustellen, erbracht. Für diese innerbetrieblichen Leistungen ist unmittelbar kein Erlös zu erzielen. Hilfskostenstellen sind z.B. die Verwaltung, die Werkstatt, der Bauhof.

Nebenkostenstellen sind eine Kombination von Haupt- und Hilfskostenstellen. Sie sind Träger sowohl außerbetrieblicher als auch innerbetrieblicher Leistungen, z.B. Fuhrpark, Gerätepark.

8.3.2 Aufbau der Betriebsbuchhaltung

Nach dem Kontenplan des Baukontenrahmens (BKR) (vgl. Abschnitt 1.3.1.5) wird die gesamte Kosten- und Leistungsrechnung des Betriebs mit der Baubetriebsrechnung in der Kontenklasse 9 durchgeführt.

Diese Kontenklasse 9 wird nach den Bedürfnissen des Rechnungswesens und der Kostenstellengliederung des Betriebs in die folgenden Kontengruppen gegliedert:

90	Übernahmekonto	Übernahmekreis
91	unternehmensbezogene Abgrenzungen	Abgrenzungsrechnung
92	betriebsbezogene Abgrenzungen	
93	Kosten- und Leistungsarten	Baubetriebsrechnung
94	Schlüsselkostenstellen	
95	Verwaltung	
96	Hilfsbetriebe und Verrechnungskostenstellen	
97	Baustellen	
98	Gemeinschaftsbaustellen (Bau-Arbeitsgemeinschaften)	
99	Ergebnisrechnung	

In den Kontengruppen 90 bis 92 wird mithilfe der Übernahmekonten und der Abgrenzungskonten der Bezug der Unternehmensrechnung sichergestellt.

In den Kontengruppen 93 bis 99 wird die Baubetriebsrechnung durchgeführt. Die weitere Untergliederung dieser Gruppen erfolgt entsprechend den betriebsspezifischen Bedürfnissen. So kann z.B. die Kontengruppe 97 weiter unterteilt werden in

971 Konten für die Baustelle A

972 Konten für die Baustelle B usw.

und die Kontengruppe 96 in die Konten

961 Fuhrpark

962 Gerätepark

963 Bauhof usw.

Diese kostenstellenbezogene Kontengliederung muss ergänzt werden durch einen Kostenartenschlüssel, der eine Gliederung der Kostenkonten nach Kostenarten vorsieht. Dieser Kostenartenschlüssel enthält die Hauptkostenarten (Kostenartengruppen des BKR 2016), die nach Bedarf weiter untergliedert werden können.

Kostenartengruppen

1. Lohn- und Gehaltskosten
2. Fremdarbeitskosten
3. Kosten der Bau- und Fertigungsstoffe
4. Kosten für Fertigerzeugnisse
5. Kosten des Rüst-, Schal- und Verbaumaterials einschließlich der Bauhilfsstoffe
6. Kosten der Geräte und der Betriebsstoffe
7. Kosten der Geschäfts-, Betriebs- und Baustellenausstattung
8. Kosten der technischen Bearbeitung und Projektentwicklung
9. Kosten der Nachunternehmerleistungen
10. Kosten der Immobilienbewirtschaftung
11. Sonstige Kosten

Diese Kostenartengliederung ist mit der in der Unternehmensrechnung gewählten Gliederung in der Kontenklasse 6 abzustimmen. Bauunternehmen sollten die für sie relevante Kostenartengliederung, orientiert an dem Vorschlag des BKR, individuell festlegen, wobei i.d.R. nur ein Teil der Kostenartengruppen verwendet wird.

Für jede Kostenart ist ein gesondertes Konto einzurichten und getrennt nach den Kostenstellenkonten zu führen; d.h., für jede Kostenstelle gibt es so viele Kostenartenkonten, wie nach der Besonderheit dieser Kostenstelle erforderlich sind.

Mit dieser doppelten Gliederung der Konten nach Kostenart und Verursacher kann jeder Kostenbeleg eindeutig zugeordnet werden.

Beispiel

Wird für die Baustelle A Beton eingekauft, so erfolgt eine Belastung des Kontos 971 auf dem Kostenartenkonto 300, d.h., es wird das Konto 971.300 belastet.

8.3.3 Bildung von innerbetrieblichen Verrechnungssätzen

Jede Kostenstelle (z.B. die Baustelle) kann als Betrieb im Betrieb aufgefasst werden. Als innerbetriebliche Betriebe sollen die Kostenstellen kostendeckend arbeiten, die Haupt- und Nebenkostenstellen außerdem einen Gewinn erwirtschaften. Da die Hilfskostenstellen aber keine unmittelbare Leistung nach außen erbringen, können sie auch keinen Erlös zu ihrer Kostendeckung erzielen. Die Kostendeckung von Hilfskostenstellen erfolgt darum über Gutschriften für ihre erbrachten Leistungen. Wenn eine Hilfskostenstelle für eine andere Kostenstelle eine Leistung erbracht hat, wird diese Leistung bewertet und der Wert der leistenden Hilfskostenstelle als „Erlös" gutgeschrieben. Die Kostenstelle, für die die Leistung erbracht wurde, wird andererseits mit dem Wert belastet.

Zur Bewertung und Verrechnung einer innerbetrieblichen Leistung werden Verrechnungssätze gebildet. Grundlage eines Verrechnungssatzes ist eine messbare Leistungseinheit, z.B. für die Werkstatt eine Reparaturstunde, für einen Bagger eine Einsatzstunde. Auf diese Leistungseinheiten werden die Kosten der Hilfskostenstelle umgelegt.

Der Quotient aus angefallenen Kosten zu erbrachten Leistungseinheiten entspricht dem Verrechnungssatz einer Hilfskostenstelle.

Dieser Verrechnungssatz wird bei Einführung der Betriebsabrechnung monatlich für die einzelnen Hilfskostenstellen über eine längere Zeit ermittelt. Das statistische Mittel wird dann als gültiger Satz festgelegt und nur noch von Zeit zu Zeit kontrolliert.

Für bestimmte Hilfskostenstellen lassen sich keine Leistungseinheiten definieren und damit auch kein Verrechnungssatz in der beschriebenen Form ermitteln. Dies gilt besonders für die Verwaltung, da die Leistung der Verwaltung nicht in Einheiten messbar ist. Die Kosten der Verwaltung müssen aber erfasst und gedeckt werden. Zur Deckung der Verwaltungskosten werden die Hauptkostenstellen anteilig mit den in der Verwaltung angefallenen Kosten in Form eines Prozentsatzes des erbrachten Umsatzes belastet. Dieser Prozentsatz wird z.B. auch für Allgemeine Geschäftskosten in der Kalkulation für die Verrechnung der Verwaltungskosten benutzt.

8.4 Durchführung der Betriebsabrechnung

Die eigentliche Aufgabe der Betriebsabrechnung – die Ermittlung des betrieblichen Gesamtergebnisses – bedeutet nichts anderes als die Gegenüberstellung der Kosten und Leistungen der einzelnen Kostenstellen und die Zusammenfassung dieser Ergebnisse zum Gesamtergebnis, d.h. zur kurzfristigen Erfolgsrechnung. Dazu sind folgende Einzelschritte erforderlich:

1. periodische Kostenerfassung und Verteilung auf die verursachenden Kostenstellen
2. Leistungserfassung aller Kostenstellen

3. innerbetriebliche Leistungsverrechnung der Hilfskostenstellen
4. Ermittlung des Ergebnisses jeder einzelnen Kostenstelle und des Gesamtbetriebs.

8.4.1 Periodische Kostenerfassung und Verteilung auf die verursachende Kostenstelle

Dieser Schritt wird mithilfe der Finanz- und Betriebsbuchhaltung vollzogen. Auf die Konten der Finanzbuchhaltung werden alle direkt im Betrieb anfallenden Kosten auf ihrem entsprechenden Kostenartenkonto verbucht, wobei es völlig gleichgültig ist, in welchem betrieblichen Bereich diese Kosten verursacht worden sind. Diesem Buchungsvorgang schließt sich ein zweiter an, in dem die Kosten auf ein Konto derjenigen Kostenstelle verbucht werden, in deren Bereich sie angefallen sind. Zur Erfassung und Weiterverteilung ist jeder Kostenbeleg zu kontieren, d.h., er wird mit einer Schlüsselnummer versehen, aus der die Kostenart und die Verursachungsstelle hervorgehen (Bild C.8-1).

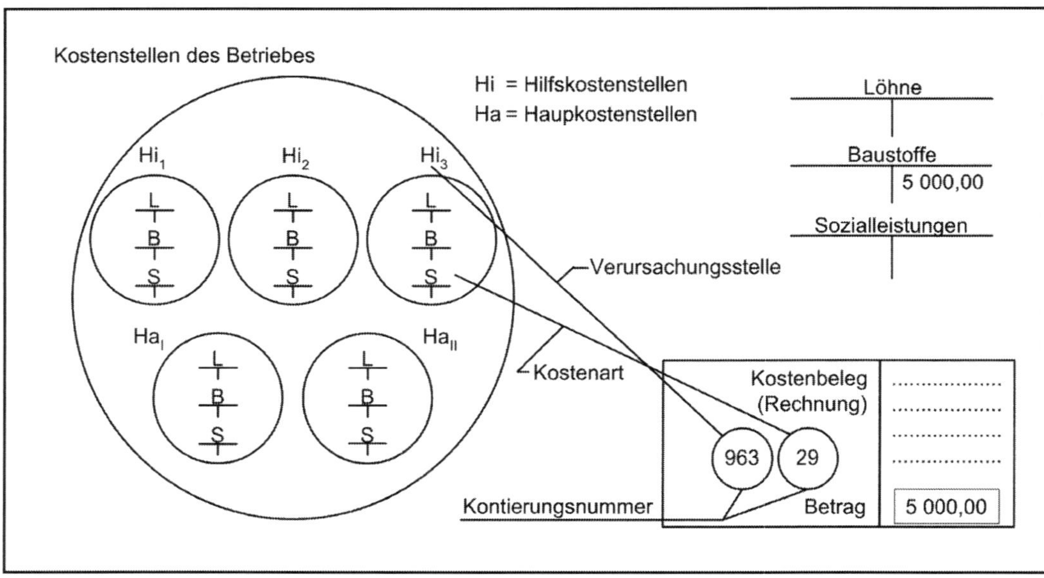

Bild C. 8-1: Kostenerfassung in der Finanz- und Betriebsbuchhaltung

Mit diesem Verfahren können für jede Kostenstelle in bestimmten Abständen – meistens monatlich – die direkten Kosten ermittelt werden.

Dabei sind allerdings zwei Forderungen zu erfüllen:

- Für einen exakten Vergleich der Kosten und Leistungen zu einem Stichtag muss sichergestellt sein, dass auf der Kostenseite nur solche Anteile enthalten sind, die sich auf den betrachteten Zeitraum beziehen.
- Gleichzeitig muss die Kostenerfassung vollständig sein.

Zur Erfüllung der ersten Forderung bedarf es jeweils zum Stichtag umfangreicher Kostenabgrenzungen. Die zweite Forderung wird erfüllt, indem der Buchungsschluss einige Tage nach dem Stichtag gelegt wird, damit möglichst viele Rechnungen im Abschluss erfasst werden.

Alle bis zum Buchungsschluss vorliegenden Rechnungen werden ordnungsgemäß gebucht, erforderlichenfalls abgegrenzt. Alle übrigen Kosten, die durch Lieferscheine o.Ä. bekannt sind, werden ergänzt und ebenfalls abgegrenzt. Der zeitliche Zusammenhang zwischen der Kostenverbuchung und der Kostenentstehung kann anhand des Bildes C. 8-3 erläutert werden:

Kostenübersicht	Zeitraum	von:			bis:				
Kostenarten (Klasse 9)	Konten-bezeichnung	Hilfskostenstellen					Hauptkostenstellen Baustellen		
		Verwaltung 950	Bauhof 961	Fuhrpark 962	Werkstatt 963	Gerätepark 964	971	972	973
Löhne u. Gehälter (A + P)									
Baustoffe									
Rüst- u. Schalmaterial									
Hilfs- u. Betriebsstoffe									
Geräte (A + V u. Rep.)									
Baustellenausstattung									
Allgemeine Kosten									
Fremdarbeitskosten									
Nachunternehmer									
Summe (direkte Kosten)									

Bild C. 8-2: Kostenübersicht eines Baubetriebs (vereinfachtes Beispiel)

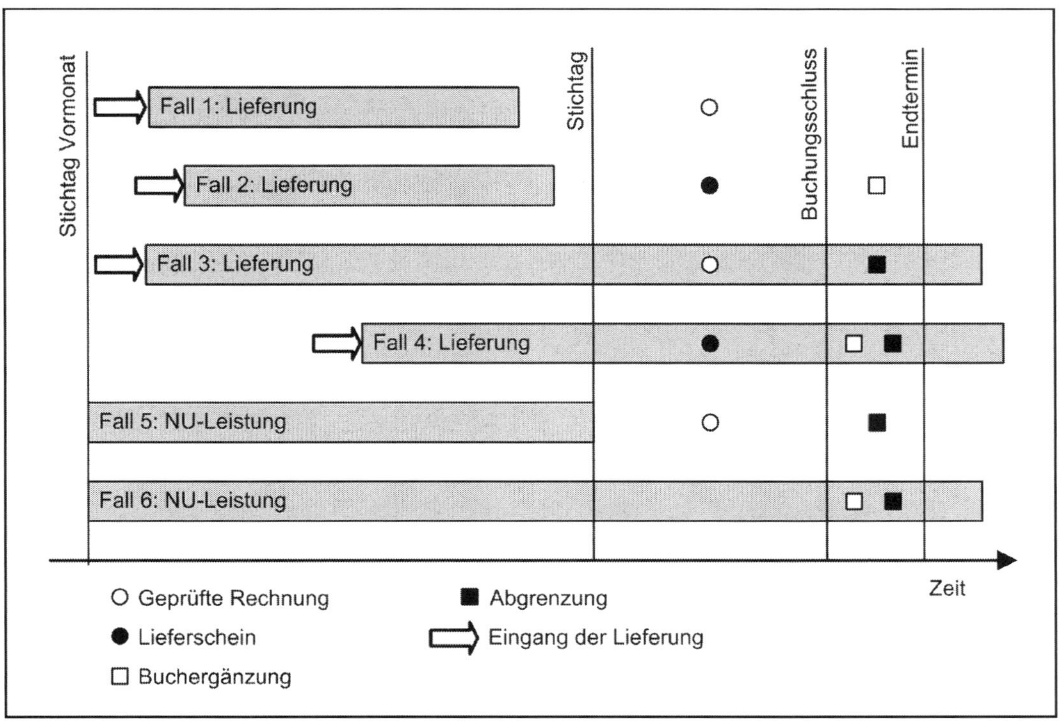

Bild C. 8-3: Beispiele zur Kostenabgrenzung

Fall 1: Material wurde vor dem Stichtag angeliefert und verbraucht; die Rechnung lag vor Buchungsschluss geprüft vor. Die Rechnung wird mit dem geprüften Betrag eingebucht.

Fall 2: Wie Fall 1, aber bis zum Buchungsschluss lag noch keine geprüfte Rechnung vor. Die Lieferung wird anhand des Lieferscheines kostenmäßig bewertet, der Betrag als Buchergänzung in den Kosten berücksichtigt.

Fall 3: Material wurde vor dem Stichtag angeliefert, aber nur zum Teil verbraucht; die Rechnung lag vor Buchungsschluss geprüft vor. Die Rechnung wird gebucht, der Rechnungsbetrag aber um den Wert des nicht verbrauchten Materials (lagerndes Material) abgegrenzt.

Fall 4: Material wurde vor dem Stichtag angeliefert, aber nur zum Teil verbraucht; die Rechnung lag bei Buchungsschluss nicht vor. Die Lieferung wird anhand des Lieferscheines kostenmäßig bewertet, der Betrag um den Wert des nicht verbrauchten Materials abgegrenzt und als Buchergänzung in den Kosten berücksichtigt.

Fall 5: Ein Nachunternehmer reicht vor Buchungsschluss eine Abschlagsrechnung ein, der Bauleiter hat aber einen anderen Betrag als Leistung des Nachunternehmers gemeldet. Die Rechnung wird verbucht, aber um die Differenz zwischen Rechnungsbetrag und Leistungsmeldung abgegrenzt.

Fall 6: Zum Buchungsschluss liegt die Rechnung eines Nachunternehmers noch nicht vor, der Bauleiter hat aber eine Leistung gemeldet. Der Wert der gebuchten Leistung wird als Buchergänzung in den Kosten berücksichtigt.

Diese Abgrenzungen und Ergänzungen, von denen die oben beispielhaft aufgeführten nur eine kleine Auswahl der verschiedenen Möglichkeiten darstellen, sind sorgfältigst jeweils zum Stichtag vorzunehmen, da sonst ein Vergleich von Kosten und Leistungen ein falsches Ergebnis liefern würde.

Voraussetzung dafür ist ein gut ausgebautes Berichtswesen, das die schnelle Kontierung und Weiterleitung der Rechnungen und die Aufstellung anderer Kostenbelege, wie z.B. Stundenabrechnungen der Baustellen, gewährleistet, so dass kurzfristig die Konten abgeschlossen werden und die Ergebnisse der Betriebsabrechnung zur Verfügung gestellt werden können.

8.4.2 Leistungsermittlung

In der Erfolgsrechnung werden Aufwand und Ertrag gegenübergestellt, die Differenz ist der Gewinn bzw. der Verlust (siehe Abschnitt 1.3.1.2).

In der kurzfristigen Erfolgsrechnung deckt sich bei einer Baustelle in der Regel der Aufwand mit den in der Betriebsbuchhaltung ausgewiesenen Kosten, der Ertrag ist dem Erlös gleichzusetzen. Wenn also im Zusammenhang mit der Erfolgsrechnung von einer Leistung der Baustelle gesprochen wird, ist unter dieser ein Erlös zu verstehen.

8.4.2.1 Leistung der Hilfskostenstellen

Die monatliche Gesamtleistung einer Hilfskostenstelle ist gleich der Summe der erbrachten und bewerteten Leistungseinheiten. Die Leistungseinheiten sind innerhalb des Berichtswesens mit geeigneten Formularen zu erfassen. Aus ihnen müssen die Art der Leistung und die Kostenstelle, für die die Leistung erbracht wurde, hervorgehen. Durch Multiplikation der Leistungseinheiten mit den Verrechnungssätzen wird der Wert der Leistung bestimmt. Aufgrund dieser Leistungserfassung wird eine innerbetriebliche Rechnung geschrieben, die von der leistungsempfangenden Stelle kontrolliert und bestätigt werden muss. Diese Rechnungsbeträge sind die innerbetrieblichen Erlöse der Hilfskostenstellen, die ihnen auf einem Konto „Abgegebene innerbetriebliche Hilfsleistungen" gutgeschrieben werden.

8.4.2.2 Leistung der Hauptkostenstellen

Zur Ermittlung der Leistung einer Hauptkostenstelle (Baustelle) zum Stichtag werden für die einzelnen Positionen des Leistungsverzeichnisses die tatsächlich erbrachten Mengen festgestellt, mit den Einheitspreisen multipliziert und aufaddiert. Der so gewonnene Betrag ist der Erlös, der zum Stichtag dem Auftraggeber in Rechnung gestellt werden kann.

Die Gegenüberstellung dieses Erlöses als Leistung der Baustelle einerseits und der Kosten andererseits würde meistens ein falsches Ergebnis liefern. Ebenso wie die Kosten zum Stichtag abgegrenzt werden mussten, sind ähnliche Maßnahmen auf der Leistungsseite erforderlich.

Es sind alle in die Einheitspreise der Leistungspositionen eingerechneten Leistungen analog zu den Kosten periodenecht abzugrenzen. Dies gilt insbesondere für solche Leistungen, die zu bestimmten Zeitpunkten zu erbringen sind, aber nur als Gemeinkosten über Zuschläge mit den abrechenbaren Teilleistungen verrechnet werden, wie z.B. Baustelleneinrichtung, technische Bearbeitung, Vorfertigungen, Baustellenräumung.

Beispiel

Auf einer Baustelle wurde im 1. Monat nur die Baustelleneinrichtung installiert. In der Kalkulation waren die Kosten hierfür in die Einheitspreise einzurechnen. Da keine Menge einer LV-Position im 1. Monat erbracht wurde, ist der gegenüber dem Auftraggeber abzurechnende Erlös gleich null. Trotzdem hat die Baustelle eine Leistung erbracht, nämlich die Einrichtung der Baustelle. Der Erlös für die Einrichtung wird aber erst zu einem späteren Zeitpunkt mit der Abrechnung der im Leistungsverzeichnis ausgeschriebenen Leistungen erzielt.

Lösung

Für den Vergleich „Kosten und Leistungen" ist die Baustelleneinrichtung als Vorleistung der Baustelle mit den dafür kalkulierten Kosten zu bewerten und mit den Prozentsätzen für AGK und W + G zu beaufschlagen, um einen – wenn auch fiktiven – Erlös zu erhalten. Entsprechend dem Baufortschritt ist dann im Weiteren für die Baustelleneinrichtung nur noch ein Teilbetrag anzusetzen, da mit der erbrachten und in Rechnung gestellten Leistung die Baustelleneinrichtung anteilig erlöst wird.

Ähnliche, am Ende der Bauzeit zu erbringende Leistungen, für die ebenfalls im Leistungsverzeichnis keine gesonderten Positionen vorgesehen sind, sind mit umgekehrten Vorzeichen genauso zu behandeln. Für die Baustellenräumung z.B. werden Rückstellungen gebildet, d.h., der zum Stichtag ausgewiesene Erlös wird um Teilbeträge gemindert. Diese Rückstellungen sollen zum Schluss die Kosten der Räumung decken, wenn alle anderen Leistungen bereits in Rechnung gestellt sind. Gehälter der Bauleitung, Gerätemieten, Bürokosten usw. fallen dagegen annähernd kontinuierlich und proportional zu den übrigen Leistungen an und brauchen nicht abgegrenzt zu werden.

Ein weiteres Problem im Zusammenhang mit der Leistungsermittlung stellt die Bewertung teilfertiger Leistungen dar. Bei sehr unübersichtlichen und verschachtelten Bauvorhaben ist eine exakte Feststellung der geleisteten Mengen jeweils zum Monatsende mit einem erheblichen Aufwand verbunden. Eine Abschätzung der Leistungen, wie sie in solchen Fällen häufig vorgenommen wird, führt jedoch zwangsläufig zu Ungenauigkeiten in der Ergebnisermittlung.

8.4.3 Die innerbetriebliche Leistungsverrechnung

Aus der Kostenerfassung mithilfe der Buchhaltung sind für jede Kostenstelle die direkten Kosten ermittelt worden, die in dem Bereich einer Kostenstelle unmittelbar angefallen sind. Hat eine Kostenstelle nun bei der Erbringung ihrer eigenen Leistung die Hilfe oder Unterstützung einer anderen Kostenstelle erhalten, so muss sie für diese Hilfsleistung „bezahlen". Den Kostenstellen entstehen also infolge der Hilfsleistungen anderer Kostenstellen entsprechende, abgeleitete Kosten. Diese Hilfsleistungen werden in der Regel von Hilfskostenstellen für Hauptkostenstellen oder andere Hilfskostenstellen erbracht.

Beispiel: Die Hilfskostenstelle Fuhrpark erbringt eine Transportleistung für die Hauptkostenstelle Baustelle A. Zudem erbringt die Hilfskostenstelle Fuhrpark eine Transportleistung für die Hilfskostenstelle Lagerplatz. Diese innerbetrieblichen Hilfsleistungen müssen zwischen den Kostenstellen verrechnet werden. Der Leistungsempfänger wird mit dem Wert der Leistung belastet, dem Leistungserbringer, d.h. dem Fuhrpark, wird der Wert der Leistung gutgeschrieben.

Führt man die Leistungsverrechnung konsequent durch, so werden letzten Endes die Baustellen als die primären Kostenverursacher mit sämtlichen innerbetrieblich erbrachten Leistungen belastet, denn jede Leistung einer Hilfskostenstelle wird eigentlich für die Baustellen erbracht, selbst wenn es indirekt über eine andere Hilfskostenstelle geschieht. Auf der Baustelle wird für diese Leistungen ein Erlös erzielt, denn die Kosten für die Hilfsleistungen werden anteilig in die Preise eingerechnet.

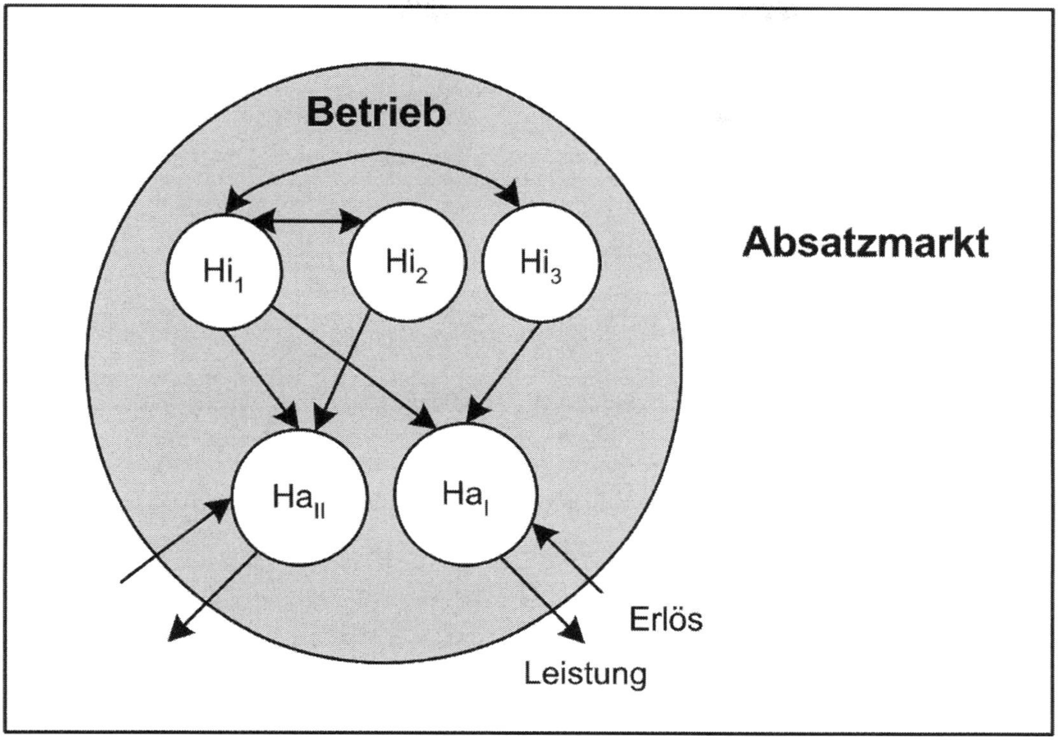

Bild C. 8-4: Der Leistungsfluss

Die Verrechnung der innerbetrieblichen Leistung ist zum Beispiel in Bild C. 9-4 dargestellt.

8.4.4 Ermittlung des Betriebsergebnisses

Nach Abschluss der innerbetrieblichen Leistungsverrechnung sind für jede Kostenstelle die Kosten und die Erlöse bekannt, und es kann die rein schematische Gegenüberstellung vorgenommen werden. Es werden auf der einen Seite die Kosten zusammengefasst – aus der Betriebsbuchhaltung die direkten Anteile und aus der Leistungsverrechnung die abgeleiteten Kostenanteile – und auf der anderen Seite die bewertete Leistung, der „Erlös". Für die Hauptkostenstellen ist er die erbrachte Leistung multipliziert mit den Einheitspreisen, für die Hilfskostenstellen die Summe der Gutschriften.

In kleineren Betrieben kann die Ergebnisermittlung für Haupt- und Hilfskostenstellen und für den Gesamtbetrieb geschlossen auf einem Formular, dem sogenannten Betriebsabrechnungsbogen, erfolgen. Ein prinzipielles Beispiel ist in Bild C. 9-5 dargestellt. Diese Form der zusammenfassenden Betrachtungsweise ist aber nur in Betrieben mit wenigen Baustellen und einer wenig detaillierten Untergliederung in Hilfskostenstellen möglich, andernfalls geht schnell die Übersichtlichkeit verloren.

Dabei werden, wie aus Bild C. 9-5 ersichtlich, den einzelnen Kostenstellen nach Zusammenstellung der direkten Kosten die Kosten aus interner Verrechnung zugeordnet. Es werden die Abgrenzungen gemäß Abschnitt 8.4.1, z.B. für die lagernden Baustoffe oder Nachunternehmerleistungen sowie Rückstellungen, vorgenommen und die Herstellkosten ermittelt. Bei den

Hilfskostenstellen werden diesen Kosten die verrechneten Leistungen gegenübergestellt und ein Rohergebnis ermittelt. Für die Hauptkostenstellen werden aufgrund umsatzbezogener Prozentzahlen die allgemeinen Geschäftskosten statistisch ergänzt, so dass ein Gewinn bzw. Verlust der einzelnen Baustellen errechnet wird.

In größeren Betrieben (vgl. Beispiel Abschnitt 9) wird im Regelfall eine größere Anzahl von Kostenstellen eingerichtet und erfasst werden. Die Kostenerfassung und -verteilung auf die einzelnen Kostenstellen sowie die Zusammenfassung der Kosten und Ergebnisse der einzelnen Kostenstellen zum betrieblichen Gesamtergebnis lässt sich dann ohne weiteres unter Anwendung einer entsprechenden Software bewerkstelligen. Es wird dann für jede Kostenstelle eine gesonderte Ergebnisermittlung durchgeführt (Bild C. 9-6).

Dabei werden neben den Abgrenzungen, soweit erforderlich, auch Rückstellungen vorgenommen, z.B. für

- bereits erkennbare Maßnahmen, die Kosten verursachen, aber nicht abgerechnet werden können (Gewährleistung usw.),
- Rechnungsabstriche für ausgeführte, aber noch nicht genehmigte Nachträge.

Auch bei den Hauptkostenstellen wird nur ein Rohergebnis ermittelt. Aus der Zusammenstellung aller Ergebnisse ergibt sich, unter Berücksichtigung der Kostenüber- und -unterdeckungen der Hilfskostenstellen, der betriebliche Rohüberschuss. Hiervon werden die allgemeinen Geschäfts- und Verwaltungskosten abgesetzt, und es ergibt sich der Betriebsgewinn oder -verlust (vgl. Bild C. 9-7).

Grundsätzlich soll die Abrechnung der Hilfskostenstellen eine Kostendeckung erbringen, aber keinen Gewinn oder Verlust. Wird über längere Zeit ein Gewinn für eine Hilfskostenstelle rechnerisch ausgeworfen, sollte der Verrechnungssatz für diese Hilfskostenstelle gesenkt werden. Das wirkt sich auf die Preisgestaltung aus, denn in den Preisen werden die innerbetrieblichen Hilfsleistungen erfasst, die, wenn sie billiger erbracht werden können, zu einer Preissenkung und damit zu einer Steigerung der Konkurrenzfähigkeit führen. Die Hauptkostenstellen sollen natürlich gewinnbringend arbeiten.

Ein einzelnes Ergebnis einer Betriebsabrechnung liefert nur bedingt Aufschlüsse über die wirtschaftliche Situation der einzelnen betrieblichen Teilbereiche. Die monatliche Fortschreibung der Ergebnisse zeigt die Entwicklung und bietet damit Ansatzpunkte zu Vorausschätzungen.

9 Beispiel zur Betriebsabrechnung (vereinfacht)

9.1 Vorgehensweise

Bemerkung

Dieses Beispiel erhebt keinen Anspruch auf Vollständigkeit. Eine Reihe von Problemen im Zusammenhang mit der Betriebsabrechnung wird bewusst nicht angeschnitten. Die behandelten Unterlagen sollen nur das Prinzip deutlich machen.

Erläuterungen zum Beispiel (vgl. auch Ablaufdiagramm Bild C. 9-1):

1. Schritt

Zusammenstellung der direkten Kosten für die einzelnen Kostenstellen:

Die einzelnen Kostenbelege der Kostenstellen (Verwaltung, Hilfskostenstellen, Baustellen) werden auf den Sammelkonten der Finanzbuchhaltung gebucht.

Aus den Sammelkonten werden die Anteile für die einzelnen Kostenstellen herausgezogen und auf die zugehörigen Konten verbucht. Diese Weiterverbuchung auf die Konten der Kostenstelle wird automatisch vorgenommen, so wie eine Buchung in der Finanzbuchhaltung vorgenommen wird (Bild C. 9-2 und C. 9-3).

2. Schritt

Leistungserfassung:

Die Leistungserfassung erfolgt für die Hauptkostenstelle im Rahmen der monatlichen Leistungsmeldung, die z.B. Grundlage für Abschlagsrechnungen ist. Die Leistungen der Hilfskostenstellen werden aufgrund der Leistungsmeldungen bewertet und als verrechneter Erlös bei der innerbetrieblichen Leistungsberechnung erfasst (s. Abschnitt 9.3).

3. Schritt

Innerbetriebliche Leistungsverrechnung:

Die innerbetriebliche Leistungsverrechnung baut auf der Leistungsmeldung der Hilfskostenstellen auf. Es ist daraus bekannt, welche technische Leistung die einzelne Kostenstelle erbracht und welche andere Kostenstelle sie empfangen hat. Auf der Grundlage der innerbetrieblichen Verrechnungssätze wird der Hilfskostenstelle ein verrechneter Erlös, der empfangenden Kostenstelle eine Belastung zugeordnet (s. Abschnitt 9.4).

4. Schritt

Ermittlung der Einzelergebnisse der Kostenstellen:

Bei der Abrechnung der Kostenstellen werden zunächst die Kosten zusammengestellt, und zwar die direkten Kosten gemäß Zusammenfassung der Konten und die sogenannten abgeleiteten Kosten aus der internen Verrechnung. Diese Kosten werden der Leistung (Erlös) gegenübergestellt und aus der Differenz das Ergebnis der Kostenstelle ermittelt (s. Abschnitt 9.5).

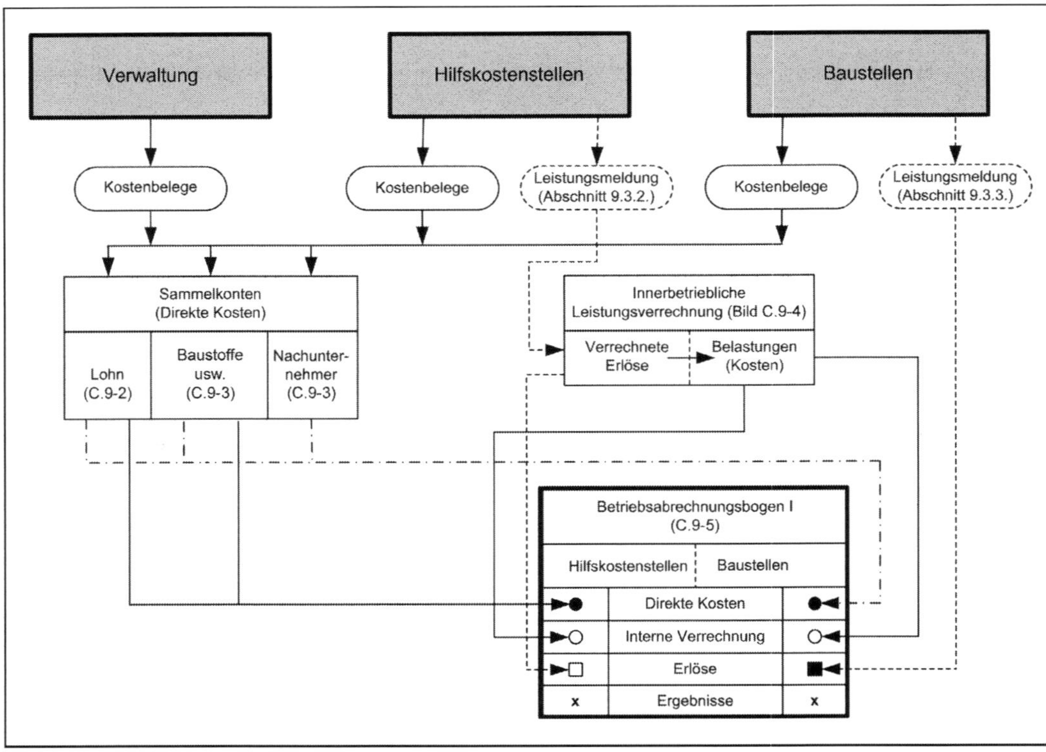

Bild C. 9-1: Ablaufdiagramm zum Beispiel (Abschnitt 9)

9.2 Sammelkonten der Kostenarten

Die Tabellen C. 9-2 und C. 9-3 enthalten die Kostenartenkonten für die Sammlung der Kosten und ihre Verteilung auf die einzelnen Kostenstellen des Betriebs. Für diesen Betrieb sind drei Hauptkostenstellen und fünf Hilfskostenstellen eingerichtet. Es werden die in Abschnitt 8.3.2 angeführten neun Hauptkostenarten unterschieden. Das Sammelkonto Lohn wurde dabei in Bild C. 9-2 beispielhaft mit allen Einzelbuchungen dargestellt. Für die verbleibenden acht Kostenartenkonten wurden nur die Konten-Summen in Bild C. 9-3 angegeben.

9.3 Leistungserfassung

9.3.1 Ermittlung der Verrechnungssätze

Die Leistung der Hilfskostenstellen wird mit Verrechnungssätzen bewertet und weiterbelastet. Zur Bildung dieser Verrechnungssätze ist eine Leistungseinheit zu definieren, z.B. eine produktive Stunde, auf die dann die Kosten umgelegt werden. Es ergibt sich damit:

$$\text{Verrechnungssatz} = \frac{\text{Kosten}}{\text{Leistungseinheiten}} [\text{EUR/LE}]$$

Sammelkonto: Lohn						Zeitraum von		bis	31.07.2019	
Kostenart	Betrag	Verrechnungsstelle	Verwaltung 950	Bauhof 961	Fuhrpark 962	Werkstatt 963	Gerätepark 964	Baustelle 971	Baustelle 972	Baustelle 973
Lohnkosten	**19.882,00**	971						19.882,00		
	8.535,00	961		8.535,00						
	2.029,00	964					2.029,00			
	39.450,00	971						39.450,00		
	886,00	950	886,00							
	8.402,00	962			8.402,00					
	2.537,00	973								2.537,00
	12.093,00	973								12.093,00
	17.401,00	972							17.401,00	
	30.668,00	963				30.668,00				
	1.715,00	950	1.715,00							
	11.980,00	961		11.980,00						
	1.258,00	964					1.258,00			
	2.515,00	950	2.515,00							
	4.058,00	950	4.058,00							
	38.155,00	971						38.155,00		
	16.103,00	972							16.103,00	
	7.668,00	972							7.668,00	
	7.250,00	961		7.250,00						
Summen Sammelkonto Lohnkosten	232.585,00		**9.174,00**	**27.765,00**	**8.402,00**	**30.668,00**	**3.287,00**	**97.487,00**	**41.172,00**	**14.630,00**

Bild C. 9-2: Sammelkonto Lohn

Sammelkonten-Summen						Zeitraum von		bis	31.07.2019	
Kostenart	Betrag	Verrechnungsstelle	Verwaltung 950	Bauhof 961	Fuhrpark 962	Werkstatt 963	Gerätepark 964	Baustelle 971	Baustelle 972	Baustelle 973
Baustoffe	...			...		...		...	...	...
Σ	**135.476,00**			1.200,00		3.273,00		49.253,00	46.368,00	35.382,00
Rüst-/Schalmaterial	...							...	...	...
Σ	**38.433,00**							16.435,00	13.644,00	8.354,00
Hilfs-/Betriebsstoffe	...			...	...	...	...	...	...	...
Σ	**26.767,00**			563,00	2.255,00	180,00	783,00	735,00	16.553,00	5.698,00
Gerätekosten	...			...	...	...	...	...	...	...
Σ	**49.729,00**			2.122,00	5.648,00	3.688,00	1.355,00	10.100,00	7.074,00	19.742,00
Baustellenausstattung	...							...	...	...
Σ	**37.400,00**							6.217,00	11.590,00	19.593,00
Allgemeine Kosten	...		...	...	...	...	...	...	...	...
Σ	**83.927,00**		44.495,00	3.864,00	1.218,00	2.120,00	326,00	23.540,00	2.161,00	6.203,00
Fremdarbeit	...					...		...	...	...
Σ	**23.996,00**					1.206,00		3.524,00	9.022,00	10.244,00
Nachunternehmer	...							...	...	...
Σ	**103.396,00**							17.580,00	57.547,00	28.269,00
Summen Sammelkonten ohne Lohnk.	**499.124,00**		**44.495,00**	**7.749,00**	**9.121,00**	**10.467,00**	**2.464,00**	**127.384,00**	**163.959,00**	**133.485,00**
Summen aller Sammelkonten	**731.709,00**		**53.669,00**	**35.514,00**	**17.523,00**	**41.135,00**	**5.751,00**	**224.871,00**	**205.131,00**	**148.115,00**

Bild C. 9-3: Sammelkonten-Summen

Beispiel

Verrechnungssatz für den Bauhof

Personal des Bauhofs:
4 Arbeitskräfte je 170 Std. monatlich

1 Verwaltungskraft mit 60 Std. monatlich
(60 Std., da für verschiedene Hilfsbetriebe zuständig)

Dieses Personal verursacht im Monat:

Löhne und Gehälter (s. Bild C. 9-2)	=	27.765,00 EUR
Stoffkosten, Gerätekosten usw. (s. Bild C. 9-3)	=	7.749,00 EUR
Gesamtkosten Bauhof	=	35.514,00 EUR

$$\text{Verrechnungssatz} = \frac{35.514,00}{4 \cdot 170 \cdot 0,95} = 54,98 \text{ EUR/h}$$

Der Faktor 0,95 berücksichtigt die nicht weiterzuverrechnenden unproduktiven Stunden des Bauhofs. Aus allen monatlichen Mittelwerten wird der Jahresdurchschnitt errechnet und der innerbetrieblichen Weiterverrechnung zugrunde gelegt. Das Jahresmittel für den anzusetzenden Verrechnungssatz beträgt 55,00 EUR/h.

9.3.2 Leistungsmeldung der Hilfskostenstellen

Verwaltung

Für die Verwaltung kann eine Leistungsmeldung praktisch nicht erfolgen. Die Kostenverrechnung erfolgt prozentual und umsatzbezogen auf die Hauptkostenstellen (vgl. z.B. Abschnitt 9.5; hier werden als Kosten der Verwaltung ca. 6,72 % der Bauleistung [≙ Umsatz] verrechnet).

Bauhof

Der innerbetriebliche Verrechnungssatz einer produktiven Stunde beträgt für den Bauhof 55,00 EUR/Std.

Auf dem Bauhof wurden im Abrechnungszeitraum insgesamt 630 Stunden produktiv geleistet.

Aufteilung	KST	Lohnstunden	Verrechnungssatz	Leistung
für den Gerätepark	964	50 Std.	55,00 EUR/Std.	2.750,00 EUR
für die Baustelle	971	30 Std.	55,00 EUR/Std.	1.650,00 EUR
für die Baustelle	972	00 Std.	55,00 EUR/Std.	11.000,00 EUR
für die Baustelle	973	350 Std.	55,00 EUR/Std.	19.250,00 EUR
SUMMEN		**630 Std.**		**34.650,00 EUR**

Auf dem Bauhof befinden sich Baustoffe, die als lagernde Bestände mit 1.850,00 EUR bewertet werden.

Fuhrpark

Der Fuhrpark führte verschiedene Gerätetransporte durch und versorgte die Baustellen mit Material vom Bauhof. Im Verrechnungssatz von 60,00 EUR/Std. sind die Kosten der Transportmittel enthalten. Es wurden insgesamt 400 Stunden geleistet.

Aufteilung	KST	Lohnstunden	Verrechnungssatz	Leistung
für die Werkstatt	963	140 Std.	60,00 EUR/Std.	8.400,00 EUR
für die Baustelle	971	50 Std.	60,00 EUR/Std.	3.000,00 EUR
für die Baustelle	972	120 Std.	60,00 EUR/Std.	7.200,00 EUR
für die Baustelle	973	90 Std.	60,00 EUR/Std.	5.400,00 EUR
SUMMEN		**400 Std.**		**24.000,00 EUR**

Werkstatt

In der Werkstatt wurden Gerätereparaturen durchgeführt und in großem Umfang Einbauteile für die Baustelle II angefertigt. Der innerbetriebliche Verrechnungssatz beträgt 52,00 EUR/Std.

Die angefallenen 950 Stunden verteilen sich auf:

Aufteilung	KST	Lohnstunden	Verrechnungssatz	Leistung
den Fuhrpark	962	45 Std.	52,00 EUR/Std.	2.340,00 EUR
den Gerätepark	964	165 Std.	52,00 EUR/Std.	8.580,00 EUR
die Baustelle	971	55 Std.	52,00 EUR/Std.	2.860,00 EUR
die Baustelle	972	655 Std.	52,00 EUR/Std.	34.060,00 EUR
die Baustelle	973	30 Std.	52,00 EUR/Std.	1.560,00 EUR
SUMMEN		**950 Std.**		**49.400,00 EUR**

Gerätepark

Die Hauptleistung der Abteilung „Gerätepark" besteht in der Gestellung von Geräten für die einzelnen Baustellen. Ihre Einnahmen sind also Gerätemieten, die den Baustellen als direkte Kosten zugeordnet werden und hier nicht noch einmal zu berücksichtigen sind. Daneben fallen aber weitere Leistungen an, wie z.B. das Einlagern oder Verpacken von Geräten. Diese Nebenleistungen sind im Zuge der innerbetrieblichen Leistungsverrechnung umzulegen.

Der innerbetriebliche Verrechnungssatz einer produktiven Stunde beträgt für den Gerätepark 48,00 EUR/Std. Im Bereich Gerätepark wurden im Abrechnungszeitraum insgesamt 350 Stunden produktiv geleistet.

Aufteilung	KST	Lohnstunden	Verrechnungssatz	Leistung
für den Bauhof	961	20 Std.	48,00 EUR/Std.	960,00 EUR
für die Baustelle	971	50 Std.	48,00 EUR/Std.	2.400,00 EUR
für die Baustelle	972	80 Std.	48,00 EUR/Std.	3.840,00 EUR
für die Baustelle	973	200 Std.	48,00 EUR/Std.	9.600,00 EUR
SUMMEN		**350 Std.**		**16.800,00 EUR**

9.3.3 Leistungsmeldung einer Hauptkostenstelle

Im Abschnitt 8.4.2.2 wurde bereits auf die Problematik der Leistungsmeldung für eine Baustelle hingewiesen. Mit dem nachfolgenden Rechenbeispiel soll das Prinzip der Vorgehensweise zur Leistungsabgrenzung dargestellt werden.

Hauptkostenstelle 971

Bauvorhaben „Wasserbehälter" (gemäß Beispiel Abschnitt 5.1).

Die Baustelle meldet am Ende des ersten Monats zum 31.07.2019 aufgrund der erbrachten Leistungsmengen und der Einheitspreise (s. Bild B. 5-13) folgende Bauleistung:

Pos.	Geleist. Menge	Kurzbeschreibung	Einheitspreis		Gesamtleistung
Titel 1 Erdarbeiten					
Pos. 1	1050,00 m³	Boden der Baugrube	14,49	EUR/m³	15.214,50 EUR
Pos. 2	80,00 m³	Füllstoff Grubenkies liefern	44,85	EUR/m³	3.588,00 EUR
Pos. 3	0,00 m³	Füllstoff Kies-Sand liefern	20,13	EUR/m³	0,00 EUR
			Summe Titel 1:		**18.802,50 EUR**
Titel 2 Betonarbeiten					
Pos. 4	380,00 m²	Ortbeton Sauberkeitsschicht	19,16	EUR/m²	7.280,80 EUR
Pos. 5	115,00 m³	Ortbeton Fundamentplatte,	269,99	EUR/m³	31.048,85 EUR
Pos. 6	500,00 m²	Stahlbeton der Wände,	83,00	EUR/m²	41.500,00 EUR
Pos. 7	320,00 m²	Stahlbeton der Decke,	74,23	EUR/m²	23.753,60 EUR
Pos. 8	270,00 m²	Schalung der Decke	75,81	EUR/m²	20.468,70 EUR
Pos. 9	1000,00 m²	Schalung der Wände	84,98	EUR/m²	84.980,00 EUR
Pos. 12	13,00 t	Betonstabstahl B500	2.056,16	EUR/t	26.730,08 EUR
Pos. 13	15,00 t	Betonstahlmatten B500B	2.076,64	EUR/t	31.149,60 EUR
Pos. 14	85,00 m	Arbeitsfugenband	60,88	EUR/m	5.174,80 EUR
Pos. 15	6,00 Stck.	Rohrdurchführungen	519,52	EUR/Stck.	3.117,12 EUR
Pos. 16	0,00 m²	3-facher Abdicht.anstrich	26,21	EUR/m²	0,00 EUR
			Summe Titel 2:		**275.203,55 EUR**

Gesamt:	Titel 1 Erdarbeiten		18.802,50 EUR
	Titel 2 Betonarbeiten		275.203,55 EUR
	Leistungen gem. Abschlagsrechnung		**294.006,05 EUR**
	./. Nachlass	1%	– 2.940,06 EUR
	Rechnungssumme (netto)		**291.065,99 EUR**

Dieser Betrag zzgl. gesetzlicher Umsatzsteuer in Höhe von derzeit 19,0 % kann dem Bauherrn in Rechnung gestellt werden.

Vorleistungen

Als weitere Leistung wurden erbracht: Baustelle einrichten (60 % vom Auf- und Abbau gem. Bild B. 5-12)

Lohnaufwand	478 Std. · 42,90 EUR/Std. · 0,6	=	12.535,38 EUR
sonstige Kosten	15.555,00 EUR[1] · 0,6	=	9.333,00 EUR
technische Bearbeitung		=	12.000,00 EUR
Arbeitsvorbereitung		=	4.000,00 EUR
Zwischensumme 1		=	**37.868,38 EUR**

Von diesem Betrag ist ein Anteil bereits in den Zuschlägen der in Rechnung gestellten Leistungen enthalten und muss wieder abgesetzt werden.

$$./.\ 37.868{,}38\ \text{EUR} \cdot \frac{294\ \text{TEUR (Leistung lt. Rechnung)}}{452\ \text{TEUR (Gesamtleistung)}} = -24.623{,}81\ \text{EUR}$$

= Zwischensumme 2	=	13.244,57 EUR

Diese 13.244,57 EUR Herstellkosten sind in einen Erlös umzurechnen durch Beaufschlagung mit den umsatzbezogenen Zuschlägen gem. Angebotskalkulation.

Zuschläge (bezogen auf HK) 13,64 % von 13.244,57 EUR	=	1.806,56 EUR
Summe Vorleistungen zur Leistungsmeldung	=	**15.051,13 EUR**

Rückstellungen

Die Baustellenräumung ist ebenfalls in die Einheitspreise eingerechnet worden. Zum geleisteten Zeitpunkt ist aber hierfür noch keine Leistung erbracht worden, obwohl ein Teil der Räumung mit der Rechnungssumme erlöst wurde. Dieser anteilige Betrag ist zurückzustellen.

Baustelle räumen (40 % vom Auf- und Abbau gem. Bild B. 5-12)

Lohnaufwand	478 Std. · 42,90 EUR/Std. × 0,4	=	8.356,92 EUR
sonstige Kosten	15.555,00 EUR × 0,4	=	6.222,00 EUR
Summe			**14.578,92 EUR**

Im Rechnungsbetrag sind enthalten:

./. 14.578,92 EUR × 294 TEUR / 452 TEUR	=	– 9.479,90 EUR

Diese 9.479,90 EUR werden umgerechnet in einen Erlösanteil. Durch Beaufschlagung mit 13,64 % (umsatzbezogenen Gemeinkosten gem. Angebotskalkulation) ergibt die Rückstellung für die Räumung:

Zzgl. 13,64 % von 9.479,90 EUR	=	1.293,06 EUR

1 15.555,00 EUR aus Bild B. 5-12: (2.675 + 600 + 400 + 150 + 3.519 + 3.519 + 4.692)

Rückstellung für die Räumung		=	**10.772,96 EUR**
Gesamtleistung:	1. lt. Rechnung		294.006,05 EUR
	2. Vorleistung		15.051,13 EUR
	3. Rückstellung		– 10.772,96 EUR
	Zwischensumme:		298.284,22 EUR
	./. Nachlass 1 %		– 2.982,84 EUR
	Leistung im Monat Juli		**295.301,38 EUR**

Diese abgegrenzte Leistung liefert im Vergleich mit den Kosten das zutreffendere Ergebnis.

Hauptkostenstellen 972 und 973

Es wird für die Hauptkostenstelle 972 eine Leistung gemeldet von 302.450,00 EUR, der Wert der lagernden Stoffe wird mit 8.508,00 EUR angegeben.

Die Werte für 973 betragen:
Leistung 190.377,00 EUR; lagernde Bestände 12.390,00 EUR.

9.4 Innerbetriebliche Leistungsverrechnung

Aufgrund der Leistungsmeldungen der Hilfskostenstellen (Abschnitt 9.3.2) wird die Leistungsverrechnung durchgeführt.

Leistungsverrechnung		Zeitraum von	....	bis	31.07.2019		
Belastende Kostenstelle / Belastende Kostenstelle		Verwaltung 950	Bauhof 961	Fuhrpark 962	Werkstatt 963	Gerätepark 964	Summe (Kosten)
Verwaltung	950		-	-	-	-	-
Bauhof	961			-	-	960,00	960,00
Fuhrpark	962		-		2.340,00	-	2.340,00
Werkstatt	963		-	8.400,00		-	8.400,00
Gerätepark	964		2.750,00	-	8.580,00		11.330,00
Baustelle A	971	prozentuale Umlage	1.650,00	3.000,00	2.860,00	2.400,00	9.910,00
Baustelle B	972	prozentuale Umlage	11.000,00	7.200,00	34.060,00	3.840,00	56.100,00
Baustelle C	973	prozentuale Umlage	19.250,00	5.400,00	1.560,00	9.600,00	35.810,00
Summe (Leistungen)			**34.650,00**	**24.000,00**	**49.400,00**	**16.800,00**	**124.850,00**

Bild C. 9-4: Innerbetriebliche Leistungsverrechnung

Vertikal gelesen entsprechen die Zahlen dem Wert der abgegebenen Leistung, in horizontaler Richtung stellen sie die Kosten dar, mit denen die einzelnen Kostenstellen belastet werden. Beispielhaft wird für die innerbetriebliche Leistungsverrechnung vom Gerätepark für den Bauhof gezeigt, wie die Leistungshöhe zustande kommt. Wie im Abschnitt 9.3.2 beschrieben, hat der Gerätepark im Berichtsmonat 20 Arbeitsstunden für den Bauhof geleistet. Bei dem für den Gerätepark geltenden Verrechnungssatz von 48 EUR/Std. berechnet sich die Leistung des

Geräteparks zu 20 Std. · 48,00 EUR/Std. = 960,00 EUR. In gleicher Art wurden alle weiteren innerbetrieblichen Werte der Tabelle ermittelt.

9.5 Ermittlung des Betriebsergebnisses

Aufgrund der zum Stichtag vorliegenden Werte kann das Ergebnis der einzelnen Kostenstellen und das Gesamtbetriebsergebnis ermittelt werden.

Für kleinere Betriebe könnte dafür z.B. der Betriebsabrechnungsbogen I (Bild C. 9-5) verwendet werden (vgl. auch Abschnitt 8.4.4). Von der Summe der Rohergebnisse der einzelnen Hilfs- und Hauptkostenstellen (132.836,38 EUR) werden die Gesamtkosten der Verwaltung (Kostenstelle 950) in Höhe von 53.669,00 EUR abgezogen, so dass sich das Betriebsergebnis zu 79.167,38 EUR ergibt.

Im System der Vollkostenrechnung kann für jede Baustelle das betriebliche Ergebnis nach Umlage der Kosten der Verwaltung ermittelt werden. Den Hauptkostenstellen werden auf der Basis ihrer Leistung anteilig

$$a = \frac{\text{Kosten der Verwaltung}}{\text{Gesamt-Bauleistung}} \cdot 100\ \% = \frac{53.669,00}{788.128,38} = 6,8097\ \%$$

als Zuschlag zur Deckung der Verwaltungskosten zugerechnet.

Der prozentuale Umlagewert in Höhe von ca. 6,81 % wurde zur besseren Nachvollziehbarkeit für den Monat Juli ermittelt. Da die Bauleistung im Laufe eines Jahres (z.B. Winter – Sommer) stärker schwankt als die Kosten der Verwaltung, empfiehlt sich für die Beaufschlagung der Zuschlagssatz aus dem Jahresmittel.

Betriebsabrechnungsbogen I								zum:	31.07.2019
		Hilfskostenstellen				Hauptkostenstellen Baustellen			
Kostenarten	Verwaltung 950	Bauhof 961	Fuhrpark 962	Werkstatt 963	Gerätepark 964	A (971)	B (972)	C (973)	Summe
Löhne und Gehälter (A + P)	9.174,00	27.765,00	8.402,00	30.668,00	3.287,00	97.487,00	41.172,00	14.630,00	232.585,00
Baustoffe		1.200,00		3.273,00		49.253,00	46.368,00	35.382,00	135.476,00
Rüstung und Schalungsmaterial						16.435,00	13.644,00	8.354,00	38.433,00
Hilfs- und Betriebsstoffe		563,00	2.255,00	180,00	783,00	735,00	16.553,00	5.698,00	26.767,00
Geräte (A + V und Rep.)		2.122,00	5.648,00	3.688,00	1.355,00	10.100,00	7.074,00	19.742,00	49.729,00
Baustellenausstattung						6.217,00	11.590,00	19.593,00	37.400,00
Allgemeine Kosten	44.495,00	3.864,00	1.218,00	2.120,00	326,00	23.540,00	2.161,00	6.203,00	83.927,00
Fremdarbeitskosten				1.206,00		3.524,00	9.022,00	10.244,00	23.996,00
Nachunternehmer						17.580,00	57.547,00	28.269,00	103.396,00
Zwischensumme 1	53.669,00	35.514,00	17.523,00	41.135,00	5.751,00	224.871,00	205.131,00	148.115,00	731.709,00
Kosten aus interner Verrechnung		960,00	2.340,00	8.400,00	11.330,00	9.910,00	56.100,00	35.810,00	124.850,00
Zwischensumme 2	53.669,00	36.474,00	19.863,00	49.535,00	17.081,00	234.781,00	261.231,00	183.925,00	856.559,00
Abgrenzungen		-1.850,00					-8.508,00	-12.390,00	-22.748,00
Gesamtkosten (Herstellkosten)	53.669,00	34.624,00	19.863,00	49.535,00	17.081,00	234.781,00	252.723,00	171.535,00	833.811,00
Leistung		34.650,00	24.000,00	49.400,00	16.800,00	295.301,38	302.450,00	190.377,00	
						Leistung Hilfskostenstellen			788.128,38
						Leistung Hilfs- und Hauptkostenstellen			912.978,38
Rohergebnis		26,00	4.137,00	-135,00	-281,00	60.520,38	49.727,00	18.842,00	132.836,38
Umlage Allg. Geschäftskosten *)						20.109,07	20.595,87	12.964,06	-53.669,00
Betriebsgewinn / - verlust						**40.411,31**	**29.131,13**	**5.877,94**	**79.167,38**

*) Umlage AGK = Herstellkosten x 6,8096774% (gem. Ermittlung in Abschnitt 9.5)

Bild C. 9-5: Betriebsabrechnungsbogen I

Die Ermittlung des Gesamtbetriebsergebnisses wäre auch in folgender vereinfachter Form möglich: Die Summe der Kosten aller Hilfs- und Hauptkostenstellen (Zeilensumme Gesamtkosten) beträgt 833.811,00 EUR, die Summe aller Leistungen einschließlich der verrechneten Leistungen der Hilfskostenstellen (Zeilensumme Leistung) beträgt 912.978,38 EUR.

Das Ergebnis lautet auf:

Summe aller Leistungen:	912.978,38 EUR
./. Summe aller Kosten:	– 833.811,00 EUR
= Ergebnis (Betriebsgewinn / -verlust):	79.167,38 EUR

Obwohl sich das Ergebnis richtig errechnet, sind die Ausgangszahlen falsch, denn die Kosten und Leistungen der Hilfskostenstellen sind über die Leistungsverrechnung bereits in den Werten der Hauptkostenstellen enthalten. Die Ermittlung der gesamtbetrieblichen Beträge für Kosten, Leistungen und Ergebnisse läuft deshalb nach der Leistungsverrechnung nur über die Hauptkostenstellen, wobei als Korrekturgrößen die Über- oder Unterdeckungen der Hilfskostenstellen Berücksichtigung finden müssen. Im vorliegenden Beispiel sind die Hilfskostenstellen als ausgeglichen anzusehen.

In größeren Betrieben wird man zweckmäßigerweise jede Kostenstelle einzeln abrechnen (Bild C. 9-6) und dann die Ergebnisse im Betriebsabrechnungsbogen II zusammenfassen (Bild C. 9-7).

Ergebnisermittlung zum: 31.07.2019	**Kostenstelle: 971**
Direkte Kosten	
Löhne und Gehälter (A + P)	97.487,00
Baustoffe	49.253,00
Rüstung und Schalungsmaterial	16.435,00
Hilfs- und Betriebsstoffe	735,00
Geräte (A + V und Reparatur)	10.100,00
Baustellenausstattung	6.217,00
Allgemeine Kosten	23.540,00
Fremdarbeitskosten	3.524,00
Nachunternehmer	17.580,00
Summe direkte Kosten	**224.871,00**
Kosten aus interner Verrechnung	**9.910,00**
Zwischensumme	**234.781,00**
Abgrenzungen	-
Bestände	-
Rückstellungen	-
Gesamtkosten (Herstellkosten)	**234.781,00**
Leistung	**295.301,38**
Rohergebnis	**60.520,38**

Bild C. 9-6: Ergebnisermittlung der Hauptkostenstelle 971 – Wasserbehälter

Betriebsabrechnungsbogen II				zum:		31.07.2019
Kostenstelle	Vormonat			Monat		
	Kosten	Leistung	Rohergebnis	Kosten	Leistung	Rohergebnis
Baustelle A-971 "Wasserbehälter"				234.781,00	295.301,38	60.520,38
Baustelle B-972				252.723,00	302.450,00	49.727,00
Baustelle C-973				171.535,00	190.377,00	18.842,00
Baustellen (gesamt)				**659.039,00**	**788.128,38**	**129.089,38**
Bauhof						26,00
Fuhrpark						4.137,00
Werkstatt						-135,00
Gerätepark						-281,00
Betrieb (gesamt)						**132.836,38**
Allgemeine Verwaltung (AGK)						**-53.669,00**
Betriebsgewinn / -verlust						**79.167,38**

Bild C. 9-7: Betriebsabrechnungsbogen II

D Controlling im Baubetrieb

10 Vorstellung eines Modells

10.1 Das Unternehmen als ein komplexes sozioökonomisches System

In den letzten Jahrzehnten haben sich die Bedingungen für Unternehmen grundlegend gewandelt. Allgemein ist eine Zunahme an Dynamik und Komplexität in den Umweltbedingungen zu verzeichnen. Dies bezieht sich auf den Bekanntheitsgrad von Ereignissen, die Geschwindigkeit der Veränderungen sowie die Vorhersagbarkeit der Zukunft. Veränderungen auf den Beschaffungs- und Absatzmärkten, den politischen und rechtlichen Rahmenbedingungen sowie veränderte Ansprüche auf Seiten der Mitarbeiter bedeuteten Anpassungsbedarf auf Seiten der Unternehmen. Diversifikation und, für größere Unternehmen, Internationalisierung der Märkte und Produkte als Antwort auf unterschiedliche Kundenbedürfnisse, Ergänzung der rein wirtschaftlichen Unternehmensziele um soziale und sozio-politische Ziele sowie Dezentralisierung der Macht in der Unternehmenshierarchie sind Ausprägungsformen dieses Anpassungsprozesses.

10.2 Das Grundmodell

Um unter diesen sich dynamisch verändernden Rahmenbedingungen die in einem Unternehmen durchzuführenden Leitungsaufgaben optimal im Gesamtinteresse des Unternehmens lenken zu können, muss ein Lenkungsprinzip gefunden werden, das geeignet ist,

- Verantwortung zu delegieren,
- die Teilziele auf die Unternehmensziele abzustimmen,
- durch die stärkere Eigenverantwortung aller Mitarbeiter die Identifikation mit den durch sie zu erledigenden Aufgaben bzw. mit dem Gesamtunternehmen zu stärken und
- die Mitarbeiter durch Einbeziehung in Entscheidungsfindungen zu motivieren.

Diesen Anforderungen wird das in Bild D. 10-1 dargestellte Modell eines Regelkreises gerecht:

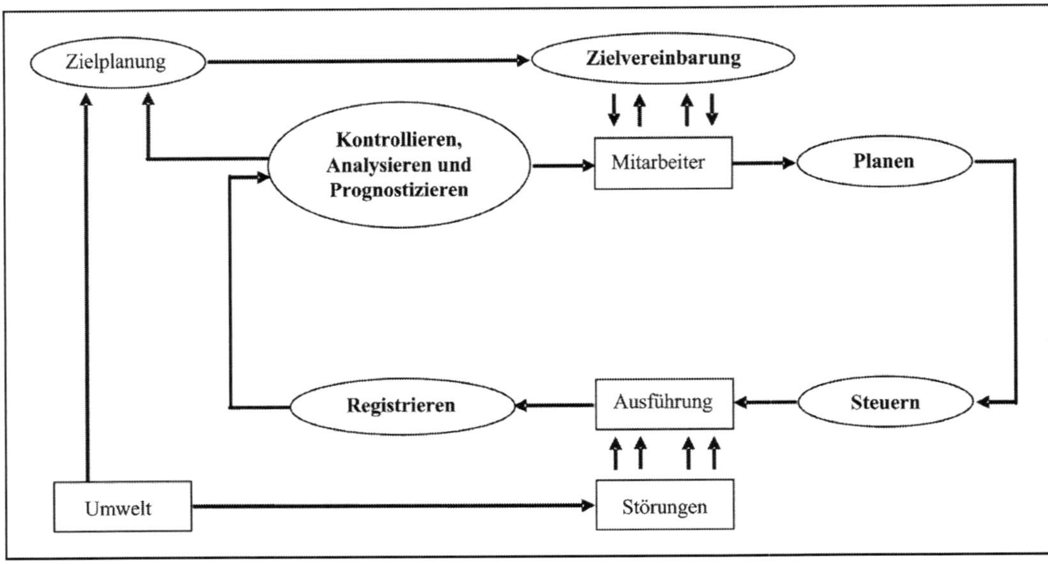

Bild D. 10-1: Modell eines Regelkreises

10.3 Das Modell für einen Baubetrieb

Auf der Grundlage des Regelkreismodells (siehe Bild D. 10-1) sollten alle wesentlichen Hauptaufgaben in einem Unternehmen gelenkt werden. So werden die verschiedenen Hierarchieebenen des Unternehmens durch ein Netz von Regelkreisen in der Art miteinander verbunden, dass sich die Ziele jeder Hierarchieebene aus den Zielen des Gesamtunternehmens herleiten.

Für ein Bauunternehmen mit mehreren Bereichen (z.B. Hochbau, Tiefbau, Schlüsselfertigbau) könnte das Regelkreisprinzip für den operativen Bereich wie in Bild D. 10-2 dargestellt aussehen:

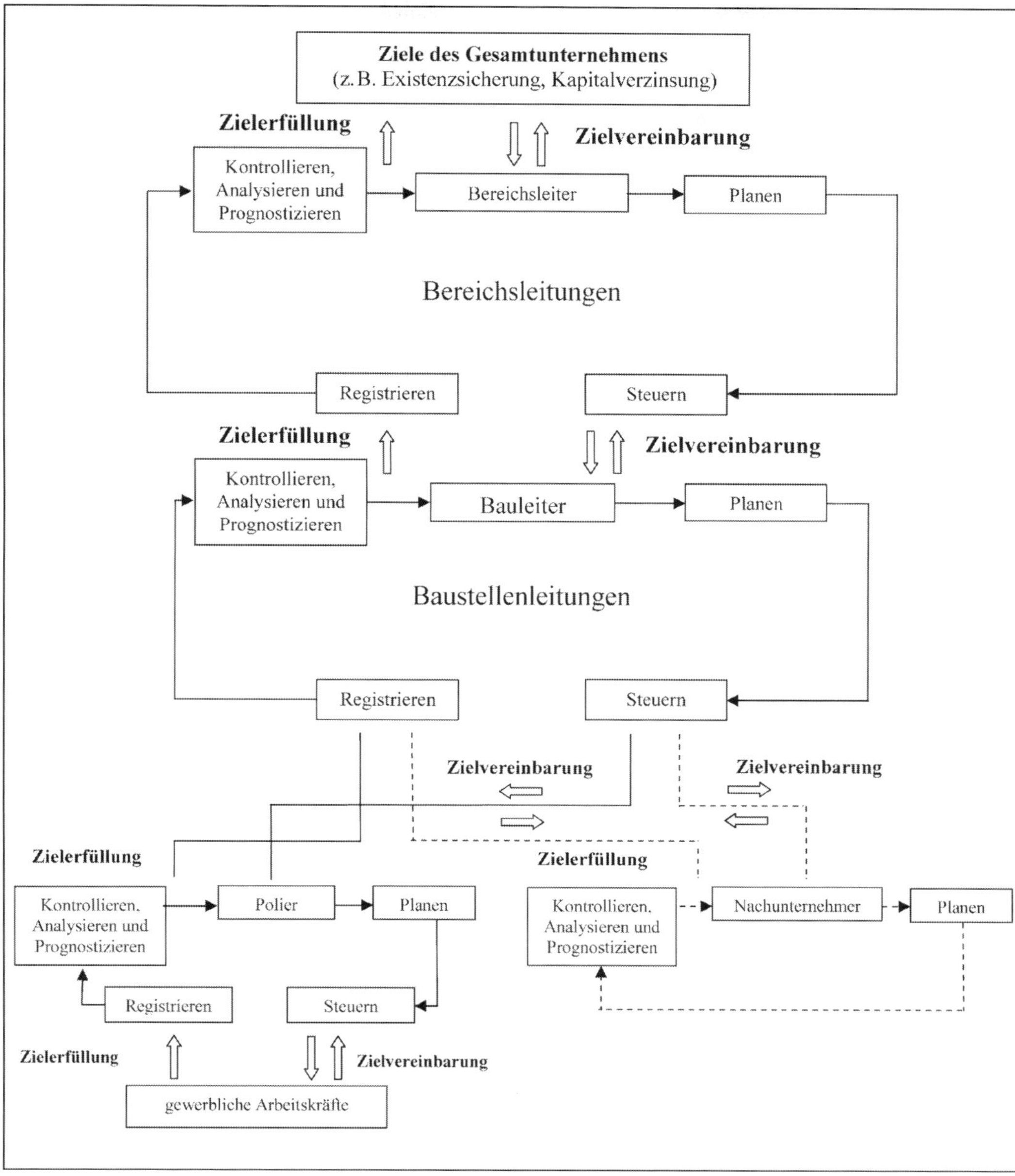

Bild D. 10-2: Regelkreismodell eines mittelgroßen Bauunternehmens

10.4 Regelkreisfunktionen im Rahmen der Bauausführung

Zielvereinbarungen

Zielvereinbarungen dienen dazu, die Regelkreise und dabei insbesondere die Zielvereinbarungen unterschiedlicher Hierarchieebenen aufeinander abzustimmen. Dabei ist es wesentlich, dass diese Vereinbarungen unter der aktiven Mitwirkung der Verantwortlichen der niedrigeren Hierarchiestufen zustande kommen.

Für den Regelkreis „Baustellenleitung" kann in einer Zielvereinbarung zwischen der Bereichsleitung und der Bauleitung Folgendes geregelt werden:

- Kosten- und Lohnstundenziele
- Terminziele
- Qualitätsziele
- Verteilung der eigenen und der Nachunternehmerleistungen
- Vereinbarungen zur Bereitstellung von Personal-, Geräte- und Nachunternehmerkapazitäten
- Einsatz wichtiger Bauverfahren.

Neben diesen Zielvereinbarungen sollten von der höheren Regelkreisebene auch sogenannte Baustellenübergabegespräche durchgeführt werden. An diesen Besprechungen sollten neben dem Bauleiter auch die Mitarbeiter teilnehmen, die über wichtige auftragsbezogene Informationen verfügen (z.B. Kalkulator, Arbeitsvorbereiter). Diese Gespräche stellen somit ein organisatorisches Element dar, mit dem der innerbetriebliche Informationsfluss verbessert werden kann.

Planung (Soll-Festlegung)

Die Planungen sind so durchzuführen, dass die Voraussetzungen geschaffen werden, die Zielvereinbarungen zu erfüllen. Zu den Planungen des Regelkreises „Bauleitung" gehören u.a.:

- Mitwirkung bei der Erstellung einer Arbeitskalkulation
- Planungen zur Auswahl und Konkretisierung der Bauverfahren
- Erstellen eines Ablaufplans einschließlich der ablaufabhängigen Ressourcen und Nachunternehmereinsätze
- Erstellen eines Baustelleneinrichtungsplans.

Steuerung

Unter Steuern der Bauabwicklung wird die Steuerung jedes einzelnen Bauprozesses verstanden. Dazu gehören das Anfordern und Bereitstellen von Mitarbeitern, Geräten, Stoffen und Nachunternehmern sowie die Information, Anweisung und Führung des Personals und der Nachunternehmer. Ebenso gehört dazu die Kontaktpflege zum Bauherrn und zur Bauüberwachung. Die Steuerungsmaßnahmen sollten unter der Zielsetzung erfolgen, dass entsprechend der Ablaufplanung geeignete Arbeitskräfte, Geräte, Baustoffe und Nachunternehmer zum richtigen Zeitpunkt am richtigen Ort sind.

Somit ist die Steuerung die direkte Beeinflussung der Prozessdurchführung und gehört neben der Planung zu den wichtigsten Aufgaben im Rahmen einer wirtschaftlichen Bauabwicklung.

Zu den Steuerungsaufgaben des Regelkreises „Bauleitung" gehört auch die Gestaltung der Zielvereinbarungen mit den Polieren bzw. den Nachunternehmern.

So können die Zielvereinbarungen mit den Polieren enthalten:

- konkrete Zeitvorgaben für einzelne Arbeitsabschnitte oder bei Linienbaustellen (z.B. Rohrverlegung) Leistungsziele je Tag oder Woche
- konkrete Lohnstundenvorgaben für einzelne Arbeitsabschnitte
- Hinweise auf Arbeitsanweisungen zum Erreichen einer Ausführungsqualität.

Durch die Zielvereinbarungen mit den Nachunternehmern wird der zwischen dem Generalunternehmer und dem Nachunternehmer geschlossene Bauvertrag konkret auf die Baumaßnahme übertragen. Dabei können z.B. folgende Sachverhalte geregelt werden:

- Mitnutzung von Gerätschaften und Einrichtungen des Generalunternehmers
- Termine für die Gesamtleistung und für einzelne Abschnitte
- Regelungen zur Qualitätsüberwachung und Abrechnung.

Registrierung (Ist-Erfassung)

Die Aufgabe des Registrierens besteht darin, mithilfe des üblichen internen und externen Berichtswesens (z.B. Lohnstundenerfassung, Geräteversandmeldungen, Bautagesberichte) sowie mit weiteren Hilfsmitteln, wie z.B. der Eintragung des Ist-Bauablaufes in den Bauzeitenplan oder eine gesonderte Dokumentation von Arbeitsprozessen zur Nachweisführung von Ansprüchen auf zusätzliche Vergütung bzw. auf Schadensersatz, das Ist-Geschehen der Baustelle zu dokumentieren.

Kontrolle, Analyse und Prognose

Die Kontrolle der Bauprozesse und der Ziele erfolgt für den zurückliegenden Zeitraum durch den Vergleich der Ist-Daten mit den aus der Planung stammenden Soll-Daten. Die Ergebnisse dieser Kontrolle dienen bei größeren Bauvorhaben dazu, bei festgestellten Zeit- bzw. Kostenabweichungen die Möglichkeit der Einflussnahme durch Steuerung bzw. durch die Aktualisierung der Planung zu haben. Bei kleineren Bauvorhaben ermöglichen sie, die Planung künftiger Projekte zu verbessern.

Ergeben die Soll-Ist-Vergleiche größere Abweichungen, so sollte die Ursache dieser Abweichung analysiert werden.

Die Aufgabe der Prognose ist es, auf der Grundlage des Soll-Ist-Vergleichs die noch ausstehende Leistung festzustellen und auf der Grundlage der bisherigen Planung sowie der Erkenntnisse der Ursachenanalyse von bisherigen Fehlentwicklungen die zur Leistungserbringung noch erforderlichen Ressourcen (Zeit, Kosten, Lohnstunden, Personal- und Gerätebedarf etc.) sowie das erwartete Gesamtergebnis zu prognostizieren.

Diese auf der Grundlage von Planungen und vergangenheitsorientierten Informationen beruhende Prognose kann nun als eine gute Entscheidungsgrundlage angesehen werden, die bisherige Planung zu belassen bzw. bei Verfehlung wichtiger Teilziele oder unter Kenntnis veränderter Rahmenbedingungen die Planung zu verändern oder sogar die Zielvereinbarung den neuen Rahmenbedingungen anzupassen.

Um die Aufgabe entsprechend dem Regelkreisprinzip durchführen zu können, müssen den Verantwortung tragenden Mitarbeitern Hilfsmittel und Instrumente an die Hand gegeben werden, die folgende Grundsätze erfüllen:

- Die vorhandenen objektbezogenen Informationen sollen möglichst allen beteiligten Personen zugänglich gemacht werden.
- Es soll eine möglichst große Transparenz des geplanten und des tatsächlich ablaufenden Geschehens geschaffen werden.
- Die zukünftige Entwicklung sollte möglichst realistisch prognostiziert werden können.

10.5 Unterschiedliche Ausprägungen eines Controllingsystems

Als Controllingsysteme im Allgemeinen werden Methoden zur Steuerung bzw. Lenkung gesehen, die der Erfüllung bzw. dem Erreichen von gesteckten Zielen dienen. In der Bauwirtschaft sollten die Controllingsysteme den besonderen Ausprägungen der Baubetriebe entsprechen. Selbst innerhalb der Baubetriebe ist es zweckmäßig, die Controllingsysteme dem Fertigungsprogramm anzupassen. Grundsätzlich sollte zwischen Baubetrieben unterschieden werden, die Aufträge mit hohem Eigenleistungsanteil bzw. mit hohem Fremdleistungsanteil ausführen. Die Unterschiede der Lenkungssysteme resultieren aus der Andersartigkeit der Leistungen beider Baustellentypen.

Aufträge **mit hohem Eigenleistungsanteil** sind meist auf wenige Gewerke beschränkt. Der Leistungsumfang beinhaltet fast ausschließlich Bau- bzw. Ausbauleistungen. Planungsleistungen sind meist nur in geringem Umfang im Leistungspaket enthalten. Bei dieser Art von Aufträgen werden die Preise so gebildet, dass man sich die erforderlichen Arbeitsprozesse je Teilleistung überlegt und diese mit Lohnstunden-, Geräte- und Materialverbräuchen bewertet. Die Risiken bei dieser Art von Leistungen resultieren im Wesentlichen aus einer Fehleinschätzung des Mengenverbrauchs bzw. der Kostenbewertung.

Bei Aufträgen, die **mit hohem Fremdleistungsanteil** ausgeführt werden, müssen häufig so viele Gewerke ausgeführt werden, dass ein Unternehmen nicht alle diese Spezialisierungen in seinem Leistungsspektrum vorhält. Zudem ist es nicht unüblich, dass bei derartigen Aufträgen erhebliche Planungsleistungen zum Leistungsumfang gehören. Für die Angebotsbearbeitung werden vom Generalunternehmer bzw. Generalübernehmer für die vielfältigen Leistungen so genannte zusammengehörende Leistungspakete (z.B. Rohbau mit den Gewerken Erd-, Beton-, Stahlbeton- und Mauerarbeiten) zusammengestellt, für die fachlich kompetente Anbieter gesucht werden. Auf der Basis dieser Leistungspakete erfolgt eine Preisanfrage, die als Grundlage für die spätere Preisbildung dient. Die Risiken resultieren hierbei aus der höheren Komplexität derartiger Aufträge, die sich im Wesentlichen ergibt aus der größeren Anzahl anzubietender Gewerke, aus der Verantwortlichkeit für Planungsleistungen im größeren Umfang und aus der Problematik der Vertragsgestaltung mit den Nachunternehmern.

Aufgrund der verschiedenen Ausprägungen dieser Auftragstypen unterscheiden sich die Controllingsysteme wie folgt:

Bei Aufträgen **mit hohem Eigenleistungsanteil** ist eine Zielsetzung des Controllingsystems, die Kostenverursachung auf der Prozessebene festzustellen. Deshalb wurden dafür Instrumente wie ein Kostenartenschlüssel, ein Bauarbeitsschlüssel sowie ein differenzierter Geräteschlüssel entwickelt, die es ermöglichen, die Kostenplanung und -kontrolle im Soll und im Ist sehr differenziert durchzuführen. Aufgrund des hohen Eigenanteils bei der Leistungserbringung findet eine Vergabe an Nachunternehmer nur in einzelnen Gewerken statt. Die Kalkulation erfolgt über die Einzelkosten der Teilleistungen auf der Ebene der Arbeitsprozesse.

Bei Aufträgen **mit hohem Fremdleistungsanteil** ist für die Fremdleistungen nur ein Kostencontrolling auf der Nachunternehmervertragsebene notwendig. Die Angebotskalkulation erfolgt auf Basis von Nachunternehmerangeboten. Lediglich für die Leistungspakete, die noch zum Leistungsspektrum derartiger Betriebe gehören, wie zum Beispiel der Rohbau, und vom Betrieb selbst ausgeführt werden, kann eine Arbeitskalkulation wie bei Eigenleistungen erfolgen.

Demnach ergeben sich folgende unterschiedliche Ausprägungen von Kostencontrollingsystemen für Baubetriebe. Bei Betrieben, die im Wesentlichen Aufträge **mit hohem Eigenleistungsanteil** ausführen, stellt eine differenzierte Arbeitskalkulation, in der Lohnstunden mit Codierung entsprechend einem Bauarbeitsschlüssel den verschiedenen Arbeitsprozessen zugeordnet sind, die Ausgangsbasis dar. Die Materialkosten werden nach einem sehr feingliedrigen Kostenartenschlüssel erfasst. Geräte werden mit einer Codierung so detailliert in die Arbeitskalkulation genommen, dass Geräteart und Gerätegröße, in kleineren Unternehmen sogar der Gerätetyp, eindeutig bestimmt werden. Auf der Basis einer so differenzierten Arbeitskalkulation lassen sich nun Zielvereinbarungen zwischen Bauleitung und Polieren treffen, und es können Wirtschaftlichkeitskontrollen je nach Größe der Kostenabweichung am Ende eines Berichtszeitraums von grob (auf Ebene der Kostenartengruppen) bis hin zu tiefgehend (auf Ebene der Arbeitsprozesse bzw. der Kostenerfassungsebene) stattfinden.

Bei Betrieben, die im Wesentlichen Aufträge **mit einem hohen Fremdleistungsanteil** (z.B. im Schlüsselfertigbau) ausführen, ist die Arbeitskalkulation ebenfalls ein wichtiges Element. Sie ist jedoch andersartig. Diese Andersartigkeit der Arbeitskalkulation ergibt sich aus der gröberen Struktur der Angebotskalkulation. Für alle Leistungen, die an Nachunternehmer vergeben werden, ist der Vergabepreis des entsprechenden Leistungspakets der Ausgangspreis (bei Vereinbarung eines Pauschalpreisvertrags der Pauschalpreis, bei einem Einheitspreisvertrag der Einheitspreis) im Kostencontrolling. Daher ist die Arbeitskalkulation eine Konkretisierung des Kostenbudgets für die einzelnen Leistungspakete. Die Arbeitsprozessebene spielt bei dieser Betrachtung im Regelfall keine Rolle. Wenn Leistungspakete mit Leistungsverzeichnissen vergeben werden, ist eine Gliederung bis in die Positionsebene zweckmäßig, um eine Mengenabweichung feststellen zu können.

Des Weiteren gibt es verschiedene Maßnahmen des Kostencontrollings, die der erfolgreichen Steuerung eines Projektes dienen. Sie werden in Kapitel 12 näher erläutert.

10.6 Die Elemente eines Kostencontrollingsystems

10.6.1 Einleitung

Gegenstand dieses Buches sind im Wesentlichen die Elemente des Kostencontrollings. Kosten stellen jedoch nur einen Sachverhalt dar, der innerhalb eines Controllingsystems betrachtet wird. Weitere wichtige Sachverhalte eines Controllingsystems sind Qualitäten und Zeiten bzw. Termine. Nachfolgend werden die einzelnen Elemente, die zum Qualitäts- und Termincontrolling gehören, kurz dargestellt. Die Elemente des Kostencontrollings werden ausführlich behandelt. Es wird hier zwischen Lenkungssystemen mit hohem Eigenleistungsanteil und solchen mit hohem Fremdleistungsanteil unterschieden. Außerdem ist es sinnvoll, im Controllingsystem folgende Projektphasen zu unterscheiden. Bei Projekten mit hohem Eigenleistungsanteil sind es die Planungs-, die Verhandlungs- und die Ausführungsphase, bei Projekten mit hohem Fremdleistungsanteil sind es die Angebots-, die Vergabe- und die Ausführungsphase. Im Folgenden werden die einzelnen Elemente näher erläutert und ihre Funktion innerhalb des Systems beschrieben.

10.6.2 Elemente eines Controllingsystems mit hohem Eigenleistungsanteil

In der unten stehenden Tabelle werden ohne Anspruch auf Vollständigkeit Elemente eines möglichen Controllingsystems für die Sachverhalte Qualitäten und Termine beschrieben.

	Angebotsphase	Ausführungsphase
Qualitäten	Prüfung der Zuverlässigkeit und Kompetenz der Zulieferer durch Datenbank, Checkliste und Nachkalkulation	Qualitätssicherung der Lieferungen und der Bauleistungen durch qualifiziertes Führungspersonal, unterstützt durch Checklisten aus dem Qualitätsmanagement-Handbuch
Termine	Durchführen einer Bauablaufplanung und Festschreiben in einem Terminplan	Planung von Planlieferterminen, Erfassung der Ist- Planlieferungen und des Ist-Bauablaufs sowie ständige Soll-Ist-Vergleiche des Planungs- und Ausführungsstandes

Für ein Kostencontrollingsystem werden nachfolgend die wesentlichen Elemente für die Angebots- und Ausführungsphase beschrieben. Dabei werden sie in der Reihenfolge beschrieben, wie sie in der Praxis zeitlich zur Anwendung kommen.

Angebotsphase

- Angebotskalkulation — Stellt die voraussichtlichen Selbstkosten des Unternehmens für eine Bauleistung dar. Die Angebotskalkulation ist die Basis des Angebots. Zudem werden die Grundlagen der Kostenplanung im Rahmen des Controllingsystems gelegt.
- Auftragskalkulation — Bei privaten Auftraggebern können Preisverhandlungen erfolgen. Evtl. Unklarheiten/Probleme werden besprochen und geklärt und Preise werden endverhandelt. Im Rahmen des Controllingsystems müssen für die Verhandlungen möglichst konkrete Informationen über die Kosten der Arbeitsprozesse und Preisziele zur Verfügung gestellt werden. Grundlage dieser Informationen ist die aus der Angebotskalkulation weiterentwickelte Auftragskalkulation.

Ausführungsphase

- Arbeitsvorbereitung — Sie soll durch gezielte Vorbereitung den störungsfreien/reibungslosen Ablauf der Baumaßnahme gewährleisten. Es muss sichergestellt sein, dass Personal, Material und Gerät bedarfsgerecht entsprechend der Ablaufplanung vorhanden sind. Durch die Arbeitsvorbereitung wird unter anderem die Grundlage der Arbeitskalkulation geschaffen. Zudem wird die Gliederungstiefe der Arbeitskalkulation, der Ist-Dokumentation und der Soll-Ist-Vergleiche festgelegt.

- Arbeitskalkulation — Durch Fortschreibung der vorhandenen Kalkulation werden die Kosten-, Aufwands- und Leistungswerte auf der Grundlage der Verhandlungsergebnisse und der Arbeitsvorbereitung konkretisiert. Die Arbeitskalkulation gibt somit im Rahmen des Controllingsystems möglichst konkrete Ziele für die Aufwendungen der Arbeitsprozesse an. Sie ist Grundlage für die Zielvereinbarung mit dem Führungspersonal und für mögliche Wirtschaftlichkeitskontrollen.
- Zielvereinbarung mit der Bauleitung — Mit der Bauleitung werden von der Geschäftsführung Ziele über Höhe der erwarteten allgemeinen Geschäftskosten und des Gewinns vereinbart. Grundlage dieser Ziele bildet die Arbeitskalkulation.
- Zielvereinbarungen mit dem Polier — Mit dem Polier werden von der Bauleitung Ziele über die Ausführungsdauer einzelner Arbeitsprozesse vereinbart, die aus den Aufwands- bzw. Leistungswerten der Arbeitskalkulation hergeleitet werden.
- Leistungsmeldungen — Mithilfe der Leistungsmeldung wird die mit Preisen bewertete Bauleistung zu einem Stichtag festgestellt. Sie wird im Regelfall zum Monatsende vom Bauleiter für die Baustellen erstellt. Wird die Leistungsmeldung auf der Basis der Arbeitskalkulation vorgenommen (Feststellung der Ausführungsmenge je Position der Arbeitskalkulation), so können mit ihrer Hilfe die kalkulierten Kosten auf der Grundlage der bis zum Stichtag ausgeführten Mengen festgestellt werden. Durch das Zusammenspiel von Leistungsmeldung und Arbeitskalkulation lassen sich somit zu jedem Zeitpunkt die Soll-Kosten ermitteln.
- Kostenarten-Gruppen Soll-Ist-Vergleich — Die mithilfe der Arbeitskalkulation geplanten Kosten werden den tatsächlich entstandenen und in der Betriebsabrechnung festgestellten Kosten der Baumaßnahme gegenübergestellt und auf der Ebene der Hauptkostenarten verglichen. Durch diesen Soll-Ist-Vergleich können mögliche Fehlentwicklungen der Kosten eingegrenzt werden.
- Lohnstundensummen-Soll-Ist-Vergleich — Beim Lohnstundensummen-Soll-Ist-Vergleich werden anstatt der Kosten die in der Arbeitskalkulation geplanten Lohnstunden mit den tatsächlich angefallenen Lohnstunden verglichen. Dieser Soll-Ist-Vergleich ist für Unternehmen mit hohem Eigenleistungsanteil ein wichtiges Element der Kostenkontrolle im Rahmen des Kostencontrollings.
- Detaillierter Kostenarten-Soll-Ist-Vergleich — Der detaillierte Kostenarten-Soll-Ist-Vergleich ermöglicht eine Aussage über Fehlentwicklungen der Kosten bis auf die Ebene der in der Buchhaltung erfassten Kostenarten, wenn eine entsprechende Gliederungstiefe auch in der Arbeitskalkulation vorhanden ist. Ziel dieses Vergleichs ist eine verursachungsgerechte Erfassung von Kostenabweichungen. Voraussetzung ist eine Gliederung der Kostenansätze in der Arbeitskalkulation entsprechend einem Kostenarten- und Geräteschlüssel.

• Detaillierter Lohnstunden-Soll-Ist-Vergleich	Beim detaillierten Lohnstunden-Soll-Ist-Vergleich erfolgt ein Vergleich der Lohnstunden auf Ebene der Arbeitsprozesse. Mit diesem Soll-Ist-Vergleich können Fehlentwicklungen der Lohnstunden innerhalb einzelner Arbeitsprozesse festgestellt werden. Voraussetzung ist eine Gliederung der Arbeitsprozesse in der Arbeitskalkulation entsprechend einem Bauarbeitsschlüssel.
• Nachtragskalkulation/ Nachtragsmanagement	Für geänderte oder zusätzliche Leistungen müssen die Preise auf Grundlage einer Nachtragskalkulation gebildet werden. Im Nachtragsmanagement erfolgen eine Zusammenfassung aller Nachtragsforderungen, der Bearbeitungs- bzw. Beauftragungsstände und gegebenenfalls eine Einschätzung der Realisierung über die Forderungshöhe.
• Soll-Ist-Vergleiche	Entsprechend der gewünschten Betrachtungstiefe können folgende Vergleiche hergestellt werden: • der Herstellkosten, • der Kostenartengruppen, • der Lohnstundensummen, • der Lohnstunden, Kostenarten und Gerätekosten entsprechend der durch den Bauarbeitsschlüssel, den Kostenartenschlüssel bzw. den Geräteschlüssel vorgegeben Gliederungstiefe. Grundlage sind eine entsprechende Arbeitskalkulation, die stichtagsbezogene Leistungsmeldung und eine Ist-Dokumentation und daraus resultierende Betriebsabrechnung in gleicher Tiefe.
• Analyse	Im Fall von Abweichungen des Ist vom Soll lassen sich die Fehlerquellen durch die Soll-Ist-Vergleiche gut eingrenzen. Aufgrund der einzelnen Aufschlüsselungen der Gewerke ist es möglich, die Abweichung entsprechend der in der Arbeitskalkulation gewählten Gliederungstiefe ausfindig zu machen.
• Prognose	Anhand der Vergleiche lässt sich über eine Fortschreibung der bisherigen Kosten eine Prognose über die voraussichtliche Entwicklung des Ergebnisses der Baumaßnahme treffen und man kann gegebenenfalls noch rechtzeitig Steuerungsmaßnahmen ergreifen, um das Projekt zum gewünschten Erfolg zu führen.

10.6.3 Elemente eines Controllingsystems mit hohem Fremdleistungsanteil

In der unten stehenden Tabelle werden ohne Anspruch auf Vollständigkeit Elemente eines möglichen Controllingsystems für die Sachverhalte Qualitäten und Termine beschrieben. Gegenüber dem Controllingsystem für Aufträge mit hohem Eigenleistungsanteil wurde die Vergabephase hinzugenommen. In dieser Phase soll im Wesentlichen die Vergabe des Generalunternehmers an Nachunternehmer betrachtet werden.

	Angebotsphase	Vorbereitungs-/Vergabephase	Ausführungsphase
Qualitäten	Bei Planungsleistungen muss die Zuverlässigkeit und Kompetenz der Architekten und Fachingenieure durch persönliche Erfahrung oder mit Hilfe einer Checkliste und insbesondere auf der Grundlage von Referenzen geprüft werden. Gleiches gilt für die Nachunternehmer und Lieferanten.	Prüfen der Zuverlässigkeit und Kompetenz der Nachunternehmer durch Datenbank, Referenzen oder Checkliste. Prüfen der Ausschreibungsunterlagen für die Nachunternehmer auf Vollständigkeit hinsichtlich Leistungsumfang, Leistungsabgrenzung und Risikoübernahme sowie Qualität.	Zielvereinbarung mit den Nachunternehmern. Qualitätssicherung der Leistung der Nachunternehmer mithilfe der Checklisten z.B. aus einem Qualitätsmanagement-Handbuch.
Termine	Durchführen einer Ablaufplanung aller beauftragten und gemäß Vertrag zu koordinierenden Planungs-, Genehmigungs- und Bauleistungen. Dokumentation der Ergebnisse in einem Terminplan.	Abstimmung der Ablaufplanung auf die Nachunternehmer, Konkretisierung der Planliefertermine und Erstellen eines Bemusterungsterminplans. Integration der Zeiten in die Nachunternehmerverträge.	Zielvereinbarung mit den Nachunternehmern. Erstellen von Detailablaufplänen und Konkretisierung von Planlieferterminen, Soll-Ist-Vergleichen der Ausführungsdauern und Termine. Analyse bei Abweichungen und Prognose des weiteren Ablaufs.

Für ein Kostencontrollingsystem werden nachfolgend die wesentlichen Elemente für die Angebots-, die Vergabe- und die Ausführungsphase beschrieben. Dabei werden sie in der Reihenfolge beschrieben, wie sie in der Praxis zeitlich zur Anwendung kommen.

Angebotsphase

- Angebotskalkulation Stellt die voraussichtlichen Selbstkosten des Unternehmens für eine Bauleistung dar. Der Unterschied zum Bauen mit hohem Eigenleistungsanteil besteht darin, dass hier teilweise schon mit den Preisen der Nachunternehmer kalkuliert wird. Zudem müssen gegebenenfalls Planungskosten berücksichtigt werden. Die Angebotskalkulation ist die Basis für das Angebot. Mit ihr werden die Grundlagen der Kostenplanung im Rahmen des Controllingsystems gelegt.

- Auftragskalkulation: Bei privaten Auftraggebern können Preisverhandlungen erfolgen. Evtl. Unklarheiten/Probleme werden besprochen und geklärt. Preise werden endverhandelt. Im Rahmen des Controllingsystems müssen für die Verhandlungen möglichst konkrete Informationen über die Kosten der Planungsleistungen, Genehmigungen und Leistungspakete der Nachunternehmer vorliegen. Grundlage dieser Informationen sind Angebote und Vorverhandlungen mit den Planern und Nachunternehmern.

Vorbereitungs-/Vergabephase

- Arbeitsvorbereitung: Im Rahmen der Arbeitsvorbereitung werden für das Kostencontrolling im Wesentlichen die Baustelleneinrichtungs-, -räumungs- und -vorhaltekosten sowie die Kosten des Leitungspersonals und der Planungsleistungen geplant.
- Arbeitskalkulation: In der Arbeitskalkulation bei Aufträgen mit hohem Fremdleistungsanteil werden im Wesentlichen die in der Angebotskalkulation noch als Gemeinkosten kalkulierten Bestandteile (z.B. Baustellengemeinkosten, Planungskosten usw.) in getrennten Positionen ausgewiesen. Die Kosten zu jedem Nachunternehmer werden unter einer gesonderten Kostenart erfasst.
- Budgetierung: Anhand der Arbeitskalkulation werden für Planungsleistungs- und Bauleistungspakete Vergabeziele erstellt. Diese Vergabeziele werden auch als Budget bezeichnet. Innerhalb dieses Budgets soll die Vergabe an Planer und Nachunternehmer erfolgen. Das Budget soll die obere Kostengrenze der Planungs- und Bauleistungen darstellen.
- Vergabekontrolle: Die Vergabekontrolle erfolgt auf Basis des einzelnen Budgets. Abweichungen vom einzelnen Budget werden toleriert, wenn die Kosten der gesamten Budgets nicht überschritten werden. Ist der Nachunternehmer-Preis höher als das gesetzte Budget, spricht man von Vergabeverlust, ist er niedriger von Vergabegewinn.

Ausführungsphase

- Leistungsmeldungen: Die Leistungsmeldung dient der Feststellung der mit Preisen bewerteten Bauleistung zu einem Stichtag. Sie wird im Regelfall zum Monatsende vom Bauleiter für die Baustellen erstellt. Sie erfolgen entweder nach den Rechnungen der Nachunternehmer oder beruhen auf der Schätzung des Fertigstellungsgrades der einzelnen Gewerke in Prozent.

- Nachtrags-management — Für geänderte oder zusätzliche Leistungen müssen die Preise auf Grundlage einer Nachtragskalkulation gebildet werden. Im Nachtragsmanagement erfolgt eine Zusammenfassung aller Nachtragsforderungen, der Bearbeitungs- bzw. Beauftragungsstände und gegebenenfalls eine Einschätzung der Realisierung über die Forderungshöhe. Durch die teilweise unterschiedliche Vertragsgestaltung zwischen Generalunternehmer und Auftraggeber, bzw. zwischen Generalunternehmer und Nachunternehmer, muss das Nachtragsmanagement bei hohem Fremdleistungsanteil die unterschiedlichen Vertragssituationen berücksichtigen.
- Soll-Ist-Vergleich — Als Grundlage für den Soll-Ist-Vergleich dienen die Arbeitskalkulation und die Leistungsmeldungen. Die Kostenansätze der Arbeitskalkulation bewertet mit den Mengen der Leistungsmeldung ergeben zum Stichtag das Soll. Diesem Soll gegenübergestellt wird das Ist der Betriebsbuchhaltung. Der Vergleich wird auf Ebene der Kostenartengruppen durchgeführt. Gegebenenfalls kann für die Eigenleistungen eine tiefergehende Betrachtung erfolgen (siehe Kostencontrolling für hohen Eigenleistungsanteil).
- Analyse — Im Fall von Abweichungen des Ist vom Soll lassen sich die Fehlerquellen durch die Soll-Ist-Vergleiche gut eingrenzen. Aufgrund der einzelnen Aufschlüsselungen der Kostenarten ist es möglich, den Verursacher (Generalunternehmer, Planer bzw. Nachunternehmer) einzugrenzen und im Falle großer Abweichungen evtl. steuernd einzuwirken.
- Chancen-/Risiko-management — Aufgabe ist es, sich ergebende Chancen (Einsparpotenzial oder Mehrvergütung) oder Risiken (z.B. Mehrkosten oder Vertragsstrafe aus der Vertragsgestaltung mit dem Auftraggeber bzw. den Nachunternehmern) früh zu erkennen und zu nutzen bzw. zu mindern oder zu vermeiden.
- Prognose — Auf der Grundlage der Kosten-Soll-Ist-Vergleiche und einer Analyse der evtl. aufgetretenen Abweichungen kann die zukünftige Entwicklung der Kosten prognostiziert werden. Mithilfe dieser Informationen lassen sich Aussagen über die voraussichtliche Entwicklung des Ergebnisses der Baumaßnahme treffen und man kann gegebenenfalls noch rechtzeitig Steuerungsmaßnahmen ergreifen, um das Projekt zum gewünschten Erfolg zu führen.

11 Die Arbeitskalkulation

11.1 Grundlagen

11.1.1 Zweck einer Arbeitskalkulation

Das Aufstellen einer Arbeitskalkulation fällt in den Verantwortungsbereich des über dem Regelkreis Baustellenleitung liegenden Regelkreises. Die Arbeitskalkulation ist ein bedeutendes Lenkungsinstrument, ihre Aufstellung ist eine wesentliche Planungsaufgabe des Regelkreises Bereichsleitung und ist Grundlage folgender Regelkreisfunktionen:

- Zielvereinbarung der Bereichsleitung mit der Bauleitung
- Planungs-, Steuerungs-, Kontroll-, Analyse- und Prognoseaufgaben der Bauleitung.

Sie sollte einen Vergleich der in der Betriebsabrechnung ermittelten Ist-Kosten mit den Plan-Kosten (Soll-Kosten) der Bauauftragsrechnung ermöglichen und die Soll-Kosten möglichst realitätsnah wiedergeben. Sie wird nach der Auftragserteilung unter Berücksichtigung aller für die Durchführung einer Baumaßnahme relevanten Tatbestände aus der Angebotskalkulation abgeleitet.

In der Arbeitskalkulation werden auf der Basis der Erkenntnisse aus

- den Auftragsverhandlungen,
- einer gründlichen Arbeitsvorbereitung und
- den Verhandlungen mit den Nachunternehmern und Stofflieferanten

die Herstellkosten für eine normale wirtschaftliche Baudurchführung festgelegt. Diese Arbeitskalkulation mit ihren Normalkosten stellt während der Baudurchführung den Maßstab dar, an dem die tatsächliche kostenmäßige Entwicklung gemessen wird.

Es wird zur Beurteilung der Kostenentwicklung jeweils zum Stichtag aufgrund der wirklich erbrachten Mengen und der Soll-Kosten aus der Arbeitskalkulation festgestellt. Ein Vergleich dieser Soll-Kosten mit den Ist-Kosten aus der Buchhaltung zeigt, ob die Ausführung kostenmäßig wie geplant verlaufen ist. Die Analyse der Ursachen von eventuellen Abweichungen liefert die für die Steuerung notwendigen Erkenntnisse. Die zu einem Stichtag noch nicht erbrachten Bauleistungen bewertet mit den Sollkosten der Arbeitskalkulation ermöglichen unter Beachtung der Analyseergebnisse von eventuell eingetretenen Fehlentwicklungen eine Prognose über die weitere Entwicklung der noch ausstehenden Bauleistung.

11.1.2 Kostenplanung durch die Arbeitskalkulation

Die Arbeitskalkulation ist eine Plankostenrechnung, die von möglichst realistischen Ansätzen und Verhältnissen auszugehen hat, damit die zukünftige Entwicklung der Kosten wirklichkeitsgetreu im Voraus aufgezeigt wird. Die Eingangswerte für diese Plankostenrechnung sollen dabei weitgehend objektiv richtig sein. Dies kann durch folgende Untersuchungen sichergestellt werden:

a) Mengenkontrolle
   Als Erstes ist der zu erbringende Leistungsumfang als Basis für alle weiteren Überlegungen in Form einer Mengenkontrolle zu überprüfen. Bei einem Einheitspreisvertrag ist diese

Mengenkontrolle wichtig, z.B. im Hinblick auf die sogenannte 10-Prozent-Klausel der VOB; bei einem Pauschalvertrag wird das Ergebnis direkt von Veränderungen der auszuführenden gegenüber den kalkulierten Mengen beeinflusst.
Unabhängig von der Vertragsart ist die Feststellung der Mengenverteilung über das Bauwerk Voraussetzung für die Terminplanung.

b) Überprüfung der Stundenansätze
Eine gründliche Arbeitsvorbereitung nach der Auftragserteilung mit der endgültigen Festlegung der Verfahren und der zum Einsatz kommenden Geräte führt gegebenenfalls zu einer Neufestsetzung der Lohnstundenaufwandswerte, wobei eine Verminderung des kalkulierten Stundenaufwands anzustreben ist.

c) Überprüfung der Stoffkosten
Häufig lassen sich durch gezielte Einkaufsverhandlungen die in der Kalkulation angenommenen Stoffkosten reduzieren. Die endgültigen, durch Einkaufsverträge abgesicherten Stoffpreise sind in der Arbeitskalkulation zu berücksichtigen.

d) Überprüfung der Geräte-, Schal- und Rüstkosten
In der Angebotskalkulation werden zumeist vereinfachend die Gerätekosten entsprechend den BGL-Sätzen, gegebenenfalls mit firmeninternen Zu- oder Abschlägen, eingesetzt und für Schal- und Rüstkosten pauschale Ansätze gebildet. Eine gründlichere Untersuchung kommt aus Zeit- und Kapazitätsmangel nur bei größeren Projekten in Frage. Wird aber ein Angebot zum Auftrag, muss das zum Einsatz kommende Gerät eindeutig festgelegt werden. Gleiches gilt für Rüst- und Schalmaterial. Damit stehen auch die tatsächlichen Mietsätze fest, die in die Arbeitskalkulation einfließen.

e) Überprüfung der Nachunternehmerpreise
Anfragen über Nachunternehmerleistungen im Angebotsstadium bringen häufig noch nicht das preisliche Minimum. Im Zuge von Vergabeverhandlungen lassen sich deswegen in der Regel Vergabegewinne erzielen, die von entscheidender Bedeutung für den wirtschaftlichen Erfolg sein können. Diese vertraglich ausgehandelten Nachunternehmerpreise sind in die Arbeitskalkulation einzusetzen.

f) Überprüfung der Gemeinkosten
Im Zuge der Bauvorbereitung sind ebenfalls die Gemeinkosten zu überprüfen. Die Festlegung der Bauleitungsmannschaft, der endgültigen Baustelleneinrichtung usw. kann zu Kostenverschiebungen gegenüber der Kalkulation führen. Auch die Kosten für Strom und Wasseranschlüsse, Geländemieten und andere Gebühren werden im Angebotsstadium oft nur geschätzt und sind in die Arbeitskalkulation mit realen Werten einzutragen.

Nach diesen Kontrollen kann einerseits der sogenannte voraussichtliche Erlös durch Multiplikation und Addition der korrigierten Vordersätze mit den vertraglich vereinbarten Einheitspreisen, unter Berücksichtigung eventueller Preisnachlässe, ermittelt werden. Andererseits ergeben sich aus der Multiplikation und Addition der korrigierten Vordersätze mit den neu festgelegten Einheitskosten die voraussichtlichen Gesamtherstellkosten. Die Differenz zwischen dem voraussichtlichen Erlös und den voraussichtlichen Herstellkosten ist das zu erwartende Rohergebnis (Rohüberschuss).

$$\textbf{Erlös}_{\text{vorauss.}} - \textbf{Herstellkosten}_{\text{vorauss.}} = \text{Rohergebnis}$$

Dieses Rohergebnis soll sowohl die allgemeinen Geschäftskosten als auch Wagnis und Gewinn decken.

Werden im Zuge der Erstellung der Arbeitskalkulation Fehler in der Angebotskalkulation aufgedeckt, so wird eventuell das zu erwartende Ergebnis von vornherein negativ. In solchen Fällen wird man versuchen, durch noch rationellere Baumethoden und -verfahren den erkannten voraussichtlichen Verlust zu reduzieren.

Die Arbeitskalkulation als Plankostenrechnung erfüllt bereits in diesem Stadium der Arbeitsvorbereitung eine wichtige Aufgabe, da über die wirtschaftliche Situation eines Auftrags Klarheit gewonnen werden kann.

11.1.3 Gliederung der Arbeitskalkulation

11.1.3.1 Vertikale Gliederung

Grundsätzlich baut die Arbeitskalkulation auf dem Vertragsleistungsverzeichnis und der darin enthaltenen Los-, Titel- und Positionsgliederung auf, denn der Bezug zwischen Vertrag und Kontroll- und Steuerungssystem muss jederzeit erhalten bleiben. Allerdings bedarf diese Gliederung unter dem Gesichtspunkt der exakten monatlichen Ermittlung des Leistungsstandes zum Zwecke der Soll-Kostenberechnung einiger Erweiterungen in Form von Sondertiteln und Positionen. In der Arbeitskalkulation dürfen nämlich im Gegensatz zur Einheitspreisbildung in der Angebotskalkulation keine Kostenanteile über Zuschläge verrechnet werden. In den Leistungspositionen werden nur die direkt zuzuordnenden Einzelkosten aufgeführt.

Alle Gemeinkosten, die in der Angebotskalkulation in die Einheitspreise einzurechnen waren, werden in gesonderten Positionen erfasst, die zusätzlich zu den Positionen des LV's geschaffen werden.

Dies kann für folgende Leistungen gelten, soweit sie nicht ohnehin im LV in gesonderten Positionen erfasst wurden. Diese Leistungen sind beispielhaft:

- die Baustelleneinrichtung
- die Vorhaltung von Geräten usw.
- die Baustellenräumung
- die Gemeinkosten der Baustelle, mit:
  - Gehältern der Bauleitung
  - Kosten des Bürobetriebs
  - Pkw-Kosten
  - lohnbezogenen Kosten usw.

Auch die technische Bearbeitung, Kosten der Arbeitsvorbereitung, Gutachterkosten usw. sind in eigens dafür vorgesehenen Positionen zu erfassen.

Auf größeren Baustellen mit umfangreicher Baustelleneinrichtung und erheblichem Einsatz von Großgeräten empfiehlt sich eine weitergehende Detaillierung der Einrichtung, Vorhaltung und Räumung über sogenannte Unterpositionen, z.B.:

Pos. 1: **Einrichten der Baustelle**

U-Pos. 1.1: Montage des Krans 1

U-Pos. 1.2: Montage des Krans 2

U-Pos. 1.3: Vorhaltung der Kräne

U-Pos. 1.4: Aufbau der Tagesunterkünfte

U-Pos. 1.5: Herstellen des Stromanschlusses

usw.

Bei der Feststellung des Leistungsstandes zum Stichtag ist man dann in diesem Bereich nicht auf pauschale Prozentangaben angewiesen, sondern kann exakt angeben:

Pos. 1: Einrichten der Baustelle

U-Pos. 1.1: Montage des Krans 1 – abgeschlossen

U-Pos. 1.2: Montage des Krans 2 – abgeschlossen

U-Pos. 1.3: Vorhaltung der Kräne – 2 Monate

usw.

Da Baustelleneinrichtung, Räumung und Vorhaltung bis zu 12 % der Gesamtkosten ausmachen können, ist eine Transparenz dieses Kostenblocks erforderlich. Gleiche Überlegungen gelten auch im Zusammenhang mit dem übrigen Gemeinkostenblock. Auch in den Leistungspositionen kann eine Unterteilung in Unterpositionen notwendig werden.

Beispiel

LV-Pos. „m³ Beton der Decke einschließlich Schalung"

Zum Monatsende können weite Bereiche der Decke schon fertig betoniert und ausgeschalt sein, andere Bereiche sind aber erst eingeschalt. Um hier den Leistungsstand und die dazugehörigen Soll-Kosten zu ermitteln, ist es vorteilhaft, die komplexen LV-Positionen zu unterteilen in:

LV-Pos.: m³ **Beton der Decken einschließlich Schalung herstellen und einbauen**

U-Pos. 1: m² Decke einschalen

U-Pos. 2: m³ Deckenbeton herstellen und einbauen

U-Pos. 3: m² Decke ausschalen

Die Los-, Titel-, Positions- und Unterpositionsgliederung der Arbeitskalkulation hat sich klar nach den Gesichtspunkten der Leistungsabgrenzung zu orientieren, wobei der zeitliche Ablauf der Teilleistungserbringung zu berücksichtigen ist.

11.1.3.2 Horizontale Gliederung

Prinzipiell genügt für den reinen Vergleich der Gesamt-Sollkosten mit den Gesamt-Istkosten ein Kostenansatz für die Herstellkosten. Damit aber Ansatzpunkte für detaillierte Kontrollen und Analysen gegeben sind, empfiehlt sich eine Gliederung der Kosten in Kostenartengruppen, die in der Betriebsabrechnung verwendet werden.

- Lohnkosten { Lohnstunden [Std.] / Löhne [EUR/Std.]
- Baustoffe und Fertigungsmaterial
- Rüstung und Schalung
- Hilfs- und Betriebsstoffe
- Geräte
- Baustellenausstattung
- allgemeine Kosten
- Fremdarbeitskosten
- Nachunternehmerleistungen

Die Aufgliederung der Kosten in die vorstehend beispielhaft aufgeführten neun Kostenarten bedeutet einen Mehraufwand in der Erfassung, erweitert aber die Möglichkeiten für Verlustquellenforschung erheblich.

11.2 Beispiel zur Arbeitskalkulation bei hohem Eigenleistungsanteil

Nach den in den Abschnitten 11.1.2 und 11.1.3 dargelegten Grundsätzen kann die Arbeitskalkulation aufgestellt werden.

Die folgenden Seiten (Bild D. 11-1 bis D. 11-5) zeigen die Arbeitskalkulation für den in Abschnitt 5.1 kalkulierten Wasserbehälter.

Arbeitskalkulationsverzeichnis					Baustelle: Wasserbehälter						Kostenstelle: 971					Seite 1	
LV-Pos	Pos. Teil	Menge AK	Dim.	Kurztext	BAS-Nr.	Lohn [Std]	Baustoffe	R u. S	Hilfs- u. Betriebsst.	Geräte	Baust.-Ausstatt.	Allgem. Kosten	Fremdarbeit	NU	HK	EP	Erlös
1	2	3	4	5	6	7	8	9	10	11	12	13	14	15	16	17	18
				Titel 0:		ML = 42,90 EUR / h											
				Baustelleneinrichtung													
-	1	1	P	Aufbau Einrichtung													
				0,6*(487 Std+15555,-)	001	292,0					9333,-				21860,-		
-	2	1,5	Mon	Vorhalten Gerät I													
				Turmdrehkran						8674,-							
				30 m Joche						327,-							
				Silokübel 500 l 1						46,-							
				Tischkreissäge 1						103,-							
				Handbohrmasch. 2						65,-							
				Umformer 1						69,-							
				Innenrüttler 2						168,-							
										9450,-	x	1,5	Mon =		14175,-		
-	3	2	Mon	Vorhalten Gerät II													
				Verteilschrank 1						308,-							
				Unterk.Container 2						564,-							
				Sanitärcontainer 1						277,-							
				Nivellierinstrument 1						24,-							
				Magazincontainer 1						167,-							
										1340,-	x	2	Mon =		2679,-		
-	4	1,5	Mon	Betriebsstoffe					1560,-		x	1,5	Mon =		2340,-		
				Übertrag/Summe		292,0			2340,-	16855,-	9333,-				41055,-		

Bild D. 11-1: Tabelle 1 der Arbeitskalkulation

Arbeitskalkulationsverzeichnis					Baustelle: Wasserbehälter						Kostenstelle: 971					Seite 2	
LV-Pos	Pos. Teil	Menge AK	Dim.	Kurztext	BAS-Nr.	Lohn [Std]	Baustoffe	R u. S	Hilfs- u. Betriebsst.	Geräte	Baust.-Ausstatt.	Allgem. Kosten	Fremd-arbeit	NU	HK	EP	Erlös
1	2	3	4	5	6	7	8	9	10	11	12	13	14	15	16	17	18
						292,0			2340,-	16855,-	9333,-				41055,-		
-	5	1	P	Abbau Einrichtung													
				0,4*(487Std+15555,-)	009	195,0					6222,-				14588,-		
				Summe Titel 0		**487,0**			**2340,-**	**16855,-**	**15555,-**				**55642,-**		
				Titel 1: Erdarbeiten													
1	-	1050	m³	Boden der Baugrube										12,50	13125,-	14,49	15215,-
2	-	80	m³	Grubenkies liefern													
				und einbauen										38,00	3040,-	44,85	3588,-
3	-	2500	m³	Füllkies liefern und													
				einbauen										17,50	43750,-	20,13	50325,-
				Summe Titel 1:										**59915,-**	**59915,-**		**69128,-**

Die Kosten der NU-Leistungen konnten durch Verhandlungen reduziert werden.

Bild D. 11-2: Tabelle 2 der Arbeitskalkulation

Arbeitskalkulationsverzeichnis					Baustelle: Wasserbehälter						Kostenstelle: 971					Seite 3	
LV-Pos	Pos. Teil	Menge AK	Dim.	Kurztext	BAS-Nr.	Lohn [Std]	Baustoffe	R u. S	Hilfs- u. Betriebsst.	Geräte	Baust.-Ausstatt.	Allgem. Kosten	Fremd-arbeit	NU	HK	EP	Erlös
1	2	3	4	5	6	7	8	9	10	11	12	13	14	15	16	17	18
						ML = 42,90 EUR / h											
				Titel 2: Betonarbeiten													
4		380	m²	Sauberkeitsschicht	431	0,1	10,7								5351,-	19,2	7281,-
5		115	m³	C 25/30 der Sohle													
				C 25/30 Einbringen													
	1	115	m³	mit Pumpe	432	0,7	125,0						12,5		19266,-		
	2	26,5	m²	Schalung	321	1,2		9,0							1603,-		
	3	385	m²	Oberfläche abziehen	432	0,1									1652,-		
																270,0	31049,-
6		650	m²	Beton der Wände													
				C 25/30 Einbringen													
	1	195	m³	mit Pumpe	433	1,4	125,0						12,5		38524,-		
																83,0	53950,-
7		370	m²	Decke d = 30cm													
				C25/30 Einbringen													
	1	111	m³	mit Pumpe	434	0,7	125,0						12,5		18596,-		
	2	370	m²	Oberfläche abziehen	434	0,1									1587,-		
																74,2	27465,-
8		320	m²	Schalung der Decke													
					327	0,8		9,0							13862,-	75,8	24259,-
9		1300	m²	Schalung d. Wände	323	0,9		11,0							64493,-	85,0	110474,-
10		54	m	Stützen 30/30													
				C25/30 Einbringen												43,8	nur EP
		5	m³	mit Pumpe *	435	2,0	125,0						12,5		1117,-		
11		65	m²	Schalung *	324	2,5		12,-							7751,-	305,0	nur EP
				Übertrag/Summe	**	1995	56672,-	17419,-					5263,-		164934,-		254478,-
				* Die Werte der Pos. 10 und 11 sind in den Summenwerten nicht enthalten, da Alternativpositionen nicht zur Ausführung kommen													
				** In der Spalte Lohn erscheint die Lohnsumme über alle Pos. aus Menge x Lohn Aufwandswert													

Bild D. 11-3: Tabelle 3 der Arbeitskalkulation

Arbeitskalkulationsverzeichnis					Baustelle: Wasserbehälter						Kostenstelle: 971					Seite 4	
LV-Pos	Pos. Teil	Menge AK	Dim.	Kurztext	BAS-Nr.	Lohn [Std]	Baustoffe	R u. S	Hilfs- u. Betriebsst.	Geräte	Baust.-Ausstatt.	Allgem. Kosten	Fremdarbeit	NU	HK	EP	Erlös
1	2	3	4	5	6	7	8	9	10	11	12	13	14	15	16	17	18
						1995	56672,-	17419,-					5263,-		164934,-		254478,-
12		22	to	Bst B 500 liefern und verlegen	421	16,0	650,-								29401,-	2056,2	45236,-
13		25	to	Bst B 500B liefern und verlegen	421	14,0	800,-								35015,-	2076,6	51916,-
14		85	m	Arbeitsfugenband	531	0,5	18,-								3311,-	60,9	5175,-
15		6	Stck.	Rohrdurchführungen	532	2,0	300,-								2315,-	519,5	3117,-
16		880	m²	Abdichtungsanstrich	551	0,3	2,-								12998,-	26,2	23065,-
				Summe Titel 2:		**3015**	**95932,-**	**17419,-**					**5263,-**		**247973,-**		**382986,-**
				Titel 3: Gemeinkosten													
-	1	2	Mon	0,5 Gehalt Bauleitung (mit Sozialkosten)								3668,-			7335,-		
-	2	2	Mon	Hilfslöhne	8	20,0									1716,-		
-	3	2	Mon	Telefon								100,-			200,-		
-	4	2	Mon	Spesen								200,-			400,-		
-	5	2	Mon	PKW-Kosten								200,-			400,-		
				Übertrag/Summe		40,0						8335,-			10051,-		

Bild D. 11-4: Tabelle 4 der Arbeitskalkulation

Zu diesem Beispiel ist anzumerken:

- Für die im Leistungsverzeichnis nicht vorgesehenen Kosten der Baustelleneinrichtung und -räumung wird ein Titel 0, für die übrigen Gemeinkosten ein zusätzlicher Titel 3 eingeführt.
- Die Mengenansätze sind zur besseren Verfolgung der Ergebnisse gegenüber dem Leistungsverzeichnis beibehalten worden. Die Alternativpositionen 10 und 11 kommen nicht zur Ausführung.
- Die Kostenansätze wurden gegenüber der Angebotskalkulation nur in wenigen Punkten (z.B. NU-Leistungen) geändert, um auch hier die bessere Nachvollziehbarkeit zu gewährleisten.
- Auf die Preise des Angebots wurde ein Nachlass von 1 % gewährt.

Nach Bild D. 11-5 errechnet sich bei einem voraussichtlichen Erlös von 447.592,55 EUR ein voraussichtliches Ergebnis von 52.011,24 EUR, aus dem die allgemeinen Geschäftskosten, Bauzinsen sowie Wagnis und Gewinn zu decken sind. Dieses Ergebnis liegt trotz des Nachlasses von 1 % wegen der nachverhandelten NU-Angebote leicht über den Erwartungen der Angebotskalkulation.

Arbeitskalkulationsverzeichnis					Baustelle: Wasserbehälter						Kostenstelle: 971						Seite 5
LV-Pos	Pos. Teil	Menge AK	Dim.	Kurztext	BAS-Nr.	Lohn [Std]	Baustoffe	R u. S	Hilfs- u. Betriebsst.	Geräte	Baust.-Ausstatt.	Allgem. Kosten	Fremdarbeit	NU	HK	EP	Erlös
1	2	3	4	5	6	7	8	9	10	11	12	13	14	15	16	17	18
						40,0						8335,-			10051,-		
-	6	2	Mon	Lohnbez. Kosten								3000,-			6000,-		
-	7	1	P	Technische Bearbeitung								12000,-			12000,-		
-	8	1	P	Arbeitsvorbereitung								4000,-			4000,-		
				Summe Titel 3:		**40,0**						**30335,-**			**32051,-**		
				Zusammenstellung:													
				Tit. 0: Baustelleneinricht.		487			2340,-	16855,-	15555,-				55642,-		
				Tit. 1: Erdarbeiten										59915,-	59915,-		69128,-
				Tit. 2: Betonarbeiten		3015	95932,-	17419,-					5263,-		247973,-		382986,-
				Tit. 3: Gemeinkosten		40						30335,-			32051,-		
				Summe Titel 0-3	~	**3542**	**95932,-**	**17419,-**	**2340,-**	**16855,-**	**15555,-**	**30335,-**	**5263,-**	**59915,-**	**395581,-**		**452114,-**
				Ergebnisberechnung:						voraus. Erlös aus EP:			452.113,69 EUR				
										gew. Nachlaß 1%			-4.521,14 EUR				
										voraus Erlöß			447.592,55 EUR				
				Voraussichtliches Rohergebnis:			447.593	EUR	-	395.581,31 EUR		=	52.011,24 EUR				
												=	11,62%		vom Erlös		
												=	13,15%		von den Herstellkosten		

Bild D. 11-5: Tabelle 5 der Arbeitskalkulation

11.3 Beispiel zur Arbeitskalkulation bei hohem Fremdleistungsanteil

Bei Aufträgen mit hohem Fremdleistungsanteil ist beim Aufbau der Arbeitskalkulation ein ähnliches Prinzip anzuwenden wie bei der Arbeitskalkulation für Aufträge mit hohem Eigenleistungsanteil. In der vertikalen Gliederung müssen für die Soll-Ist-Vergleiche einzelne Kostengruppen bzw. Positionen geschaffen werden. So sollte die Baustelleneinrichtung in mindestens drei Unterpositionen (Einrichten, Vorhalten, Räumen) untergliedert werden. Wenn erforderlich, können die Positionen der Baustelleneinrichtung entsprechend der gewünschten Analyse-/Betrachtungstiefe genau so tief gegliedert werden wie in der Arbeitskalkulation mit hohem Eigenleistungsanteil. Gleiches gilt für die Kosten des Leitungspersonals, die Planungsleistungen, Sonderkosten und besondere Risiken, die in der Angebotskalkulation ganz oder teilweise im Generalunternehmer-Zuschlag enthalten sind. All diese vorgenannten Kostenbestandteile werden in der Arbeitskalkulation als Einzelkosten der Teilleistungen aufgeführt. Als Gemeinkosten, die in einem Zuschlag zusammengefasst werden, verbleiben nur noch die allgemeinen Geschäftskosten sowie Wagnis und Gewinn. Die reinen Bauleistungen werden in der Arbeitskalkulation häufig nicht tiefer gegliedert als in der Angebotskalkulation, da diese Leistung häufig an Nachunternehmer vergeben und ein differenzierteres Controllingsystem für diese Nachunternehmerleistung eher im Interesse des Nachunternehmers als in dem des Generalunternehmers liegt. Eine Ausnahme können Gewerke/Gewerkegruppen wie z.B. der Rohbau bilden, die als Eigenleistungen erbracht werden. Dort kann eine Gliederungstiefe wie beim hohen Eigenleistungsanteil erfolgen. Da die Arbeitskalkulation im Schlüsselfertigbau wesentlich einfacher ist als für hohen Eigenleistungsanteil, wird nachfolgend nur die vertikale Gliederung mit ihren Hauptpositionen dargestellt. Eine möglicherweise tiefer gehende Gliederung wird nun am Beispiel „Neubau eines Wohn- und Geschäftshauses mit Tiefgarage" dargestellt. Beim nachfolgenden Beispiel wird vereinfachend angenommen, dass die in der Angebotskalkulation ermittelten Kosten in die Arbeitskalkulation übernommen werden. In der Realität können sich diese Kosten schon durch fortgeschrittene Verhandlungen mit Planern, Nachunternehmern und Lieferanten verändert haben. Im vorliegenden Beispiel wird angenommen, dass der Generalunternehmer die Rohbauarbeiten als Eigenleistung ausführt. Deshalb wird die Arbeitskalkulation so aufgebaut, dass für die Rohbauarbeiten die gleiche Kostenartengliederung gewählt wird wie für Aufträge mit hohem Eigenleistungsanteil. Bei allen zu vergebenden Leistungen wird die Kostenart nur nach Nachunternehmern unterschieden, dies gilt auch für Planungsleistungen, soweit diese vergeben werden. In den folgenden Tabellen wird für das Kalkulationsbeispiel Schlüsselfertigbau aus Abschnitt 5.3 eine mögliche Struktur der Arbeitskalkulation beschrieben. Für die Position 0.1.2, Vorhalten der Baustelle, und die Position 0.2.1, Bauleitung Rohbau, wird beispielhaft aufgezeigt, wie die Feinstruktur einer solchen Arbeitskalkulation aussehen könnte.

Arbeitskalkulationsverzeichnis bei hohem Fremdleistungsanteil (f.d.Teil der Eigeleistung)								Seite 1			Datum
Pos. Nr.	Menge AK	Dimension	Kurztext LV	BAS-Nr.	Geräteschlüssel	Kostenartenschlüssel	Lohn	Baustoffe	...	Allg. Kosten / Gehälter	Soll - HK
1	2	3	4	5	6	7	8	9	10	11	12
			Wohnhaus mit Tiefgarage								
0.1			Baustelleneinrichtung								
0.1.1			Einrichten d. Baustelle								47 093,-
0.1.2			Vorhalten d. Baustelle								91 779,-
	7	Mon.	Hochbaukran		Geräte - Nr.						62 826,-
	12	Mon.	Sanitär-,Büro-,Unterk.-container		Geräte - Nr.						17 107,-
	6	Mon.	Kleingeräte für Rohbau								11 846,-
			(Umformer,Kreissäge,etc.)								
0.1.3			Räumen d. Baustelle								28 877,-
			Summe Baustelleneinrichtung								**167 748,-**
0.2			Kosten der Bauleitung								
0.2.1			Bauleitung Rohbau							161 020,-	161 020,-
	6	Mon.	Oberbauleiter (40%)			KAS - Nr.				33 438,-	33 438,-
	6	Mon.	Bauleiter			KAS - Nr.				69 414,-	69 414,-
	6	Mon.	Polier			KAS - Nr.				52 993,-	52 993,-
	1	Mon.	Vermessungs-Ing. (50%)			KAS - Nr.				5 175,-	5 175,-
0.2.2			Bauleitung Ausbau							208 870,-	208 870,-
0.2.3			Bauleitung Sonstige							42 680,-	42 680,-
			Summe Kosten Bauleitung							412 570,-	**412 570,-**
0.4			Sonderkosten								
0.4.1			Gebühren Prüfstatik								25 410,-
0.4.2			Gebühren für Abnahmen								6 655,-
0.4.3			Anschlussgebühren								45 980,-
0.4.4			Kanaluntersuchung								6 534,-
0.4.5			Bestandsuntersuchungen								6 655,-
			Summe Sonderkosten								**91 234,-**
0.5			Risikoaufschläge								
0.5.1			Bauwesenversicherung								6 760,-
0.5.2			Beweissicherung								9 500,-
0.5.3			Betonberwachung, ÜK 3								3 000,-
0.5.4			Druck-/Pauskosten								1 200,-
			Summe Risikoaufschläge								**20 460,-**

Bild D. 11-6: Tabelle 1 der Arbeitskalkulation

Arbeitskalkulationsverzeichnis bei hohem Fremdleistungsanteil (f.d.Teil der Fremdleistung)							Seite		Datum
Pos. Nr.	Menge AK	Dimension	Kurztext LV	NU-Name	NU 1	NU 2	NU 3	*	Soll - HK
1	2	3	4	5	7	8	9	10	11
			Wohnhaus mit Tiefgarage						
0.3			Kosten der Planungsleistungen						
0.3.1			Tragwerksplanung	P-NU 1					57.323,-
0.3.2			Architektur-/Objektplanung	P-NU 2					115.670,-
0.3.3			SiGe-Planung / SiGeKo	P-NU 2					8.500,-
		Summe Kosten Planungsleistungen							**181.493,-**
1			Rohbau						
1.01			Gerüstarbeiten	NU 3			16.935,-		16.935,-
1.02			Erdarbeiten	NU 1	140.927,-				140.927,-
1.06			Verbauarbeiten	NU 1	164.719,-				164.719,-
1.08			Wasserhaltung	NU 2		19.170,-			19.170,-
1.84			Abbruch	NU 1	47.874,-				47.874,-
1.09			Kanalarbeiten	NU 2		32.883,-			32.883,-
1.10			Dränarbeiten	NU 2		3.398,-			3.398,-
1.12			Mauerarbeiten	NU 3					
1.12.01			Tragende Außenwände	NU 3			30.898,-		30.898,-
1.12.02			Nichttragende Innenwände	NU 3			77.246,-		77.246,-
1.12.03			Tragende Innenwände	NU 3			46.348,-		46.348,-
1.13			Beton- und Stahlbetonarbeiten	NU 3					
1.13.01			Flachgründungen	NU 3			111.598,-		111.598,-
1.13.02			Tragende Außenwände	NU 3			185.997,-		185.997,-
1.13.03			Tragende Innenwände	NU 3			74.399,-		74.399,-
1.13.04			Deckenkonstruktionen	NU 3			371.995,-		371.995,-
1.16			Zimmer- und Holzbauarbeiten	NU 5					33.846,-
1.17			Stahlbauarbeiten	NU 6					9.265,-
1.18			Abdichtung gegen Wasser	NU 2		26.202,-			26.202,-
			Summe Rohbau						**1.393.701,-**
2			Ausbau und Gebäudehülle						
2.14			Natur-/Betonwerksteinarbeiten	NU 4					
2.14.01			Deckenbeläge	NU 4					73.791,-
2.14.02			Natursteinfassade	NU 4					103.951,-
2.20			Dachdeckungsarbeiten	NU 7					76.533,-
2.21			Dachabdichtungsarbeiten	NU 7					86.822,-
2.22			Klempnerarbeiten	NU 8					15.204,-
2.23			Putz-/Stuckarbeiten, WDVS	NU 4					
2.23.01			Putz-/Stuckarbeiten - Innenputz	NU 4					93.011,-
2.23.02			Wärmedämm-Verbundsystem	NU 4					77.303,-
2.24			Fliesen- und Plattenarbeiten	NU 4					
2.24.01			Innenwandbekleidung	NU 4					26.002,-
2.24.02			Deckenbekleidungen	NU 4					78.006,-
2.25			Estricharbeiten	NU 3			59.873,-		59.873,-
2.26			PVC-Fenster und Rollläden	NU 5					104.160,-
2.27			Tischlerarb.-Innentüren/-treppen	NU 5					109.710,-
2.28			Parkett- & Holzpflasterarbeiten	NU 5					168.520,-
2.29			Schließanlage	NU 6					4.830,-
2.31			Metallbauarbeiten	NU 6					
2.31.01			Türen/Tore	NU 6					44.477,-
2.31.02			Schlosserarbeiten	NU 6					130.826,-
2.33			Gebäudereinigungsarbeiten	n. offen					9.064,-
2.34			Malerarbeiten - Innenanstrich	n. offen					151.379,-
2.39			Trockenbauarbeiten	NU 4					
2.39.01			Nichttragende Innenwände	NU 4					45.249,-
2.39.02			Deckenbekleidungen	NU 4					51.896,-
2.39.03			Einrichtungen, Einbauten	NU 4					10.192,-
			Summe Ausbau und Gebäudehülle						**1.520.798,-**
3			Gebäudetechnik	NU 9					
3.75			Raumlufttechnische Anlagen	NU 8					157.949,-
3.40			Heizanlage	NU 8					291.720,-
3.42			Gas-, Wasser- und Abwasser	NU 8					
3.42.1			Abwasseranlagen	NU 8					55.618,-
3.42.2			Wasseranlagen	NU 8					111.236,-
3.42.3			Gasanlagen	NU 8					18.539,-
3.53			Elektro-, Niederspannungsanl.	NU 9					214.319,-
3.50			Blitzschutzanlagen	NU 9					6.563,-
3.69			Aufzugs- und Förderanlagen						
3.69.01			Aufzugsanlagen	NU 10					50.231,-
3.69.02			Doppelparker	n. offen					81.486,-
			Summe Gebäudetechnik						**987.662,-**
4			Außenanlage						
4.03			Landschaftsbauarbeiten	NU 1	20.661,-				20.661,-
4.80			Straßen, Wege, Plätze						43.710,-
			Summe Straßen, Wege, Plätze						**64.370,-**
			Gesamtsumme:						**4.840.037,-**
			Ergebnisberechnung:						
						vorr. Erlös aus EP:	5.318.717,-		EUR
						gew. Nachlass 0%:	0,-		EUR
						vorr. Erlös	5.318.717,-		EUR
		Vorraussichtliches Rohergebnis: 5.318.717 EUR - 4.840.037,- EUR				=	478.680,-		EUR
						=	9,00%		vom Erlös
						=	9,89%		von den HK

* Die Kostenarten sind nur auszugsweise abgebildet.

Bild D. 11-7: Tabelle 2 der Arbeitskalkulation

12 Beispiele zum Kostencontrolling für Eigenleistung

12.1 Zielvereinbarungen mit dem Polier

Beim vorliegenden Bauvorhaben ist es empfehlenswert, für einzelne Fertigungsabschnitte Zeitvorgaben zu entwickeln, die aus den Lohnstundenaufwandswerten der Arbeitskalkulation entwickelt werden. Als Beispiel wird hier folgender Fertigungsabschnitt gewählt.

Nach Herstellung der Baugrube durch einen Nachunternehmer sollen die weiteren Arbeiten mit eigenem Personal ausgeführt werden. Als erster Fertigungsabschnitt werden alle Eigenleistungen bis zum Betonieren der Sohle gewählt. In diesem Fertigungsabschnitt sind folgende Teilleistungen und zugehörige Lohnstunden enthalten:

Lohnstunden des Fertigungsabschnittes: Herstellen der Sohle					
Pos. Nr.	Menge	Einheit	Teilleistung	h / Einheit	Ges.-h
1	*2*	*3*	*4*	*5*	*6 = 2 x 5*
4	380,00	m²	Sauberkeitsschicht	0,08	30,40
5.1	115,00	m³	Beton einbauen	0,70	80,50
5.2	26,50	m²	Einschalen (70 % von 1,20 h/m²)	0,84	22,26
5.3	385,00	m²	Oberfläche abziehen	0,10	38,50
12	10,00	t	Stabstahl verlegen (Menge aus Stahlliste)	16,00	160,00
14	85,00	m	Arbeitsfugenband (55 % des Lohnaufwandes in der Sohle = 0,55 x 0,5 = 0,275)	0,28	23,38
				Summe:	**355,04**

ild D. 12-1: Lohnstunden eines Fertigungsabschnittes

Diese aus den Werten der Arbeitskalkulation berechnete Lohnstundensumme sollte um Rand- und Mängelbeseitigungsstunden reduziert werden, die nicht in den Zeitraum der Sohleherstellung fallen. Dieser Anteil liegt bei etwa 5 bis 10 %. Im Beispiel wird hierfür ein Ansatz von 7,5 % gewählt. Damit ergibt sich aus der Arbeitskalkulation ein Lohnstundenbedarf von:

$$0{,}925 \cdot 355{,}04\ \text{h} = 328{,}41\ \text{h}$$

Sollen für die Stahlbetonarbeiten neun eigene Arbeitskräfte eingesetzt werden, die im Mittel neun h täglich arbeiten, so sollte die Sohle einschließlich der Sauberkeitsschicht in

$$\frac{328{,}41\ \text{h}}{9\ \text{AK} \cdot 9\ \text{h/Tag und AK}} = 4{,}0\ \text{Tage}$$

betoniert sein. Auf der Basis dieser Berechnung kann eine Vereinbarung mit dem Polier getroffen werden, z.B. Betoneinbau am fünften Tag. Wird dieser Termin dann eingehalten und ist die Kolonne bei neun h täglicher Arbeitszeit im Mittel nur mit neun AK besetzt, dann ist sichergestellt, dass die kalkulierten Lohnstunden nicht überschritten werden. Derartige Zielvereinbarungen erhöhen die Wahrscheinlichkeit auf Einhaltung der kalkulierten Lohnstunden erheblich.

Bei einigen einfach strukturierten Objekten empfiehlt es sich deshalb, auch die Arbeitskalkulation zusätzlich noch nach Fertigungsabschnitten zu gliedern, um so direkt die Lohnstunden für die Zielvereinbarungen der Arbeitskalkulation entnehmen zu können.

12.2 Kosten-Soll-Ist-Vergleich

Mit der Arbeitskalkulation sind die Kosten für eine normale wirtschaftliche Durchführung der Baumaßnahme vorgegeben, außerdem ergibt sich aus der Gegenüberstellung von Kosten und Erlös die entscheidende Zielgröße, das voraussichtliche Rohergebnis.

In monatlichen Abständen ist nun die Einhaltung der Kostenvorgabe und damit die Realisation des voraussichtlichen Ergebnisses zu überprüfen. Dazu sind jeweils zum Monatsende die dem erreichten Leistungsstand der Baustelle entsprechenden Soll-Kosten zu ermitteln und den Ist-Kosten der Buchhaltung gegenüberzustellen.

12.2.1 Soll-Kostenermittlung

Für jede Position des Leistungsverzeichnisses der Arbeitskalkulation ist die bis zum Stichtag geleistete Menge zu ermitteln. Dies gilt auch für die ergänzten Sonderpositionen zur Darstellung der Kosten für die Baustelleneinrichtung und die Gemeinkosten der Baustelle. Dabei wird in vielen Fällen als Leistungsmenge eine Zeitspanne zu berücksichtigen sein,

z.B. Monate für die Bauleitung
Monate der Gerätevorhaltung usw.

Über diese Mengenangaben (Ist-Mengen) und die einzelnen dazugehörigen Kostenansätze der Arbeitskalkulation ergeben sich in der Summe die Herstellkosten, die laut Kostenplanung für diese Leistung verbraucht werden sollen.

Leistungsmeldung und Sollkosten					Baustelle: Wasserbehälter						Kostenstelle: 971					Seite 1	
LV-Pos	Pos. Teil	Menge Ist	Dim.	Kurztext	BAS-Nr.	Lohn [Std]	Baustoffe	R u. S	Hilfs- u. Betriebsst.	Geräte	Baust.-Ausstatt.	Allgem. Kosten	Fremdarbeit	NU	HK	EP	Erlös
1	2	3	4	5	6	7	8	9	10	11	12	13	14	15	16	17	18
						ML = 42,90 EUR / h											
				Titel 0:													
				Baustelleneinrichtung													
-	1	1,0	P	Aufbau Einrichtung													
				0,6*(487 Std+15555,-)	001	292					9333,-				21860,-		
-	2	0,5	Mon	Vorhalten Gerät I				0,5 * 9450,0 =		4725,-					4725,-		
-	3	1,0	Mon	Vorhalten Gerät II				1,0 * 1340,0 =		1340,-					1340,-		
	4	0,5	Mon	Betriebsstoffe			0,5 * 1560,0 =		780,-						780,-		
				Summe Titel 0:		**292**			**780,-**	**6065,-**	**9333,-**				**28705,-**		
				Titel 1													
				Erdarbeiten													
1	-	1050,0	m³	Boden der Baugrube								1050 * 12,50 =		13125,-	13125,-	14,-	15215,-
2	-	80,0	m³	Grubenkies liefern													
				und einbauen									80 * 38,00 =	3040,-	3040,-	45,-	3588,-
				Summe Titel 1:										**16165,-**	**16165,-**		**18803,-**

Bild D. 12-2: Tabelle 1 der Leistungsmeldung und Sollkosten

Leistungsmeldung und Sollkosten					Baustelle: Wasserbehälter						Kostenstelle: 971					Seite 2	
LV-Pos	Pos. Teil	Menge Ist	Dim.	Kurztext	BAS-Nr.	Lohn [Std]	Baustoffe	R u. S	Hilfs- u. Betriebsst.	Geräte	Baust.-Ausstatt.	Allgem. Kosten	Fremdarbeit	NU	HK	EP	Erlös
1	2	3	4	5	6	7	8	9	10	11	12	13	14	15	16	17	18
				Titel 2: Betonarbeiten													
4		380,0	m²	Sauberkeitsschicht	431	30	4047,-								5351,-	19,-	7281,-
5		115,0	m³	C 25/30 der Sohle												270,-	31049,-
				C 25/30 Einbringen													
	1	115,0	m³	mit Pumpe	432	81	14375,-						1438,-		19266,-		
	2	26,5	m²	Schalung	321	32		239,-							1603,-		
	3	385,0	m²	Oberfläche abziehen	432	39									1652,-		
6		530	m²	Beton der Wände												83,-	43990,-
				C 25/30 Einbringen													
	1	159	m³	mit Pumpe	433	223	19875,-						1988,-		31412,-		
8		320,0	m²	Schalung der Decke	327	256		2880,-							13862,-	76,-	24259,-
9		1060,0	m²	Schalung d. Wände	323	954		11660,-							52587,-	85,-	90079,-
12		10,0	to	Bst B 500 liefern													
				und verlegen	421	160	6500,-								13364,-	2056,-	20562,-
13		12,0	to	Bst B 500B liefern													
				und verlegen	421	168	9600,-								16807,-	2077,-	24920,-
14		45,0	m	Arbeitsfugenband	531	23	788,-								1753,-	61,-	2740,-
15		6,0	Stck.	Rohrdurchführungen	532	12	1800,-								2315,-	520,-	3117,-
				Summe Titel 2:		**1976**	**56985,-**	**14779,-**					**3425,-**		**159971,-**		**247996,-**

Bild D. 12-3: Tabelle 2 der Leistungsmeldung und Sollkosten

Im betrachteten Beispiel (Bild D. 12-2 bis Bild D. 12-4) sind in der Spalte „Menge Ist“ die zum Stichtag aufgemessenen Leistungsmengen eingetragen. Die Multiplikationen mit den Einzelkostenansätzen der Arbeitskalkulation ergeben die Sollkosten.

Die Auswertung ergibt für den Stichtag (siehe Bild D. 12-4) – nach einem Monat Bauzeit – einen Gesamtwert für die Soll-Herstellkosten von 228.866,- EUR, wobei eine Aufgliederung in die Hauptkostenarten auf der Basis der Arbeitskalkulation möglich ist.

12.2.2 Ist-Kostenermittlung

Die Ist-Kosten der Baustelle ergeben sich durch einen Zwischenabschluss der Konten zum Monatsende. Die Ist-Werte werden so abgegrenzt, dass nur solche Anteile enthalten sind, die wirklich der Bauleistung bis zum Stichtag zuzurechnen sind. Gleichzeitig müssen die Ist-Kosten aber auch vollständig erfasst sein (siehe Abschnitt 8.4.1).

Für dieses Beispiel sind die Ist-Kosten zum Stichtag dem Abrechnungsbogen (Bild C. 9-6) zu entnehmen. Sie belaufen sich auf 234.781,- EUR.

Leistungsmeldung und Sollkosten					Baustelle: Wasserbehälter							Kostenstelle: 971					Seite 3
LV-Pos	Pos. Teil	Menge Ist	Dim.	Kurztext	BAS-Nr.	Lohn [Std]	Baustoffe	R u. S	Hilfs- u. Betriebsst.	Geräte	Baust.-Ausstatt.	Allgem. Kosten	Fremdarbeit	NU	HK	EP	Erlös
1	2	3	4	5	6	7	8	9	10	11	12	13	14	15	16	17	18
				Titel 3: Gemeinkosten													
-	1	1,0	Mon	Gehalt Bauleitung								3668,-			3668,-		
-	2	1,0	Mon	Hilfslöhne	8	20									858,-		
-	3	1,0	Mon	Telefon								100,-			100,-		
-	4	1,0	Mon	Spesen								200,-			200,-		
-	5	1,0	Mon	PKW-Kosten								200,-			200,-		
-	6	1,0	Mon	Lohnbez. Kosten								3000,-			3000,-		
-	7	1,0	P	Technische													
				Bearbeitung								12000,-			12000,-		
-	8	1,0	P	Arbeitsvorbereitung								4000,-			4000,-		
				Summe Titel 3:		**20**						**23168,-**			**24026,-**		
				Zusammenstellung:													
				Tit. 0: Baustelleneinricht.		292			780,-	6065,-	9333,-				28705,-		
				Tit. 1: Erdarbeiten										16165,-	16165,-		18803,-
				Tit. 2: Betonarbeiten		1976	56985,-	14779,-					3425,-		159971,-		247996,-
				Tit. 3: Gemeinkosten		20						23168,-			24026,-		
				Gesamt Summe	~	**2288**	**56985,-**	**14779,-**	**780,-**	**6065,-**	**9333,-**	**23168,-**	**3425,-**	**16165,-**	**228866,-**		**266798,-**

Bild D. 12-4: Tabelle 3 der Leistungsmeldung und Sollkosten

12.2.3 Gegenüberstellung der Soll- und Ist-Kosten

Zunächst liefert die Gegenüberstellung der Soll- und der Ist-Kosten nur eine Aussage, ob bis zum Stichtag die Vorgaben der Arbeitskalkulation eingehalten wurden. Erst in der zeitlichen Verfolgung der Kostensituation können Erkenntnisse über die Gesamtentwicklung der Baustelle gewonnen werden (siehe Bild D. 12-5).

Von der absoluten Zahl her ist das Ergebnis zum vierten Stichtag laut Herstellkosten-Kurve 2 besser zu bewerten als das der Kurve 1, von der Entwicklung her aber der Verlauf der HK_1-Kurve. Bei der HK_2-Kurve ist zum sechsten Stichtag eine Überschreitung der Soll-Herstellkosten-Kurve zu befürchten.

Wechselt die Art der Leistung von Monat zu Monat, so ist allerdings kaum eine exakte Prognose möglich, da keine Basis für eine Trendbeurteilung gegeben ist, es sei denn, dass über die auszuführenden Leistungen hinreichende Erfahrungen vorliegen und damit die angesetzten Kosten- und Leistungswerte als sicher angesehen werden können. Wird aber bei einem 25-geschossigen Hochhaus mit völlig gleichen Etagen zum Zeitpunkt der Vollendung des fünften Geschosses eine Prognose gemacht, so dürften sich Abweichungen nur noch in engen Grenzen bewegen.

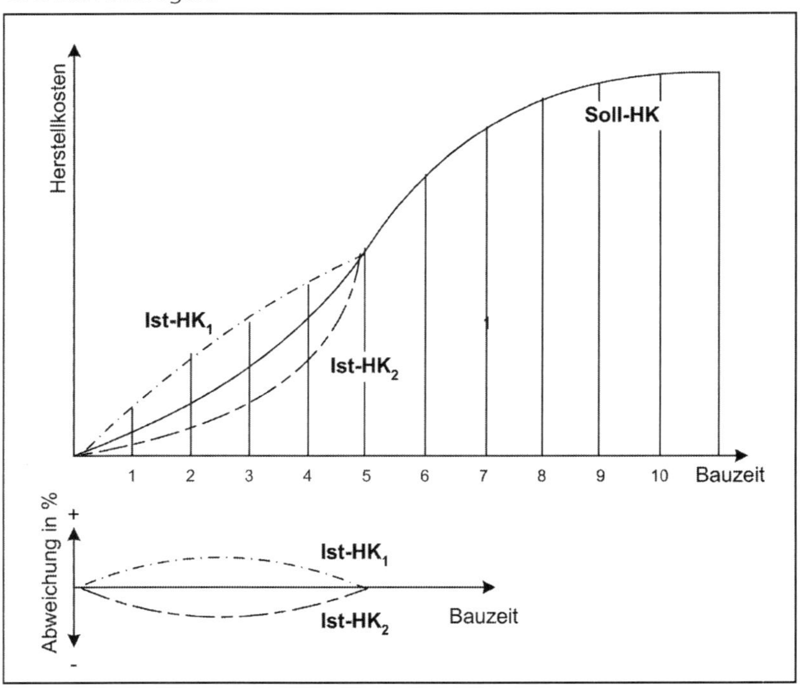

Bild D. 12-5: Soll-Ist-Vergleich der Herstellkosten

Kostenarten Soll - Ist - Vergleich für Baustelle: Wasserbehälter zum Stichtag: 31.07.19						
Kostenart	im Monat			seit Baubeginn*		
	Soll	Ist	Differenz	Soll	Ist	Differenz
Lohn	98.168	97.487	681	98.168	97.487	681
Baustoffe	56.985	49.253	7.732	56.985	49.253	7.732
Rüstung und Schalung	14.779	16.435	-1.657	14.779	16.435	-1.657
Hilfs - und Betriebsstoffe	780	735	45	780	735	45
Gerätekosten	6.065	10.100	-4.035	6.065	10.100	-4.035
Baustellenausstattung	9.333	6.217	3.116	9.333	6.217	3.116
Allgemeine Kosten	23.168	23.540	-373	23.168	23.540	-373
Fremdarbeiterkosten	3.425	3.524	-99	3.425	3.524	-99
Nachunternehmer	16.165	17.580	-1.415	16.165	17.580	-1.415
Summme direkte Kosten	228.866	224.871	3.995	228.866	224.871	3.995
aus interner Verrechnung		9.910	-9.910		9.910	-9.910
Herstellkosten	228.866	234.781	-5.915	228.866	234.781	-5.915
	* Diese Werte seit Baubeginn sind im ersten Monat mit denen im Berichtsmonat identisch.					

Bild D. 12-6: Kostenarten-Soll-Ist-Vergleich einer Baustelle

Im Beispiel (Bild D. 12-6) stehen den Soll-Herstellkosten in Höhe von 228.866,- EUR Ist-Kosten in Höhe von 234.781,- EUR gegenüber. Die Abweichung liegt im Rahmen der Planungsgenauigkeit und lässt erwarten, dass das geplante Ergebnis in etwa erreicht werden kann.

12.3 Kostenarten-Soll-Ist-Vergleich

Zeigt der Vergleich der gesamten Soll- und Ist-Kosten eine negative Abweichung, so ist noch kein Anhalt für die Ursache dieser Abweichung gegeben. Es ist nicht zu erkennen, ob die kalkulierten Stunden überschritten sind, Vorhaltezeiten der Geräte eingehalten wurden, Stoffe teurer als kalkuliert eingekauft werden mussten usw. Für ein gezieltes Eingreifen zur Korrektur einer ungünstigen Entwicklung ist die Kenntnis der Verlustursache aber notwendige Voraussetzung. Einen ersten Ansatzpunkt zur Verlustquelleneinkreisung liefert der sogenannte Kostenarten-Soll-Ist-Vergleich. Dabei werden die Soll-Kosten getrennt nach den neun Hauptkostenarten ermittelt und den ebenfalls nach Hauptkostenarten gegliederten Ist-Kosten gegenübergestellt.

Im betrachteten Beispiel (Bild D. 12-6) beschränkt sich der Kostenarten-Soll-Ist-Vergleich auf diese neun Hauptkostenarten. Im vorliegenden Beispiel liegen die Differenzen aller Kostenarten noch in einer vertretbaren Abweichung zu den Sollkosten. Nur bei den Lohnkosten gibt es eine nennenswerte positive Entwicklung.

12.4 Differenzierte Kostenarten-Soll-Ist-Vergleiche

Auf manchen Baustellen kann es durchaus wünschenswert sein, detaillierte Kostenkontrollen durchzuführen. Das ist u.a. eine Frage der Größenordnung der Baumaßnahme bzw. einzelner Kostenfaktoren. Die beschriebenen Kontrollinstrumente lassen sich für solche Zwecke beliebig verfeinern.

Dazu können durch Ergänzungen des Kostenartenschlüssels weitere Unterteilungen vorgenommen werden. Einzelne besonders zu verfolgende Kostenarten sind entsprechend Abschnitt 8.3.2 mit einer erweiterten Schlüsselnummer zu belegen.

Beispiel

Auf einer Baustelle sollen die Einzelbestandteile der Kostenart 7 „allgemeine Baukosten" detailliert kontrolliert werden.

Der Kostenartenschlüssel (s. auch Abschnitt 8.3.2) wird wie folgt ergänzt:

Allgemeine Baukosten	7
• Gehälter der Bauleitung	71
• PKW-Kosten	72
• Telefonkosten	73
• Kosten des Büromaterials	74
• sonstige Kosten, Spesen	79

Bei der Festlegung dieser differenzierten Kostenartengliederung muss unbedingt darauf geachtet werden, dass die Konten der Buchhaltung sich analog zusammenfassen lassen oder bereits einzelnen dieser Kostenarten entsprechen.

12.5 Lohnstunden-Soll-Ist-Vergleich

Der Lohnaufwand ist auf fast allen Baustellen ein entscheidender Kostenfaktor. Nur auf Baustellen mit hohem Geräteeinsatz, wie z.B. bei Erd-, Straßen- und Tunnelarbeiten, überwiegen die Gerätekosten. Da aber der Lohnaufwand wegen seines hohen Anteils an den Gesamtkosten von entscheidender Bedeutung für das Baustellenergebnis ist und gerade der Stundenverbrauch von der Bauleitung direkt zu beeinflussen ist, müssen die Lohnkosten möglichst lückenlos kontrolliert werden.

12.5.1 Bauarbeitsschlüssel (BAS)

Das Verfahren für die Kontrolle des Stundenverbrauchs baut wie alle anderen Kontrollen auf der Arbeitskalkulation und einer gezielten Berichterstattung über die Ist-Stunden auf der Baustelle auf. Als Zuordnung für die Soll- und Ist-Stunden ist dazu ein sogenannter Bauarbeitsschlüssel (BAS) einzuführen. Dieser Bauarbeitsschlüssel ist ein Katalog von Ziffern, mit denen fertigungstechnisch geschlossene Arbeitsgänge beschrieben werden.

Die Verwendung der Positionsnummern des Leistungsverzeichnisses als Zuordnungsschlüssel und der positionsweise Vergleich der Soll- und Ist-Stunden ist nicht möglich. Die Positionsgliederung entspricht häufig nicht den Arbeitsvorgängen auf der Baustelle, die in der Berichterstattung zu trennen sind.

Beispiel

Ausgeschrieben wurden:

500 m² Schalung der Unterzüge

2000 m² Schalung der Decken

Unterzüge und Decken werden in der Regel in einem Arbeitsgang eingeschalt. Die dafür anfallenden Stunden sind kaum getrennt zu berichten. Gleiches gilt für die Nebenarbeiten wie Aussparungen anlegen, Halfeneisen einbauen usw. Die Soll-Stunden und die Ist-Stunden für diese Arbeiten werden deswegen unter einer BAS-Nummer für das Einschalen der Decken und Unterzüge einschließlich aller Nebenarbeiten zusammengefasst.

Ein Auszug aus dem BAS für das Bauhauptgewerbe ist im Folgenden wiedergegeben:

Auszug aus

Bauarbeitsschlüssel für das Bauhauptgewerbe (BAS)

Herausgegeben vom Arbeitskundlichen Arbeitskreis Hochbau im IfA-Formblattverlag, Stuttgart (Auflage 1963).

Übersicht:

0 Baustelleneinrichtungs- und Randarbeiten

1 Transport- und Umschlagarbeiten, Stundenlohnarbeiten und Gerätebedienungsstunden

2 Erd-, Entwässerungs- und Abbrucharbeiten

3 Schal- und Rüstarbeiten

4 Beton- und Stahlbetonarbeiten

5 Mauer- und Putzarbeiten

6 Straßenunterbau- und Deckenarbeiten

7 Straßenbauarbeiten an Nebenanlagen

8 Grundbau- und Wasserbauarbeiten

9 Sonder- und Spezialarbeiten

Weitere Unterteilung des BAS (Auszug):

0 Baustelleneinrichtungs- und Randarbeiten

00 Aufsicht-, Sozial- und Wegezeitstunden, Reparaturstunden

- 001 Aufsichtstunden
- 002 Wegezeitstunden, An- und Abreisestunden
- 003 Sozialstunden allgemein (auch Unfall-, Krankheits-, Betriebsversammlungs-, Berufsschulstunden) und Urlaubsstunden der Poliere
- 004 Gerätereparaturstunden zulasten Reparaturpauschale

01 Baugelände erschließen, Versorgungsanlagen aufbauen und unterhalten

02 Baracken und Buden aufbauen, einrichten und unterhalten

03 Geräte auf- und umbauen

08 Hilfslohnstunden
3 Schal- und Rüstarbeiten
31 Vor- und Unterhaltungsarbeiten an Schalungen
- 311 Schalung vorfertigen für ebene Flächen
- 312 Schalung vorfertigen für gekrümmte Flächen
- 313 Schalung vorfertigen für Fertigteile
- 314 Aussparungen herstellen
- 318 Schalung entnageln und reinigen
- 319 Schalungen reparieren

32 Einfache Konstruktionen einschalen
- 321 Fundamente
- 323 Wände, Stützmauern, Pfeiler und Widerlager
- 325 Stürze und Ringanker
- 327 Massive Decken
- 329 Fertigteildecken

33 Schwierige Konstruktionen einschalen
34 Einfache Konstruktionen ausschalen
- 341 Fundamente
- 343 Wände, Stützmauern, Pfeiler und Widerlager
- 347 Massive Decken

4 Beton- und Stahlbetonarbeiten
41 Vorarbeiten für Beton- und Stahlbetonarbeiten
- 411 Baustahl schneiden, biegen und bündeln
- 413 Spannstahl schneiden und vorbereiten

42 Stahlarbeiten
- 421 Baustahl verlegen einschl. Montagebügel und -eisen und Abstandshalter
- 423 Spannstahl verlegen und spannen

43 Beton fördern und einbauen
- 431 Fundamente und Füllbeton
- 433 Wände
- 436 Massenbetonbauteile

45 Nebenarbeiten (der Betonarbeiten)
- 453 Beton gegen Frost und Witterungseinflüsse schützen
- 454 Betonflächen nachbearbeiten
- 455 Ankerlöcher und Aussparungen vergießen

8 Grund- und Wasserbauarbeiten
81 Spundwände aufnehmen, einfädeln und rammen
- 812 Kanaldielen
- 813 Stahlspundwände

815 Berliner Verbau
82 Spundwände ausbauen
83 Pfahlgründungsarbeiten
87 Wasserhaltungsarbeiten

Erfahrungsgemäß sind solche BAS-Verzeichnisse sehr detailliert aufgebaut. Da für die Stundenkontrollen auf der Baustelle relativ grobe Einteilungen genügen, müssen die Arbeitsteilvorgänge entsprechend zusammengefasst werden. Selbst für größere Tiefbauarbeiten mit einer Vielzahl von unterschiedlichsten Arbeiten sollten Verzeichnisse mit 40 bis 50 BAS-Nummern genügen, auf Hochbaubaustellen kommt man sogar mit 20 bis 30 BAS-Nummern aus. Damit dürfte ein ausgewogenes Verhältnis zwischen Bearbeitungsaufwand und Aussagefähigkeit des Kontrollinstruments erzielt werden. Bei detaillierten BAS-Verzeichnissen könnten die Fehler in der Zuordnung der Ist-Stunden die gesamten Stundenkontrollen in Frage stellen. Auch für den Stunden-Soll-Ist-Vergleich sind im Normalfall relativ grobe Kontrollen mit geringem Bearbeitungsaufwand durchzuführen, die im Falle einer Abweichung durch gezielte Einzelanalysen ergänzt werden.

Lohnstunden - Soll - Ist - Vergleich			Baustelle: Wasserbehälter							
von:			Gesamtleistung				Leistung bis: 31.07.2019			
BAS Nr.	Pos.	Kurztext	Soll Menge	Dim.	Soll Std./E	Soll Std.	Ist Menge	Soll Std/E.	Ist Std.	Differenz Std.
1	2	3	4	5	6	7=4x6	8	9= 8x 6	10	11 = 9-10
001	-	Aufbau Einrichtung	1,0	P	292,0	292,0				
008	-	Hilfslöhne	2,0	Mon	20,0	40,0				
009	-	Abbau Einrichtung	1,0	P	195,0	195,0				
321	5	Schalung Sohle	26,5	m²	1,2	31,8				
323	9	Schalung Wände	1300,0	m²	0,9	1170,0				
324	11*	Schalung Stützen	65,0	m²	2,5	(162,5)*				
327	8	Schalung Decke	320,0	m²	0,8	256,0				
431	4	Sauberkeitsschicht	380,0	m²	0,1	30,4				
432	5	Beton Sohle	115,0	m³	0,7	80,5				
	5	Abziehen Sohle	385,0	m²	0,1	38,5				
						119,0				
433	6	Beton Wände	195,0	m³	1,4	273,0				
434	7	Beton Decke	111,0	m³	0,7	77,7				
	7	Oberfläche	370,0	m²	0,1	37,0				
						114,7				
435	10*	Beton Stützen	5,0	m³	2,0	(10,0)*				
421	12	BSt 500 verlegen	22,0	t	16,0	352,0				
	13	BSt 500 B verlegen	25,0	t	14,0	350,0				
						702,0				
531	14	Arbeitsfugenband	85,0	m	0,5	42,5				
532	15	Rohrdurchführungen	6,0	St.	2,0	12,0				
551	16	Abdichtungsanstrich	880,0	m²	0,3	264,0				
		Summe:				**3542,4**				
	* Die Werte der Pos. 10 und 11 sind in den Summenwerten nicht enthalten, da Alternativpositionen.									

Bild D. 12-7: Soll-Ist-Vergleich der Lohnstunden

12.5.2 Soll-Stunden

Jeder Stundenansatz einer Position oder Unterposition in der Arbeitskalkulation ist über eine BAS-Nummer einem Arbeitsgang zuzuordnen. Sortiert man anschließend das Leistungsverzeichnis nach diesen BAS-Nummern, so erhält man das sogenannte Arbeitsverzeichnis mit den Gesamt-Sollstunden für die Arbeitsgänge (siehe Bild D. 12-7).

Über die monatliche Meldung der geleisteten Mengen lassen sich nun analog zur Soll-Kostenermittlung die Soll-Stunden für die einzelnen BAS-Arbeitsgänge berechnen (Spalte Soll per Stichtag, siehe Bilder D. 12-10 und D. 12-11).

12.5.3 Ist-Stunden

Der Polier hat auf der Baustelle den sogenannten Lohnstunden-Tagesbericht zu führen (Bild D. 12-8). Darin sind aufzuschreiben:

- namentlich die Arbeiter einer Kolonne
- Gesamtstunden, die am Tag je Arbeitskraft geleistet wurden
- Verteilung dieser Stunden nach BAS-Arbeitsgängen.

Am Monatsende werden diese Tagesberichte entweder im Zuge der Lohnabrechnung über die EDV oder gesondert manuell ausgewertet und die Ist-Stunden unter den verschiedenen BAS-Nummern für den Monat zusammengefasst.

Baustelle Wasserbehälter
Datum:
Schicht von: ______ bis: ______
Witterung: ______
Temperatur: ______

	BAS-Bemerkungen	Schalung Wände	Schalung Sohle	Beton Sohle		Stahl verlegen			Hilfslöhne		
	Ort	BAS	BAS	BAS	BAS	BAS	BAS	BAS	BAS	Tagesstd. Bericht	
	Tätigkeit	3 2 3	3 2 1	4 3 2		4 2 1			0 0 8	Σ h	
	Name, Vorname	Std Volle H	Std Volle H	Std Volle H	Std Volle H	Std Volle H	Std Volle H	Std Volle H	Std Volle H	Std Volle H	Bemerkungen
1	Beer, Peter	6,0		4,0							
2	Meier, Jörg	6,0		4,0							
3	Kramer, Carsten	6,0		4,0							
4	Müller, Andre	K		K							krank
5	Minic, Frango	6,0		4,0							
6	Kali, Hali					10,5					
7	Fritz, Dirk					10,5					
8	Wildförster, Michael					10,5					
9	Klatt, Kevin					11,0					
10	Schröder, Thorsten		10,0								
11	Kugler, Leon		10,0								
12	Vössing, Klaus		4,0						5,0		
13											
14	Aufsicht Summen	24,0	24,0	16,0		42,5			5,0		

Bild D. 12-8: Lohnstunden-Tagesbericht

Wird auf einer Baustelle ausschließlich im Akkord gearbeitet, so erübrigen sich Stundenkontrollen, da über die Akkordabrechnung ein hinreichender Überblick über das Verhältnis der kalkulierten zu den verbrauchten Stunden existiert. Werden dagegen nur einige Arbeiten im Akkord durchgeführt und überwiegt der Zeitlohn, so sollten Stundenkontrollen durchgeführt werden. Allerdings müssen darin für den Soll-Ist-Vergleich die Akkordüberschussstunden den BAS-Nummern zugeordnet werden. Dies kann mit ausreichender Genauigkeit kolonnenweise proportional zu den geleisteten Stunden erfolgen.

BAS - Stundenblatt			Baustelle:		Wasserbehalter					Monat:		Juli 19			
BAS-Nr. / Datum	001	008	321	323	324	327	421	431	432	433	434	435	531	532	561
1															
2	80														
3	76														
4	50														
5	55							86							
6	45							43							
7															
8															
9	60			48											
10		5		75											
11				75											
12		5	10												
13			6	94					54						
14															
15															
16		5	24	98			42,5		16						
17		5		98			56,5		76						
18				98						33			4	5	
19		5		98						35				6	
20				98		50				30			3		
21															
22															
23		5		95		55							7		
24				98		55	51			44			5	8	
25				90		55	53			45					
26		5		95		40	45								
27				90		40	47						4	9	
28															
29															
30				100		37	45			15			4		
31															
	366	35	40	1350		332	340	129	146	202			27	28	

Bild D. 12-9: Monatsbericht der Lohnstunden nach BAS

Werden angemietete Fremdkolonnen eingesetzt, die mit anderen Mittellöhnen zu bezahlen sind als die eigenen Arbeiter, so ist der Stundenaufwand dieser Fremdkolonnen im Verhältnis der Mittellöhne umzurechnen.

$$\frac{\text{Mittellohn}_{fremd} \cdot \text{Stunden}_{fremd}}{\text{Mittellohn}_{eigener}} = \text{Stunden}_{eigene}$$

Selbstverständlich müssen auch die Stunden der Fremdkolonnen nach BAS-Nummern berichtet werden.

Am Monatsende kann die Übersicht über die Ist-Stunden wie im Bild D. 12-10 und D. 12-11 dargestellt werden.

Lohnstunden - Soll - Ist - Vergleich			Baustelle: Wasserbehälter							
von:							Leistung bis: 31.07.2019			
			Gesamtleistung				Soll (Stichtag)		Ist	Differenz
BAS Nr.	Pos.	Kurztext	Menge	Dim.	Soll Std./E	Std.	Menge	Std.	Std.	Std.
1	2	3	4	5	6	7=4x6	8	9= 8x 6	10	11 = 9-10
001	-	Aufbau Einrichtung	1,0	P	292,0	292,0	1,0	292,0	308,0	-16,0
008	-	Hilfslöhne	2,0	Mon	20,0	40,0	1,0	20,0	17,5	2,5
009	-	Abbau Einrichtung	1,0	P	195,0	195,0				
321	5	Schalung Sohle	26,5	m²	1,2	31,8	26,5	31,8	40,0	-8,2
323	9	Schalung Wände	1300,0	m²	0,9	1170,0	1060,0	954,0	862,9	91,1
324	11*	Schalung Stützen	65,0	m²	2,5	(162,5)*				
327	8	Schalung Decke	320,0	m²	0,8	256,0	320,0	256,0	241,5	14,5
431	4	Sauberkeitsschicht	380,0	m²	0,1	30,4	380,0	30,4	34,4	-4,0
432	5	Beton Sohle	115,0	m³	0,7	80,5	115,0	80,5		
	5	Abziehen Sohle	385,0	m²	0,1	38,5	385,0	38,5		
						119,0		**119,0**	113,2	5,8
433	6	Beton Wände	195,0	m³	1,4	273,0	159,0	222,6	249,8	-27,2
434	7	Beton Decke	111,0	m³	0,7	77,7				
	7	Oberfläche	370,0	m²	0,1	37,0				
						114,7				
				Übertrag:		**2521,9**				58,6
*) Alternativpositionen 10 und 11 kommen nicht zur Ausführung										

Bild D. 12-10: Soll-Ist-Vergleich der Lohnstunden Teil I

Lohnstunden - Soll - Ist - Vergleich			Baustelle: Wasserbehälter							
von:							Leistung bis: 31.07.2019			
			Gesamtleistung				Soll (Stichtag)		Ist	Differenz
BAS Nr.	Pos.	Kurztext	Menge	Dim.	Soll Std./E	Std.	Menge	Std.	Std.	Std.
				Übertrag:		2521,9				58,6
435	10*	Beton Stützen	5,0	m³	2,0	(10,0)*				
421	12	BSt 500 verlegen	22,0	t	16,0	352,0	10,0	160,0		
	13	BSt 500 B verlegen	25,0	t	14,0	350,0	12,0	168,0		
						702,0		**328,0**	340,0	-12,0
531	14	Arbeitsfugenband	85,0	m	0,5	42,5	45,0	22,5	27,0	-4,5
532	15	Rohrdurchführungen	6,0	St.	2,0	12,0	6,0	12,0	28,0	-16,0
551	16	Abdichtungsanstrich	880,0	m²	0,3	264,0				
		Summe:				**3542,4**				**26,1**
*) Alternativpositionen 10 und 11 kommen nicht zur Ausführung										

Bild D. 12-11: Soll-Ist-Vergleich der Lohnstunden Teil II

12.5.4 Vergleichsdarstellungen

Nach der Auswertung der Leistungsmeldungen und der Tagesberichte können die Soll- und die Ist-Stunden gegenübergestellt und Abweichungen ermittelt werden. Dabei interessiert in erster Linie, wie viele Stunden für die bis zum Stichtag erbrachte Leistung kalkuliert waren und wie viele Stunden verbraucht wurden. Ein Bezug der Soll- und der Ist-Stunden auf eine Leistungseinheit für den einzelnen Arbeitsgang und ein Vergleich des Stundenverbrauchs pro Leistungseinheit sind wenig sinnvoll.

Für die Steuerung einer Baustelle sind absolute Zahlen wichtig. Die Stundenabweichung multipliziert mit dem Mittellohn ergibt einen [EUR]-Betrag. Dieser wirkt sich je nach Vorzeichen in gleicher Höhe ergebnisverbessernd oder -verschlechternd aus. Der Lohnstunden-Soll-Ist-Vergleich nach BAS-Nummern (Bild D. 12-10 und D. 12-11) zeigt die Ursache der Abweichung auf, z.B., dass für die Schalung der Decke (BAS 327) einschließlich aller Nebenarbeiten bis zum Stichtag 14,5 Stunden weniger verbraucht worden sind.

Als nachkalkulierter Stundensatz für diese Leistung errechnet sich

$$\text{BAS 327: } \frac{241{,}5 \text{ Std.}}{320 \text{ m}^2} = 0{,}75 \text{ Std./m}^2$$

Das bedeutet gegenüber dem kalkulierten Wert von 0,8 Std./m² eine positive Abweichung von 5,7 %. Damit liegt die Abweichung in einer üblichen Schwankungsbreite.

12.5.5 Gewinnung von Leistungskennwerten

Eine Bildung von Leistungskennwerten, auf die die Vorkalkulation zurückgreifen kann und auf deren Grundlage eine Vorplanung sowie Vorgaben für den Leistungslohn vorgenommen werden können, empfiehlt sich erst, wenn einzelne größere Teilabschnitte des Bauvorhabens oder die Arbeiten ganz fertiggestellt sind und feststeht, dass alle Randstunden auch für erforderliche Nacharbeiten erfasst sind.

In der Arbeitsvorbereitung wird für jede Teilleistung lt. Bauarbeitsschlüssel eine Leistungskennwerte-Datei angelegt, in der die Ergebnisse der einzelnen Baustellen festgehalten werden. Dabei sind auch besondere Einflüsse wie Witterungsbedingungen, Arbeitsmaterial (z.B. Brettschalung, Furnierholz), Qualität der Ausführung (z.B. Sichtbeton) usw. zu vermerken, um die Werte hinreichend vergleichbar zu machen. Wenn ausreichend viele ähnliche Werte vorliegen, kann ein Mittelwert gebildet werden, der der Vorkalkulation bzw. der Baustelle für zukünftige Arbeiten zur Verfügung gestellt werden kann. Dabei muss jedoch bei Übernahme solcher Werte stets auf die spezifischen Einflüsse, unter denen sie entstanden sind, hingewiesen werden.

12.6 Leistungsermittlung und Erfolgsrechnung

12.6.1 Probleme der Leistungsabgrenzung

Eine wesentliche Zielsetzung der Arbeitskalkulation ist, wie bereits im Abschnitt 11.4 erläutert, das voraussichtliche Ergebnis einer Baumaßnahme zu ermitteln. Letztlich dienen alle Wirtschaftlichkeitskontrollen dem Zweck, die Realisation dieses voraussichtlichen Ergebnisses sicherzustellen und Abweichungen rechtzeitig aufzuzeigen.

Als umfassende Überprüfung der Ergebnisentwicklung bietet sich dabei die in der Baubetriebsrechnung vorgenommene monatliche Gegenüberstellung der bis zu einem Stichtag angefallenen Kosten und der bis zum Stichtag erbrachten Leistungen an. Die Differenz hat aber nur bedingte Aussagefähigkeit über den wirtschaftlichen Stand der Baustelle, wenn die Leistungen auf traditionelle Weise über Mengen × Einheitspreise errechnet werden. Dies gilt auch, wenn die Leistungen mit aller Sorgfalt ermittelt und abgegrenzt werden, wie es aus Abschnitt 9.3.3 ersichtlich ist.

Dort wurde die bis zum Stichtag erbrachte Leistung der Hauptkostenstelle 971 über Mengen und Einheitspreise zu 228.866,- EUR errechnet.

Abgrenzungen wurden vorgenommen für Vorleistungen und Rückstellungen, so dass sich die Gesamtleistung schriftlich auf 295.301,- EUR belief.

Im Bild C. 9-6 ist das Rohergebnis dieser Kostenstelle mit 60.520,- EUR, d.h. 20,5 % der erbrachten Leistung, ermittelt worden, obwohl

- die Arbeitskalkulation nur ein voraussichtliches Rohergebnis von 11,62 % ausweist (Abschnitt 11.2) und
- nach dem Kostenarten-Soll-Ist-Vergleich die geplanten Kosten ziemlich genau eingehalten wurden (Bild D. 12-6).

Die Ursache für dieses scheinbar bessere Ergebnis liegt in der Preisgestaltung im Zusammenhang mit der Angebotskalkulation, insbesondere in der unterschiedlichen Zuschlagsverteilung auf die verschiedenen Kostenarten. Gemäß Schlussblatt der Kalkulation (Abschnitt 5.1.7) sind als Zuschläge zur Verteilung der Gemeinkosten die Kosten für die Fremdleistungen mit 10 %, die sonstigen Kosten mit 20 % und die Lohnkosten mit 85,9 % beaufschlagt worden; das heißt, mit lohnintensiven Positionen wird ein wesentlich höherer Rohüberschuss für die umgelegten Kosten erzielt als z.B. mit Positionen, deren Leistungen als Fremdleistungen erbracht werden.

In der Angebotskalkulation für das Projekt Wasserbehälter gelten folgende Relationen zwischen den Einzelkosten der Teilleistungen

Lohnkosten	129.172,00 EUR	41,5 %
sonstige Kosten	119.025,00 EUR	38,3 %
Fremdleistungskosten	62.840,00 EUR	20,2 %
	311.037,00 EUR	100,0 %

Beim Leistungsstand zum Stichtag haben sich – wie der Sollkostenermittlung entnommen werden kann – diese Verhältnisse verschoben:

Lohnkosten	84.770,40 EUR	48,1 %
sonstige Kosten	75.189,00 EUR	42,7 %
Fremdleistungskosten	16.165,00 EUR	9,2 %
	176.124,40 EUR	100,0 %

Die Vergleichskosten wurden dazu wie folgt aus Bild D. 12-4 ermittelt.
Lohnkosten: 1976 h · 42,90 EUR/h = 84.770,00 EUR

sonstige Kosten: 56.985,00 EUR + 14.779,00 EUR + 3.425,00 EUR = 75.189,00 EUR

Die Fremdleistungskosten wurden der Spalte NU entnommen.

Da der Anteil der lohnintensiven Position zum Stichtag höher ist als im Gesamtauftrag, muss das Ergebnis zwangsläufig scheinbar besser ausfallen, da mit diesen Positionen höhere Rohüberschüsse eingespielt werden.

Will man die Aussagefähigkeit der schematisch ermittelten Leistung erhöhen, muss dieser Effekt eliminiert werden. Dies könnte über eine weitere Korrekturrechnung der nach Abschnitt 9.3.3 ermittelten Leistung erfolgen.

Bei einer Vielzahl von Kostenarten und deren unterschiedlicher Beaufschlagung, wie es heute bei EDV-Kalkulationen üblich ist, wird der Aufwand für solche Korrekturen aber sehr groß. Noch unübersichtlicher wird die Situation, wenn der Deckungsbeitrag der Preise von einzelnen Positionen oder von ganzen Titeln unterschiedlich ist, d.h. wenn z.B. bestimmte Arbeiten unterkalkuliert sind und die Preise die anfallenden Kosten nicht decken. Dann verliert die Leistung auf der Basis Menge × Einheitspreis trotz aller Abgrenzungen und Korrekturen weiter an Aussagekraft und ist zum Zwecke der Ergebnisermittlung zum Stichtag überhaupt nicht mehr zu verwenden.

12.6.2 Leistungsermittlung mit der Arbeitskalkulation

Grundsätzlich anders wird die Situation, wenn eine Arbeitskalkulation vorliegt und diese zur Leistungsermittlung herangezogen wird. Aufgrund der Systematik wird dabei die Leistung neu definiert und eine Trennung von wirklich erbrachter und abrechenbarer Leistung konsequent durchgeführt.

Im betrachteten Beispiel des Wasserbehälters sind im Leistungsverzeichnis keine gesonderten Positionen für die Baustelleneinrichtung und -räumung sowie für die Gemeinkosten der Baustelle vorgesehen. Die entsprechenden Kosten waren in die Einheitspreise der Leistungspositionen einzurechnen. Wird nun die Baustelle im ersten Monat eingerichtet, ist dies eine echte erbrachte Leistung, obwohl sie nicht in Rechnung gestellt werden kann, da es hierfür keinen gesonderten Preis gibt. Was wirklich geleistet wurde und was in Rechnung gestellt werden kann, sind also zwei völlig verschiedene Werte. Dem Versuch, durch Bewertung von Vorleistungen und Rückstellungen und sonstigen Korrekturen hier eine Übereinstimmung beider Leistungsbegriffe herzustellen, sind enge Grenzen gesetzt. Nun ist die Einrichtung einer Baustelle o.Ä. aber unbestritten eine Leistung, die zu bewerten und in den Wirtschaftlichkeitskontrollen zu berücksichtigen ist.

Als Bewertungsmaßstab für solche Leistungen und auch für alle anderen Teilleistungen, selbst wenn sie mit Einheitspreisen bewertet werden könnten, ist die folgende Definition geeignet:

$$\text{Leistung} = \text{Soll-Herstellkosten} \cdot \left(1 + \frac{\text{Soll-rü}[\%]}{100}\right)$$

wobei mit Soll-rü das auf die voraussichtlichen Herstellkosten bezogene Rohergebnis (siehe Abschnitt 11.1.2) bezeichnet wird.

Diese Definition für die Leistung geht von folgender Überlegung aus:

In der Arbeitskalkulation werden Plankosten für die Erstellung eines Bauwerks erfasst, wobei diese Plankosten zunächst völlig unabhängig vom Preis als Normalkosten zu sehen sind. Ein Kubikmeter Beton kostet marktüblich eingebaut einen bestimmten Betrag, unabhängig davon, ob dem Auftraggeber z.B. ein Preisnachlass eingeräumt wurde oder nicht. Alle Einzelplankosten zusammengestellt ergeben die voraussichtlichen Herstellkosten. Die Differenz zwischen den voraussichtlichen Herstellkosten und dem voraussichtlichen Erlös ist bekanntermaßen das voraussichtliche Ergebnis, das bei Fehlkalkulationen oder zu hoch eingeräumten Preisnachlässen auch einmal von vornherein negativ sein kann.

Wird nun mit der Bauabwicklung jeweils zum Stichtag die erbrachte Leistung mit den Plankosten gemäß Arbeitskalkulation bewertet und prozentual der Zuschlag für das voraussichtliche Ergebnis berücksichtigt, müssen zwangsläufig am Ende der Baumaßnahme Leistung und Abrechnungsbetrag wieder identisch sein; während der Bauabwicklung werden sich diese Werte z.T. stark unterscheiden. In der Regel wird bei zwischenzeitlichen Kontrollen die Leistung dem möglichen Abrechnungsbetrag wertmäßig vorauseilen.

Praktisch gesehen werden Leistungs- und Soll-Kostenermittlung zu einem Arbeitsgang. Im Beispiel des Wasserbehälters ist im Abschnitt 12.2.1 die Soll-Kosten-Ermittlung durchgeführt worden. Sie schloss ab mit 228.866,00 EUR. Wird dieser Betrag um den voraussichtlichen Rohüberschuss von 11,62 % erhöht, ergibt sich als Leistung

$$228.866,00 \cdot \left[1+\frac{11,62\ \%}{100\ \%}\right] = 255.460,23\ \text{EUR}$$

Das Rohergebnis der Baustelle mit den Ist-Herstellkosten nach Bild C. 9-6 beträgt damit 255.460,23 – 234.781,00 = 20.679,13 EUR. Dieser Betrag entspricht 9,04 % der Soll-Herstellkosten gem. Leistungsmeldung und liegt um ca. 4,11 % unter dem geplanten Wert in Höhe von 13,15 %.

12.6.3 Berücksichtigung von Leistungsänderungen

Leistungsänderungen gegenüber dem vertraglich vereinbarten Umfang sind bei der Leistungsermittlung entsprechend zu berücksichtigen.

Treten bei einem Einheitspreisvertrag Mengenänderungen in Positionen des Leistungsverzeichnisses auf, so hat dies keinen Einfluss auf die Leistungsermittlung. Verändern sich dagegen Vordersätze von Gemeinkosten oder anderen Umlagepositionen, dann darf zur Leistungsermittlung nur der ursprünglich in der Arbeitskalkulation angesetzte Soll-Herstellkostenwert herangezogen werden.

Beispiel

Bauzeitverlängerung

Tritt eine Bauzeitverzögerung ein, die nicht vergütet wird, so sind Vorhaltemonate für Geräte oder Einsatzmonate für die Bauleistung nur bis zur ursprünglich in der Arbeitskalkulation geplanten Höhe zu aktivieren. Ist diese erreicht, bleibt von da an die Leistung in den entsprechenden Positionen konstant, während die Ist-Kosten natürlich weiter anfallen und das Ergebnis verschlechtern. Werden dagegen bestimmte Werte nicht erreicht, dann kann trotzdem der volle Betrag aktiviert werden, dies wirkt sich als eine Ergebnisverbesserung aus.

Die gleichen Überlegungen gelten bei einem Pauschalvertrag. Werden bei einem solchen Vertrag Mengen der einzelnen Positionen überschritten, so dürfen nur die in der Arbeitskalkulation vorgesehenen Gesamtkosten angesetzt werden. Sind diese ausgeschöpft, verschlechtert sich mit nicht vorhergesehenen Mehrmengen das Baustellenergebnis, da sich die Ist-Kosten erhöhen, nicht aber die Leistung.

Die Kosten der Arbeitskalkulation sind also Budgetansätze, die bei Pauschalverträgen oder im Gemeinkostenbereich zwar voll herangezogen, aber nicht überschritten werden können und dürfen.

12.7 Prognose

Um eine Diagnose bzw. Vorausschau über die noch auszuführenden Leistungen zu erhalten, muss zuerst diese Restleistung ermittelt werden. Dazu eignet sich eine Betrachtung der Herstellkosten als wesentlicher Teil der Restleistung. Diese nach dem Stichtag der Leistungsmeldung (LM) noch verbleibenden Restkosten ergeben sich als Differenz zwischen den Kosten aus der Arbeitskalkulation (AK) und den Kosten der stichtagsbezogenen Leistungsmeldung (Bild D. 12-12).

Durch eine Verteilung dieser Restkosten auf die noch ausstehende Bauzeit kann eine realistische Aussage über die noch benötigten Ressourcen der Baustelle sowie über die Einhaltung der Bauzeit getroffen werden.

Zeitlich lässt sich die Prognose direkt nach Fertigstellung der Leistungsmeldung erstellen, da die Prognose ausschließlich auf der Grundlage von Sollkosten bzw. von Soll-Lohnstunden erfolgt.

Restleistung Bauvorhaben: Wasserbehälter zum 31.07.2019			
Kostenart	Soll Arbeitskalk.	Soll Leistungsmeldung	Differenz
Lohnstunden [Std.]	3542	2288,30	1254,1
Lohnkosten [EUR]*	151.969	98.168	53.801
Baustoffe [EUR]	95.932	56.985	38.947
Rüstung und Schalung [EUR]	17.419	14.779	2.640
Hilfs- und Betriebsstoffe [EUR]	2.340	780	1.560
Gerätekosten [EUR]	16.855	6.065	10.790
Baustellenausstattung [EUR]	15.555	9.333	6.222
Allgem. Kosten [EUR]	30.335	23.168	7.168
Fremdarbeiterkosten [EUR]	5.263	3.425	1.838
HK Eigenleistungen [EUR]	**335.666**	**212.701**	**122.965**
Nachunternehmer [EUR]	59.915	16.165	43.750
HK Fremdleistungen [EUR]	**59.915**	**16.165**	**43.750**
HK Gesamt [EUR]	**395.581**	**228.866**	**166.715**
* Lohnstunde x Mittellohn			

Bild D. 12-12: Sollkosten der Restleistung

Die Verteilung der Kosten auf die Folgemonate sollte unter Berücksichtigung der konkreten monatlichen Arbeitstage erfolgen. Dabei sollten die für den Betrieb wichtigen Ressourcen und Leistungen prognostiziert werden. Mögliche zu prognostizierende Informationen sind Bild D. 12-13 zu entnehmen.

Vorausschau der Kosten und des Ressourcenverbrauches beim Bauvorhaben:									
Herstellkosten/Rohüberschuss/Ressourcen	kumulierte Ist-Leist.	kumulierte Soll-Leist.	Soll-Rest-Leistung	Soll Vormonat	Ist-Vormonat	Vorausschau über die Folgemonate (FM)			
Monat	bis Mon. 0	bis Mon. 0	ab FM 1	Mon. 0	Mon. 0	FM (1)	FM (2)		FM n
mtl. Arbeitstage (AT)	Σ AT	Σ AT				(22 AT)	(20 AT)		(x AT)
Herstellkosten/Rü									
Eigenleistung [EUR]									
Lohnstunden [Std]									
Fremdleistung [EUR]									
Rohüberschuss [EUR]									
Personal									
Anzahl AK	(i. M. je Mon.)	(i. M. je Mon.)							
Anzahl Bauleiter	(i. M. je Mon.)	(i. M. je Mon.)							
Anzahl Poliere	(i. M. je Mon.)	(i. M. je Mon.)							
Großgeräte									
Krane [Stck]	(i. M. je Mon.)	(i. M. je Mon.)							

Bild D. 12-13: Formular für die Vorausschau

Begonnen werden sollte die Prognose mit der geplanten Verteilung der verbleibenden Soll-Lohnstunden. Dabei sollten die tatsächlichen monatlichen Arbeitstage, die tägliche Arbeitszeit sowie die gemäß Bauablauf angedachte Verteilung der Eigenleistung über die Bauzeit beachtet werden.

In Abhängigkeit von den Lohnstunden können dann die Herstellkosten „Eigene Leistung" mithilfe der Kennzahl

$$\frac{\text{Rest} - \text{Herstellungskosten}_{eigen}}{\text{Rest} - \text{Lohnstunden}}$$

durch Multiplikation mit den monatlichen Lohnstunden auf die Folgemonate verteilt werden.

Die Herstellkosten der Nachunternehmerleistungen sind anhand des Bauablaufs zu verteilen. Die erforderlichen Arbeitskräfte im Monat ergeben sich durch folgende Berechnung:

$$\frac{\text{Soll-Lohnstunden je Monat}}{\text{Arbeitstage je Monat} \cdot \text{tägl. Arbeitszeit}}$$

Der Bedarf an Leitungspersonal und Großgerät wird auf der Grundlage des Bauablaufs prognostiziert.

Bei einer derartigen Vorausschau der Rest-Herstellkosten und der durch die Rest-Bauleistung gebundenen Ressourcen lässt sich mittels eines Vergleichs dieser Daten mit den Ist-Daten des Vormonats die Entwicklung der Baustelle sehr gut erkennen.

Wird diese Vorausschau für jede Baustelle eines Betriebs erstellt, so können diese zu gesamtbetrieblichen Informationen zusammengefasst werden.

Mit diesen gesamtbetrieblichen Informationen lassen sich sehr differenzierte Aussagen zu der kostenmäßigen Zusammensetzung des bestehenden Auftragsbestandes und zu dem daraus resultierenden gesamtbetrieblichen Ressourcenverbrauch treffen.

13 Beispiele zum Kostencontrolling für Fremdleistungen

13.1 Budget-/Vergabekontrollliste

Die Budget- und Vergabekontrollliste dient dem Zweck, für die einzelnen Gewerke oder Vergabepakete Vergabeziele festzulegen und somit Budgets zu erhalten, die für die Bauleitung feste Obergrenzen darstellen sollen. Die Vergabeziele werden mithilfe eines Faktors aus den Herstellkosten der Arbeitskalkulation entwickelt. Bei der Bildung dieses Faktors spielen zum einen Erfahrungen aus vorangegangenen Vergaben sowie die aktuellen Preisentwicklungen eine wichtige Rolle. Die Festlegung dieses oder mehrerer Faktoren (für unterschiedliche Gewerke) fällt in den Verantwortungsbereich der Geschäftsführung. Nach der Budgetierung ergeben sich Rückstellungen oder im ungünstigen Fall Unterdeckungen. Nachfolgend wird für das Beispiel Schlüsselfertigbau, für das Arbeitspaket Rohbau, in Bild D. 13-1 gezeigt, wie so eine Budget- und Vergabekontrollliste vor den Vergaben aussieht. Sobald die ersten Vergaben stattgefunden haben, wird diese Liste um die konkreten Vergabedaten (ab Spalte 6) und die Vergabeergebnisse (ab Spalte 8) ergänzt. In den Spalten 10 und 11 besteht die Möglichkeit, für einzelne Gewerke mögliche Risikokosten oder evtl. Chancen (z.B. Material-Preiseinsparungen) einzutragen. Damit soll allen Beteiligten verdeutlicht werden, wo noch Restrisiken sein könnten oder sich Chancen ergeben können. Dies kann zu einem bewussteren und progressiven Umgang mit Risiken und Chancen führen. Nachfolgend wird wieder am Beispiel des Rohbaus gezeigt, wie sich die ersten Vergaben auswirken können und wie das Schlussblatt der Budget- und Vergabekontrollliste aussehen könnte. Diese Budget- und Vergabekontrollliste wird entsprechend dem Vergabestand fortgeschrieben. In der Spalte 7 stehen daher sowohl konkrete Vergabeergebnisse sowie für die Gewerke/Arbeitspakete noch die Plan-Herstellkosten.

Die nachfolgenden Tabellen wurden in Anlehnung an G. Seyfferth, Praktisches Baustellen-Controlling, entwickelt.

Budget-/Vergabekontrollliste					Baustelle: Wohn-/ Geschäftshaus					Seite	
OZ	Arbeitspaket / Gewerk	Plan-HK €	Budget (Faktor) %	Budget € (Ziel-Vergabepreis)	Rückstellung €	Nachunternehmer	Prognose-HK €	Vergabeergebnis €	Vergabeergebnis %	Risikokosten €	Chancen €
(1)	(2)	(3)	(4)	(5)=(3)x(4)	(6)=(3)-(5)	(7)	(8)	(9)=(3)-(8)	(10)=(9)/(3)x100%	(11)	(12)
.	.	.	.	.	.	.	.	.	.	.	.
.	.	.	.	.	.	.	.	.	.	.	.
.	.	.	.	.	.	.	.	.	.	.	.
1	**Rohbau**	**1.393.701,-**	**98%**	**1.365.827,-**	**27.874,-**		**1.365.400,-**	**28.301,-**			
1.01	Gerüstbauarbeiten	16.935,-	98%	16.597,-	339,-	NU 3	17.000,-	-65,-	-0,38%		
1.02	Erdarbeiten	140.927,-	98%	138.109,-	2.819,-	NU 1	140.000,-	927,-	0,66%		
1.06	Verbauarbeiten	164.719,-	98%	161.425,-	3.294,-	NU 1	160.000,-	4.719,-	2,86%		
1.08	Wasserhaltung	19.170,-	98%	18.786,-	383,-	NU 2	20.000,-	-830,-	-4,33%		
1.84	Abbruch	47.874,-	98%	46.916,-	957,-	NU 1	48.000,-	-126,-	-0,26%		
1.09	Kanalarbeiten	32.883,-	98%	32.226,-	658,-	NU 2	30.000,-	2.883,-	8,77%		
1.10	Dränarbeiten	3.398,-	98%	3.330,-	68,-	NU 2	3.400,-	-2,-	-0,06%		
1.12	Mauerarbeiten	154.492,-	98%	151.403,-	3.090,-	NU 3	150.000,-	4.492,-	2,91%		
1.13	Beton- u. Stahlbetonarbeiten	743.990,-	98%	729.110,-	14.880,-	NU 3	730.000,-	13.990,-	1,88%		
1.16	Zimmer- und Holzbauarb	33.846,-	98%	33.169,-	677,-	NU 5	32.000,-	1.846,-	5,45%		
1.17	Stahlbauarbeiten	9.265,-	98%	9.079,-	185,-	NU 6	9.000,-	265,-	2,86%		
1.18	Abdichtung gegen Wasser	26.202,-	98%	25.678,-	524,-	NU 2	26.000,-	202,-	0,77%		
.	.	.	.	.	.	.	.	.	.	.	.
.	.	.	.	.	.	.	.	.	.	.	.
.	.	.	.	.	.	.	.	.	.	.	.
	Summen:	**4.840.037,-**		**4.743.236,-**	**96.801,-**		**4.814.112,-**	**25.925,-**	**0,54%**	**0,-**	**0,-**
	Plan-Erlös:	**5.318.717,-**									
	Erlös aus Nachtr.:	0,-			HK aus Nachträgen:		50.000,-				
	Erlös aus off. Nachtr.:	0,-		HK aus noch offenen Nachträgen:			0,-				
Prognose-Erlös:		**5.318.717,-**		**Prognose-Herstellkosteng gesamt:**			**4.864.112,-**				
		Plan-Erlös	-	Plan-HK							
Plan Rohüberschuss:		5.318.717,-	-	4.840.037,-	=	478.680,-	9,89%	v. Plan-HK	9,00%	v. Plan-Erlös	
		Prog.-Erlös	-	Prog.-HK							
Prog.-Rohüberschuss:		5.318.717,-	-	4.864.112,-	=	454.605,-	9,35%	v. Prog.-HK	8,55%	v. Prog.-Erlös	

Bild D. 13-1: Tabelle Budget-/Vergabekontrollliste

Im vorliegenden Beispiel hat sich der Prognose-Rohüberschuss unter anderem infolge des vom Nachunternehmer gestellten Nachtrags „Erdarbeiten“ in Höhe von 50.000 EUR gegenüber dem Plan-Rohüberschuss um 24.075,- EUR (Bild D. 13-1: Plan-Rohüberschuss – Prog. Rohüberschuss) reduziert. Zur Minderung des Prognose-Rohüberschusses infolge dieses Nachtrags kam es, da der Generalunternehmer aufgrund der unterschiedlichen Vertragssituation des Generalunternehmers gegenüber dem Auftraggeber und dem Nachunternehmer diesen Nachtrag nicht an den Auftraggeber weiterreichen konnte. Dies ist auch der Grund, warum die zu erwartenden Erlöse aus diesem Nachtrag „Erdarbeiten" mit 0 EUR angegeben werden.

Leistungsfeststellung / Zahlungskontrolle			Baustelle: Wohn- / Geschäftshaus			Seite
(1)	(2)	(3)	(4)	(5)	(6)	(7)
Gewerk	NU	Vertrags-summe	NU-Leistung EUR	NU-Leistung %	Zahlung	Überzahlung (-) / Zahlungsreserve (+)
Rohbau						
Gerüstarbeiten	NU 3	16.935,-	0,-	0,00%	0,-	0,-
Erdarbeiten	NU 1	140.927,-	130.000,-	92,25%	124.500,-	5.500,-
Verbauarbeiten	NU 1	164.719,-	120.000,-	72,85%	115.000,-	5.000,-
.	.	.	.	.	.	.
.	.	.	.	.	.	.

Bild D. 13-2: Tabelle Leistungsfeststellung/Zahlungskontrolle

13.2 Leistungsfeststellung und Zahlungskontrolle

Die Nachunternehmer-Leistungen sind für die Leistungsmeldung, dem Leistungsstand zum Stichtag entsprechend, festzustellen. Diese Leistungsfeststellung für die Leistungspakete der einzelnen Nachunternehmer erfolgt auf der Grundlage der Leistungsmeldung. Neben der Feststellung der Leistung ist es sinnvoll, durch Erfassen der schon erfolgten bzw. geplanten Zahlung festzustellen, ob eine Überzahlung der Nachunternehmer stattgefunden hat oder ob die Zahlungen noch unterhalb der vom Nachunternehmer erbrachten Leistung liegen. Beispielhaft wird für die Rohbauleistungen des Schlüsselfertigbau-Beispiels der Leistungs- und Zahlungsstand beschrieben.

13.3 Nachtragsmanagement

Ziel des Nachtragsmanagements ist es, nachtragswürdige Leistungsänderungen festzustellen, Anspruchsgrundlagen zu beschreiben und ein Nachtragsangebot zu erstellen. Nach Einreichung des Nachtragsangebotes ist dieses bis zur Beauftragung zu verfolgen. Zudem ist noch danach zu unterscheiden, ob Nachträge direkt vom Generalunternehmer an den Auftraggeber gestellt werden oder ob Nachträge vom Nachunternehmer über den Generalunternehmer an den Auftraggeber gereicht werden. Für das Nachtragsmanagement ab der Angebotserstellung können nachfolgende Listen (Bilder D. 13-3 und D. 13-4) verwendet werden. Beispielhaft werden dort Nachträge zu den Rohbauarbeiten für das Beispiel Schlüsselfertigbau dargestellt:

Nachtragsverfolgung noch offener Nachträge					Baustelle: Wohn-/Geschäftshaus						Seite
(1)	(2)	(3)	(4)	(5)	(6)	(7)	(8)	(9)	(10)	(11)	(12)
LV-Pos.	Gewerk	Art[1]	ein-gegangen	weiter-geleitet	Grund des Nachtrages	Angebot	Ein-schätzung sachlich %	Ein-schätzung Höhe %	Nachtrag noch offen	HK Prognose	Erlös Prognose
			Datum:	**Datum:**							
2.14.02 N1	Naturstein-fassade	**1**	10.08.2019	20.08.2019	Bauherr wünscht hochwertigere Qualität	6.250,00	100	80	5.000,00	5.000,00	
2.14.02 N1	Naturstein-fassade	**2**	20.08.2019		Bauherr wünscht hochwertigere Qualität	8.199,00	100	85			6.969,00
					Summe:					**5.000,00**	**6.969,00**

1[1] = Nachtrag von Nachunternehmer an Generalunternehmer
2 = Nachtrag von Generalunternehmer an Bauherr

Bild D. 13-3: Tabelle 1 Nachtragsmanagement – offene Nachträge

Nachtragsverfolgung noch offener Nachträge					Baustelle: Wohn-/Geschäftshaus						Seite
(1)	(2)	(3)	(4)	(5)	(6)	(7)	(8)	(9)	(10)	(11)	(12)
LV-Pos.	Gewerk	Art[1]	ein-gegangen	weiter-geleitet	Grund des Nachtrages	Angebot	Ein-schätzung sachlich %	Ein-schätzung Höhe %	Nachtrag erwartert / verhandelt	HK aus Nachträgen	Erlös aus Nachträgen
			Datum:	**Datum:**							
1.02 N1	Erd-arbeiten	**1**	13.05.2019	26.06.2019	Geänderte Bodenklasse (Bodenrisiko liegt gem. Vertrag beim GU)	55.555,00	100	75	41.666,00 44.444,00	 44.444,00	
1.13 N2	Beton + St. Beton	**1**	10.08.2019	29.08.2019	Deckenstärke und Betongüte auf Anordnung des AG geändert	352.941,00	100	80	282.353,00 300.000,00	300.000,00	
1.13 N2	Beton + St. Beton	**2**	12.08.2019	28.08.2019	Deckenstärke und Betongüte auf Anordnung des AG geändert	463.024,00	100	80	370.592,00 393.570,00		393.570,00
					Summe:					**344.444,00**	**393.570,00**

1[1] = Nachtrag von Nachunternehmer an Generalunternehmer
2 = Nachtrag von Generalunternehmer an Bauherr

Bild D. 13-4: Tabelle 2 Nachtragsmanagement – genehmigte Nachträge

13.4 Leistungsmeldung

Die Leistungsmeldung kann getrennt nach Eigen- und Fremdleistung erfolgen. In Fällen, in denen der Anteil der Eigenleistung relativ gering ist, kann jedoch auch eine prozentuale Abschätzung der Eigenleistung zweckmäßig sein und die Leistungsmeldung für diese Eigenleistung vereinfacht wie für Fremdleistungen durchgeführt werden. Soll der Eigenleistungsanteil in seiner Entwicklung detailliert betrachtet werden können, so empfiehlt es sich, die Eigenleistungen in der Arbeitskalkulation so tief zu gliedern, wie es beim Controllingsystem mit hohem Eigenleistungsanteil beschrieben wurde. Die Leistungsstandsmeldung für die Fremdleistungen erfolgt im Regelfall auf der Ebene der Gewerke bzw. der Nachunternehmer. Letztere wird für die Rohbauarbeiten am Beispiel Schlüsselfertigbau in nachfolgender Tabelle dargestellt.

Leistungsstandsmeldung Fremdleistung		Baustelle: Wohn- / Geschäftshaus		Seite
LV-Pos.	erbrachte Leistung %	Kurztext Leistungsverzeichnis	Prognose - HK der NU €	Soll - HK Summe €
(1)	(2)	(3)	(4)	(5)
1		**Rohbau**	**1.715.400**	**1.320.900**
1.01	50	Gerüstarbeiten	17.000	8.500
1.02	100	Erdarbeiten	140.000	140.000
1.06	100	Verbauarbeiten	160.000	160.000
1.08	100	Wasserhaltung	20.000	20.000
1.84	100	Abbruch	48.000	48.000
1.09	100	Kanalarbeiten	30.000	30.000
1.10	100	Dränarbeiten	3.400	3.400
1.12	75	Mauerarbeiten	150.000	112.500
1.13	75	Beton & Stahlbetonarbeiten	730.000	547.500
N 1.13	75	Beton & Stahlbetonarbeiten	300.000	225.000
1.16	0	Zimmer- und Holzbauarbeiten	32.000	0
1.17	0	Stahlbauarbeiten	9.000	0
1.18	100	Abdichtung gegen Wasser	26.000	26.000
		Ausbau und Gebäudehülle	**455.502**	**14.000**
2.14.01	8	Natur- / Betonwerksteinarbeiten	175.000	14.000
		Summe		**1.334.900**

Bild D. 13-5: Tabelle Leistungsmeldung

Wie in der obigen Tabelle zu erkennen ist, wird die erbrachte Leistung der Nachunternehmer prozentual in Spalte 2 erfasst. In Spalte 4 werden die Prognose-Herstellkosten aus Spalte 7 der Budget-/Vergabekontrollliste (*Bild D. 13-1*) eingetragen. In Spalte 5 erscheint der in der Leistungsmeldung erfasste Leistungsstand zum Stichtag. Bei den Erdarbeiten ist anzumerken, dass dort neben den Prognose-Herstellkosten noch Nachträge in Höhe von 50.000 EUR (siehe Nachtragsverfolgung) einfließen. Als Ergebnis für die Rohbauarbeiten ergibt sich somit zum Stichtag eine Leistung des Nachunternehmers Rohbau und des Nachunternehmers Ausbau- und Gebäudehülle von 1.334.900,- EUR.

13.5 Wirtschaftlichkeitsbetrachtungen

Auf der Grundlage der Leistungsmeldung in Zusammenhang mit der Arbeitskalkulation und im Vergleich mit der Baubetriebsabrechnung lassen sich nun stichtagsbezogene Aussagen zur Bauleistung, zum Rohüberschuss und zum Ergebnis treffen. Diese Informationsbildung wird nachfolgend beispielhaft beschrieben. Unter der Annahme, dass der Leistungsstand des Rohbaus in Höhe von 1.334.900,– EUR der Soll-Herstellkosten der oben in Bild D. 13-5 gezeigten Leistungsmeldung entspricht und dass schon Soll-Herstellkosten der Eigenleistungen in Höhe von 350.337,– EUR erbracht wurden, lassen sich folgende Kenndaten errechnen:

Die Gesamt-Herstellkosten ergeben sich aus der Addition der Soll-Herstellkosten Eigenleistung mit den Soll-Herstellkosten Fremdleistung.

Gesamtherstellkosten = Soll-HK Fremdleistung + Soll-HK Eigenleistung

Gesamtherstellkosten = 1.334.900,00 EUR + 350.337,00 EUR = 1.685.237,00 EUR

Die Bauleistung ermittelt sich aus den Soll-Herstellkosten erhöht um den Prozentsatz des Prognose-Rohüberschusses (siehe Bild D. 11-7).

$$\textbf{Bauleistung} = \textbf{gesamt-HK} \cdot \left(1+\frac{X}{100\ \%}\right) \quad \text{mit } X = \text{RÜ aus AK in \%}$$

$$\text{Bauleistung} = 1.685.237{,}00\ \text{EUR} \cdot \left(1+\frac{9{,}89\ \%}{100\ \%}\right) = 1.851.907{,}00\ \text{EUR}$$

Durch Abzug der Ist-Herstellkosten aus der Baubetriebsabrechnung von der Bauleistung ergibt sich der Ist-Rohüberschuss zum Stichtag.

Ist-Rohüberschuss = Bauleistung – Ist-HK

Mit der Annahme, dass die Baubetriebsrechnung zum Stichtag Ist-Kosten in Höhe von 1.670.000,00 EUR ausweist, ermittelt sich das Ist-Ergebnis zu:

Ist-Rohüberschuss = 1.851.907,00 EUR – 1.670.000,00 EUR = 181.907,00 EUR

Darüber hinaus lassen sich Soll-Ist-Vergleiche bei den Eigenleistungen für die einzelnen Kostenarten durchführen, und bei den Fremdleistungen können je nach Unternehmer die Soll-Ist-Vergleiche durchgeführt werden.

14 Anwendungsprobleme

Bei allen Kontroll- und Informationssystemen soll zwischen dem Aufwand zur Erarbeitung einer Kontrollinformation und deren Aussage ein ausgewogenes Verhältnis bestehen.

Es hat keinen Zweck, mit großem Aufwand monatlich in detailliertester Kostenartengliederung und mit einem tief gestaffelten BAS jede Baustelle überwachen zu wollen, wenn auf einer höheren Informationsebene verdichtete Zahlen, die wesentlich einfacher zu beschaffen sind, schon eine planmäßige Baustellenentwicklung anzeigen. Neben dem Problem des hohen Aufwandes zur Erarbeitung der Detailinformationen ist zu beachten, dass diese von der Bauleitung überhaupt nicht zu verarbeiten sind. Von der Struktur her sollte deswegen ein Kontrollsystem aussehen wie in Bild D. 14-1 dargestellt. Als Normalkontrolle ist der Soll-Ist-Vergleich der Hauptkostenarten (Ebene 2) durchzuführen. Von dieser Ebene ausgehend ist ein bereichsweises Eindringen in die darunter liegende Detailebene und auf die Fehlerquelle gezielt möglich.

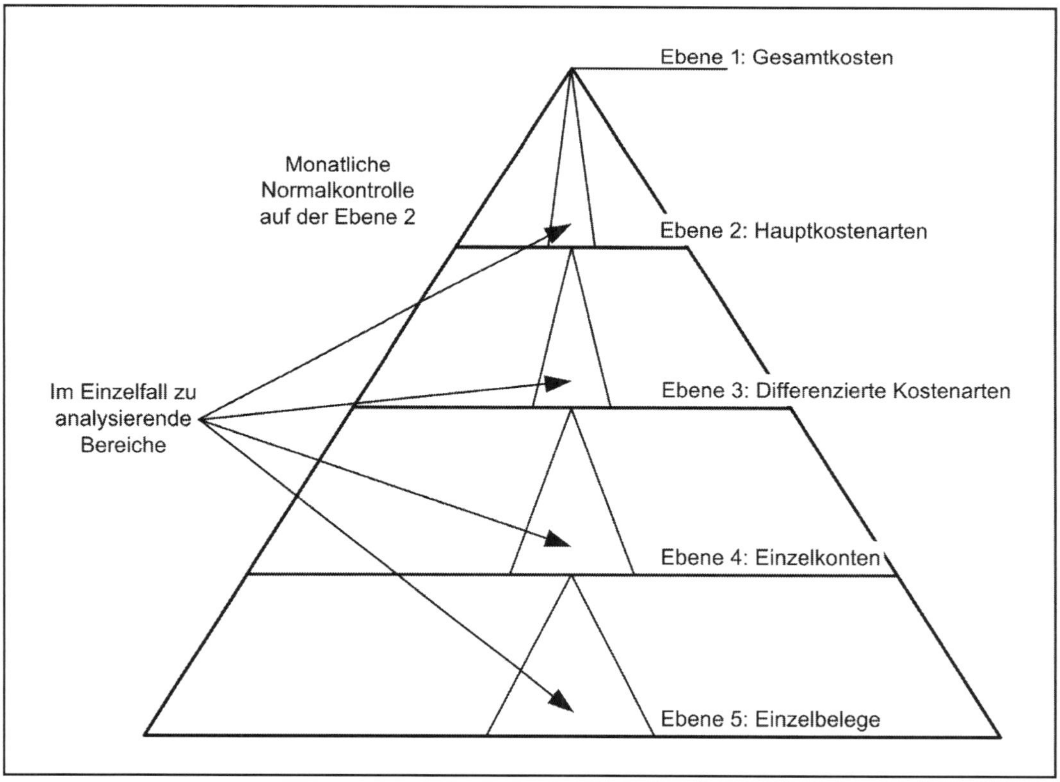

Bild D. 14-1: Aufbau einer Informationspyramide

In der Regel ist aber schon die Erarbeitung eines Soll-Ist-Vergleichs nach Hauptkostenarten bei Leistungsverzeichnissen mit hundert und mehr Positionen mit einem Auswertungsaufwand verbunden, der eine regelmäßige manuelle Bearbeitung ausschließt bzw. unwirtschaftlich werden lässt. Dies gilt in besonderem Maße für den Lohnstunden-Soll-Ist-Vergleich. Der Bearbeitungsaufwand steigt zudem, da meist nicht nur eine Baustelle, sondern gleich mehrere parallel zu überwachen sind. Zur effizienten Bearbeitung sind demnach entsprechende

IT-Systeme einzusetzen, in denen auch die Daten aus der Buchhaltung und der Lohnabrechnung integriert werden können.

Die Arbeitsweise voll integrierter Baustellenkontrollsysteme kann wie folgt skizziert werden:

a) Die Daten der Arbeitskalkulation werden EDV-basiert erfasst und ausgewertet.

Ergebnis: Gesamt-Soll-Herstellkosten
Soll-Herstellkosten der Hauptkostenarten
voraussichtlicher Erlös
voraussichtliches Ergebnis
Gesamt-Soll-Stunden pro BAS-Nummer.

b) Einrichten einer Kostenstelle für diese Baustelle in der Buchhaltung und laufende Erfassung der anfallenden Kosten auf den Konten

c) Ermittlung und EDV-technische Verarbeitung/Eingabe der Leistungsmengen per Stichtag

Ergebnis: Gesamt-Soll-Herstellkosten
Soll-Herstellkosten der Hauptkostenarten } zum Stichtag
Soll-Stunden pro BAS

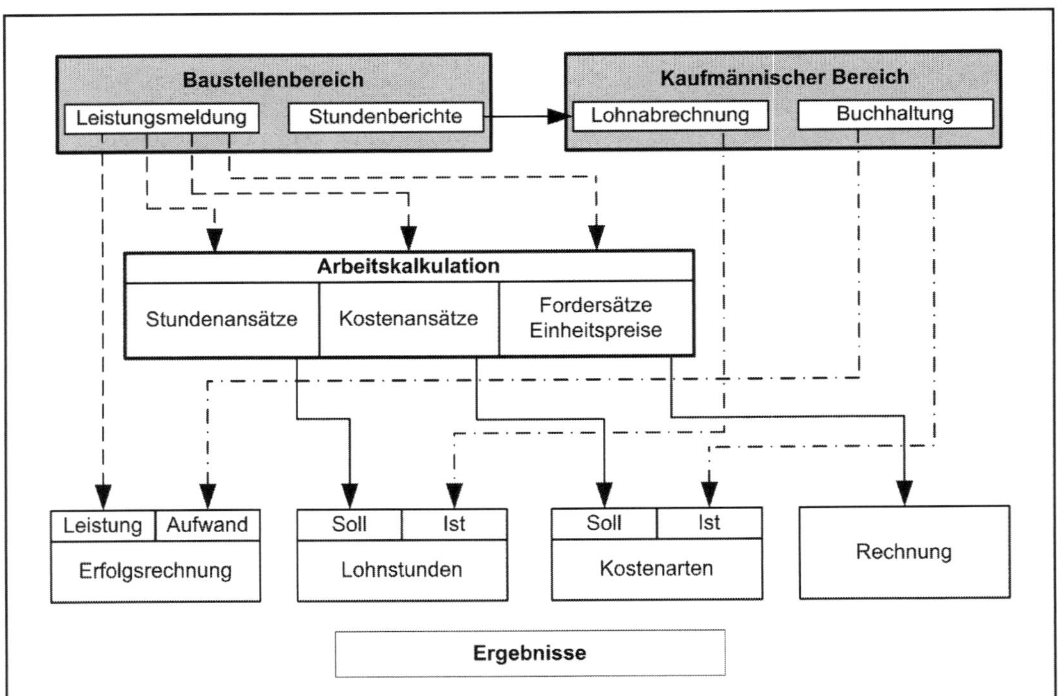

Bild D. 14-2: Integriertes Kostenkontrollsystem

Außerdem kann automatisiert auf Grundlage der erfassten Leistungsmengen und Einheitspreise eine Rechnung generiert werden.

d) Abgrenzung und Ergänzung der Kosten per Stichtag und Abschluss der Konten; EDV-gestützte automatische Zusammenfassung zu den Hauptkostenarten.

Ergebnis: Ist-Kosten per Stichtag;
gegliedert nach Hauptkostenarten.

e) Automatische Gegenüberstellung der Ist- und der Soll-Kosten.
Ergebnis: Kostenarten-Soll-Ist-Vergleich.

Der Lohnstunden-Soll-Ist-Vergleich und der differenzierte Kostenarten-Soll-Ist-Vergleich laufen in gleicher Weise ab. Entscheidender Vorteil ist, dass nach der EDV-Erfassung der Arbeitskalkulation monatlich nur die in jedem Fall zu ermittelnden Leistungsmengen einzugeben sind bzw., wenn eine Stundenkontrolle durchgeführt werden soll, auch noch die Ist-Stunden mit BAS-Nummer. Alle weiteren Auswertungen und Analysen werden dann automatisch vorgenommen.

E Kostenplanung und -management auf Seiten des Bauherrn

15 Kostenplanung und -management

15.1 Einführung

Im Rahmen der Bauauftragsrechnung als Teil der Kosten- und Leistungsrechnung werden von Bauunternehmen vorkalkulatorisch die Kosten für Bauleistungen ermittelt. Die Kalkulation der Kosten erfolgt auf der Grundlage der Ausschreibungsunterlagen, insbesondere der Leistungsbeschreibungen, die in der Regel von den Planern des Bauherrn erstellt werden (vgl. Abschnitt 3.3).

Der Begriff „Kosten" ist dabei betriebswirtschaftlich als bewerteter, betriebsnotwendiger Güterverbrauch zur Erstellung der betrieblichen Leistung zu verstehen. Den Kosten stehen somit Leistungen als Ergebnis des betrieblichen Geschehens gegenüber (vgl. Abschnitt 1.2).

Die kalkulierten Kosten führen unter Berücksichtigung der Wettbewerbs- und Unternehmenssituation zu den Angebots- und im Erfolgsfall schließlich zu den Vertragspreisen, die mit dem Bauherrn vereinbart und im Bauvertrag verbindlich festgelegt werden.

Der Bauherr muss jedoch schon deutlich früher Informationen über die voraussichtlichen Kosten seines Bauwerks erhalten, um beispielsweise Wirtschaftlichkeits- und Finanzierungsüberlegungen anstellen oder die Kostenentwicklung beeinflussen und steuern zu können.

Darüber hinaus ist aus Sicht des Bauherrn der Begriff „Kosten" wesentlich weitergehender und umfassender zu verstehen. So kommen zu den eigentlichen Baukosten unter anderem Kosten für Grundstück, Planung, Genehmigung, Projektmanagement und Finanzierung hinzu.

Neben den Investitionskosten sind heute die Nutzungskosten von großer Bedeutung, die über die Nutzungsdauer einer Immobilie in der Regel ein Mehrfaches der Investitionskosten betragen. Gründe hierfür sind insbesondere die in den letzten Jahrzehnten deutlich gestiegenen Energiekosten sowie Personalkosten für Betrieb, Wartung und Instandhaltung.

Die Abhängigkeit zwischen der Planung und der Nutzung wird vor allem daran deutlich, dass die Anforderungen aus der Nutzung eines Gebäudes die Planungsinhalte determinieren. Auch ist es eine zentrale Aufgabe der Planung, die wirtschaftlichste Lösung unter Berücksichtigung der Investitions- und Nutzungskosten sowie der Einhaltung der geforderten Standards und Qualitäten zu entwickeln.

Mit zunehmender Projektdetaillierung im Planungsverlauf konkretisieren sich die Informationen über das Bauwerk, wodurch auch die Kosten immer genauer bestimmbar werden. Demgegenüber nimmt der Grad der Kostenbeeinflussbarkeit immer weiter ab, während in den frühen Planungsphasen, etwa bis zum Ende der Entwurfsplanung, noch weitreichende Möglichkeiten zur Kostenoptimierung bestehen. Vor diesem Hintergrund wird deutlich, dass die in der Konzeptions- und Planungsphase getroffenen Festlegungen für die Gesamtkosten entscheidend sind.

Für die meisten Bauherren ist die Einhaltung der Kostenziele für den Projekterfolg von größter Bedeutung, da sie die Projektfinanzierung und die Wirtschaftlichkeit ihrer Investitionsmaßnahme verantworten. Darüber hinaus kommen ihnen verschiedene Aufgaben im Prozess der Projektvorbereitung und -realisierung zu, ohne deren Erfüllung eine vollständige Kostenermittlung und ein wirkungsvolles Kostenmanagement nicht möglich sind.

So müssen vom Bauherrn, ggf. unterstützt durch Objektplaner, Fachplaner und Projektsteuerer, zu Projektbeginn die quantitativen und qualitativen Anforderungen an das zukünftige Bauobjekt im Rahmen einer Bedarfsplanung definiert werden. Hierzu gehören beispielsweise Art, Anzahl und Nutzung der erforderlichen Räume und Flächen sowie Funktionsanforderungen und Ausstattungsstandards. Auf dieser Grundlage sind auch erste Vorgaben für die Gesamtkosten abzuleiten.

Im weiteren Projektverlauf trifft der Bauherr alle kostenrelevanten Entscheidungen z.B. bei unterschiedlichen Planungs- und Ausführungsvarianten oder auch bei notwendigen Änderungen der Bedarfsplanung. Des Weiteren muss der Bauherr bestimmte Kostenangaben zur Verfügung stellen, damit die Investitionskosten in ihrer Gesamtheit erfasst werden können. Dies betrifft beispielsweise die Kosten des Grundstücks und der Finanzierung sowie Honorare und Gebühren.

Nach den Leistungsbildern der Verordnung über die Honorare für Architekten- und Ingenieurleistungen (HOAI) [51] gehören Kostenermittlungen, Kostenkontrollen und Kostenvergleiche zu den Grundleistungen der Objekt- und Fachplaner. Die im Hochbau für die Objektplanung Gebäude i.d.R. verantwortlichen Architekten übernehmen dabei sowohl Aufgaben der Kostenplanung in Bezug auf die eigenen Planungsumfänge als auch die Koordination und Integration der Beiträge der an der Planung fachlich Beteiligten. So wirken die Fachingenieure für Tragwerksplanung bei der Kostenschätzung und -berechnung insbesondere durch Beratung und Mengenermittlungen zu den konstruktiven Bauelementen mit. Die Kostenermittlungen hierfür erstellen die Objektplaner. Die Fachingenieure für die Planung der Technischen Ausrüstung erstellen eigene Kostenermittlungen für die verschiedenen Anlagengruppen der Technischen Ausrüstung, führen dafür Kostenkontrollen durch und stellen die entsprechenden Daten den Objektplanern zur Dokumentation der Gesamtkosten zur Verfügung. In damit vergleichbarem Umfang leisten gemäß HOAI auch die Planer für die Freianlagen ihre Beiträge im Rahmen der Kostenplanung.

Es ist heute nicht unüblich, dass sowohl öffentliche als auch private Bauherren bei größeren und komplexeren Bauvorhaben Projektsteuerer für die Wahrnehmung delegierbarer Bauherrenaufgaben einbinden. In Bezug auf das Kostenmanagement übernehmen Projektsteuerer Unterstützungs- und Mitwirkungsaufgaben sowie vor allem Aufgaben der übergeordneten Kostenkontrolle und Kostensteuerung. Die wesentliche Grundlage dafür bilden die von den Objekt- und Fachplanern erstellten Kostenermittlungen.

Um eine vollständige Erfassung und transparente Darstellung sämtlicher Kosten mit dem Ziel einer möglichst hohen Kostensicherheit zu erreichen, ist für die Kostenplanung, insbesondere zur Ermittlung und Gliederung der Kosten, eine einheitliche Vorgehensweise sowie strukturierte und durchgängige Systematik notwendig. Dadurch werden auf Seiten des Bauherrn auch die Voraussetzungen geschaffen, Kosten zu kontrollieren und zu steuern sowie die Vergleichbarkeit der Ergebnisse von Kostenermittlungen über die Projektphasen und bei Bedarf zwischen verschiedenen Bauobjekten zu gewährleisten.

Die maßgebende Grundlage für die Planung der Kosten, die vom Projektbeginn bis zur Fertigstellung eines Bauobjekts entstehen, ist die *DIN 276:2018-12 „Kosten im Bauwesen"* [55].

In Verbindung mit dieser Norm steht die *DIN 277-1:2016-01 „Grundflächen und Rauminhalte im Bauwesen – Teil 1: Hochbau"*, in der die Regeln für die Berechnung von Grundflächen und Rauminhalten im Hochbau während der Planung, der Bauausführung und der Nutzung von Bauwerken festgelegt sind [56].

Ergänzend sei auf die *DIN 18960:2008-02 „Nutzungskosten im Hochbau"* hingewiesen, welche für die Planung sowie Ermittlung und Gliederung von Nutzungskosten gilt, die über die Nutzungsdauer eines Bauobjekts entstehen [57].

Schwerpunkt der folgenden Ausführungen wird zunächst die Betrachtung der Kosten auf der Grundlage der DIN 276:2018-12 (im Folgenden: DIN 276) sein. Hierbei werden insbesondere die Gliederung der Kosten, die Kostengruppen und die Stufen der Kostenermittlung dargestellt und erläutert. Daran anschließend wird auf Kostenkennwerte eingegangen, auf denen die Kostenplanung auf Seiten des Bauherrn basiert. Des Weiteren werden mögliche Genauigkeiten und Toleranzen bei Kostenermittlungen thematisiert. Abschließend werden die Kostenkontrolle und Kostensteuerung im Planungs- und Bauprozess erläutert.

15.2 Kosten nach DIN 276

Der Anwendungsbereich der DIN 276 betrifft die Kosten für Neubau, Umbau und Modernisierung von Bauwerken und Anlagen. Er erstreckt sich auf die Kosten von Hochbauten, Ingenieurbauten, Infrastrukturanlagen und Freiflächen sowie auf die damit zusammenhängenden projektbezogenen Kosten. In der DIN 276 sind die Begriffe der Kostenplanung festgelegt und definiert [55]. Einige für das Gesamtverständnis wesentliche Begriffe und ihre Bedeutung werden im Folgenden erläutert.

Kosten im Bauwesen

Aufwendungen, insbesondere für Güter, Leistungen, Steuern und Abgaben, die mit der Vorbereitung, Planung und Ausführung von Bauprojekten verbunden sind.

Darunter werden aus Bauherrensicht sämtliche Kosten verstanden, die bei einem Bauprojekt anfallen.

Kostenplanung

Gesamtheit aller Maßnahmen der Kostenermittlung, der Kostenkontrolle und der Kostensteuerung.

Das Verständnis des Begriffs Kostenplanung ist somit nicht auf die Ermittlung der Kosten begrenzt, sondern prozessorientiert im Sinne des Kostenmanagements als Teil des Projektmanagements zu verstehen und umfasst daher auch die Aktivitäten der Kostenkontrolle und Kostensteuerung (siehe Abschnitt 15.5). Die Kostenplanung ist nach der Norm systematisch über alle Phasen eines Bauprojekts durchzuführen und zielt darauf ab, die Wirtschaftlichkeit, Kostensicherheit und Kostentransparenz herzustellen.

Kostenermittlung

Ermittlung der entstehenden oder der entstandenen Kosten.

Entsprechend dem Planungsfortschritt werden sechs Stufen der Kostenermittlung unterschieden, auf die in Abschnitt 15.2.2 näher eingegangen wird.

Durch systematische, in einer vorgegebenen Gliederungsstruktur geordnete Kostenermittlungen werden Kosteninformationen aufbereitet. Hierauf basieren insbesondere die weiteren Maßnahmen im Rahmen der Kostenplanung sowie wesentliche Entscheidungen im Projektverlauf. Nach der Norm dienen Kostenermittlungen als Grundlagen für Finanzierungsüberlegungen und Kostenvorgaben, für Maßnahmen der Kostenkontrolle und der Kostensteuerung, für Planungs-, Vergabe- und Ausführungsentscheidungen sowie zum Nachweis der entstandenen Kosten.

Kostenvorgabe

Festlegung von Kosten als Obergrenze oder als Zielgröße für das Bauprojekt.

Die Kostenvorgabe ist aus Bauherrensicht die Sollgröße für die bis zum Abschluss eines Bauprojekts entstehenden Kosten. Ihre zentrale Bedeutung liegt darin, den Bezugswert für die Kontrolle der Kosten darzustellen. Nach der Norm erfüllen Kostenvorgaben den Zweck, Kosten zu begrenzen, die Kostensicherheit zu erhöhen, Investitionsrisiken zu vermindern und frühzeitige Alternativüberlegungen in der Planung zu fördern. Insbesondere aus dem letztgenannten Aspekt wird deutlich, dass sich die Ergebnisse der Planung an der Kostenvorgabe auszurichten haben.

Die Kostenvorgabe für ein Bauprojekt kann auf der Grundlage von Budgetfestlegungen oder Kostenermittlungen bestimmt und entsprechend der o.g. Definition als starre Obergrenze oder als Zielgröße, die Abweichungen in einem begrenzten Rahmen zulässt, festgelegt werden. Die Kostenvorgabe kann jedoch nur dann ihren Zweck erfüllen, wenn sie realistisch ist. Sollte sich im Projektverlauf ergeben, dass eine Kostenvorgabe unrealistisch ist, weil z.B. die Mindestanforderungen des Bauherrn damit nicht erfüllt werden können, wird in vielen Fällen eine Anpassung, also Erhöhung des Budgets notwendig werden.

15.2.1 Kostengliederung und Kostengruppen

Für eine vollständige Erfassung sowie einheitliche und präzise Zuordnung der verschiedenen Kostenbestandteile eines Bauprojekts ist ein Gliederungssystem erforderlich. Die Kostengliederung nach DIN 276 stellt eine Ordnungsstruktur dar, nach der die Gesamtkosten eines Bauprojekts in Kostengruppen unterteilt werden. Diese fassen einzelne, nach den Kriterien der Planung zusammengehörende Kosten zusammen.

Die Gesamtkosten gliedern sich nach DIN 276 in drei Ebenen, die durch entsprechende dreistellige Ordnungszahlen gekennzeichnet sind. In der ersten Ebene werden die Gesamtkosten in die folgenden acht Kostengruppen gegliedert:

- 100 Grundstück
- 200 Vorbereitende Maßnahmen
- 300 Bauwerk – Baukonstruktionen
- 400 Bauwerk – Technische Anlagen
- 500 Außenanlagen und Freiflächen

- 600 Ausstattung und Kunstwerke
- 700 Baunebenkosten
- 800 Finanzierung

Die Kostengruppen 100 bis 800 werden in Abhängigkeit vom Planungs- bzw. Projektfortschritt in die zweite und dritte Ebene weiter untergliedert, wenn die dazu notwendigen Detailinformationen vorliegen. Eine darüber hinausgehende Untergliederung ist möglich und vielfach sinnvoll, um den Informationsgehalt der Kostenermittlung und die Genauigkeit zu erhöhen oder ausführungstechnische Aspekte einbeziehen zu können.

Die drei Gliederungsebenen sind in ihrer Struktur in Bild E. 15-1 dargestellt. Für die zweite. Ebene sind die KG 300 „Bauwerk – Baukonstruktionen" und 400 „Bauwerk – Technische Anlagen", für die dritte Ebene sind die KG 350 „Decken/Horizontale Baukonstruktionen" und 430 „Raumlufttechnische Anlagen" beispielhaft dargestellt. Die DIN 276 sieht für alle anderen Kostengruppen vergleichbare Untergliederungen in der zweiten und dritten Ebene vor.

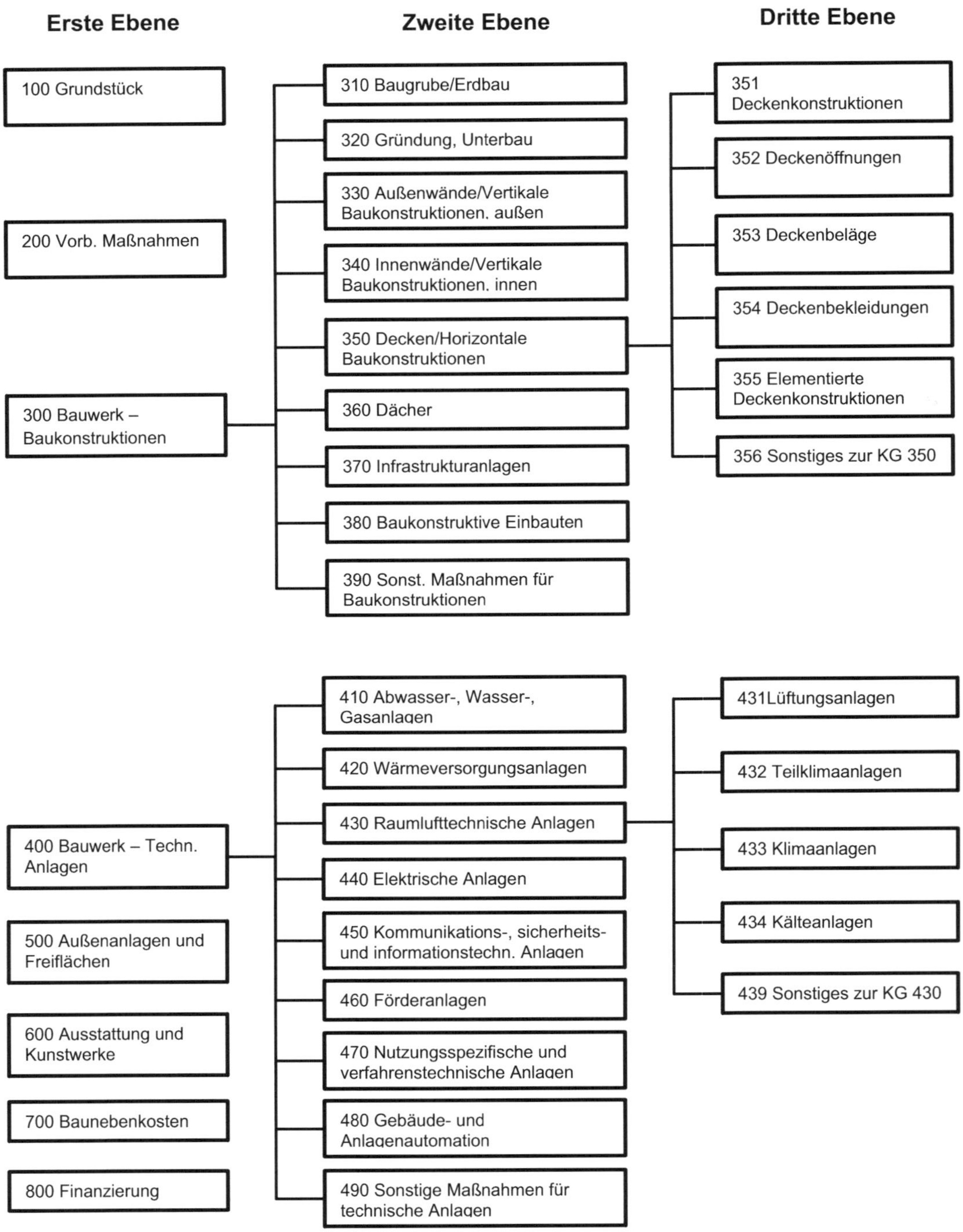

Bild E. 15-1: Gliederung der Kostengruppen gemäß DIN 276:2018-12, zweite und dritte Ebene beispielhaft

Für die acht Kostengruppen der ersten Ebene werden im Folgenden wesentliche Bestandteile entsprechend der weiteren Untergliederung zusammengefasst.

Kostengruppe 100 Grundstück

Hierzu gehören der Grundstückswert und die Grundstücksnebenkosten, die im Zusammenhang mit dem Erwerb und dem Eigentum eines Grundstücks entstehen, wie z.B. Vermessungs-, Notariats- und Genehmigungsgebühren, Grunderwerbsteuer, Kosten für Wertermittlungen sowie die zugehörigen Baugrund- und Altlastenuntersuchungen.

Des Weiteren werden Kosten für das Aufheben von Rechten Dritter an einem Grundstück, wie Abfindungen und Entschädigungen für bestehende Nutzungsrechte oder die Ablösung von Lasten und Beschränkungen erfasst.

Kostengruppe 200 Vorbereitende Maßnahmen

Dieser Kostengruppe sind die Kosten aller vorbereitenden Maßnahmen zur Durchführung der Baumaßnahme zugeordnet, wie beispielsweise das Abbrechen und Beseitigen von vorhandenen Baukonstruktionen und technischen Anlagen sowie das Beseitigen von Altlasten und Kampfmitteln.

Ein weiterer wesentlicher Bestandteil der Kostengruppe 200 sind die Kosten der öffentlichen Erschließung, die aufgrund gesetzlicher Vorschriften (Erschließungsbeiträge/Anliegerbeiträge) und der Verträge mit Versorgungsunternehmen z.B. für Wasser, Energie und Telekommunikation entstehen. Die bei Umbauten und Modernisierungen häufig anfallenden Kosten für das Auslagern von Nutzungen während der Bauzeit sind ebenfalls der Kostengruppe 200 zugeordnet.

Kostengruppe 300 Bauwerk – Baukonstruktionen

Zu dieser Kostengruppe gehören die Kosten von Bauleistungen und Lieferungen zur Herstellung von Hochbauten, Ingenieurbauten und Infrastrukturanlagen, jedoch ohne die technischen Anlagen, die zur Kostengruppe 400 gehören. In der Kostengruppe 300 werden allerdings in der Regel auch die durch technische Anlagen bedingten Kosten für das Herstellen und Schließen von Schlitzen und Durchführungen sowie Rohr- und Kabelgräben erfasst. Des Weiteren beinhaltet die Kostengruppe 300 die baukonstruktiven (festen) Einbauten. Bei Umbauten und Modernisierungen zählen zur Kostengruppe 300 ebenso die den betreffenden Kostengruppen zuzuordnenden Kosten von Teilabbruch-, Instandsetzungs-, Sicherungs- und Demontagearbeiten.

Bei Hochbauten umfasst die Kostengruppe 300 somit alle Bauleistungen im Zusammenhang mit dem Rohbau, der Gebäudehülle und dem allgemeinen Ausbau. Diese Kostengruppe macht im Allgemeinen den größten Anteil an den Gesamtkosten aus. Die zugehörigen Objektplanungen werden in der Regel von Architekten erbracht.

Der Gebäudeschnitt eines Wohngebäudes mit Tiefgarage in Bild E. 15-2 zeigt Beispiele für Bestandteile der Kostengruppe 300 in der zweiten und dritten Ebene.

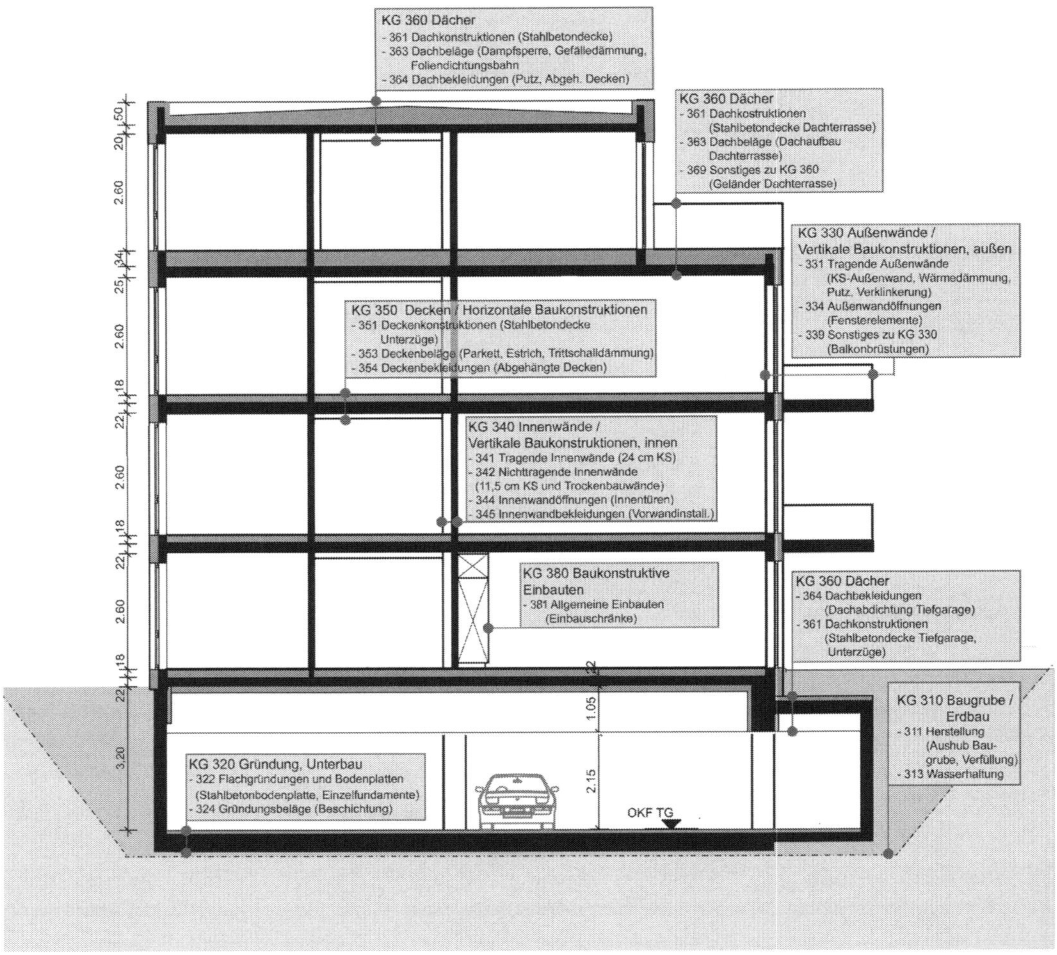

Bild E. 15-2: Beispiele für Bestandteile der Kostengruppe 300 in der zweiten und dritten Ebene

Kostengruppe 400 Bauwerk – Technische Anlagen

Diese Kostengruppe beinhaltet die Kosten von Bauleistungen und Lieferungen zur Herstellung der technischen Anlagen von Hochbauten, Ingenieurbauten und Infrastrukturanlagen. Bei Umbauten und Modernisierungen zählen zur Kostengruppe 400 auch die den betreffenden Kostengruppen zuzuordnenden Kosten der technischen Anlagen von Teilabbruch-, Instandsetzungs-, Sicherungs- und Demontagearbeiten. Des Weiteren werden der Kostengruppe 400 auch die Betriebskosten bis zur Abnahme zugeordnet.

Bemerkenswert ist, dass im Unterschied zu der nach Bauteilen gegliederten Kostengruppe 300 bei der Kostengruppe 400 in der zweiten Ebene weitgehende Übereinstimmungen mit der Gliederung der entsprechenden Gewerke gemäß VOB/C bestehen.

Der Anteil der Kostengruppe 400 an den Bauwerkskosten (KG 300 und 400) hat sich insbesondere aufgrund der gestiegenen technischen und energetischen Anforderungen in den letzten Jahrzehnten deutlich erhöht. Bei Wohngebäuden oder Büro- und Verwaltungsgebäuden liegt dieser Anteil im Allgemeinen zwischen 15 % und 30 %.

Die Planung der technischen Anlagen erfolgt in der Regel durch Fachingenieure aus den Bereichen der Versorgungs- und Elektrotechnik.

Der Gebäudeschnitt eines Wohngebäudes mit Tiefgarage in Bild E. 15-3 zeigt Beispiele für Bestandteile der Kostengruppe 400 in der zweiten und dritten Ebene.

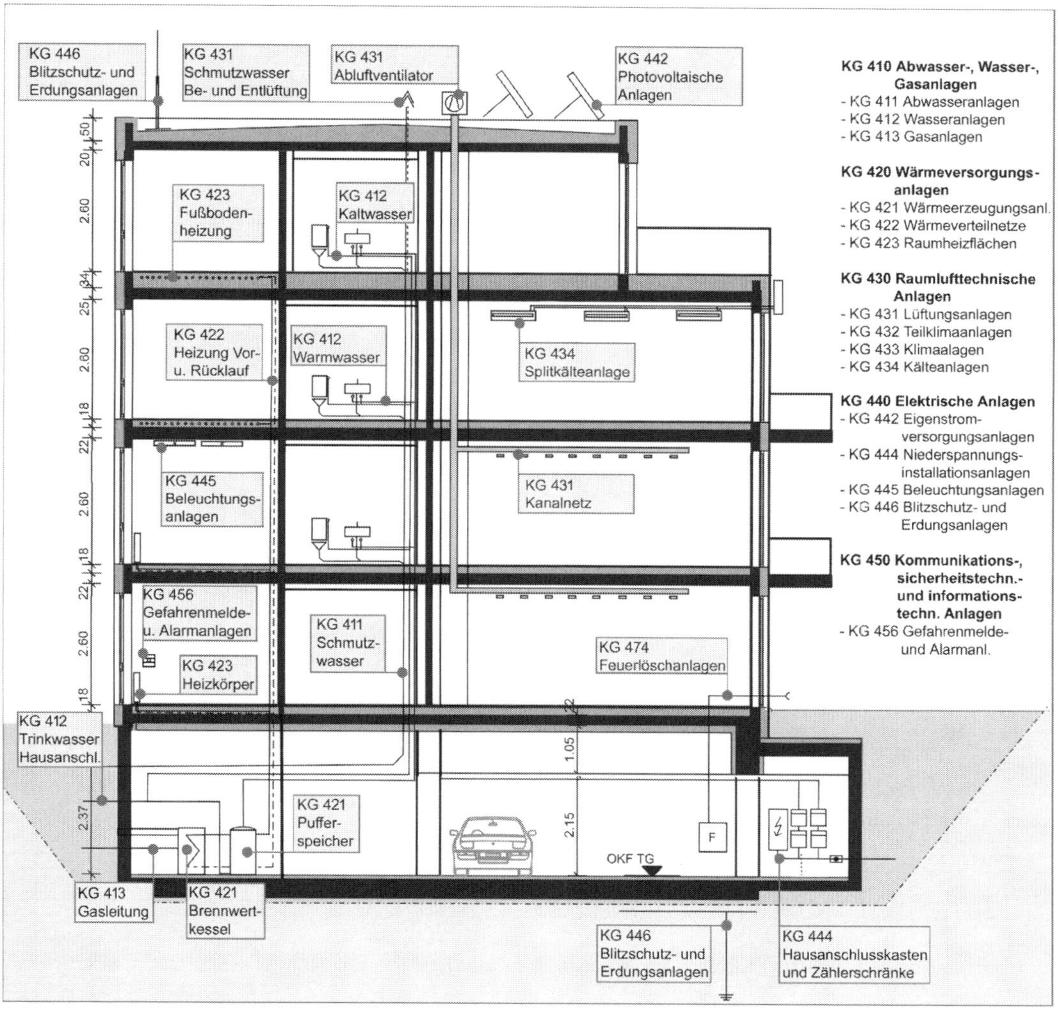

Bild E. 15-3: Beispiele für Bestandteile der Kostengruppe 400 in der zweiten und dritten Ebene

Kostengruppe 500 Außenanlagen und Freiflächen

Hierzu gehören unter anderem die Kosten für Erdbau-, Gründungs- und Unterbaumaßnahmen sowie Oberbau- und Deckschichten, z.B. Straßen, Wege und Stellplätze. Die in Außenanlagen und Freiflächen eingebauten Baukonstruktionen wie Zäune, Lärmschutzwände, Stützmauern oder Rampen und Treppen sind ebenfalls der Kostengruppe 500 zugeordnet. Des Weiteren gehören dazu auch die technischen Anlagen in Außenanlagen einschließlich der Ver- und Entsorgung der Bauwerke mit Medien sowie in Freiflächen, die eigenständig und unabhängig von Bauwerken sind.

Die Planung der in der Kostengruppe 500 erfassten Leistungen erfolgt in der Regel durch Landschaftsarchitekten.

Kostengruppe 600 Ausstattung und Kunstwerke

Dieser Kostengruppe sind die Kosten für alle beweglichen Sachen, die zur Ingebrauchnahme, zur allgemeinen Benutzung oder zur künstlerischen Gestaltung erforderlich sind, zugeordnet. Ausstattungsgegenstände können neben Möbeln beispielsweise auch Vorhänge oder Garten- und Reinigungsgeräte sowie Datenverarbeitungs-Geräte sein. Im Gegensatz zu der losen Möblierung in KG 600 sind in KG 380 (Baukonstruktive Einbauten) fest eingebaute Möblierungen erfasst.

Des Weiteren beinhaltet die Kostengruppe 600 auch die Kosten für Kunstobjekte und künstlerisch gestaltete Teile von Bauwerken sowie von Außenanlagen und Freiflächen.

Kostengruppe 700 Baunebenkosten

Die Baunebenkosten umfassen insbesondere die Kosten für die Wahrnehmung der Bauherrenaufgaben, die Vorbereitung der Objektplanung, die Durchführung der Objektplanung und Fachplanung sowie die allgemeinen Baunebenkosten.

Den Kosten für die Bauherrenaufgaben sind unter anderem die Kosten der Projektleitung und der häufig von externen Fachbüros erbrachten Leistungen der Projektsteuerung sowie der Sicherheits- und Gesundheitsschutzkoordination zugeordnet.

Im Rahmen der Vorbereitung der Objektplanung fallen z.B. Kosten für Standortanalysen, Baugrundgutachten oder auch für Bestandsanalysen bei Umbau- und Modernisierungsmaßnahmen an. Des Weiteren gehören hierzu Kosten für städtebauliche und landschaftsplanerische Leistungen sowie für die Durchführung von Wettbewerben.

Unter Objektplanung werden sämtliche Kosten für die Planung und Überwachung der Bauausführung erfasst, die sich auf Grundlage der HOAI aus den Honoraren für die Leistungen der Objektplanung ergeben. Der Fachplanung sind die Kosten für die Tragwerksplanung und die Planung der Technischen Ausrüstung sowie weiterer Ingenieurleistungen z.B. in den Fachgebieten Bauphysik, Geotechnik, Ingenieurvermessung oder Brandschutz zugeordnet.

Bestandteile der allgemeinen Baunebenkosten sind Prüf-, Genehmigungs- und Abnahmegebühren sowie Kosten für Baustellenbewachung und für Bemusterungen. Des Weiteren gehören hierzu auch die Kosten für den vorläufigen Betrieb der technischen Anlagen zwischen Abnahme und endgültiger Inbetriebnahme sowie für die notwendigen Versicherungen.

Den größten Anteil an den Baunebenkosten machen in der Regel die Planungshonorare aus. Insgesamt betragen die Baunebenkosten heute selten unter 20 % der Bauwerkskosten (Kostengruppe 300 und 400). Bei Umbau- und Modernisierungsmaßnahmen mit substanziellen Eingriffen in die Bestandskonstruktion und hohen Planungsanforderungen können für die Planungshonorare bis zu 40 % der Bauwerkskosten anfallen.

Kostengruppe 800 Finanzierung

Zu den Finanzierungskosten gehören alle im Zusammenhang mit der Finanzierung des Projekts anfallenden Kosten insbesondere für die Finanzmittelbeschaffung sowie die Fremd- und Eigenkapitalzinsen vom Projektbeginn bis zu dem Zeitpunkt, zu dem das Bauobjekt in die Nutzung übergeht.

15.2.2 Stufen der Kostenermittlung und Bezug zur HOAI

Entsprechend dem Planungs- bzw. Projektfortschritt werden gemäß DIN 276 die folgenden sechs Stufen der Kostenermittlung unterschieden.

- Kostenrahmen
- Kostenschätzung
- Kostenberechnung
- Kostenvoranschlag
- Kostenanschlag
- Kostenfeststellung

Die einzelnen Kostenermittlungen haben in Abhängigkeit von der Projektphase, in der sie erstellt werden, bestimmte Aufgaben zu erfüllen. Dies betrifft insbesondere die zum Abschluss der jeweiligen Planungsphasen vom Bauherrn zu treffende Entscheidungen über die Weiterführung der Planung in der nächsten Phase.

Da mit fortschreitender Planung sowie Ausschreibung und Abrechnung der Bauleistungen die verfügbaren Grundlagen und Informationen im Projektverlauf immer genauer werden, können auch höhere Anforderungen an den Detaillierungsgrad bzw. die Gliederungstiefe der Kostenermittlungen gestellt und erfüllt werden. Die genannten Zusammenhänge sind in Bild E. 15-4 dargestellt und werden nachfolgend erläutert.

Kostenermittlungen und weitere Maßnahmen der Kostenplanung werden auf Seiten des Bauherrn in der Regel von den Objektplanern unter Beteiligung der Fachplaner ausgeführt. Die im Einzelnen zu erbringenden Leistungen sind grundsätzlich in den Architekten- und Ingenieurverträgen zu beschreiben und zu vereinbaren, wobei in der Praxis zumeist die Leistungsbilder der HOAI als Grundlage herangezogen werden.

Die HOAI verweist zwar teilweise auf die DIN 276, allerdings gibt es in Bezug auf die Kostenermittlungen sowohl Übereinstimmungen als auch erhebliche Unterschiede und Abweichungen zwischen den beiden Regelwerken. Hierauf soll im Folgenden auch eingegangen werden. Dabei erfolgt eine Orientierung am Leistungsbild Objektplanung, Gebäude und Innenräume. Im Zusammenhang mit den Inhalten der beiden Regelwerke ist darauf hinzuweisen, dass sich die derzeit geltende HOAI 2013 auf die DIN 276-1:2008-12, also die Vorgängerfassung der aktuellen Norm bezieht. Dies soll im Weiteren jedoch nicht näher thematisiert werden, da es für die hier betrachteten Aspekte weitgehend unerheblich ist.

Wenn die Objekt- und Fachplaner Aufgaben der Kostenplanung übernehmen, die nicht im Leistungsbild der HOAI enthalten sind, bedarf es im Regelfall einer gesonderten vertraglichen Vereinbarung.

Aufgaben	Wesentliche Grundlagen	Detaillierungsgrad
	Kostenrahmen	
• Entscheidung über die **Bedarfsplanung** • Wirtschaftlichkeits- u. Finanzierungsüberlegungen • Festlegung einer Kostenvorgabe	• ggf. Standortangaben • Quantitative u. qualitative Bedarfsangaben • ggf. Berechnung der Mengen von Bezugseinheiten der Kostengruppen • erläuternde Angaben	Gesamtkosten nach Kostengruppen in der **1. Ebene** der Kostengliederung
	Kostenschätzung	
• Entscheidung über die **Vorplanung**	• Angaben zum Baugrundstück und zur Erschließung • Ergebnisse der Vorplanung • Berechnung der Mengen von Bezugseinheiten der Kostengruppen • erläuternde Angaben • bereits entstandene Kosten	Gesamtkosten nach Kostengruppen in der **2. Ebene** der Kostengliederung
	Kostenberechnung	
• Entscheidung über die **Entwurfsplanung**	• Planungsunterlagen, z.B. Entwurfszeichnungen • Berechnung der Mengen von Bezugseinheiten der Kostengruppen • Erläuterungen • bereits entstandene Kosten	Gesamtkosten nach Kostengruppen in der **3. Ebene** der Kostengliederung
	Kostenvoranschlag	
• Entscheidungen über die **Ausführungsplanung und die Vorbereitung der Vergabe**	• Planungsunterlagen, z.B. Ausführungs-, Detail- und Konstruktionszeichnungen • Leistungsbeschreibungen • Berechnung der Mengen von Bezugseinheiten der Kostengruppen • Berechnungen, z.B. Standsicherheit, Wärmeschutz, techn. Anlagen • Mengenermittlungen von Teilleistungen • Erläuterungen • bereits entstandene Kosten sowie Kosten gem. vorliegenden Angeboten u. Aufträgen	Gesamtkosten nach Kostengruppen in der **3. Ebene** der Kostengliederung und **weiter nach technischen Merkmalen oder herstellungsmäßigen Gesichtspunkten** untergliedert **sowie** nach **Vergabeeinheiten** geordnet
	Kostenanschlag	
• Entscheidungen über die **Vergaben und die Ausführung**	• Planungsunterlagen, z.B. Ausführungs-, Aufmaß- und Abrechnungszeichnungen • Angebote, Auftrags- und Rechnungsunterlagen von ausführenden Unternehmen • Mengenermittlungen von Teilleistungen • In Teilbereichen bereits entstandene Kosten	Kosten nach den im Kostenvoranschlag festgelegten **Vergabeeinheiten**
	Kostenfeststellung	
• **Nachweis der entstandenen Kosten** sowie ggf. Vergleiche und Dokumentationen	• Geprüfte Abrechnungsbelege, z.B. Schlussrechnungen • Planungsunterlagen, z.B. Abrechnungszeichnungen • Erläuterungen	Gesamtkosten nach Kostengruppen **bis zur 3. Ebene** der Kostengliederung bzw. nach der **Struktur des Kostenanschlags**

Bild E. 15-4: Zusammenstellung der Kostenermittlungsstufen gemäß DIN 276

Kostenrahmen

Bereits in einer sehr frühen Phase, noch vor dem eigentlichen Planungsbeginn, sind die zu erwartenden Kosten für potenzielle Bauherren oder Investoren zumeist das wesentliche Kriterium für oder gegen die Entscheidung zur Weiterverfolgung einer Projektidee. Planerische Grundlagen sind zum Zeitpunkt der Erstellung des Kostenrahmens noch nicht vorhanden, so dass insbesondere die Vorstellungen des Auftraggebers über das Bauobjekt mit den daraus entwickelten quantitativen und qualitativen Bedarfsangaben zugrunde zu legen sind [58]. Die Detaillierungstiefe ist demzufolge noch sehr gering. Entsprechend sieht die Norm vor, dass die Gesamtkosten nach Kostengruppen in der ersten Ebene der Kostengliederung ermittelt werden. Die Ermittlung basiert i.d.R. auf Kostendaten ähnlicher Projekte und Randbedingungen. Bild E. 15-5 zeigt den Kostenrahmen für ein Wohngebäude mit 22 Wohneinheiten und Tiefgarage.

Die Erstellung des Kostenrahmens ist weder in den Grundleistungen noch in den Besonderen Leistungen der HOAI aufgeführt. Gemäß Leistungsphase 1 (Grundlagenermittlung) im Leistungsbild Gebäude und Innenräume gehört das Klären der Aufgabenstellung auf Grundlage der Vorgaben oder der Bedarfsplanung des Auftraggebers zu den Grundleistungen. Die Bedarfsplanung und Bedarfsermittlung sowie das Aufstellen eines Funktionsprogramms und eines Raumprogramms sind unter den Besonderen Leistungen aufgelistet, womit der Praxis Rechnung getragen wird, dass diese Leistungen bei Bedarf vom Objektplaner in Abstimmung mit dem Auftraggeber ausgearbeitet werden.

Da der Kostenrahmen gem. DIN 276 u.a. als Grundlage für die vom Auftraggeber zu treffende Entscheidung über die Bedarfsplanung dient, ist die Erstellung des Kostenrahmens der Leistungsphase 1 zuzuordnen.

Kostenrahmen

Projekt: **Wohngebäude mit 22 Wohneinheiten und Tiefgarage, mittlerer Standard**

Kenndaten Wohngebäude

Wohnfläche	1.490 m²
BGF Gebäude EG bis DG	2.133 m²
BGF Tiefgarage	670 m²
Summe BGF	2.803 m²

Bebaute Fläche (BGF EG)	450 m²
Grundstücksfläche	800 m²

Kosten (netto)

Kostengruppe	Bauteil / Bezugsgröße	Größe	Kosten/m²	Kosten
KG 100 Grundstück	Grundstücksfläche	800 m²	200 €/m²	160.000 €
KG 200 Vorbereitende Maßnahmen	Grundstücksfläche	400 m²	60 €/m²	24.000 €
KG 300 Bauwerk - Baukonstruktionen	BGF Gebäude EG bis DG	2.133 m²	840 €/m²	1.791.720 €
	BGF Tiefgarage	670 m²	550 €/m²	368.500 €
	Summe netto			2.160.220 €
KG 400 Bauwerk - Technische Anlagen	BGF Gebäude EG bis DG	2.133 m²	230 €/m²	490.590 €
	BGF Tiefgarage	670 m²	70 €/m²	46.900 €
	Summe netto			537.490 €
KG 500 Außenanlagen und Freiflächen	Fläche Außenanlagen	400 m²	100 €/m²	40.000 €
KG 600 Ausstattung und Kunstwerke	BGF Gebäude EG bis DG	2.133 m²	10 €/m²	21.330 €
Summe KG 200 bis 600 netto				2.783.040 €
KG 700 Baunebenkosten	Summe KG 200 bis 600	2.783.040 €	25%	695.760 €
KG 800 Finanzierung				82.000 €
Gesamtsumme netto (KG 100 bis 800)				3.720.800 €
zzgl. 19 % Mehrwertsteuer				706.952 €
Gesamtsumme brutto				4.427.752,00 €

Kosten/m² (netto)

Bezugsgröße	KG 300	KG 400	Summe KG 300 + KG 400
Kosten / m² Wohnfläche	1.450 €	361 €	1.811 €
Kosten / m² BGF	771 €	192 €	962 €

Bild E. 15-5: Kostenrahmen

Kostenschätzung

Die Kostenschätzung basiert auf den Ergebnissen der Vorplanung. Trotz des noch relativ groben Planungsstandes sollen die wesentlichen kostenbeeinflussenden Faktoren so umfassend wie möglich erfasst werden, damit bereits in dieser frühen Planungsphase eine möglichst zuverlässige Kostenaussage getroffen werden kann. Für die Kostenschätzung sind die Gesamtkosten nach Kostengruppen in der zweiten Ebene der Kostengliederung zu ermitteln. Die Kostenschätzung in Bild E. 15-6 enthält auszugsweise die Aufgliederung bis zur zweiten Ebene für die Kostengruppen 300 und 400. Bei den anderen Kostengruppen sind entsprechende Aufgliederungen hinterlegt.

Kostenschätzung

Projekt: **Wohngebäude mit 22 Wohneinheiten und Tiefgarage, mittlerer Standard**

KG	Bezeichnung	Bezugsgröße	Menge		€/Einh.	Gesamt netto
KG 100	**Grundstück**					**160.000,00 €**
KG 200	**Vorbereitende Maßnahmen**					**24.000,00 €**
KG 300	**Bauwerk - Baukonstruktionen**					**2.148.460,00 €**
310	Baugrube/Erdbau	BGI Tiefgarage / Keller	3.300,00	m³	35,00 €	115.500,00 €
320	Gründung, Unterbau	GF Tiefgarage / Keller	670,00	m²	170,00 €	113.900,00 €
330	Außenwände/Vertikale Baukonstr., außen	Außenwandfläche	1.400,00	m²	420,00 €	588.000,00 €
340	Innenwände/Vertikale Baukonstruktionen, innen	Innenwandfläche	2.800,00	m²	155,00 €	434.000,00 €
350	Decken/Horizontale Baukonstruktionen	Deckenfläche	2.500,00	m²	250,00 €	625.000,00 €
360	Dächer	Dachfläche	480,00	m²	450,00 €	216.000,00 €
370	Infrastrukturanlagen	entfällt				0,00 €
380	Baukonstruktive Einbauten	BGF	2.803,00	m²	2,00 €	5.606,00 €
390	Sonstige Maßnahmen für Baukonstruktionen	BGF	2.803,00		18,00 €	50.454,00 €
KG 400	**Bauwerk - Technische Anlagen**					**542.116,00 €**
410	Abwasser-, Wasser-, Gasanlagen	BGF	2.803,00	m³	55,00 €	154.165,00 €
420	Wärmeversorgungsanlagen	BGF	2.803,00	m²	45,00 €	126.135,00 €
430	Raumlufttechnische Anlagen	BGF	2.803,00	m²	10,00 €	28.030,00 €
440	Elektrische Anlagen	BGF	2.803,00	m²	40,00 €	112.120,00 €
450	Kommunikations-, sicherheits- und informationstechnische Anlagen	BGF	2.803,00	m²	12,00 €	33.636,00 €
460	Förderanlagen	St.	1,00	St.	40.000,00 €	40.000,00 €
470	Nutzungsspezifische und verfahrenstech. Anlagen	BGF	2.803,00	m²	5,00 €	14.015,00 €
480	Gebäude- und Anlagenautomation	BGF	2.803,00	m²	5,00 €	14.015,00 €
490	Sonstige Maßnahmen für technische Anlagen	pauschal			20.000,00 €	20.000,00 €
KG 500	**Außenanlagen und Freiflächen**					**42.500,00 €**
KG 600	**Ausstattung und Kunstwerke**					**21.500,00 €**
KG 700	**Baunebenkosten**					**694.644,00 €**
KG 800	**Finanzierung**					**82.000,00 €**
	Gesamtsumme netto (KG 100 bis 800)					**3.715.220,00 €**
	zzgl. 19 % Mehrwertsteuer					705.891,80 €
	Gesamtsumme brutto					**4.421.111,80 €**

Bild E. 15-6: Kostenschätzung, beispielhaft zweite Ebene für KG 300 und KG 400

Die große Bedeutung der Kostenschätzung ergibt sich vor allem daraus, dass zu Beginn der Planung die Möglichkeit zur Einflussnahme auf die späteren Gesamtkosten noch am größten ist. Die Kostenschätzung ist zumeist die wesentliche Grundlage der Entscheidung des Bauherrn über die Vorplanung. Darunter ist nicht nur die Grundsatzentscheidung zur Weiterentwicklung der Planung auf Basis der Vorplanungsergebnisse zu verstehen, sondern ebenso kann es zielführend sein, Planungsänderungen oder -alternativen zu untersuchen und auszuarbeiten, um die Kostenvorgabe einzuhalten.

Die HOAI definiert in § 2 Abs. 10 die Kostenschätzung als überschlägige Ermittlung der Kosten auf der Grundlage der Vorplanung. Die Kostenschätzung nach DIN 276 und der Vergleich mit den finanziellen Rahmenbedingungen ist eine Grundleistung in der Leistungsphase 2 (Vorplanung). Für einen Vergleich des Ergebnisses der Kostenschätzung mit den finanziellen Rahmenbedingungen müssen diese entweder in Form eines Kostenrahmens oder einer Kostenvorgabe zuvor festgelegt worden sein.

Kostenberechnung

Die aus der detaillierteren Entwurfsplanung entwickelten Informationen erlauben eine wesentlich genauere Ermittlung der Kosten als bei der Kostenschätzung. Für die Kostenberechnung sind die Gesamtkosten nach Kostengruppen in der dritten Ebene der Kostengliederung zu ermitteln. Die Kostenberechnung in Bild E. 15-7 enthält auszugsweise die Aufgliederung bis zur dritten Ebene für die Kostengruppen 330 und 440. Bei den anderen Kostengruppen sind entsprechende Aufgliederungen hinterlegt.

Die Kostenberechnung dient als Grundlage für die Entscheidung des Bauherrn über die Entwurfsplanung. Sinngemäß sind die zur Kostenschätzung in diesem Zusammenhang gegebenen Hinweise (s.o.) übertragbar mit dem Unterschied, dass Änderungen der Planung zur Einhaltung der Kostenvorgabe nun deutlich aufwendiger sind. Auf der anderen Seite resultiert vor allem daraus, dass die Entwurfsplanung das Bauobjekt in allen wesentlichen Teilen planerisch definiert, in dieser Phase noch die Möglichkeit, substanzielle kostenwirksame Planungsänderungen vorzunehmen. Sollten später noch entwurfsrelevante Planungsänderungen vorgenommen werden, ist die Kostenberechnung entsprechend anzupassen.

Die HOAI definiert in § 2 Abs. 11 die Kostenberechnung als Ermittlung der Kosten auf der Grundlage der Entwurfsplanung. Gemäß HOAI ist die Kostenberechnung nach DIN 276 eine Grundleistung in der Leistungsphase 3 (Entwurfsplanung). Sie ist mit der vorangegangenen Kostenschätzung zu vergleichen.

In Bezug auf die Honorierung der Planungsleistungen und somit auch auf den regelmäßig größten Anteil der Kostengruppe 700 (Baunebenkosten) kommt der Kostenberechnung eine weitere Bedeutung zu. Der Ermittlung der anrechenbaren Kosten für die Honorarberechnung der Objekt- und Fachplanungsleistungen sowie einiger Beratungsleistungen sind gemäß HOAI die Ansätze aus der Kostenberechnung zugrunde zu legen.

Kostenberechnung

Projekt: **Wohngebäude mit 22 Wohneinheiten und Tiefgarage, mittlerer Standard**

KG	Bezeichnung	Bezugsgröße	Menge	€/Einh.	Gesamt netto
KG 100	**Grundstück**				**160.000,00 €**
KG 200	**Vorbereitende Maßnahmen**				**25.200,00 €**
KG 300	**Bauwerk - Baukonstruktionen**				**2.125.586,00 €**
310	**Baugrube/Erdbau**				**115.620,00 €**
320	**Gründung, Unterbau**				**118.130,00 €**
330	**Außenwände/Vertikale Baukonstruktionen, außen**				**578.920,00 €**
340	**Innenwände/Vertikale Baukonstruktionen, innen**				**419.560,00 €**
350	**Decken/Horizontale Baukonstruktionen**				**630.600,00 €**
351	Deckenkonstruktionen	Fläche	2.500,00 m²	135,00 €	337.500,00 €
352	Deckenöffnungen	Fläche	5,00 m²	120,00 €	600,00 €
353	Deckenbeläge	Fläche	1.550,00 m²	110,00 €	170.500,00 €
354	Deckenbekleidungen	Fläche	1.550,00 m²	28,00 €	43.400,00 €
355	Elementierte Deckenkonstruktionen	Fläche	80,00 m²	420,00 €	33.600,00 €
359	Sonstiges zur KG 350	Fläche	2.500,00 m²	18,00 €	45.000,00 €
360	**Dächer**				**207.900,00 €**
361	Dachkonstruktionen	Fläche	480,00 m²	160,00 €	76.800,00 €
362	Dachöffnungen	Fläche	1,00 St.	1.500,00 €	1.500,00 €
363	Dachbeläge	Fläche	480,00 m²	170,00 €	81.600,00 €
364	Dachbekleidungen	Fläche	entfällt		
365	Elementierte Dachkonstruktionen	Fläche	entfällt		
366	Lichtschutz zur KG 360	Fläche	entfällt		
369	Sonstiges zur KG 360	Fläche	480,00 m²	100,00 €	48.000,00 €
370	**Infrastrukturanlagen**				**0,00 €**
380	**Baukonstruktive Einbauten**				**5.606,00 €**
390	**Sonstige Maßnahmen für Baukonstruktionen**				**49.250,00 €**
KG 400	**Bauwerk - Technische Anlagen**				**549.093,50 €**
410	**Abwasser-, Wasser-, Gasanlagen**				**152.050,00 €**
420	**Wärmeversorgungsanlagen**				**125.481,00 €**
430	**Raumlufttechnische Anlagen**				**27.951,00 €**
440	**Elektrische Anlagen**				**116.097,50 €**
441	Hoch- und Mittelspannungsanlagen	St.	entfällt	0,00 €	0,00 €
442	Eigenstromversorgungsanlagen	kVA	entfällt	0,00 €	0,00 €
443	Niederspannungsanlagen	St.	1,00 St.	5.000,00 €	5.000,00 €
444	Niederspannungsinstallationsanlagen	BGF	2.803,00 m²	27,00 €	75.681,00 €
445	Beleuchtungsanlagen	BGF	2.803,00 m²	4,00 €	11.212,00 €
446	Blitzschutz- und Erdungsanlagen	BGF	2.803,00 m²	1,50 €	4.204,50 €
447	Fahrleitungssysteme	m	entfällt	0,00 €	0,00 €
449	Sonstiges zur KG 440	pauschal		20.000,00 €	20.000,00 €
450	**Kommunikations-, sicherheits- und informationstechnische Anlagen**				**33.596,00 €**
460	**Förderanlagen**				**45.000,00 €**
470	**Nutzungsspezifische und verfahrenstechnische Anlagen**				**14.238,00 €**
480	**Gebäude- und Anlagenautomation**				**14.680,00 €**
490	**Sonstige Maßnahmen für technische Anlagen**				**20.000,00 €**
KG 500	**Außenanlagen und Freiflächen**				**42.560,00 €**
KG 600	**Ausstattung und Kunstwerke**				**20.650,00 €**
KG 700	**Baunebenkosten**				**690.772,38 €**
KG 800	**Finanzierung**				**82.000,00 €**
	Gesamtsumme netto (KG 100 bis 800)				**3.695.861,88 €**
	zzgl. 19 % Mehrwertsteuer				702.213,76 €
	Gesamtsumme brutto				**4.398.075,63 €**

Bild E. 15-7: Kostenberechnung, beispielhaft dritte Ebene für KG 330 und KG 440

Kostenvoranschlag

Der Begriff des Kostenvoranschlags wurde in der aktuellen Fassung der DIN 276 neu eingeführt. Der Kostenvoranschlag als vierte Stufe der Kostenermittlung dient demnach den Entscheidungen des Bauherrn über die Ausführungsplanung und die Vorbereitung der Vergabe.

Die Gesamtkosten sind beim Kostenvoranschlag nach Kostengruppen in der dritten Ebene der Kostengliederung zu ermitteln und nach technischen Merkmalen und herstellungsmäßigen Gesichtspunkten weiter zu untergliedern. Zusätzlich müssen die Kosten nach den für das jeweilige Bauprojekt festgelegten Vergabeeinheiten, z.B. Rohbauarbeiten, Fenster und Türen, geordnet werden. Die dadurch für die einzelnen Vergabeeinheiten prognostizierten Kosten (Budgets) stellen im Rahmen der Kostenkontrolle die Vergleichsbasis für die Angebote, Aufträge und Abrechnungen dar.

Somit ist die bis dahin vorliegende bauteilorientierte Gliederung der Kosten des Bauwerks sowie der Außenanlagen und Freiflächen in die ausführungsorientierte Gliederung entsprechend der projektspezifischen Vergabestruktur nach Vergabeeinheiten zu überführen. Es kann sich dafür als Zwischenschritt anbieten, zunächst eine Gliederung nach Gewerken der VOB Teil C oder nach Leistungsbereichen entsprechend Standardleistungsbuch (STLB-Bau) durchzuführen und dann den damit häufig nicht identischen Vergabeeinheiten zuzuordnen.

Der in Auszügen in Bild E. 15-8 dargestellte Kostenvoranschlag enthält beispielhaft die geforderte Aufgliederung für die Kostengruppe 330. Außerdem sind die zugehörigen Gewerke und Vergabeeinheiten aufgeführt, denen die Kostenanteile entsprechend zugeordnet werden können.

Des Weiteren legt die DIN 276 fest, dass der Kostenvoranschlag entsprechend dem Projektablauf in einem oder mehreren Schritten aufgestellt werden kann. In der Praxis ist es die Ausnahme, dass die Ausführungsplanung komplett abgeschlossen ist und dann die Vorbereitung der Vergaben mit dem Erstellen der Ausschreibungsunterlagen erfolgt. Somit ist das Aufstellen des Kostenvoranschlags in mehreren Schritten eher die Regel, da die Ausführungsplanung auch schrittweise erarbeitet wird und bei Einzelvergaben die Leistungsverzeichnisse für die Vergabeeinheiten nach und nach fertiggestellt werden. Um frühzeitig mit dem Bau beginnen zu können, werden bei Hochbauten i.d.R. zunächst die Erd- und Rohbauarbeiten ausgeschrieben, während die Ausführungsplanung zu den Gewerken des allgemeinen und technischen Ausbaus noch weiter ausgearbeitet bzw. vervollständigt wird. Anschließend werden diese Leistungsbereiche dann sukzessive ausgeschrieben und vergeben.

Aus dem schrittweisen Vorgehen und der gewerkeübergreifenden zeitlichen Überschneidung von Ausführungsplanung, Ausschreibung, Vergabe und Ausführung wird die enge Verzahnung zwischen dem Kostenvoranschlag und dem nachfolgend erläuterten Kostenanschlag deutlich.

Aus Sicht der DIN 276 ist der Kostenvoranschlag der Leistungsphase 5 (Ausführungsplanung) und der Leistungsphase 6 (Vorbereitung der Vergabe) gemäß HOAI zuzuordnen. Der Kostenvoranschlag ist aber in den Leistungsbildern der HOAI nicht enthalten. Allerdings sieht die HOAI das Bepreisen der Leistungsverzeichnisse durch die Planer vor (s.u.).

Kostenvoranschlag

Projekt: **Wohngebäude mit 22 Wohneinheiten und Tiefgarage, mittlerer Standard**

KG	Bezeichnung	Menge		€/Einh.	Gesamt netto	Gewerk gem. VOB Teil C	Vergabeeinheit
KG 100	**Grundstück**				**160.000,00 €**		
KG 200	**Vorbereitende Maßnahmen**				**25.200,00 €**		
KG 300	**Bauwerk - Baukonstruktionen**				**2.149.076,00 €**		
310	**Baugrube/Erdbau**				**115.570,00 €**		
320	**Gründung, Unterbau**				**117.980,00 €**		
330	**Außenwände/Vertikale Baukonstruktionen, außen**				**582.974,00 €**		
331	Tragende Außenwände						
331.1	*Keller und Tiefgarage - Stahlbeton 30 cm*	*450,00*	*m²*	*160,00 €*	*72.000,00 €*	Betonarbeiten	Rohbauarbeiten
331.2	*MW 17,5 cm*	*1.150,00*	*m²*	*75,00 €*	*86.250,00 €*	Mauerarbeiten	Rohbauarbeiten
332	Nichttragende Außenwände						
	entfällt						
333	Außenstützen						
333.1	*Stahlbetonstützen 25 x 25 cm*	*17,00*	*m*	*150,00 €*	*2.550,00 €*	Betonarbeiten	Rohbauarbeiten
334	Außenwandöffnungen						
334.1	*UG - Tor Tiefgaragenzufahrt*	*1,00*	*St.*	*5.000,00 €*	*5.000,00 €*	Metallbauarbeiten	Schlosserarbeiten
334.2	*Fenster- und Türen (Kunststoff-Elemente)*	*323,00*	*m²*	*400,00 €*	*129.200,00 €*	Tischlerarbeiten	Fenster und Türen
334.3	*Alu-Glas-Fenster- und Türen Treppenhaus*	*23,67*	*m²*	*600,00 €*	*14.202,00 €*	Metallbauarbeiten	Fenster und Türen
335	Außenwandbekleidungen, außen						
335.1	*WDVS - Putzoberfläche*	*676,00*	*m²*	*140,00 €*	*94.640,00 €*	Wämedämm-Verbundsysteme	WDVS
335.2	*Dämmung mit Klinkerfassade*	*463,00*	*m²*	*160,00 €*	*74.080,00 €*	Mauerarbeiten	Rohbauarbeiten
336	Außenwandbekleidungen, innen						
336.1	*Putz*	*791,00*	*m²*	*12,00 €*	*9.492,00 €*	Putz- und Stuckarbeiten	Putzarbeiten
336.2	*Anstrich*	*781,00*	*m²*	*10,00 €*	*7.810,00 €*	Maler- und Lackierarbeiten, Beschichtungen	Malerarbeiten
336.3	*Fliesen auf Putz*	*10,00*	*m²*	*75,00 €*	*750,00 €*	Fliesen- und Plattenarbeiten	Fliesenarbeiten
337	Elementierte Außenwandkonstruktionen						
	entfällt						
338	Lichtschutz zur KG 330						
338.1	Außenjalousien	323,00	m²	240,00 €	*77.520,00 €*	Rollladenarbeiten	Fenster und Türen
339	Sonstiges zur KG 330						
339.1	*UG - Lüftungsöffnungen Tiefgarage*	*4,00*	*St.*	*520,00 €*	*2.080,00 €*	Metallbauarbeiten	Schlosserarbeiten
339.2	*UG - Betonschächte TG*	*4,00*	*St.*	*600,00 €*	*2.400,00 €*	Betonarbeiten	Rohbauarbeiten
339.3	*Unvorhergesehenes*	*pauschal*		*5.000,00 €*	*5.000,00 €*		
340	**Innenwände/Vertikale Baukonstruktionen, innen**				**419.560,00 €**		
350	**Decken/Horizontale Baukonstruktionen**				**648.410,00 €**		
360	**Dächer**				**208.750,00 €**		
370	**Infrastrukturanlagen**				**0,00 €**		
380	**Baukonstruktive Einbauten**				**5.832,00 €**		
390	**Sonstige Maßnahmen für Baukonstruktionen**				**50.000,00 €**		
KG 400	**Bauwerk - Technische Anlagen**				**548.829,00 €**		
KG 500	**Außenanlagen und Freiflächen**				**42.560,00 €**		
KG 600	**Ausstattung und Kunstwerke**				**20.650,00 €**		
KG 700	**Baunebenkosten**				**696.579,00 €**		
KG 800	**Finanzierung**				**82.000,00 €**		
	Gesamtsumme netto (KG 100 bis 800)				**3.724.894,00 €**		
	zzgl. 19 % Mehrwertsteuer				707.729,86 €		
	Gesamtsumme brutto				**4.432.623,86 €**		

Bild E. 15-8: Kostenvoranschlag, beispielhafte Aufgliederung der KG 330 mit Zuordnung zu Gewerken und Vergabeeinheiten

Kostenanschlag

Der Kostenanschlag stellt die Fortschreibung des Kostenvoranschlags dar. Dies gilt insbesondere hinsichtlich der Ordnungsstruktur der Kosten nach den dort festgelegten Vergabeeinheiten. Der Kostenanschlag dient gemäß DIN 276 den Entscheidungen über die Vergaben und die Ausführung.

Der Kostenanschlag wird in mehreren Schritten aufgestellt, indem die Kosten auf dem jeweils aktuellen Kostenstand unter Einbeziehung der Angebote, Aufträge oder Abrechnungen zusammengestellt werden. Dadurch werden die in der Praxis üblichen Überschneidungen zwischen der Planungs-, der Vergabe- und der Ausführungsphase sowie die schrittweise Beauftragung und Abrechnung der Bauleistungen berücksichtigt. Auf die entsprechenden Erläuterungen beim Kostenvoranschlag wird in diesem Zusammenhang verwiesen.

Die Vorgehensweise in mehreren Schritten darf nicht in dem Sinne verstanden werden, dass der Kostenanschlag erst nach den jeweiligen Einzelvergaben immer weiter vervollständigt wird. Der Kostenanschlag weist stets die zu erwartenden Gesamtkosten aus. Er enthält zu den Vergabeeinheiten, für die noch keine Angebote vorliegen oder Aufträge erteilt worden sind, die von den Planern vorausberechneten Werte.

Wenn diese aus Vergleichsobjekten abgeleiteten Werte dann durch die Beträge aus den Angeboten und Aufträgen ersetzt werden, liegen dem Kostenanschlag im Unterschied zu den vorangegangen Kostenermittlungen verbindliche Wettbewerbspreise unter Berücksichtigung der aktuellen Marktverhältnisse zugrunde.

Die Systematik des Kostenanschlags als Bestandteil der Kostenverfolgung zeigt Bild E. 15-13 beispielhaft für die Vergabeeinheiten der Baukonstruktion und der technischen Anlagen in zusammengefasster Form. Zu den jeweiligen Vergabeeinheiten können weitergehende Informationen, z.B. zu einzelnen Nachträgen und Rechnungen, hinterlegt werden.

Die aktuelle Norm bezieht den Kostenanschlag auf die Leistungsphase 7 (Mitwirkung bei der Vergabe) und die Leistungsphase 8 (Objektüberwachung ...) gemäß HOAI. Noch bis zur HOAI 2009 war das Aufstellen des Kostenanschlags nach DIN 276 aus Einheits- oder Pauschalpreisen der Angebote als Grundleistung in der Leistungsphase 7 geregelt. Darauf aufbauend war die Kostenkontrolle durch Vergleich des Kostenanschlags mit der Kostenberechnung durchzuführen.

In den Grundleistungen der HOAI 2013 ist der Kostenanschlag nicht mehr geregelt. Dazu heißt es in der Amtlichen Begründung zu den allgemeinen Änderungen der Leistungsbilder der Objektplanung, dass von den Planern in der Leistungsphase 6 (Vorbereitung der Vergabe) nunmehr bepreiste Leistungsverzeichnisse aufzustellen sind. Im Rahmen der Kostenkontrolle sind diese bepreisten Leistungsverzeichnisse in der Leistungsphase 6 mit der Kostenberechnung und in der Leistungsphase 7 (Mitwirkung bei der Vergabe) mit den Ausschreibungsergebnissen zu vergleichen. Durch diese präzisierte Kostenermittlung und Kontrolle wurde der Kostenanschlag nach Auffassung des Verordnungsgebers entbehrlich [52].

Nicht berücksichtigt ist dabei allerdings, dass damit noch nicht die Gesamtkosten über alle Kostengruppen zusammengestellt sind. Außerdem umfasst der Vergleich der bepreisten Leistungsverzeichnisse mit den Werten der Kostenberechnung und den Ausschreibungsergebnissen vornehmlich die Kostengruppen 300, 400 und 500, nicht jedoch die Kostengruppe 700 sowie Teile der Kostengruppen 200 und 600, weil für viele dort erfasste Kostenanteile keine Leistungsverzeichnisse erstellt werden.

Kostenfeststellung

Die letzte Stufe der Kostenermittlung ist die Kostenfeststellung. Sie dient laut DIN 276 zum Nachweis der entstandenen Kosten sowie gegebenenfalls für Vergleiche und Dokumentationen. Festgestellt werden die letztendlich entstandenen Kosten, während bei den vorangegangenen Kostenermittlungsstufen immer die zum Projektabschluss voraussichtlich zu erwartenden Kosten ermittelt werden. Eine Einflussnahme auf die Kosten ist im Rahmen der Kostenfeststellung natürlich nicht mehr möglich.

In der HOAI ist die Kostenfeststellung als eine Grundleistung in der Leistungsphase 8 (Objektüberwachung/Bauüberwachung und Dokumentation) genannt.

Die DIN gibt vor, dass in der Kostenfeststellung die Gesamtkosten nach Kostengruppen bis zur 3. Ebene der Kostengliederung bzw. nach der für das Bauprojekt festgelegten Struktur des Kostenanschlags unterteilt werden müssen.

In der Struktur des Kostenanschlags ist der überwiegende Teil der Gesamtkosten nach Vergabeeinheiten gegliedert, so dass die Einzelansätze direkt aus den Abrechnungsunterlagen (geprüfte Schlussrechnungen) übernommen werden können. Durch die Gliederung nach Kostengruppen besteht u.a. die Möglichkeit, die eingetretenen Kostenabweichungen zu ermitteln, welche z.B. die Kostenschätzung, oder die Kostenberechnung gegenüber der Kostenfeststellung aufweisen. Die Aufbereitung und Analyse der Daten in beiden Gliederungsformen liefert Erfahrungswerte bzw. Kennwerte für Kostenermittlungen bei zukünftigen Bauvorhaben.

In Bild E. 15-9 sind die beschriebenen Kostenermittlungsstufen mit Bezug auf die Leistungsphasen nach HOAI zusammengestellt.

Leistungsphasen gem. HOAI, Objektplanung Gebäude		Kostenermittlung gem. DIN 276: 2018-12	Kostenermittlung gem. HOAI 2013
1.	Grundlagenermittlung	Kostenrahmen	–
2.	Vorplanung	Kostenschätzung	Kostenschätzung
3.	Entwurfsplanung	Kostenberechnung	Kostenberechnung
4.	Genehmigungsplanung	–	
5.	Ausführungsplanung	Kostenvoranschlag	–
6.	Vorbereitung der Vergabe		bepreiste Leistungsverzeichnisse
7.	Mitwirkung bei der Vergabe	Kostenanschlag	–
8.	Objektüberwachung	Kostenfeststellung	Kostenfeststellung
9.	Objektbetreuung		

Bild E. 15-9: Zuordnung der Kostenermittlungen gemäß DIN 276 und HOAI

15.3 Kostenkennwerte und Kosteneinflüsse

Die Kostenplanung basiert auf der Verwendung von Kostenkennwerten. Nach DIN 276 ist ein Kostenkennwert ein Wert, der das Verhältnis von Kosten zu einer Bezugseinheit darstellt.

Die Bestimmung von Kostenkennwerten erfolgt grundsätzlich auf Basis von Erfahrungswerten ausgewerteter Vergleichsobjekte. Sie können in Architektur- und Ingenieurbüros aus eigenen, anhand der Kostenfeststellung aufbereiteten Daten von abgerechneten Bauprojekten gewonnen werden. Noch aktuellere Daten für Kostenermittlungen liefern Ausschreibungsergebnisse von gleichartigen Bauleistungen. Ergänzend oder alternativ kann auf veröffentlichte Datensammlungen verschiedener, vornehmlich kommerzieller Anbieter zurückgegriffen werden.

Wenn Kostendaten aus vergleichbaren eigenen Projekten vorliegen, werden diese in der Praxis bevorzugt verwendet, da ihre Zusammensetzung bekannt ist und durch die vorhandenen Detailinformationen die verschiedenen Kosteneinflüsse genauer berücksichtigt werden können.

Zu den kommerziellen Anbietern von Baupreissammlungen gehören z.B. Sirados Baudaten oder das Baukosteninformationszentrum Deutscher Architektenkammern (BKI), die regelmäßig umfangreiche Datensammlungen veröffentlichen.

Beispielhaft soll hier kurz auf die Datensammlung vom BKI eingegangen werden. Grundlage dieser Daten sind abgerechnete Bauvorhaben. Die Kostenkennwerte älterer Projekte werden durch Indizierung aktualisiert. Außerdem kommen regelmäßig aktuelle Projekte hinzu. Die Werte enthalten die Mehrwertsteuer und sind auf den Bundesdurchschnitt bezogen. Sie können mit Hilfe von Regionalfaktoren an den Standort des geplanten Objekts angepasst werden.

Das BKI differenziert die Kennwerte nach Gebäudearten, wie z.B. Büro- und Verwaltungsgebäude, Pflegeheime oder allgemeinbildende Schulen. Einige Gebäudearten werden weiter unterschieden. Hierzu gehören Wohngebäude, die noch nach Anzahl der Wohneinheiten sowie einfachem, mittlerem und hohem Standard kategorisiert werden. Zu den einzelnen Gebäuden liegen weitergehende Dokumentationen vor, die eine genauere Zuordnung von Vergleichsobjekten zu dem geplanten Objekt ermöglichen. Vom BKI werden Kostenkennwerten für Gebäude, die auf Rauminhalte, Flächen und Nutzeinheiten bezogen sind, zur Verfügung gestellt. Des Weiteren werden Werte in der Gliederungsstruktur der DIN 276 für die erste, zweite und dritte Ebene und weiter untergliedert bis hin zu Einheitspreisen für LV-Positionen veröffentlicht [52].

Kostenermittlungen erfolgen grundsätzlich durch Multiplikation von Mengenansatz und Kostenkennwert mit gleicher Bezugseinheit. Bei einer Aufgliederung der Gesamtkosten unter Verwendung von Teilkostenkennwerten und Teilmengen mit zugehörigen Bezugseinheiten sind die Teilprodukte entsprechend zu addieren.

Als Bezugseinheiten können, je nach Planungsstand, Nutzeinheiten oder Grundflächen und Rauminhalte nach DIN 277-1 verwendet werden. Darüber hinaus sind Bezugseinheiten für die drei Gliederungsebenen der Kostengruppen 300 und 400 in Abschnitt 6 der DIN 276 festgelegt.

Beispielhaft seien hier angeführt:

KG 300 Bauwerk-Baukonstruktion:	m² Brutto-Grundfläche (BGF)
KG 350 Decken/Horizont. Baukonstruktion:	m² Deckenfläche/Fläche der horizontalen Baukonstruktionen
KG 353 Deckenbeläge:	m² Deckenbelagsfläche

Wenn die Abschätzung der Gesamtkosten mit nur einem Kostenkennwert vorgenommen werden soll, kann eine funktionale oder eine geometrische Bezugseinheit zugrunde gelegt werden. Funktionale Bezugseinheiten, auch als Nutzeinheiten bezeichnet, sind beispielsweise Arbeitsplätze bei Bürogebäuden, Bettenplätze bei Krankenhäusern oder KFZ-Stellplätze bei Parkhäusern.

Kostenkennwerte, die sich auf Nutzeinheiten beziehen, sind vornehmlich dazu geeignet, auf Grundlage der Bedarfsplanung einen ersten groben Wert für die Investitionskosten zu ermitteln. Da Flächen oder Rauminhalte nicht ausreichend berücksichtigt werden, ist die Genauigkeit im Allgemeinen gering. Eine erhöhte Genauigkeit ist nur erreichbar, wenn aktuelle Erfahrungswerte aus sehr ähnlichen Baumaßnahmen mit vergleichbaren Geometrien und Standards zur Verfügung stehen. Dies kann z.B. im Wohnungsbau der Fall sein.

Wenn erste konzeptionelle Grundlagen zu einem Gebäude vorliegen, können Kostenkennwerte verwendet werden, die sich auf das Gebäudevolumen (Bruttorauminhalt, BRI) oder auf Gebäudeflächen (Brutto-Grundfläche, BGF oder Nutzungsfläche, NUF) gemäß DIN 277-1 beziehen. Bild E. 15-10 zeigt entsprechende Kennwerte des BKI für Bauwerkskosten (KG 300 und 400) bei Mehrfamilienhäusern mit 20 oder mehr Wohneinheiten und mittlerem Standard. Der jeweils hervorgehobene Wert stellt den Mittelwert dar. Die „von-bis-Werte" geben den Streubereich der ausgewerteten Objektkosten als Standardabweichung an.

Bild E. 15-10: Beispiel für Kostenkennwerte für Bauwerke [54]

Als weiteres Beispiel sind in Bild E. 15.11 zu den o.g. Mehrfamilienhäusern die Kostenkennwerte des BKI für die Kostengruppen der ersten und zweiten Ebene dargestellt, wie sie für den Kostenrahmen und die Kostenschätzung Anwendung finden können.

Neben den hier gezeigten Beispielen werden vom BKI und anderen Anbietern Kostenkennwerte für Bauelemente der dritten Ebene gemäß DIN 276, Kostenkennwerte für ausführungstechnisch weiter untergliederte Elemente sowie Einheitspreise zur Verfügung gestellt.

Kostenkennwerte für die Kostengruppen der 1. und 2. Ebene DIN 276

KG	Kostengruppen der 1. Ebene	Einheit	▷	€/Einheit	◁	▷	% an 300+400	◁
100	Grundstück	m² GF	–	–	–	–	–	–
200	Herrichten und Erschließen	m² GF	5	**19**	46	0,5	**1,9**	4,8
300	Bauwerk - Baukonstruktionen	m² BGF	714	**814**	922	76,8	**79,9**	84,1
400	Bauwerk - Technische Anlagen	m² BGF	155	**204**	244	15,9	**20,1**	23,2
	Bauwerk (300+400)	m² BGF	894	**1.018**	1.136		**100,0**	
500	Außenanlagen	m² AF	73	**180**	453	2,4	**5,6**	9,9
600	Ausstattung und Kunstwerke	m² BGF	1	**3**	5	0,1	**0,3**	0,5
700	Baunebenkosten*	m² BGF	171	**191**	210	16,9	**18,8**	20,8 ◁ NEU

** Auf Grundlage der HOAI 2013 berechnete Werte nach §§ 35, 52, 56. Weitere Informationen siehe Seite 50*

KG	Kostengruppen der 2. Ebene	Einheit	▷	€/Einheit	◁	▷	% an 300	◁
310	Baugrube	m³ BGI	38	**50**	87	2,6	**4,7**	6,7
320	Gründung	m² GRF	132	**237**	388	3,7	**8,0**	12,2
330	Außenwände	m² AWF	326	**377**	455	23,6	**28,3**	32,7
340	Innenwände	m² IWF	131	**163**	244	15,3	**18,1**	20,6
350	Decken	m² DEF	232	**273**	343	18,3	**23,8**	28,9
360	Dächer	m² DAF	241	**296**	384	8,5	**10,7**	12,9
370	Baukonstruktive Einbauten	m² BGF	2	**13**	34	0,2	**1,2**	3,2
390	Sonstige Baukonstruktionen	m² BGF	25	**44**	62	3,7	**5,4**	8,0
300	**Bauwerk Baukonstruktionen**	**m² BGF**					**100,0**	
KG	**Kostengruppen der 2. Ebene**	**Einheit**	▷	**€/Einheit**	◁	▷	**% an 400**	◁
410	Abwasser, Wasser, Gas	m² BGF	55	**68**	88	26,1	**35,8**	41,5
420	Wärmeversorgungsanlagen	m² BGF	33	**47**	78	16,1	**24,3**	33,1
430	Lufttechnische Anlagen	m² BGF	3	**7**	16	0,2	**2,2**	4,9
440	Starkstromanlagen	m² BGF	30	**47**	56	19,5	**24,6**	30,3
450	Fernmeldeanlagen	m² BGF	4	**8**	20	1,3	**3,5**	8,6
460	Förderanlagen	m² BGF	13	**42**	57	1,2	**9,5**	25,0
470	Nutzungsspezifische Anlagen	m² BGF	–	**2**	–	–	**0,2**	–
480	Gebäudeautomation	m² BGF	–	–	–	–	–	–
490	Sonstige Technische Anlagen	m² BGF	0	**0**	1	0,0	**0,1**	0,4
400	**Bauwerk Technische Anlagen**	**m² BGF**					**100,0**	

Bild E. 15-11: Beispiel für Kostenkennwerte für die Kostengruppen der ersten und zweiten Ebene [54]

Generell weisen Kostenkennwerte aufgrund der individuellen Besonderheiten der verschiedenen Projekte, aus denen sie abgeleitet sind, eine erhebliche Streubreite auf. Daraus folgt im Umkehrschluss, dass Kennwerte für Kostenermittlungen nicht unreflektiert verwendet werden dürfen, sondern die projektspezifischen Randbedingungen und Bauwerkseigenschaften, die Einfluss auf die Höhe der Kosten haben, in jedem Einzelfall zu bewerten sind.

Insbesondere folgende Kosteneinflüsse sind zu berücksichtigen:

- Bauwerksgeometrie: Flächenverhältnisse, Grundrissform, Rastermaße, Geschosszahlen, Geschosshöhen, Dachformen, Dachaufbauten
- Bauwerksqualität: gestalterische, funktionale und konstruktive Besonderheiten, Gebäudestandard, Energiestandard, Denkmalschutz
- Nutzungsanforderungen: Nutzungsart, Nutzungsflexibilität, Qualität, Barrierefreiheit
- Terminliche Randbedingungen: Angemessenheit der Planungs- und Bauzeiträume, Bauen im laufenden Betrieb, nutzungsbedingte Unterbrechungen, Jahreszeit der Baudurchführung
- Standortbedingungen: Zugänglichkeit, Platzverhältnisse, Topographie, Baugrund- und Grundwasserverhältnisse

- Baumarkt: konjunkturelle und saisonale Einflüsse, regionale Einflüsse, Ausschreibungs- und Vergabeart, Unternehmereinsatzform.

Zu beachten ist dabei, dass die das Bauwerk, die Baudurchführung und den Standort betreffenden Einflüsse mit zunehmender Differenzierung der Struktur der Kostenermittlung auch genauer berücksichtigt werden können. Für die Einflüsse des Marktes auf die Kosten gilt dies nur in begrenztem Maße. Ihre Bewertung erfordert vor allem eine genaue Beobachtung und Analyse der Baumarktgegebenheiten und -entwicklungen. Festzustellen bleibt, dass die Auswirkungen der Einflüsse auf die Kosten nur abgeschätzt werden können und Unsicherheiten dadurch unvermeidbar sind.

15.4 Genauigkeiten und Toleranzen

Die in frühen Projektphasen getroffenen Kostenaussagen und -prognosen haben für Bauherren eine außerordentlich hohe Bedeutung. Auf dem Kostenrahmen und der Kostenschätzung basieren Finanzierungsüberlegungen und Renditebetrachtungen. Die Kostenberechnung ist häufig die maßgebende Grundlage für Investitionsentscheidungen und Finanzierungsvereinbarungen. Somit ergibt sich die generelle Anforderung nach möglichst genauer Übereinstimmung der frühen Kostenermittlungen mit den Kosten, die zum Projektende festgestellt werden.

Wegen des Prognosecharakters von Kostenermittlungen, der zahlreichen Einflussfaktoren auf die Kosten (vgl. Abschnitt 15.3) und der Kostenrisiken im Projektverlauf ergeben sich jedoch zwangsläufig Unschärfen. Erhebliche Kostenunterschreitungen lassen zumindest an der Qualität der Kostenermittlung zweifeln. Ungenauigkeiten führen aber insbesondere dann zu Problemen, wenn relevante Kostenüberschreitungen eintreten und vom Bauherrn zusätzliche Mittel bereitgestellt werden müssen oder sogar die Finanzierung des Bauvorhabens gefährdet ist.

Häufig stellt sich dann auch die Frage nach erzielbaren bzw. einzuhaltenden Genauigkeiten und der Haftung für die Folgen unzutreffender Kostenermittlungen.

Diesen Fragen wurde in den letzten Jahrzehnten in einer Vielzahl von Gerichtsverfahren nachgegangen. Grundsätzlich kann zunächst davon ausgegangen werden, dass den Planern bei ordnungsgemäßer Kostenermittlung und -kontrolle ein gewisser Toleranzrahmen zugebilligt wird, der sich mit fortschreitender Planung und Kostenermittlungsstufe reduziert. Innerhalb dieses Toleranzrahmens sind systembedingte Abweichungen zwischen den prognostizierten und den tatsächlichen Kosten nicht als Leistungsmangel anzusehen. Allerdings dürfen diese Spielräume nicht dazu dienen, grobe Berechnungsfehler zu kompensieren.

Nicht sachgerecht wäre es, aus den Gerichtsurteilen als Toleranzgrenzen feste Prozentsätze, z.B. 30 % bei der Kostenschätzung, 15 % bei der Kostenberechnung, 5 % beim Kostenanschlag, abzuleiten und diese als allgemeingültig für die Beurteilung, ob eine Pflichtverletzung vorliegt, anzusehen. Sie sollten lediglich im Sinne von Orientierungswerten verstanden werden. Es kommt jeweils auf die Umstände des Einzelfalls an, weshalb die den Gerichtsurteilen und der einschlägigen Fachliteratur zu entnehmenden Angaben zu Toleranzgrenzen von Kostenermittlungen auch in großen Bandbreiten schwanken.

So ist beispielsweise davon auszugehen, dass beim Bauen im Bestand aufgrund der größeren Unwägbarkeiten i.d.R. größere Ungenauigkeiten der Kostenermittlungen zu tolerieren sind als bei Neubauten. Ähnliches gilt im Vergleich zwischen architektonisch oder technisch besonders anspruchsvollen Bauwerken und Standardbauten.

Unabhängig von den aus rechtlicher Sicht noch zulässigen Toleranzen ist jedoch festzustellen, dass Abweichungen in der Größenordnung von 30 % bei einer Kostenschätzung oder 15 % bei einer Kostenberechnung eine nur unzureichende Basis für die richtungsweisenden Entscheidungen des Bauherrn in den frühen Projektphasen darstellen. Wenn derartige Ungenauigkeiten zu befürchten sind, sollten insoweit hinreichende Sicherheitsreserven vorgesehen werden. Darüber hinaus empfiehlt es sich, die Maßnahmen zur Kostenkontrolle und -steuerung von vornherein zu intensivieren (vgl. Abschnitt 15.5).

Für die Zukunft ist davon auszugehen, dass die erreichbaren und zu fordernden Genauigkeiten tendenziell steigen und die Toleranzbereiche somit geringer werden. Ursächlich hierfür ist zum einen die mit der letzten Novellierung der DIN 276 geforderte differenziertere Untergliederung von Kostenschätzung und Kostenberechnung. Zum anderen werden mit zunehmendem Einzug digitaler Planungsmethoden in das Bauwesen umfangreichere und detailliertere Bauwerksinformationen bereits in den frühen Planungsphasen vorliegen, die genauere Kostenermittlungen ermöglichen.

Bei der Bewertung einer Kostenüberschreitung sind Kostenanteile abzuziehen, die in ihrer Höhe nicht vorhersehbar waren. Hierzu können beispielsweise Kosten für Zusatz- und Änderungswünsche des Bauherrn, für besondere Gründungsmaßnahmen wegen abweichender Baugrundverhältnisse oder für außergewöhnliche Materialpreissteigerungen gehören. Auch wäre bei der Ermittlung eines eventuellen Schadens aus Baukostenüberschreitung eine infolge der Mehrkosten entstandene Wertsteigerung des Bauobjekts gegenzurechnen.

Ein erhöhtes Haftungsrisiko besteht für Planer und ggf. auch Projektsteuerer, wenn sie mit dem Bauherrn eine verbindliche Kostenobergrenze als Beschaffenheit ihres Werkes vertraglich vereinbaren (BGB § 632). Ein Toleranzrahmen ist unter dieser Voraussetzung nicht mehr gegeben; die Überschreitung des festgelegten Grenzwertes stellt einen Mangel dar. Zu beachten ist im Zusammenhang mit dem Haftungsrisiko, dass Haftungsfolgen aus Kostenüberschreitungen i.d.R. durch die Berufshaftpflichtversicherung nicht abgedeckt sind.

15.5 Kostenkontrolle und Kostensteuerung

Durch Kostenkontrollen wird die Kostenentwicklung in einem Bauprojekt überwacht. Abweichungen sind durch regelmäßige Soll-Ist-Vergleiche festzustellen. Die Soll-Werte ergeben sich aus den vorangegangenen Kostenermittlungen und aus den Kostenvorgaben. Die jeweils aktuelle Kostenermittlung weist die Ist-Werte aus. Zur Kostenkontrolle gehört des Weiteren das Aufdecken und Analysieren der Ursachen von Kostenänderungen als Grundlage für die ggf. erforderlichen Maßnahmen der Kostensteuerung.

Während der Planung und Baudurchführung kann es eine Vielzahl von Ursachen für Kostenerhöhungen geben. Hierzu gehören:

- fehlerhafte bzw. unvollständige Kostenermittlungen
- Planungsfehler und unvollständige Planung
- Änderungswünsche des Bauherrn und der Nutzer
- Genehmigungsauflagen
- fehlerhafte bzw. unvollständige Leistungsbeschreibungen
- unerwartete Baugrundverhältnisse
- außergewöhnliche Witterungsverhältnisse
- Verzögerungen während der Bauausführung z.B. durch verspätete Planlieferung oder zu späte Entscheidungen des Bauherrn
- Firmenausfälle
- Material- und Lohnpreissteigerungen bei langen Projektlaufzeiten

Kostensteigerungen müssen möglichst frühzeitig erkannt werden, um wirksam steuernd eingreifen zu können. In der Praxis zeigt sich allerdings immer wieder, dass Kostensteigerungen sehr spät, in vielen Fällen erst während der Bauausführung transparent werden, weil Kostenkontrollen unzureichend und/oder in zu großen Abständen durchgeführt werden.

Die Aufgaben der Kostenkontrolle sowie der Dokumentation der Ergebnisse sind insbesondere von den Planern wahrzunehmen. Im Leistungsbild der Objektplanung führt die HOAI in den Grundleistungen Kostenvergleiche oder -kontrollen in den Leistungsphasen 2, 3, 6, 7 und 8 auf. Die zwischen der HOAI und der DIN 276 teilweise bestehenden Differenzen bei den Kostenermittlungen (vgl. Abschnitt 15.2.2) setzen sich auch bei den Kostenkontrollen fort. Eine durchgängige Kostenverfolgung gemäß DIN 276 erfordert daher entsprechende vertragliche Regelungen zwischen dem Bauherrn und den Planern.

Wenn auf Seiten des Bauherrn Projektsteuerer eingebunden werden, übernehmen diese regelmäßig ergänzende Aufgaben der Kostenkontrolle und -steuerung, wozu die Ursachenanalyse bei Abweichungen und insbesondere die Ausarbeitung und Abstimmung der erforderlichen Steuerungsmaßnahmen gehören.

Die Verantwortung für die Entscheidungen im Rahmen der Kostensteuerung liegt beim Bauherrn. Nur der Bauherr kann, wenn sich Mehrkosten abzeichnen, kostenwirksame Planungs- und Ausführungsänderungen anordnen oder eine Anpassung des Budgets vornehmen.

Bezogen auf die Kostenermittlungsstufen der DIN 276 ist zur Kontrolle der Vergleich zwischen Kostenschätzung und Kostenrahmen, zwischen Kostenberechnung und Kostenschätzung, zwischen Kostenvoranschlag und Kostenberechnung usw. durchzuführen. Ebenso kann das Ergebnis der jeweiligen Kostenermittlung mit der Kostenvorgabe verglichen werden. Diese beruht i.d.R. auf einer vorangegangenen Kostenermittlung oder anderweitigen Budgetfestlegung und muss mit den dabei zugrunde gelegten quantitativen und qualitativen Planungsinhalten korrespondieren, um realistisch zu sein.

Bild E. 15-12 veranschaulicht die aufgezeigten Zusammenhänge zwischen Kostenermittlung, -kontrolle, und -steuerung beispielhaft für die Stufen der Kostenschätzung in der Vorplanung und der Kostenberechnung in der Entwurfsplanung.

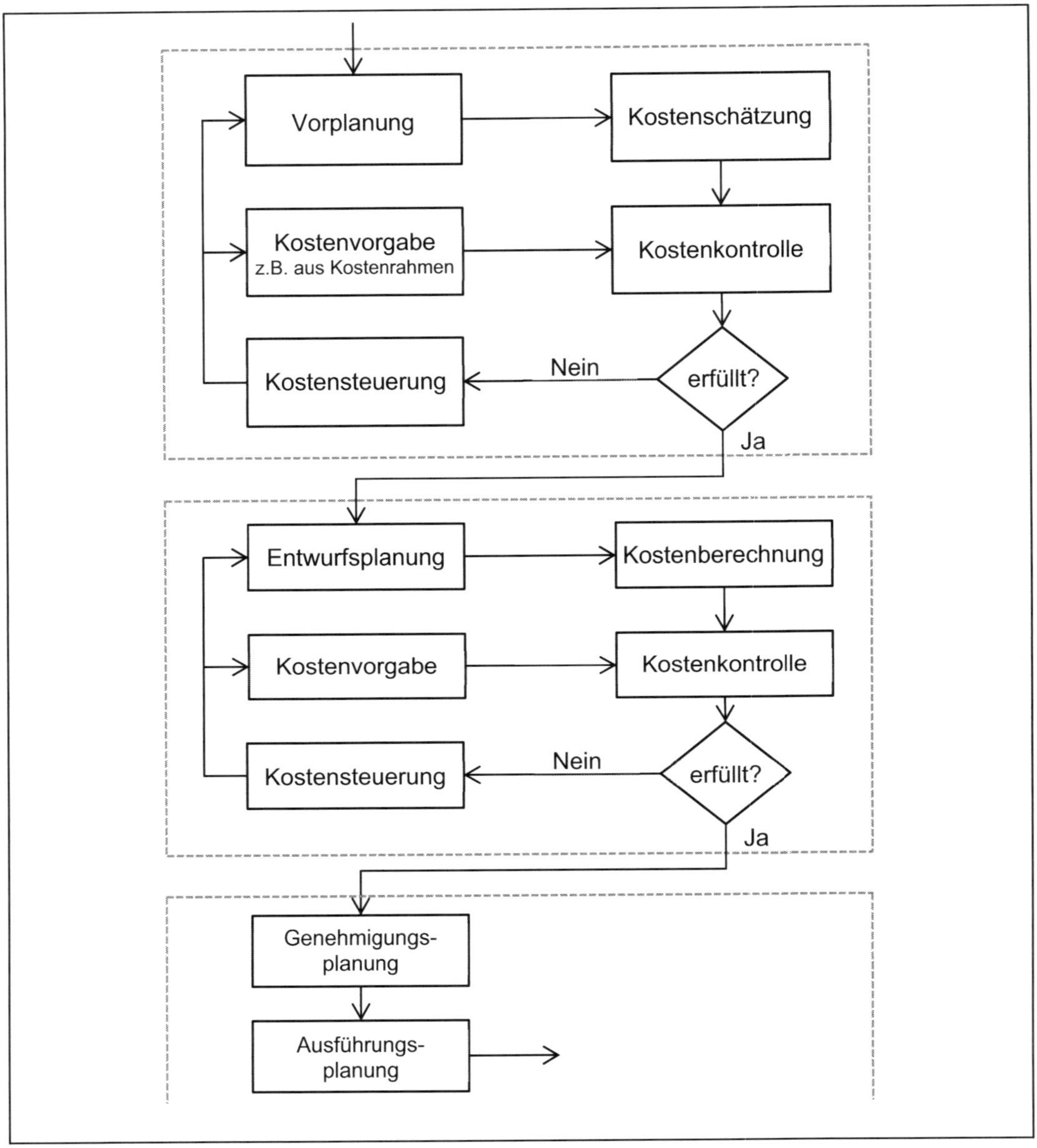

Bild E. 15-12: Kostenkontrolle und Kostensteuerung im Planungsprozess (Auszug)

Auch zwischen den einzelnen Kostenermittlungsstufen sind Kostenkontrollen immer dann durchzuführen, wenn im Planungsprozess neue Informationen gewonnen werden oder Ereignisse eintreten, die sich auf die Höhe der Kosten auswirken. Auf die o.g. Ursachen dafür sei in diesem Zusammenhang verwiesen.

Darüber hinaus sind Kostenkontrollen im Zusammenhang mit den Auftragsvergaben und während des gesamten Prozesses der Bauausführung im Rahmen einer kontinuierlichen Kostenverfolgung durchzuführen, um sich abzeichnende Kostenveränderungen zeitnah erkennen, dokumentieren und in ihren Auswirkungen analysieren zu können.

Dies betrifft zunächst das Fortschreiben des Kostenanschlags, wenn Angebote, Aufträge und Abrechnungen eingehen. Darauf aufbauend sind während der Bauausführung Kostenänderungen für jede Vergabeeinheit zu erfassen. Die den Vergabeeinheiten beim Kostenvoranschlag jeweils zugeordneten Budgets stellen dabei die Vergleichsgröße für die Kostenkontrolle und -verfolgung dar. Auf Basis der vorliegenden Informationen ist die voraussichtlich zu erwartende Abrechnungssumme permanent zu prognostizieren.

Bild E. 15-13 zeigt beispielhaft eine projektbezogene Kostenverfolgungstabelle in vereinfachter Form. Zur Überwachung der einzelnen Aufträge/Vergabeeinheiten ist eine weitergehende Untergliederung erforderlich, die insbesondere Nachträge, relevante Änderungen sowie Abrechnungs- und Leistungsstände im Detail ausweist.

Durch Kostensteuerung wird auf Basis der Informationen aus der Kostenkontrolle aktiv Einfluss auf die Kostenentwicklung genommen mit dem vordringlichen Ziel, die Kostenvorgabe einzuhalten. Bei Abweichungen gegenüber den Zielvorgaben sind zunächst die Auswirkungen zu bewerten und dann Maßnahmen zur Einhaltung der Gesamtprojektkosten einzuleiten. Entsprechende Vorschläge sind zwischen den fachlich Beteiligten abzustimmen und dem Bauherrn zur Entscheidung vorzulegen.

Zu beachten ist dabei, dass die kostenbeeinflussenden Steuerungsmaßnahmen mit dem Projektfortschritt immer eingeschränkter werden. Während sich Einsparungen in frühen Projektphasen durch Programm- und Planungsänderungen, z.B. Bedarfsreduzierung oder Änderung der Bauwerksgeometrie, häufig noch in größerem Umfang realisieren lassen, bieten Änderungen der Ausführungsqualitäten, z.B. bei Fußböden oder abgehängten Decken, nur noch verhältnismäßig geringe Einsparpotenziale. Bei bereits vergebenen Aufträgen lassen sich durch Modifizierungen des Leistungsinhalts zumeist keine nennenswerten Kosteneinsparungen mehr erzielen.

Trotz der nur noch begrenzten Möglichkeiten zur Einflussnahme auf die Kosten in der Ausführungsphase muss auf die in der Praxis regelmäßig auftretenden Kostenänderungen, vor allem auf Kostensteigerungen, reagiert werden können. Es sollten daher von vornherein in den einzelnen Auftragsbudgets und somit auch insgesamt angemessene Reserven vorgesehen werden. Das maßgebende Ziel bleibt stets die Einhaltung der geplanten Gesamtkosten zum Projektende.

Kostenverfolgung

Projekt: Wohngebäude mit 22 Wohneinheiten und Tiefgarage, mittlerer Standard Stand ....

verfügbare Mittel: **3.724.894 €** **zu erwartende Abrechnungssumme:** **3.722.000,00 €**

gebundene Mittel durch Beauftragungen: **2.666.740 €** **derzeitige Reserve:** **2.894,00 €**

Alle Kosten: Netto

KG	Gewerk / Leistung	Budget gem. Kostenvoranschlag incl. Reserven	Auftrag-nehmer	Auftrag	Nachträge	Prognose, Mehr-/ Minderkosten	Zu erwartende Abrechnungs-summe	Zahlungen
	Grundstück							
100	Grundstücksankäufe	160.000 €		160.000 €			160.000 €	160.000 €
	Zwischensumme	**160.000 €**		**160.000 €**		**0 €**	**160.000 €**	**160.000 €**
	Vorbereitende Maßnahmen							
200	Nichtöffentliche Erschließung	25.200 €	Firma 1	25.200 €			25.200 €	25.200 €
	Zwischensumme	**25.200 €**		**25.200 €**		**0 €**	**25.200 €**	**25.200 €**
	Bauwerk - Baukonstruktionen							
	Rohbauarbeiten	865.830 €	Firma 2	844.250 €	12.000 €	10.000 €	866.250 €	750.000 €
	Dachabdichtungsarbeiten	188.750 €	Firma 3	181.500 €	6.000 €	2.000 €	189.500 €	110.000 €
	Fenster und Sonnenschutz	240.922 €	Firma 4	228.420 €		7.200 €	235.620 €	
	WDVS und Putzarbeiten	158.132 €	Firma 5	152.130 €		4.700 €	156.830 €	
	Estricharbeiten	198.200 €					198.200 €	
	Trockenbauarbeiten	75.200 €					75.200 €	
300	Schlosserarbeiten	59.080 €					59.080 €	
	Fliesenarbeiten	57.750 €					57.750 €	
	Malerarbeiten	38.810 €					38.810 €	
	Tischlerarbeiten	68.510 €					68.510 €	
	Bodenbelagsarbeiten	122.600 €					122.600 €	
	Sonstiges (Gebäudereinigung etc.)	75.292 €	Firma 6	8.000 €			75.292 €	8.000 €
	Zwischensumme	**2.149.076 €**		**1.414.300 €**	**18.000 €**	**23.900 €**	**2.143.642 €**	**868.000 €**
	Bauwerk - Technische Anlagen							
	Raumlufttechnische Anlagen	35.020 €					35.020 €	
	Heizungs- und Warmwasseranl.	148.200 €	Firma 7	144.210 €		4.500 €	148.710 €	
	Gas-, Wasser- und Entwässerungsanlagen	156.230 €	Firma 8	149.310 €	3.500 €	4.500 €	157.310 €	20.000 €
400	Nieder- und Mittelspannungsanl.	102.300 €	Firma 9	100.250 €		3.000 €	103.250 €	
	Blitzschutzanlagen	6.200 €					6.200 €	
	Aufzugsanlagen	45.800 €					45.800 €	
	Gebäudeautomation	15.200 €					15.200 €	
	Sonstiges	39.879 €					39.879 €	
	Zwischensumme	**548.829 €**		**393.770 €**	**3.500 €**	**12.000 €**	**551.369 €**	**0 €**
	Außenanlagen und Freiflächen							
500	Außenanlagen	42.560 €					42.560 €	
	Zwischensumme	**42.560 €**		**0 €**	**0 €**	**0 €**	**42.560 €**	**0 €**
	Ausst. u. Kunstw.							
600	Feste Einbauten	20.650 €					20.650 €	
	Zwischensumme	**20.650 €**		**0 €**	**0 €**	**0 €**	**20.650 €**	**0 €**
	Baunebenkosten							
		350.000 €	Büro 1	342.000 €		5.600 €	350.000 €	180.000 €
		240.000 €	Büro 2	238.350 €		4.250 €	240.000 €	100.000 €
700	Planung und Gebühren	55.000 €	Gutachten	53.620 €			55.000 €	55.000 €
		25.000 €	Bauamt	24.300 €			25.000 €	20.100 €
		26.579 €	Sonstiges	15.200 €			26.579 €	15.200 €
	Zwischensumme	**696.579 €**		**673.470 €**	**0 €**	**9.850 €**	**696.579 €**	**370.300 €**
	Finanzierung							
800	Finanzierung	82.000 €					82.000 €	41.000 €
	Zwischensumme	**82.000 €**		**0 €**	**0 €**	**0 €**	**82.000 €**	**41.000 €**
	Gesamtkosten (KG 100 bis 800)	**3.724.894 €**		**2.666.740 €**	**21.500 €**	**45.750 €**	**3.722.000 €**	**1.464.500 €**

Bild E. 15-13: Kostenverfolgung

Literaturverzeichnis

Zu A Betriebswirtschaftliche Grundlagen

[1] Eisele, Wolfgang/Knobloch, Alois, Technik des betrieblichen Rechnungswesens: Buchführung und Bilanzierung, Kosten- und Leistungsrechnung, Sonderbilanzen, 8. Aufl., Vahlen Verlag, München 2011

[2] Baukontenrahmen (BKR), Hauptverband der Deutschen Bauindustrie e.V./Zentralverband des Deutschen Baugewerbes e.V., Wiesbaden/Berlin/Köln 1987

[3] KLR-Bau, Kosten-, Leistungs- und Ergebnisrechnung der Bauunternehmen, Verlagsgesellschaft Rudolf Müller, Bearbeitet durch: BWI-Bau GmbH - Institut für Bauwirtschaft, Herausgeber: Hauptverband der Deutschen Bauindustrie e.V. und Zentralverband Deutsches Baugewerbe e.V., 8 Auflage 2016

[4] Falterbaum, Hermann/Bolk, Wolfgang/Reiß, Wolfram, Buchführung und Bilanz: Unter besonderer Berücksichtigung des Bilanzsteuerrechts und der steuerrechtlichen Gewinnermittlung bei Einzelunternehmen und Gesellschaften, 21. Aufl., Efv Erich Fleischer Verlag, Achim 2010

[5] Keil, W., Zielorientierte Kennzahlensysteme ... Dissertation, Hannover 1977

[6] Leimböck, Egon/Schönnenbeck, Hermann, KLR Bau und Baubilanz, Bauverlag BV GmbH, Wiesbaden/Berlin 2001

[7] Haberstock, Lothar, Kostenrechnung I, 13. Aufl., Schmidt (Erich), Berlin 2008

[8] Leimböck, Egon/Iding, Andreas, Bauwirtschaft: Grundlagen und Methoden, 2. Aufl., Vieweg+Teubner, Wiesbaden 2005

[9] Olfert, Klaus, Kostenrechnung, 16. Aufl., Kiehl, Herne 2010

Zu B Kalkulation in der Bauwirtschaft

[10] ARH – Arbeitszeit-Richtwerte-Hochbau, Tarifvertragsparteien der deutschen Bauwirtschaft, Zeittechnik-Verlag, Neu-Isenburg, 1982–2015

[11] BAL – Baustellenausstattungs- und Werkzeugliste, Hauptverband der Deutschen Bauindustrie e.V., Bauverlag, Wiesbaden/Berlin 2001

[12] Bau-Akkordtarifvertrag Hamburg, Verlag Rudolf Müller, Hamburg 1990

[13] BGL – Baugeräteliste 2015, Herausgegeben vom Hauptverband der deutschen Bauindustrie e.V., Bauverlag, Gütersloh 2015

[14] Caterpillar, Performance Handbook 47, Selbstverlag Fa. Caterpillar, 2017

[15] Drees/Paul, Kalkulation von Baupreisen, Verlag Bauwerk Beuth, 12. Auflage, Berlin 2014

[16] KLR-Bau, Kosten-, Leistungs- und Ergebnisrechnung der Bauunternehmen, Verlagsgesellschaft Rudolf Müller, Bearbeitet durch: BWI-Bau GmbH - Institut für Bauwirtschaft, Herausgeber: Hauptverband der Deutschen Bauindustrie e.V. und Zentralverband Deutsches Baugewerbe e.V., 8. Auflage 2016

[17] Althaus/Heindl, Der öffentliche Bauauftrag, Vergabe und Ausführung von Bauleistungen nach VOB A, B und C, 2. Auflage 2013, Verlag C.H.Beck, München

[18] Hüster, F., Leistungsberechnung für Baumaschinen, Shaker Verlag, 5. Auflage 2005

[19] Fleischmann, H. D., Angebotskalkulation mit Richtwerten, Werner Verlag, 4. Auflage Düsseldorf 2004

[20] Seifert, W., HOAI-Honorartabellenbuch 2013, Verordnung über die Honorare für Leistungen der Architekten und der Ingenieure, Textausgabe und Honorartabellenbuch, Werner Verlag, Düsseldorf, 2013

[21] Heiermann/Riedl/Rusam, Handkommentar zur VOB, VOB Teile A und B, VSVgV, Rechtsschutz im Vergabeverfahren, 14. Auflage/VOB Ausgabe 2016, Springer Verlag

[22] BGB - Bürgerliches Gesetzbuch, dtv Verlagsgesellschaft, 83. Auflage, 28.02.2019

[23] Ingenstau/Korbion/Leupertz/v.Wietersheim, VOB – Teile A und B: Kommentar, 21. Auflage, Werner Verlag, Düsseldorf 2019

[24] Kühn, G., Der maschinelle Erdbau, Springer Verlag, 2013 (Nachdruck der 1. Auflage 1984)

[25] Opitz, G., Selbstkostenermittlung für Bauarbeiten Teil I und II, Werner Verlag, Düsseldorf 1967

[26] Prange/Leimböck/Klaus, Baukalkulation, Bauverlag, Wiesbaden/Berlin, 9. Auflage, 1995

[26] Genschow/Stelter, Störungen im Bauablauf, Werner Verlag, 3. Auflage 2013

[27] STLB-Bau online, VOB-gerechte Ausschreibungstexte, Version 2019-04, www.stlb-bau.de

[28] StLK – Standardleistungskatalog für den Straßen- und Brückenbau, Bundesminister für Verkehr, Ausgabestand Oktober 2018, (auch als Onlineversion: www.stlk.de)

[29] Wäger, H., Die Angebotskalkulation des Baubetriebes im System der Deckungsbeitragsrechnung, Werner Verlag, Düsseldorf 1971

[30] Vygen/Schubert/Lang, Bauverzögerung und Leistungsänderung, 7. Auflage, Werner Verlag, Düsseldorf 2015

[31] Kapellmann/Schiffers/Markus, Vergütung, Nachträge und Behinderungsfolgen beim Bauvertrag, Band 1: Einheitspreisvertrag, Werner Verlag, 7. Auflage, Düsseldorf 2017

[32] Kapellmann/Schiffers/Markus, Vergütung, Nachträge und Behinderungsfolgen beim Bauvertrag, Band 2: Pauschalvertrag, Werner Verlag, 6. Auflage, Düsseldorf 2017

[33a] VOB, Vergabe- und Vertragsordnung für Bauleistungen, Ausgabe 2016, Beuth Verlag, Gesamtausgabe Teile A, B und C, Im Auftrag des Deutschen Vergabe- und Vertragsausschusses für Bauleistungen herausgegeben von DIN Deutsches Institut für Normung e.V.

[33b] VOB/BGB, Bau: Vergabe- und Vertragsrecht, Textsammlung zum Bauvertrag, VOB-Verlag Ernst Vögel, Januar 2018

[34] VHB-Vergabe- und Vertragshandbuch für die Baumaßnahmen des Bundes, Ausgabe Dezember 2017, Herausgeber: Bundesministerium für Umwelt, Naturschutz, Bau und Reaktorsicherheit, Beuth Verlag GmbH (Online-Lesefassung unter: www.vob-online.de/de/vob-materialsammlung/vergabehandbuch-des-bundes)

[35] Tarifverträge für das Baugewerbe 2019/2020, Gewerbliche Arbeitnehmer und Angestellte/Poliere, Herausgeber: Zentralverband Deutsches Baugewerbe e.V, Rudolf Müller Verlag

[36] Voelkner, Angebotsbearbeitung und Kostenplanung, in: Wirth, V. und drei Mitautoren, Schlüsselfertigbaucontrolling, Band 486, expert-Verlag, 2. Aufl. 2002

[37] Pfarr, Die Bauunternehmung, Bauverlag 1967

[38] Krause/Ulke, Zahlentafeln für den Baubetrieb, 9. Auflage, Springer Vieweg Verlag, 2016

[39] Fricke, J. G., Leistungsbild und Kalkulation des Generalunternehmers . . ., Dissertation, Kassel 2001

[40] Born, Systematische Erfassung und Bewertung der durch Störungen im Bauablauf verursachten Kosten, Werner Verlag, Düsseldorf 1980

Zu C Betriebsabrechnung einer Bauunternehmung

[40a] BAUORG – Unternehmenshandbuch für Bauorganisation und Betriebsführung, Hrsg. Zentralverband des Deutschen Baugewerbes, Köllen Druck & Verlag GmbH, 1998

[41] Toffel, Rolf F., Kosten- und Leistungsumrechnung in Bauunternehmungen, 2. Aufl., Teubner Verlag, Stuttgart 1994

[42] Schiffers, Karl-Heinz, Grundlagen der Kostenrechnung, Bauverlag BV GmbH, Wiesbaden/Berlin 1983

[43] Zeiger, K., Betriebsabrechnung im Baugeschäft, Werner Verlag, Düsseldorf 1969

[44] KLR-Bau, Kosten-, Leistungs- und Ergebnisrechnung der Bauunternehmen, Verlagsgesellschaft Rudolf Müller, Bearbeitet durch: BWI-Bau GmbH - Institut für Bauwirtschaft, Herausgeber: Hauptverband der Deutschen Bauindustrie e.V. und Zentralverband Deutsches Baugewerbe e.V., 8. Auflage 2016

[45] Hedfeld/Mausch, Baubetriebsrechnung/Betriebsbuchhaltung, Verlagsgesellschaft Müller, Köln 1984

[46] Krause/Ulke, Zahlentafeln für den Baubetrieb, 9. Aufl., Springer Vieweg, Wiesbaden 2016

Zu D Controlling im Baubetrieb

[47] Dressel, Gerhard, Controlling im mittelständischen Bauunternehmen, Werner Verlag, Düsseldorf 1995

[48] Mertens, Frank, Einsatz von Controlling-Instrumenten im Bauunternehmen, Schriftenreihe des Zentralverbands des Deutschen Baugewerbes; Bd. 47: Baubetriebswirtschaft, Berlin 1998

[49] Keidel, Kuhn, Mohn, Controlling im kleinen und mittelständischen Baubetrieb, Verband baugewerblicher Unternehmer Hessen e.V., Zeittechnik-Verlag, Neu-Isenburg 2006

[50] Seyfferth, Günter, Praktisches Baustellencontrolling, Vieweg Verlag, Wiesbaden, 2003

Zu E Kostenplanung und -management auf Seiten des Bauherrn

[51] Verordnung über die Honorare für Architekten- und Ingenieurleistungen (Honorarordnung für Architekten und Ingenieure - HOAI) vom 10. Juli 2013

[52] Eich, Rainer, HOAI 2013 – Honorarordnung für Architekten und Ingenieure Textausgabe mit Erläuterung der Neuerungen, Musterrechnung und Interpolationstabellen, Verlagsgesellschaft Rudolf Müller GmbH & Co.KG, Köln 2013

[53] BKI Baukosteninformationszentrum (Hrsg.): BKI Baukosten 2019 – Neubau, Teil 1 – Statistische Kostenkennwerte für Gebäude, BKI, Stuttgart 2019

[54] BKI Baukosteninformationszentrum (Hrsg.): BKI Baukosten 2018 – Neubau, Teil 1 – Statistische Kostenkennwerte für Gebäude, BKI, Stuttgart 2018

Normen

[55] DIN 276, Kosten im Bauwesen, (DIN 276:2018-12), Deutsches Institut für Normung e.V.(Hrsg.): Beuth Verlag GmbH, 10772 Berlin, Dezember 2018

[56] DIN 277-1, Grundflächen und Rauminhalte im Bauwesen – Teil 1: Hochbau, (DIN 277-1:2016-01), Deutsches Institut für Normung e.V.(Hrsg.): Beuth Verlag GmbH, 10772 Berlin, Januar 2016

[57] DIN 18960, Nutzungskosten im Hochbau, (DIN 18960:2008-02), Deutsches Institut für Normung e.V.(Hrsg.): Beuth Verlag GmbH, 10772 Berlin, Februar 2008

[58] DIN 18205, Bedarfsplanung im Bauwesen, (DIN 18205:2016-11), Deutsches Institut für Normung e.V.(Hrsg.): Beuth Verlag GmbH, 10772 Berlin, November 2016

Stichwortverzeichnis

A

B

G

H

I

J

K

L

M

N

O

P

Q

R

W

Z